Die Messwandler

Grundlagen, Anwendung und Prüfung

Von

Dipl.-Ing. Rudolf Bauer

Berlin

Mit 264 Abbildungen

Springer-Verlag Berlin Heidelberg GmbH 1953

ISBN 978-3-662-11515-2   ISBN 978-3-662-11514-5 (eBook)
DOI 10.1007/978-3-662-11514-5

Vorwort.

Die Sicherung einer ungestörten Stromversorgung ist der oberste Leitgedanke bei der Ausgestaltung der elektrischen Erzeugungs- und Verteilungsanlagen. Den Meßwandlern kommt in diesem Sinne eine besondere Bedeutung zu. Ihnen obliegt es, die Vorgänge im Netz den an ihre Niederspannungswicklungen angeschlossenen Geräten für Netzschutz, Messung und Zählung sowohl im Normalbetrieb als auch im Störungsfall richtig zu vermitteln. Ein Versagen der Wandler ist gleichbedeutend mit dem Ausfall der Messung, Zählung und vor allem des Schutzes. Es gelingt dann nicht, eine Fehlerstelle möglichst schnell und eng begrenzt aus dem gesunden Netz herauszulösen, so daß sich eine umfangreiche Störung ausbildet.

Für den sicheren Netzbetrieb ist es daher notwendig, die Wandler richtig zu bemessen und auszuwählen. Dies setzt die genaue Kenntnis der Gefahrenquellen, ihrer Wirkung auf die Meßwandler und die Möglichkeiten, die die Wandler bieten, voraus. Das vorliegende Buch würde seine Aufgabe nur unvollständig erfüllen, wenn es sich mit den Meßwandlerproblemen allein beschäftigen würde. Den Gefahren und ihrer Beherrschung durch geeignete Auswahl, Bemessung und Konstruktion ist daher ein verhältnismäßig breiter Raum gewidmet.

Es bedarf kaum des Hinweises, daß die vornehmste Eigenschaft der Meßwandler, die Meßgenauigkeit und die Möglichkeiten, diese zu verbessern, unter den verschiedensten Bedingungen gebührend erwähnt werden.

Dem Stromwandler fällt bekanntlich zusätzlich die Aufgabe zu, die sekundär angeschlossenen, gegen Überströme empfindlichen Geräte zu schützen. In dem entsprechenden Abschnitt werden den bisher recht unklaren Anschauungen auf Grund neuer Erkenntnisse praktisch brauchbare Berechnungsverfahren gegenübergestellt, die sicher eine wesentliche Bereicherung gegenüber dem bisherigen Stand der Technik darstellen.

Neben dem induktiven gewinnt der kapazitive Spannungswandler mehr und mehr an Bedeutung. Die Theorie desselben wird deshalb eingehend behandelt und damit gleichzeitig die von der C-Messung herrührende Anschauung widerlegt, daß der kapazitive Wandler dem induktiven nicht ebenbürtig sei.

Das Buch ist in einer Zeit geschrieben, in der sowohl die einschlägigen VDE-Regeln als auch die Eichanweisung der technischen Eichoberbehörde eine Umarbeitung erfahren. Es kann daher als verbindlich nur die derzeit gültige Fassung angesehen werden. Trotzdem hat es der Verfasser gewagt, auch diejenigen neuen Gedanken und Formulierungen, die sich bereits einigermaßen fest gebildet haben, aufzunehmen. Dem Leser muß jedoch empfohlen werden, die Entwicklung der Vorschriften zu verfolgen und in diesem Punkt die Angaben des Buches nur als richtungweisend anzusehen.

Der Nachweis, daß die Meßwandler den an sie gestellten Erwartungen genügen, wird durch Typen- und Stückprüfungen erbracht. Diesen — vor allem im Sinne der Sicherheit — wichtigen Prüfungen und den darüber hinaus entwickelten verfeinerten Prüfverfahren wird ebenfalls ein angemessener Platz eingeräumt.

Dagegen erscheint es ausreichend, die Beschreibung der Bauarten auf einen großzügigen, modernen Allgemeinüberblick zu begrenzen, da alle darüber hinaus interessierenden Einzelheiten aus den Druckschriften der Firmen entnommen werden können.

Der Verfasser hat besonderen Wert darauf gelegt, auch die schwierigen Erläuterungen in verständlich einfacher Form zu bringen — ohne jedoch die Gründlichkeit zu vernachlässigen —, so daß es auch dem mit dem Spezialgebiet weniger vertrauten Jungingenieur möglich ist, sich ein einprägsames Bild zu verschaffen.

Eine gewisse Schwierigkeit bereitet die Wahl der Formelzeichen und Indizes, da derselbe Buchstabe in den offiziellen deutschen Normen oft mehrfach belegt ist. Um Verwechslungen und Irrtümer zu vermeiden, sah sich der Verfasser gezwungen, bei Mehrfachbelegung zum Teil von dem Üblichen abweichende Bezeichnungen einzuführen. Eine besondere Aufstellung am Anfang des Buches soll der Eindeutigkeit dienen.

Aus dem sehr umfangreichen Schrifttum über Meßwandler und die behandelten Randgebiete wird eine Auswahl gebracht, wobei wichtigen Erstaufsätzen und grundlegenden sowie zusammenfassenden Arbeiten mit besonderen Literaturangaben der Vorzug gegeben wird.

Den Firmen, die für die Bereicherung des Buches Unterlagen und Bildmaterial zur Verfügung gestellt haben, sei an dieser Stelle nochmals gedankt.

Es ist mir weiter eine angenehme Pflicht, den Mitarbeitern bei Siemens & Halske, die zum Gelingen des Buches beigetragen haben, besonders den Herren H. Kettler, B. Lukschik und F. Strobl des Meßwandlerlaboratoriums sowie Herrn O. Sieber des Laboratoriums für Meßtechnik für die eifrige Mithilfe bei der Durchsicht und für manchen wertvollen Hinweis zu danken.

Berlin, im Juli 1953.

R. Bauer.

Inhaltsverzeichnis.

Seite

Formelzeichen und Indizes IX

A. Einführung 1

B. Meßgenauigkeit 5

   I. Stromwandler 6

     a) Theorie, Grundgleichungen und Diagramm 6
       1. Gesamtfehler S. 6. — 2. Eigenverbrauch S. 9. — 3. Gesamt-
       leistung S. 9. — 4. Stromwandlerdiagramm S. 11. — 5. Bezie-
       hungen zwischen Gesamtfehler, Stromfehler und Fehlwinkel
       S. 14. — 6. Auswertung des Stromwandlerdiagrammes S. 15. —
       7. Umrechnungsmöglichkeiten für Stromwandlerfehler S. 15. —
       8. Genauigkeit im Überstromgebiet S. 16. — 9. Mehrkern-
       wandler S. 25. — 10. Zusätzliche Fehler S. 26.
     b) Vorschriften für Fehlergrenzen 30
       1. Deutschland S. 30. — 2. J. E. C. S. 32. — 3. Ausland S. 32.
     c) Berechnungsverfahren 37
       1. Punktweise Berechnung der Stromwandlerfehler S. 38. —
       2. Nomogramm Rechenverfahren S. 42.
     d) Eisenkern 52
       1. Kernformen S. 52. — 2. Eisensorten S. 55. — 3. Mischkerne S. 61.
     e) Schaltungsmaßnahmen zur Fehlerminderung (Kunstschaltungen) 62
       1. Abgleichmaßnahmen S. 63. — 2. Kompensationsverfahren
       S. 67. — 3. Verlagerung des Arbeitsbereiches durch Zusatzbe-
       lastung S. 69. — 4. Verlagerung des Arbeitsbereiches durch Zusatz-
       magnetisierung S. 69.
     f) Wandler mit mehreren Meßbereichen, Klemmenbezeichnungen 78
       1. Primäre Umschaltung S. 78. — 2. Sekundäre Umschaltung
       S. 82. — 3. Zwischenwandler S. 83.
     g) Fehlerverhalten in Sonderfällen 84
       1. Abweichende Frequenz, Oberwellenverhalten S. 84. — 2. Unter-
       brechen des Sekundärkreises S. 87. — 3. Auftreten von Stoß-
       strömen S. 90.
     h) Theorie von Sonderausführungen 90
       1. Kaskadenstromwandler S. 90. — 2. Summenstromwandler
       S. 93. — 3. Eisenstabwandler S. 97. — 4. Gleichstromwandler S. 98.

   II. Spannungswandler 102

     a) Theorie, Grundgleichungen und Diagramm 102
       1. Gesamtfehler S. 102. — 2. Spannungsfehler und Fehlwinkel
       S. 106. — 3. Spannungswandlerdiagramm S. 109. — 4. Auswer-
       tung des Spannungswandlerdiagramms S. 111. — 5. Zusätzliche
       Fehler S. 112.

		Seite
b) Vorschriften für Fehlergrenzen		113

1. Deutschland S. 113. — 2. J. E. C. S. 114. — 3. Ausland S. 114.

c) Berechnungsverfahren		117
d) Eisenkern		121

1. Kernformen S. 121. — 2. Eisensorten S. 121.

e) Schaltungsmaßnahmen zur Fehlerminderung		124

1. Abgleichmaßnahmen S. 124. — 2. Kompensationsmaßnahmen S. 125. — 3. Zusatzspannungen S. 125.

f) Wandler mit mehreren Meßbereichen, Klemmenbezeichnungen		126

1. Primäre Umschaltung S. 126. — 2. Sekundäre Umschaltung S. 127. — 3. Zwischenwandler S. 129.

g) Fehlerverhalten in Sonderfällen		129

1. Abweichende Frequenz, Oberwellenverhalten S. 129. — 2. Erdschluß S. 131.

h) Theorie von Sonderausführungen		133

1. Kaskadenspannungswandler S. 133. — 2. C-Messung und kapazitive Spannungswandler S. 134.

C. Hochspannungsfestigkeit		147
I. Beanspruchungen im Netzbetrieb		147
a) Ungestörter Betrieb		147
b) Langwährende Überspannungen von Betriebsfrequenz		148
c) Überspannungen mit Frequenz der ungeradzahligen Oberwellen		149
d) Wanderwellen		151
e) Wanderwellenschwingungen		156
f) Kipperscheinungen		156
g) Kippschwingungen		158
II. Vorschriften für Spannungsfestigkeit		160
a) Wicklungsprüfung		161
b) Windungsprüfung		163
c) Stoßspannungsprüfung		165
d) Sprungwellenprüfung		167
III. Beherrschung der dielektrischen Beanspruchungen		168
a) Isolierstoffe		168
b) Wicklungsaufbau		175
c) Schutzfunkenstrecken		176
d) Spannungsabhängige Schutzwiderstände		177
e) Schmelzsicherungen		179
D. Erwärmung		181
I. Normaler Netzbetrieb		181
a) Erwärmungsvorgänge		181
b) Wärmequellen		184

1. Wicklungen S. 185. — 2. Eisenkern S. 186. — 3. Dielektrikum S. 187. — 4. Sonstige Verluste S. 188.

c) Vorschriften für Grenzerwärmung im stationären Betrieb		188

Seite

II. Nicht stationäre thermische Vorgänge 191
    a) Erwärmungsvorgänge 191
    b) Thermische Festigkeit, Vorschriften 193

E. Mechanische Festigkeit. 195
  I. Statische Kräfte 195
  II. Dynamische Kräfte 196
    a) Kraftwirkungen 196
    b) Dynamische Festigkeit, Vorschriften 198

F. Bauarten 201
  I. Stromwandler für Schaltanlagen 201
    a) Einleiter-Stromwandler. 201
      1. Durchsteck- und Umbaustromwandler S. 201. — 2. Stab- und
      Schienenstromwandler S. 202. — 3. Anlege-Stromwandler S. 204.
    b) Wickel-Stromwandler 204
      1. Stromwandler für Niederspannung S. 205. — 2. Stromwandler
      mit Porzellanisolierung S. 205. — 3. Stromwandler mit Hart-
      papierisolierung S. 209. — 4. Stromwandler mit Kunststoffiso-
      lierung S. 211. — 5. Stromwandler mit Ölisolierung S. 211.
  II. Spannungswandler für Schaltanlagen 212
    a) Induktive Spannungswandler. 212
      1. Spannungswandler für Niederspannung S. 212. — 2. Spannungs-
      wandler mit Ölisolierung S. 212. — 3. Spannungswandler mit
      Masse- und Lackisolierung S. 215. — 4. Spannungswandler mit
      Kunststoffisolierung S. 216. — 5. Spannungswandler mit Druck-
      luftisolierung S. 217.
    b) Kapazitive Spannungswandler 218
  III. Kombinierte Strom- und Spannungswandler für Schaltanlagen . . 218
  IV. Meßwandler für Prüffelder und Laboratorien 220

G. Messungen und Prüfungen an Wandlern 222
  I. Polarität 222
  II. Strom- bzw. Spannungsfehler und Fehlwinkel 223
    a) Punktweise Messung der Fehler 224
      1. Kompensations-Verfahren S. 224. — 2. Differential-Verfahren
      S. 227.
    b) Schreibende Meßverfahren 231
    c) Vorschriften für Wandlerprüfeinrichtungen. 235
  III. Spannungsfestigkeit 238
    a) Wicklungs- und Windungsprüfung 238
      1. Prüfschaltung nach VDE S. 238. — 2. Dielektrischer Verlust-
      faktor S. 241. — 3. tg $\delta/\Delta C$-Meßverfahren S. 241. — 4. tg $\delta/\Delta C$-

Seite

Messungen an Wandlern S. 244. — 5. Charakteristische tg $\delta/\Delta C$-Kurven S. 246.

b) Stoßspannungsprüfungen 251
1. Prüfschaltung nach VDE S. 251. — 2. Charakteristische Stoß-Oszillogramme S. 253. — 3. Stoßspannungsverlauf im Wandler S. 255.

c) Prüfung mit ungedämpften Schwingungen 257
1. Prüfschaltung S. 257. — 2. Charakteristische Kurven S. 257.

IV. Erwärmung 259

V. Überstromverhalten von Stromwandlern 259

a) Ermittlung der Überstromziffer 259
1. Überstromverfahren S. 260. — 2. Überbürdungsverfahren S. 260. — 3. Indirekte Verfahren S. 261.

VI. Eisenmessungen 265

VII. Messung der inneren Streuwiderstände 271

H. Wandlerschaltuugen, Sonderanwendungen. 272

I. Zusammenarbeiten von Zählern und Meßwandlern 272

II. Schutzschaltungen 279
a) Wicklungsschluß 279
b) Windungsschluß 283
c) Gestellschluß 285

III. Parallelschalten 287
a) Schaltung mit Spannungswandlern 287
b) Schaltung mit Kondensatordurchführungen 290
c) Schaltung mit Wandlern und Kondensatordurchführungen . . 291

IV. Leitungsgerichtete Hochfrequenzübertragung 292

J. Normung 293

I. DIN 42 600, Meßwandler für 50 Hz Reihe 0,5···30 für Schaltanlagen 295

II. DIN 42 601, Meßwandler für 50 Hz Reihe 60···220 für Schaltanlagen 297

Schrifttum 300

Sachverzeichnis 307

Formelzeichen und Indizes.

1. Formelzeichen.

A Strombelag (Amperewindungen)
A Abgabevermögen, thermisches
a Spezifischer Strombelag (Amperewindungen je cm Kraftlinienweg)
B Induktion
b Breite
C Kapazität
c Konstante je nach Index
D Durchmesser
d Dicke
E Elektromotorische Kraft (EMK)
e Augenblickswert der EMK
F Fehler
f Frequenz
G Gewicht
g Gütefaktor
H Magnetische Feldstärke
J Stromstärke
i Augenblickswert der Stromstärke
K Kopplungsfaktor
k Konstante je nach Index
L Induktivität
l Länge
M Gegeninduktivität
N Leistung
n Überstromziffer
O Oberfläche
P Kraft
p Druck
Q Wärmemenge
q Querschnitt (Durchtrittsfläche)
R Ohmscher Wirkwiderstand

s Stromdichte
T Zeitkonstante
t Zeit
U Spannung
u Augenblickswert der Spannung
$ü$ Übersetzungsverhältnis
V Volumen
v Fortpflanzungsgeschwindigkeit
w Windungszahl
X Blindwiderstand
x, y Variable Größen
Z Scheinwiderstand
z Wellenwiderstand
β Winkel zwischen Spannung und Strom an der Bürde
γ Spezifisches Gewicht
Δ (vor anderen Zeichen): Änderung, Zunahme, Abfall
δ Fehlwinkel des Wandlers
δ Verlustwinkel des Dielektrikums
ε Dielektrizitätskonstante
Θ Absolute Temperatur in °K
ϑ Temperatur in °C
λ Elektrische Leitfähigkeit
μ Permeabilität
ϱ Spezifischer Widerstand
σ Scheitelfaktor (Scheitelwert/ Effektivwert)
Φ Fluß
φ Winkel zwischen Spannung und Strom im Netz
ω Kreisfrequenz ($2\pi f$)
ν Spezifische Leistung

2. Indizes.

0   bei elektrischen Größen: im Leerlauf
0   bei thermischen Größen: Ausgangswert
1   primärseitig

2   sekundärseitig
I   auf Primärseite umgerechnete Größe
II   auf Sekundärseite umgerechnete Größe

A	Absorption		min	Minimum
a	axial		N	Normal
B	Bürde		n	Nennwert
b	Blind-...		R	rückwärtslaufend
C	Kondensator		r	radial
Cu	Kupfer-...		res	Resonanz
c	kapazitiv		S	Strahlung
D	Drossel		s	Scheitelwert
d	dielektrisch		$sätt$	Sättigungswert
dyn	dynamische Festigkeit		t	Zeit
E	Eisen-...		th	thermisch
e	erzeugt		therm	thermische Festigkeit
eff	Effektivwert		U	Spannungswandler
F	Übersetzungsfehler		$ü$	Über-...
G	Grenz-...		V	Vakuum
g	Gesamt- (Schein-)		v	abgegeben
H	Hauptwandler		W	weiterlaufend
J	Stromwandler		w	Wirk-...
i	im Inneren		X	Prüfling
K	Konvektion		Z	Zähler
k	korrigiert			
kr	kritisch		σ	Streuung (Streu-...)
L	Luft		ω	Grundwelle
l	bei Last		3ω	3. Oberwelle
M	magnetisch		5ω	5. Oberwelle
m	Mittelwert		ϑ	Wärme
max	Maximum		δ	Fehlwinkel

A. Einführung.

Die erste Kunde von der Anwendung eines Stromwandlers gibt das britische Patent Nr. 4596[1] vom 27. September 1882. Es beschreibt ein Gerät zur Zählung der Elektrizitätsmenge (Abb. 1). Der zu messende Wechselstrom durchfließt die Primärwicklung des mit dem Meßgerät zusammengebauten Stromwandlers. Der Sekundärstrom wird zwei Elektroden einer Meßkammer zugeführt, die mit leicht angesäuertem Wasser gefüllt ist. Die durch die elektrolytische Zerlegung des Wassers an den Elektroden entstehende Gasmenge wird mittels einer Kippkammer, die auf ein Zählwerk einwirkt, gemessen.

Im britischen Patent Nr. 4027[2] vom 17. März 1887 wird erstmalig die Verwendung eines Spannungswandlers mit Voltmeter als eine „ganz neue und einfache Methode" für die Messung von Spannungen zwischen 0,1 und 10 000 oder mehr Volt beschrieben. Zur Erzielung mehrerer Meßbereiche werden bereits in diesem Patent angezapfte und umschaltbare Wicklungen erwähnt.

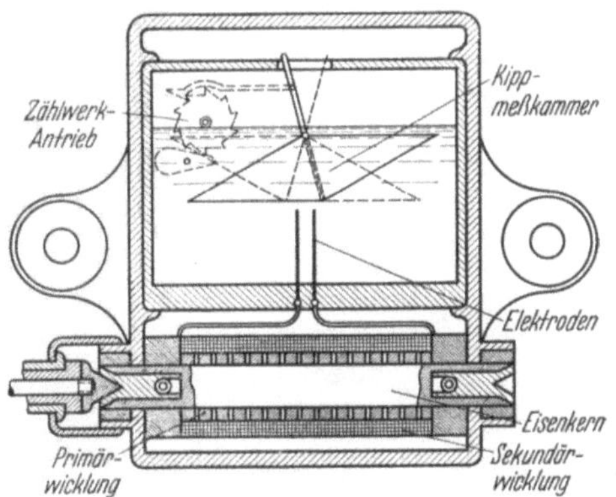

Abb. 1. Stromwandler mit Ampèrestunden-Zähler für Wechselstrom.

In beiden Fällen wird die Eigenschaft der Meßwandler ausgenützt, die zu messende Größe in eine solche umzuwandeln, die der Messung bequem zugänglich ist. Die zweite Möglichkeit, die die Meßwandler bieten, die Hochspannung von den Meßgeräten fernzuhalten, wurde erst später erkannt. Sie bildet den Inhalt des ersten deutschen Patentes[3] auf diesem Gebiet.

Mit derselben Aufgabe setzte sich G. Benischke in einem Vortrag auseinander, der am 22. November 1898 im Elektrotechnischen Verein

---

[1] Erfinder Sebastian Ziani de Ferranti und Alfred Thompson.
[2] Erfinder Robert Dick und Rankin Kennedy.
[3] DRP 82243 vom 2. 9. 1894. Inhaber: Siemens & Halske, Berlin.

Berlin mit dem Titel „Neue Wechselstrom-Meßgeräte und -Bogenlampen der Allgemeinen Elektricitäts-Gesellschaft" gehalten wurde.

Eine ausführliche Schilderung des Standes der Meßwandlertechnik gibt F. Schrottke in einem Vortrag vor dem gleichen Forum am 22. Januar 1901 mit dem Titel „Über Drehfeldmeßgeräte". Der Vortragende schneidet als Erster die Frage der Genauigkeit in der Öffentlichkeit an und stellt fest, daß „.... bei hohen Stromstärken eine empfindliche Beeinflussung durch die in der Nähe vorbeifließenden Starkströme ..." auftritt und zeigt dann Stromwandlerausführungen der Siemens & Halske A.G., die diesen Nachteil nicht aufweisen.

Das Konstruktionsprinzip dieser Stromwandler sei als geschichtliches Kuriosum in Abb. 2 wiedergegeben. Die primäre Schiene P ist zu einem U abgekröpft. An zwei gegenüberliegenden Stellen ist in der Schiene je ein Ausschnitt angeordnet, durch den der Mittelschenkel eines Mantelkernes K hindurchgeschoben wird, der die Sekundärwicklung S trägt. In jedem Kernfenster wäre die Durchflutung bei symmetrischem Aufbau Null, so daß die Sekundärwicklung keinen Strom führt. In der Höhe der erwähnten Durchbrüche der Primärschiene, also innerhalb der Kernfenster, wird der Strom jedoch durch entsprechende Einschnitte E nach dem einen oder anderen Kernfenster hin verdrängt, so daß dadurch eine Einwirkung des Primärstromes auf die Sekundärseite entsteht.

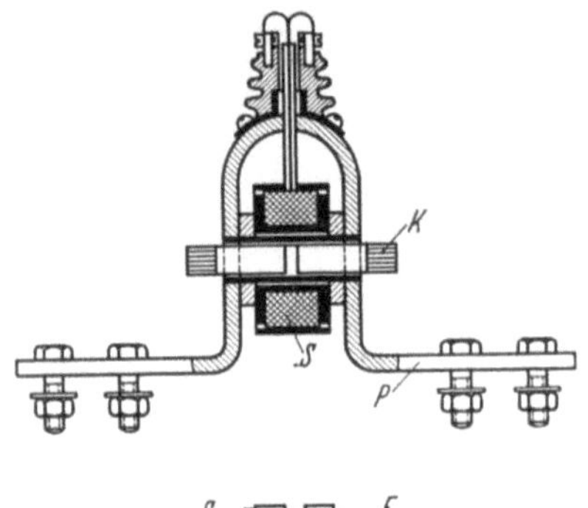
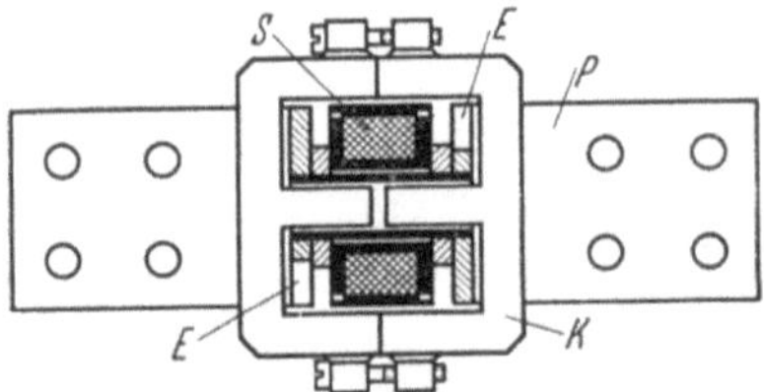

Abb. 2. Hochstromwandler nach F. Schrottke.

In dem Vortrag von F. Schrottke werden außerdem Ein- und Dreiphasenspannungswandler für Spannungen bis 24 000 V in ihrem konstruktiven Aufbau gezeigt.

1909 machte G. Keinath als Erster die Meßwandler zum Thema einer Doktorarbeit[1].

Die Meßgenauigkeit der Wandler übertraf bald die Genauigkeit der zu ihrer Eichung verwendeten Meßinstrumente. Es kam hinzu, daß die Fehlwinkel, die bei wattmetrischen Messungen in das Meßergebnis ein-

---

[1] Keinath, G., Untersuchungen an Meßwandlern. Dissertation. Wildsche Buchdruckerei, München 1909.

gehen, mit Eichstrom- und -Spannungsmessern nicht erfaßt werden. Bereits im Jahre 1909 aber konnte E. ORLICH über Arbeiten in der Physikalisch-Technischen Reichsanstalt berichten, bei denen es ihm gelungen war, mit dem Quadrantenelektrometer eine Schaltung zur recht genauen Messung der Übersetzungsfehler und Fehlwinkel von Meßwandlern zu entwickeln. Das Meßverfahren wurde 1914 durch ein ebenfalls in der PTR von H. SCHERING und E. ALBERTI durchgebildetes Kompensationsverfahren verdrängt, dem dann 1933 ein in der PTR von W. HOHLE entwickeltes Differentialverfahren etwa gleichwertig zur Seite trat.

Schon sehr bald erkannte man, daß für große Genauigkeit und Leistung bei Stromwandlern eine hohe Permeabilität des Eisenkernes wichtig ist. Bereits 1914 reichte die COMPAGNIE POUR LA FABRICATION DES COMPTEURS ET MATÉRIEL D'USINES À GAZ in Paris eine Patentanmeldung[1] für einen Stromwandler ein, bei dem der Arbeitsbereich des Stromwandlers durch Zusatzmagnetisierung in den Bereich des Permeabilitätsmaximums verlagert wird. Diesem ersten folgte, wie später geschildert. eine große Zahl von Arbeiten und Patenten auf diesem Gebiet.

Einen weiteren besonderen Fortschritt hinsichtlich der meßtechnischen Güte von Stromwandlern ermöglichte die Entwicklung der Nickeleisenlegierungen in England, Amerika und Deutschland etwa in den Jahren 1925···1930, die eine Permeabilitätssteigerung von ein bis zwei Zehnerpotenzen brachte. Diese Entwicklung ist auch heute noch nicht als abgeschlossen zu betrachten. Gerade in jüngster Zeit sind wieder sowohl in Amerika als auch in Deutschland Materialien in Entwicklung, die eine weitere Steigerung der Permeabilität um wenigstens den Faktor 3 erwarten lassen.

Auch die Fortschritte auf dem Gebiet der Isolierstoffe haben sich auf die Entwicklung der Meßwandler ausgewirkt. Die ersten Wandler für höhere Spannungen waren ölisolierte Kesseltypen, deren Gewicht etwa das drei- bis vierfache der heutigen Konstruktionen betrug. Wie später gezeigt wird, spielt die Verkleinerung der Isolationsabstände hinsichtlich der meßtechnischen Güte der Wandler eine erhebliche Rolle. Der Meßwandler-Konstrukteur begrüßt daher jeden Fortschritt auf dem Isolierstoffgebiet. Auch hier scheint die Entwicklung noch keineswegs abgeschlossen zu sein.

Veranlaßt durch Brandschäden bei der Explosion von Ölschaltern kam nach Entwicklung der öllosen Schalter aus der Praxis der Wunsch nach öllosen Wandlern. Bei den Stromwandlern gelang es verhältnismäßig rasch, wenigstens bei den mittleren Spannungsreihen Trocken-

---

[1] Französisches Patent 474159 v. 26. 6. 1914.

konstruktionen zu finden. Bei den Spannungswandlern mußte man sich mangels geeigneter Isolierstoffe zunächst mit Zwischenlösungen begnügen, die erst in jüngster Zeit durch Einführung der neu entwickelten, durch Polymerisation aushärtenden, Isolierstoffe von echten Trockenwandlern abgelöst werden. Diese Isolierstoffe gewinnen auch im Stromwandlerbau Bedeutung.

Der immer größer werdende Leistungs- und Arbeitsbedarf sowie das Entstehen weit auseinanderliegender Schwerpunkte für Erzeugung und Verbrauch elektrischer Energie erforderten die Anwendung immer

Abb. 3. Schaltanlage Reihe 300 mit Meßwandlern (Siemens). Von links nach rechts: Leistungsschalter, Stromwandler, Spannungswandler, Trennschalter.

höherer Übertragungsspannungen. So fand etwa 1928 in Deutschland ein Sprung von 110 auf 220 kV statt, während jetzt ein weiterer auf 300 (Abb. 3) und 380 kV vollzogen wird.

Hatten die ersten Wandler nur die Aufgaben der genauen Übersetzung der Ströme und Spannungen und der Isolierung, so kamen im Laufe der Jahre weitere Aufgaben hinzu. Man erkannte, daß man mit Hilfe von Stromwandlern in der Lage war, gefährlich hohe Überströme von den sekundärseitig angeschalteten Geräten fernzuhalten. Man entwickelte Schaltungen, die es gestatten, Störungen und Fehler im Netz oder dessen wesentlichsten Bestandteilen schon in ihren ersten Anfängen zu erkennen, hinsichtlich ihrer Lage auszumessen und den Störungsherd selektiv abzuschalten. An der Lösung dieser Probleme hatten die

Wandler einen hervorragenden Anteil. Die Fülle der verschiedenartigsten Aufgaben, die mit den Wandlern zu lösen waren, brachte es mit sich, daß der Bau und die Entwicklung von Meßwandlern ein Spezialzweig der Elektrotechnik geworden ist.

Die ersten Vorschriften über Meßwandler wurden in Deutschland 1915 von der PTR als „Bestimmungen für die Beglaubigung von Meßwandlern" erlassen. Der VDE folgte mit den ersten Regeln 1922. Diese sind inzwischen mehrfach umgearbeitet und verbessert worden. Zur Zeit werden die Regeln durch die Kommission VDE 0414 „Meßwandler" den neuesten Bedürfnissen angepaßt. Für Wandler, die zu Verrechnungszwecken dienen, wurde parallel zu den VDE-Regeln von der PTR 1942 die „Eichordnung" herausgegeben. Zur Zeit gilt die Fassung vom 30. 5. 1947. Ferner liegt ein Entwurf der „Eichanweisung, Besondere Vorschriften XV, Meßgeräte für Elektrizität" vom 1. 9. 1950 vor, in dem durch die Technische Eichoberbehörde die Durchführung der Prüfungen und Vorschriften für die Prüfeinrichtungen niedergelegt sind.

Die Normungsarbeiten haben auf dem Gebiete der Wandler erst etwa 1942 begonnen und sind ab 1947 unter dem Verfasser als Obmann der Arbeitsgruppe „Meßwandler" des Fachnormenausschusses Elektrotechnik weitergeführt worden. Im Frühjahr 1952 wurde die erste Normungsstufe abgeschlossen. Die Normblätter DIN 42 600 und DIN 42 601 wurden im November 1952 herausgegeben.

B. Meßgenauigkeit.

Das qualitative und quantitative Fehlerverhalten der Meßwandler läßt sich in besonders übersichtlicher und leicht einprägsamer Weise ermitteln und übersehen, wenn der Wandler als Vierpol dargestellt wird. Der Vierpol ist dem Starkstromtechniker verhältnismäßig wenig geläufig. Es erscheint deshalb wohl zweckmäßig, zunächst das Zustandekommen der Vierpoldarstellung zu erläutern.

Abb. 4a zeigt die schematische Schaltung eines Wandlers. Mit W_1 ist die primäre und mit W_2 die sekundäre Wicklung bezeichnet. K soll den Eisenkern andeuten. Mit B ist die an die Sekundärseite angeschlossene Belastung (Bürde) des Wandlers gekennzeichnet. Fließt nun Strom durch die Wicklungen, so stellen sich in diesen und im Eisenkern Verluste ein, deren Einfluß auf die Übertragungsgenauigkeit ermittelt werden soll. Es erscheint vorteilhaft, die inneren Widerstände des Wandlers herauszuziehen und sie dem Wandler vorgeschaltet zu denken. In Abb. 4b sind dann die Wicklungen W_1 und W_2 sowie der Kern K Idealgebilde ohne Verluste. Die inneren Widerstände der Wicklungen sind mit Z_1 für die Primär- und Z_2 für die Sekundärseite bezeichnet. Diese setzen sich aus den ohmschen Komponenten R_1 und R_2 und den induktiven X_1 und X_2 zusammen. Die Wirk- und Blindverluste, die im Eisenkern auftreten, werden durch R_0 und X_0, zusammen Z_0, gekennzeichnet. Wird außerdem das Übersetzungsverhältnis des Idealgebildes auf den Wert 1:1 reduziert, dann kann offensichtlich der Idealwandler, der zu dem Fehlerverhalten nicht mehr beiträgt, weggelassen werden, so daß sich eine Schaltung gemäß Abb. 4c ergibt, die bei gleicher

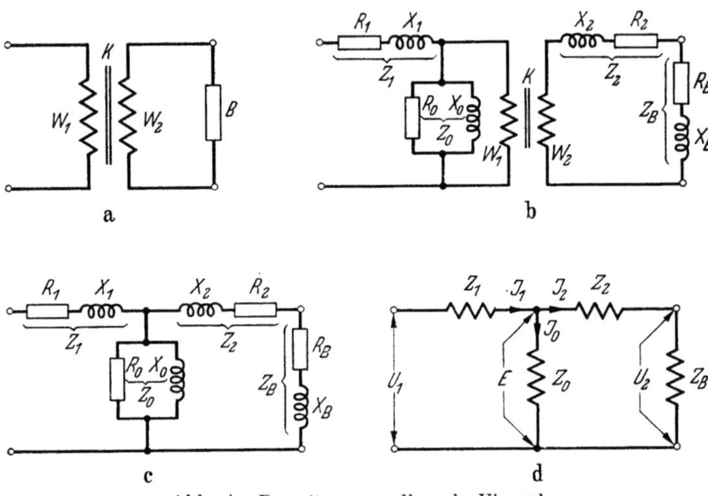

Abb. 4. Der Stromwandler als Vierpol.

Bemessung der einzelnen Widerstände wie in Abb. 4b zweifellos das gleiche Verhalten zeigt.

Der Primärstrom J_1 (Abb. 4d) teilt sich nach Durchlaufen des primären Ersatzwiderstandes Z_1 in zwei Teile, in den Sekundärstrom J_2, der über den Ersatzwiderstand der Sekundärseite Z_2 und über die Bürde Z_B fließt und in den Leerlaufstrom J_0, der zur Deckung der Wirk- und Blindleistung des Eisenkernes dient. Mit U_1 und U_2 sind die primäre bzw. sekundäre Klemmenspannung und mit E die mit dem magnetischen Kernfluß gekoppelte EMK bezeichnet.

I. Stromwandler.

a) Theorie, Grundgleichungen und Diagramm.

1. Gesamtfehler. Wie Abb. 4d erkennen läßt, unterscheidet sich der Sekundärstrom J_2 bei einem Stromwandler mit dem Übersetzungsverhältnis 1:1 vom Primärstrom J_1 um den Leerlaufstrom J_0, der an der Bürde vorbeifließt. Der prozentuale Fehler des Wandlers kann deshalb in sehr einfacher Form durch folgende Vektorgleichung beschrieben werden:

$$F = \frac{J_2 - J_1}{J_1} \cdot 100 = \frac{J_0}{J_1} \cdot 100. \tag{1}$$

Unter F ist der Fehler-Vektor in % zu verstehen, der — wie später
gezeigt wird — in die üblicherweise verwendeten Komponenten (Stromfehler und Fehlwinkel) aufgeteilt werden kann.

Um von der eingangs gemachten Voraussetzung des Übersetzungsverhältnisses 1:1 freizukommen, bildet man die Fehlergleichung zweckmäßig nicht als Stromgleichung, sondern multipliziert die Ströme mit
den Windungszahlen der Wicklung, die sie durchfließen. Die Fehlergleichung nimmt dann als Amperewindungs-Gleichung folgende Form
an (Vektorgleichung):

$$F = \frac{A_2 - A_1}{A_1} \cdot 100 = \frac{A_0}{A_1} \cdot 100 . \tag{2}$$

Zweckmäßig dividiert man Zähler und Nenner durch den mittleren
Kraftlinienweg l_E [cm], wodurch sich eine Vektorgleichung ergibt, die
nur spezifische Werte enthält:

$$F = \frac{a_2 - a_1}{a_1} \cdot 100 = \frac{a_0}{a_1} \cdot 100 . \tag{3}$$

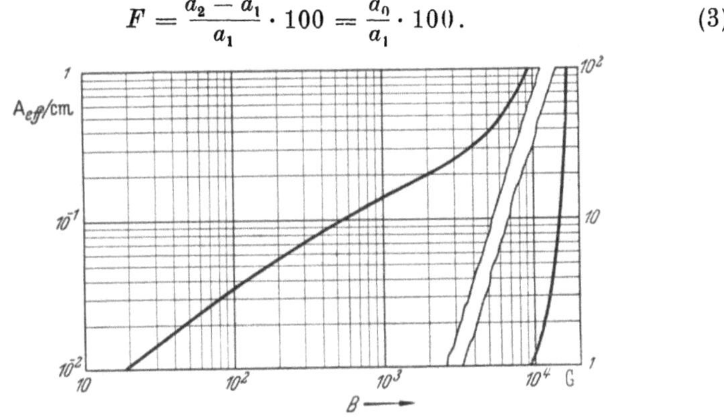

Abb. 5. Magnetisierungskurve von Stromwandlerblech, 0,35 mm stark.

Die für den Fehler F verantwortlichen spezifischen Leerlauf-Ampere-
windungen a_0 lassen sich unter Zuhilfenahme der bekannten Transformatorgleichung

$$E = \frac{2\pi}{\sqrt{2}} \cdot f \cdot B \cdot q_E \cdot w \cdot 10^{-8} \tag{4}$$

und der Magnetisierungskurve des verwendeten Kerneisens ermitteln.
Gemäß Gleichung (4) stellt sich für eine bestimmte Elektromotorische
Kraft E [Volt] eine ihr proportionale Induktion B [Gauß] ein, wenn
die Frequenz f [Hz], der Eisenquerschnitt q_E [cm²] und die Windungszahl w als gegeben angenommen werden. In Abb. 5 ist die Magnetisierungskurve eines Siliziumeisenkernes gezeigt, und zwar in der
Darstellung $a_0 = A_{eff/cm} = f(B)$. Daraus können für die Induktion B
die zugehörigen Werte der spezifischen — auf den cm Kraftlinienweg
benötigten — Leerlaufamperewindungszahlen a_0 entnommen werden.

Die weiteren Betrachtungen werden zeigen, daß die Permeabilität des Kerneisens eine ausschlaggebende Rolle spielt. Diese ist physikalisch definiert als

$$\mu = \frac{B}{H_s} \cdot \frac{1}{\mu_V},\tag{5}$$

wobei unter B der Scheitelwert der Induktion [Gauß], unter H_s der Scheitelwert der magnetischen Feldstärke [Oe] und als μ_V die Permeabilität des leeren Raumes zu verstehen sind. Diese Art der Definition ist in der Meßwandlertechnik unzweckmäßig, da — wie vorstehend gezeigt — nicht der Scheitelwert der Feldstärke H_s, sondern der Effektivwert der spezifischen Leerlaufamperewindungen $a_{0\mathrm{eff}}$ in den Fehlergleichungen erscheint. Beide Größen unterscheiden sich gemäß der Formel

$$H_s = \frac{4\,\pi}{10} \cdot a_0 \cdot \sigma\tag{6}$$

um die Konstante $4\,\pi/10 = 1{,}256$ und den Scheitelfaktor σ als dem Quotienten aus Scheitelwert und Effektivwert. Außerdem bleibt unberücksichtigt, daß neben den magnetisierenden reinen Blind-Amperewindungen noch Wirk-Amperewindungen für die Deckung der Wirkverluste (Wirbelstrom- und Hystereseverluste) aufzubringen sind, die natürlich auch in den Stromwandlerfehler eingehen. Es ist deshalb zweckmäßig, eine andere Permeabilität μ_g einzuführen, die sich aus dem Quotienten des Scheitelwertes der Induktion B und dem Effektivwert der spezifischen Blind- und Wirk-Amperewindungen

$$\mu_g = \frac{B}{a_0}\tag{7}$$

ergibt.

Wird nun in die Fehlergleichung (3) diese Permeabilität μ_g gemäß (7) bei Berücksichtigung von (4) eingeführt, so ergibt sich

$$F = \frac{\dfrac{B}{\mu_g}}{a_1} \cdot 100 = \frac{B}{\mu_g \cdot a_1} \cdot 100.\tag{8}$$

Ersetzt man dann noch die Induktion B unter Verwendung der Transformatorgleichung (4), so entsteht als Formel für den Gesamtfehler:

$$F = \frac{\sqrt{2} \cdot E \cdot 10^8 \cdot 10^2}{2\,\pi \cdot f \cdot q_E \cdot w \cdot \mu_g \cdot a_1}.\tag{9}$$

Diese Gleichung läßt sich in eine übersichtlichere Form bringen, wenn man Zähler und Nenner mit dem Strom J multipliziert, so daß man die vom Kern zu übertragende Leistung $N = E \cdot J$ und das

Eisenvolumen $V_E = q_E \cdot l_E$ einführen kann:

$$F = \frac{N}{f \cdot V_E \cdot \mu_g \cdot a_1{}^2} \cdot \frac{10^{10}}{\pi \cdot \sqrt{2}} . \qquad (10)$$

Der Gesamtfehler eines Stromwandlers wird um so kleiner, je weniger Leistung abgegeben werden muß und je höher die Frequenz f und die Permeabilität μ_g sind. Der Stromwandlerfehler ist ferner sowohl dem Volumen als auch dem Quadrat der spezifischen primären Amperewindungszahl umgekehrt proportional. Man wird also stets bestrebt sein, die letztere im Quadrat eingehende Größe so günstig wie möglich zu gestalten.

2. Eigenverbrauch. Für den Fehler eines gegebenen Stromwandlers ist, wie dargelegt, die Elektromotorische Kraft E maßgebend, die den Leerlaufstrom J_0 bestimmt. Diese EMK ist, wie Abb. 4d erkennen läßt, die vektorielle Summe der Spannungsabfälle an der Bürde und den inneren Widerständen der Sekundärseite des Wandlers:

$$E = J_2 \cdot (Z_2 + Z_B) . \qquad (11)$$

Selbst unter der Annahme, daß der Stromwandler sekundärseitig kurzgeschlossen wird ($Z_B = 0$), wird die EMK und damit der Wandlerfehler nicht Null. Der Fehler ist dann noch von dem Eigenverbrauch der Sekundärwicklung

$$N_2 = J_2^2 \cdot Z_2 \qquad (12)$$

abhängig. Sekundärer Eigenverbrauch und abgegebene Leistung gehen gleichwertig in den Fehler ein. Eine Möglichkeit, den Fehler in gewissen Grenzen zu verkleinern, besteht deshalb darin, den sekundären Eigenverbrauch durch geeignete Maßnahmen herabzusetzen.

Der Spannungsabfall an den inneren Widerständen der Primärseite trägt dagegen nichts zur Bildung der EMK und damit des Fehlers bei.

Aus diesen Gründen wird immer die Sekundärwicklung in unmittelbarer Nähe des Eisenkernes angeordnet. Die dadurch möglichen kleinsten Wicklungsabmessungen bewirken ein Minimum an Wirk- und Blindwiderstand der Sekundärseite.

3. Gesamtleistung. Die Regeln für Wandler VDE 0414 bezeichnen als Nennleistung des Wandlers diejenige nach außen abzugebende Leistung, die sich ergibt, wenn die Nennbürde vom sekundären Nennstrom durchflossen wird. Gemäß den obigen Überlegungen muß aber der Wandler um den inneren Verbrauch der Sekundärseite größer ausgelegt werden. Die nachfolgenden Betrachtungen sollen demnach grundsätzlich auf die Summe N_g aus Bürdenleistung N_B und Eigenverbrauch der Sekundärseite N_2 bezogen werden.

Die Gesamtnennleistung ist damit durch folgende Vektorgleichung definiert:
$$N_{gn} = N_{2n} + N_{Bn}. \tag{13}$$
Der Index n gibt an, daß es sich um Nenngrößen[1] handelt.

Andererseits ergibt sich die Gesamtnennleistung aus EMK und Strom zu
$$N_{gn} = E_{1n} \cdot J_{1n} \quad \text{bzw.} \quad N_{gn} = E_{2n} \cdot J_{2n} \tag{14}$$
oder allgemein
$$N_{gn} = E_n \cdot J_n. \tag{15}$$

Ersetzt man E aus der Transformatorgleichung (4) entsprechend (15), so ergibt sich
$$N_{gn} = \frac{2\pi}{\sqrt{2}} \cdot f \cdot B_n \cdot q_E \cdot w \cdot 10^{-8} \cdot J_n. \tag{16}$$

Nun werden noch das Eisenvolumen ($V_E = q_E \cdot l_E$) und die spezifische Nennamperewindungszahl a_n eingeführt:
$$N_{gn} = \frac{2\pi}{\sqrt{2}} \cdot f \cdot B_n \cdot V_E \cdot a_n \cdot 10^{-8}. \tag{17}$$

Unter Berücksichtigung der Gleichungen (2) und (7) ergibt sich dann schließlich:
$$N_{gn} = \frac{2\pi}{\sqrt{2}} \cdot 10^{-10} \cdot f \cdot F \cdot V_E \cdot \mu_g \cdot a_n^2. \tag{18}$$

Diese Gleichung läßt erkennen, daß die Gesamtleistung direkt proportional dem Eisenvolumen V_E [cm^3], dem Gesamtfehler F [%], der Frequenz f [Hz] und der effektiven Gesamtpermeabilität μ_g ist. Die Nennamperewindungszahl dagegen steht in quadratischer Abhängigkeit zur Gesamtleistung.

Man könnte nun aus der Gleichung schließen, daß man die doppelte Gesamtleistung aus einem bestimmten Wandler entnehmen könnte, wenn man den doppelten Fehler zuläßt. Dies ist aber durchaus nicht immer der Fall. Eine Verdoppelung der Gesamtleistung bedeutet ja eine Verdoppelung der Elektromotorischen Kraft E und damit auch der Induktion B. Mit dem Übergang auf eine andere Induktion aber ist im allgemeinen eine Änderung der Permeabilität μ_g verbunden.

In Abb. 6 ist die Magnetisierungskurve von Stromwandlerblech in der Form $\mu_g = f(B)$ in doppellogarithmischem Maßstab dargestellt.

Gleichung (18) und Abb. 6 lassen ersehen, daß sich bei doppeltem Fehler F [%] eine mehr als doppelt so große Gesamtleistung entnehmen läßt, so lange sich die Induktion B im aufsteigenden Ast der μ_g-Kurve bewegt. Verschiebt sich die Induktion B dagegen in das Gebiet jenseits des Permeabilitätsmaximums, so führt wegen des steilen μ_g-Abfalls

---

[1] Nennwert ist gemäß VDE 0414 der auf dem Leistungsschild angegebene Wert.

bereits eine verhältnismäßig geringe Vergrößerung der entnommenen Leistung zur Fehlerverdoppelung.

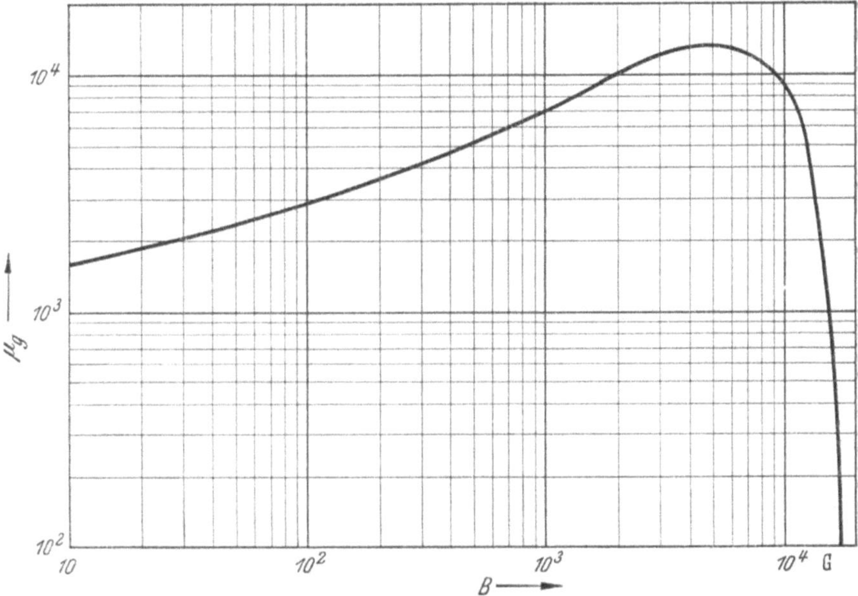

Abb. 6. Permeabilitätskurve von Stromwandlerblech, 0,35 mm stark.

4. Das Stromwandlerdiagramm. Das Stromwandlerdiagramm unterscheidet sich nicht vom Diagramm eines fast kurzgeschlossenen Transformators. Es können aber einige Vereinfachungen vorgenommen werden, da, wie die Fehlerberechnung gezeigt hat, nur die Kenntnis der Elektromotorischen Kraft E erforderlich ist, um den Stromteil des Diagramms zu entwerfen, aus dem dann der Fehler des Stromwandlers entnommen werden kann. Man bildet daher zweckmäßig zunächst aus den ohmschen und induktiven Spannungsabfällen an der sekundären inneren Bürde und der an die Wandlerklemmen angeschlossenen Außenbürde die EMK E. Über die Transformatorgleichung (4) erhält man dann die zugehörige Induktion B und aus der Magnetisierungskurve sowie der Eisenverlustkurve (Abb. 5 und 7) den Blindanteil J_{0b} und den Wirkanteil J_{0w} des Leerlaufstromes J_0. J_{0b} eilt der EMK um 90° nach, J_{0w} ist mit ihr phasengleich. Mit dem Wert (Vektorgleichung)

$$J_0 = J_{0w} + J_{0b} \tag{19}$$

hat man zugleich den Gesamtfehlervektor F des Wandlers gewonnen.

Die Entnahme des Gesamtfehlers F [%] aus diesem Diagramm wäre reichlich ungenau, besonders dann, wenn es sich um einen Präzisions-

wandler handelt. Zweckmäßig vergrößert man deshalb den Strommaßstab beträchtlich und zeichnet nur den Teil des Diagramms, der den
Leerlaufstrom enthält (Abb. 8). Die Vektoren J_1 und J_2 können als
parallel verlaufend angenommen werden, ohne daß ein merklicher Fehler
entsteht.

MÖLLINGER und GEWECKE haben wohl als Erste gezeigt, wie man
auf diese Weise den Gesamtfehlerverlauf in Abhängigkeit vom Strom
in einem Diagramm erfassen kann. Dieses unterscheidet sich von dem

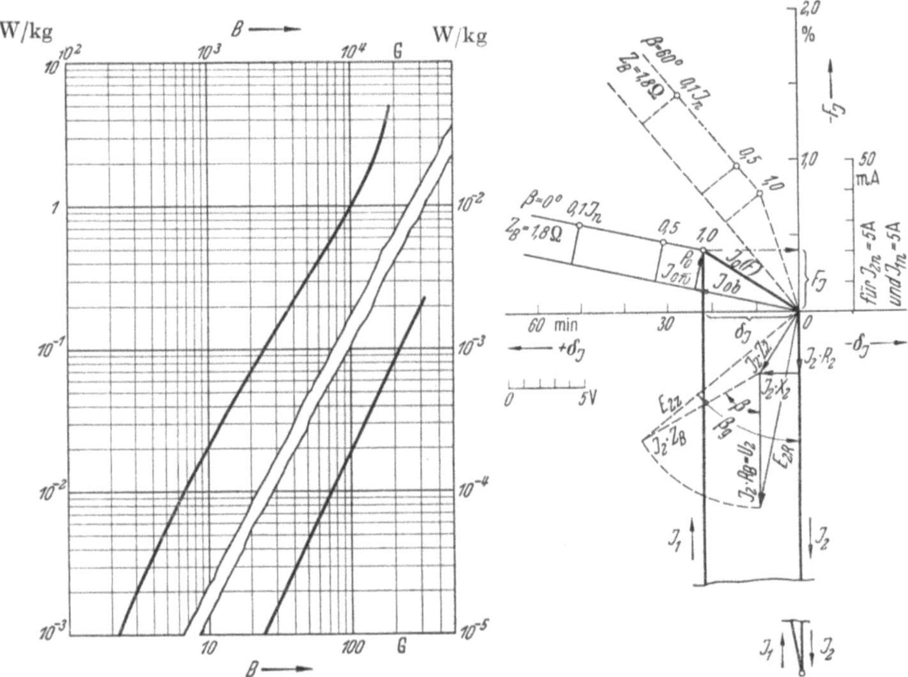

Abb. 7. Spezifische Eisenverluste von
Stromwandlerblech, 0,35 mm stark.

Abb. 8. Stromwandlerdiagramm
nach MÖLLINGER-GEWECKE.

bisher besprochenen dadurch, daß die Fehlerwerte nicht nur für Nennstrom, sondern auch für Bruchteile des Nennstromes eingetragen sind.

Um auch für diese Fälle die vorgesehenen Prozent-Maßstäbe für den
Stromfehler und den Fehlwinkel benutzen zu können, variiert man den
Strommaßstab in der Weise, daß der Primär- bzw. Sekundärstrommaß-
stab im umgekehrten Verhältnis zum Nennstrom vergrößert wird.
Dadurch bleiben die Maßstäbe in Prozenten bzw. in Winkelminuten
erhalten. Man erhält so eine Fehlerortskurve über den gesamten Strombereich.

Möllinger und Gewecke haben die Fehlerortskurve insofern etwas vereinfacht, als sie annahmen, daß der Wirkstromanteil des Leerlaufstromes der Spannung und damit der Induktion proportional sei. Diese Vereinfachung führt dazu, daß aus der Fehlerortskurve eine Fehlerortsgerade wird. Dies ist nur zulässig, solange der Arbeitsbereich des Stromwandlers bei Induktionen liegt, die klein gegen die Sättigungsinduktion des Eisens sind. Da aber heute in zunehmendem Maße das Überstromgebiet interessiert, bei dem diese Voraussetzung nicht mehr zutrifft, soll bei dem später zu rechnenden Beispiel von dieser Vereinfachung kein Gebrauch gemacht werden.

Gewöhnlich wird nicht nach dem Gesamtfehler F gefragt, sondern nach den Komponenten in Richtung von J_2 und senkrecht dazu. Die erste gibt den Fehler des Übersetzungsverhältnisses an und wird „Stromfehler" genannt. Die zweite ist ein Maß für die Winkelabweichung zwischen Primär- und Sekundärstrom und wird als „Fehlwinkel" bezeichnet. Der Stromfehler F_J wird in Prozenten angegeben und positiv gerechnet, wenn der Sekundärstrom größer ist als sein Sollwert. Der Fehlwinkel δ_J wird in Winkelminuten ausgedrückt und positiv gerechnet, wenn der Sekundärstrom dem Primärstrom voreilt, wobei der Phasenunterschied von 180° unberücksichtigt bleibt.

Das Möllinger-Gewecke-Diagramm gestattet, in einfachster Weise Stromfehler und Fehlwinkel direkt abzulesen. Zu diesem Zweck wird durch den Endpunkt des Vektors J_2 (Punkt 0 von Abb. 8) ein Achsenkreuz gelegt, dessen in J_2-Richtung angeordnete Ordinate — Stromfehler — in Prozent und die zu J_2 senkrechte Abszisse — Fehlwinkel — in Minuten geteilt wird. Beide Maßstäbe sind gegeneinander nicht frei wählbar; es ist vielmehr zu beachten, daß

$$1\% = 34{,}4 \text{ Minuten} \tag{20}$$

ist.

Um die zu einem bestimmten Gesamtfehler F gehörigen Stromfehler F_J und Fehlwinkel δ_J zu erhalten, ist es nur nötig, den Endpunkt (P_0) des F-Vektors auf die Achsen zu projizieren.

Die Leerlaufdreiecke stehen mit ihrer Blindkomponente J_{0b} stets senkrecht auf der EMK. Das Diagramm zeigt den Fall einer ohmschen Bürde (ausgezogen gezeichnet), bei dem die sekundäre Klemmenspannung U_2 zur J_2-Richtung parallel verläuft. Der sekundäre Bürdenleistungsfaktor ist hierbei 1. Belastet man nun den Wandler mit einer Bürde, die eine andere Phasenverschiebung hat, so verdrehen sich, wie das Diagramm Abb. 8 gestrichelt zeigt, mit der EMK auch die Leerlaufdreiecke. Solange die EMK die gleiche bleibt, ist die Größe der Dreiecke und damit der Gesamtfehler F ebenfalls konstant. Es ist also dann auf einfachste Weise möglich, durch Schwenken der

Fehlerortskurve um den Nullpunkt die Werte für Stromfehler und Fehlwinkel für einen anderen Bürdenwinkel bei gleicher Gesamtbürde aus dem Diagramm zu entnehmen.

Wie der Spannungsteil des Diagramms erkennen läßt, bedeutet ein Gleichhalten der EMK bei verschiedenen Phasenwinkeln aber eine jeweils andere Aufteilung in die stets gleichen inneren Spannungsabfälle und die an den Klemmen zur Verfügung stehende Spannung. Nur wenn der innere Verbrauch des Wandlers gegenüber der nach außen hin abzugebenden Leistung vernachlässigt werden kann, beziehen sich die durch Schwenken der Fehlerortskurve erhaltenen neuen Fehlerwerte auf die gleiche Außenleistung des Stromwandlers bei anderem Bürdenwinkel.

Im Diagramm ist der praktisch wichtige Fall gezeigt, daß die Bürde den gleichen Wert bei anderem Phasenwinkel hat. Dann bleibt die Klemmenspannung U_2 die gleiche; die EMK E_2 sowie die sich von ihr ableitenden Werte von J_{0w} und J_{0b} nehmen eine andere Größe an.

MÖLLINGER und GEWECKE haben ihr Diagramm in der Form von Strom- und Spannungsvektoren dargestellt. Diese Darstellungsart wurde auch hier beibehalten. Um aber von der Reduzierung des Übersetzungsverhältnisses auf den Wert 1:1 freizukommen, erscheint es zweckmäßig, im Stromteil des Diagramms nicht mit Strömen, sondern mit Amperewindungen zu arbeiten. Für den Spannungsteil des Diagramms kann die von MÖLLINGER und GEWECKE gezeigte Form beibehalten werden, da ja nur der Diagrammteil der Sekundärwicklung gezeichnet wird.

5. Beziehungen zwischen Gesamtfehler, Stromfehler und Fehlwinkel. Bezeichnet man mit β_g den Winkel zwischen Strom und Spannung an der Gesamtbürde, mit φ_0 (Eisenwinkel) denjenigen zwischen der EMK und dem Gesamtleerlaufstrom, so ergeben sich gemäß Abb. 9 für die Aufteilung des Gesamtfehlers folgende Beziehungen für den Stromfehler F_J [%] und die Winkelabweichung δ_J [%]

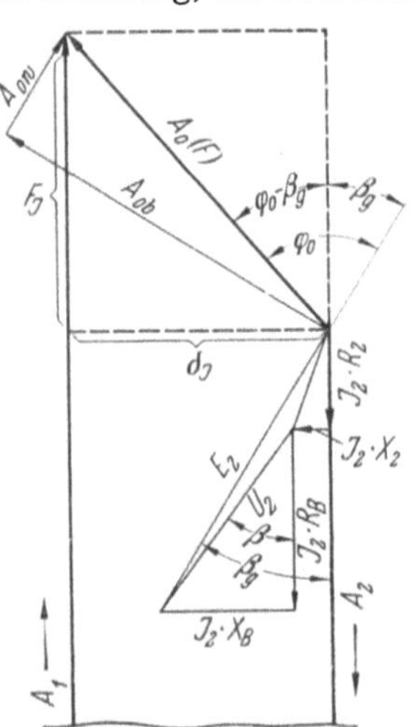

Abb. 9. Winkelbeziehungen im Stromwandlerdiagramm.

$$F_J = F \cdot \cos (\varphi_0 - \beta_g) \qquad (21)$$

$$\delta_J = F \cdot \sin (\varphi_0 - \beta_g). \qquad (22)$$

Üblicherweise wird der Fehlwinkel nicht in %, wie in (22), sondern in Winkelminuten angegeben. 1 % entspricht 34,4′. Damit ändert sich die Gleichung für den Fehlwinkel [Min] in

$$\delta_J = F \cdot \sin (\varphi_0 - \beta_g) \cdot 34,4. \qquad (23)$$

6. Auswertung des Stromwandler-Diagramms. Zeichnet man das MÖLLINGER-Diagramm für den Fall, daß die Gesamtbürde rein ohmisch ist, also für einen Bürdenleistungsfaktor von $\cos \beta_g = 1$ (Abb. 10), so bildet die Blindkomponente des Leerlaufstromes den Fehlwinkel, die Wirkkomponente desselben den Stromfehler. Auf diese Weise wäre es möglich, mit den später zu besprechenden Meßverfahren für Stromfehler und Fehlwinkel die Wirk- und Blindkomponente des Leerlaufstromes der verwendeten Eisensorte zu ermitteln. Der Fall einer ohmschen Gesamtbürde aber läßt sich nun leider nicht vollständig realisieren, da zwar die Außenbürde rein ohmisch ausgebildet werden kann,

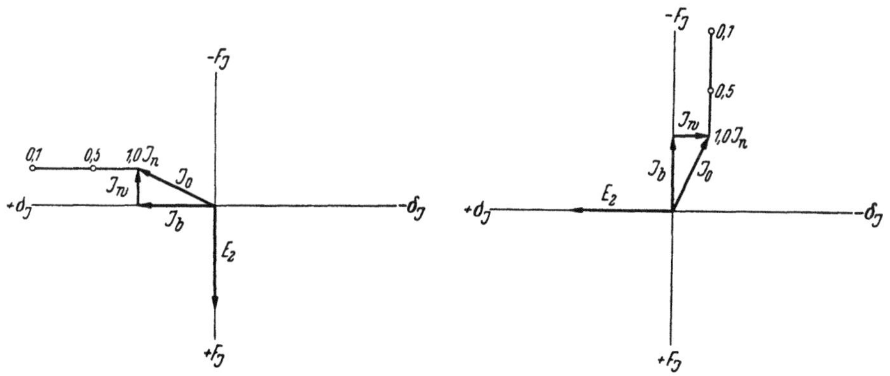

Abb. 10. Stromwanderdiagramm
für $\cos \beta_g = 1$.

Abb. 11. Stromwandlerdiagramm
für $\cos \beta_g = 0$.

die sekundäre Innenbürde aber mit der nicht beseitigbaren Streureaktanz der Sekundärseite behaftet ist. Das angedeutete Verfahren für die Bestimmung der Komponenten des Leerlaufstromes wird um so genauer werden, je kleiner das Verhältnis zwischen sekundärer Innenbürde und Außenbürde ist.

Im anderen Grenzfall (Abb. 11), nämlich dem der rein induktiven Gesamtbürde ($\cos \beta_g = 0$), ist der Blindanteil des Leerlaufstromes für den Stromfehler und die Wirkkomponente für den Fehlwinkel verantwortlich.

Das MÖLLINGER-Diagramm (Abb. 10) für den ersten Grenzfall der rein ohmschen Bürde läßt dazu noch erkennen, daß sich nur positive Fehlwinkel einstellen können. Entsprechend ergeben sich im zweiten Grenzfall — induktive Bürde (Abb. 11) — nur negative Fehlwinkel.

7. Umrechnungsmöglichkeiten für Stromwandlerfehler. Häufig ist es erwünscht, die Fehler bei anderen Strom- oder Bürdenwerten zu kennen. Es soll deshalb nachfolgend ein einfaches und verhältnismäßig wenig zeitraubendes Verfahren erläutert werden, das die Fehler bei anderen Betriebsverhältnissen zu ermitteln gestattet.

Für einen bestimmten Stromwert J_p und eine Gesamtbürde Z_{gp} läge der Gesamtfehler F_{gp} vor. Ändert man nun die Gesamtbürde in einen Wert

$$Z_{gq} = x \cdot Z_{gp} \tag{24}$$

und gleichzeitig den Strom in

$$J_q = \frac{1}{x} \cdot J_p, \tag{25}$$

dann ist offensichtlich die EMK ($E = J \cdot Z_g$) die gleiche geblieben, demzufolge auch der Wert der Induktion B und damit der Permeabilitätswert μ_g sowie auch die Leerlaufamperewindungen A_0 bzw. der Leerlaufstrom J_0. Wie die Gleichung (1) erkennen läßt, ändert sich damit der Fehler im umgekehrten Verhältnis der Primärströme

$$F_q = \frac{J_q}{J_p} \cdot F_p = x \cdot F_p. \tag{26}$$

Diese sehr einfachen Beziehungen lassen sich sowohl dazu verwenden, vorliegende Fehlerkurven zu überprüfen, als auch sie zu erweitern. Voraussetzung ist allerdings die genaue Kenntnis der inneren sekundären Bürde des Stromwandlers. Das Verfahren kann, ohne daß die innere sekundäre Bürde berücksichtigt wird, mit Erfolg auch dann angewandt werden, wenn diese gegen die Nutzbürde vernachlässigbar klein ist.

Soll die Umrechnung nicht für den Gesamtfehler F, sondern für den Stromfehler F_J und den Fehlwinkel δ_J erfolgen, so ist weitere Voraussetzung, daß der Gesamtbürdenleistungsfaktor $\cos \beta_g$ konstant bleibt.

Selbst für den komplizierten Fall, daß auch dies nicht zutrifft, kann das Umrechnungsverfahren unter Zuhilfenahme des MÖLLINGER-Diagramms angewandt werden. Es muß dann der Umweg beschritten werden, daß erst der Gesamtfehler F — für den die Forderung der Winkelkonstanz nicht besteht — umgerechnet, dieser im Diagramm entsprechend der Winkeländerung eingezeichnet und gedreht wird und dann erst aus dem Diagramm die neuen Stromfehler und Fehlwinkel abgelesen werden.

Diese Umrechnungen gelten für einen Wandler mit Soll-Windungsverhältnis. Bei Wandlern, deren Windungszahlen davon abweichen, ist diese Abweichung in die Umrechnung mit einzubeziehen.

8. Genauigkeit im Überstromgebiet. Steigert man den Primärstrom eines mit konstanter Bürde belasteten Stromwandlers, so erhöht sich im gleichen Maße die Induktion im Eisen. Wird der Primärstrom so weit gesteigert, daß die Induktion sich ihrem oberen Grenzwert, der Sättigungsinduktion, nähert, dann fällt die Permeabilität μ_g rasch ab und nähert sich asymptotisch dem Permeabilitätswert der Luft. Wie die Fehlergleichungen erkennen lassen, muß der Fehler des Stromwandlers dann sehr groß sein.

Um das Fehlerverhalten bei Überstrom zu charakterisieren, ist in den VDE-Regeln der Begriff „Überstromziffer" — n — festgelegt worden. Unter der Nennüberstromziffer n_n wird bei Stromwandlern dasjenige Vielfache des primären Nennstromes verstanden, bei dem der Stromfehler bei Nennbürde 10% beträgt.

Man kann die rasche Vergrößerung des Fehlers eines Stromwandlers mit steigendem Primärstrom dazu ausnutzen, die an den Wandler angeschlossenen Zähler, Meßinstrumente und dgl. vor zu hohen Überströmen zu schützen. Von dieser Möglichkeit wird in der Praxis vielfach Gebrauch gemacht. Heute wird häufig verlangt, daß bei solchen Stromwandlern, die zur Speisung von empfindlichen Geräten (Zählern, Schreibern) verwendet werden sollen, die Nennüberstromziffer den Wert 5 oder 10 nicht übersteigen soll.

Nun ist jedoch mit der Überstromziffer nur ein Punkt der Fehlerkurve im Überstromgebiet festgelegt. Dies reicht im allgemeinen nicht aus, um bei beliebig hohem Primärstrom den durch die angeschlossenen Geräte fließenden Sekundärstrom zu ermitteln. Wünschenswert wäre daher eine Festlegung, die das Überstromverhalten noch möglichst weit oberhalb des Überstromzifferwertes erkennen läßt.

Man könnte zunächst vermuten, daß mit rasch zunehmendem Stromfehler der Sekundärstrom einem Grenzwert zustrebt. Das ist jedoch nicht der Fall, wie folgende Überlegung zeigt. Wenn die Permeabilität μ des Eisenkernes bei voller Sättigung desselben den Wert 1 angenommen hat, verhält sich der Wandler etwa so, als ob der Eisenkern überhaupt nicht vorhanden wäre. Der Stromwandler zeigt dann praktisch das Verhalten eines Lufttransformators. Bei diesem sind die inneren Widerstände stromunabhängig. Er zeigt bei konstanter Belastung einen gleichbleibenden Fehler. Man kann also beim Stromwandler von einem *Grenzfehler* sprechen. Dies ist eben derjenige, der sich dann einstellt, wenn das Eisen völlig gesättigt ist. In diesem Gebiet steigt der Sekundärstrom wieder proportional dem Primärstrom an, so daß ein sekundärer *Grenzstrom* nicht existiert. Die Ermittlung des Grenzfehlers läßt sich experimentell durchführen, wenn man den Wandler ohne Eisenkern — gegebenenfalls als Modell — durchmißt. Auch eine annähernde rechnerische Ermittlung ist möglich.

Wie bereits erwähnt, ist das Übersetzungsverhältnis bzw. der Fehler eines Luftstromwandlers nur konstant, wenn die an den Wandler angeschlossene Bürde die gleiche bleibt. Bei kleinerer Bürde stellt sich ein kleinerer Grenzfehler ein; bei gleichem primären Überstrom entspricht dem dann ein größerer Sekundärstrom.

Ähnlich liegen die Verhältnisse auch hinsichtlich der Überstromziffer. Reduziert man die Gesamtbürde (Bürde + sekundärer Eigenwiderstand) eines Stromwandlers beispielsweise auf die Hälfte der Gesamtnennbürde, so stellt sich die gleiche Induktion im Eisen erst bei dem Doppelten des Primärstromes ($n \cdot J_n$) ein, der bei Gesamtnennbürde dem Fall der Nennüberstromziffer entspricht. Gemäß den Betrachtungen, die im vorhergehenden Abschnitt angestellt wurden, ist dann zwar der Leerlaufstrom der gleiche, der Fehler aber nicht 10 %, sondern nur 5 %. Der Fehler von 10 % — entsprechend der Definition der Überstromziffer — tritt also erst bei einem höheren als dem doppelten Primärstrom ein. Es ergibt sich demnach eine mehr als doppelt so große Überstromziffer bei halber Gesamtbürde. Die weitverbreitete Anschauung, daß das Produkt aus Überstromziffer n und Gesamtbürde N_g konstant sei, ist demnach — exakt betrachtet — falsch. Bereits bei der Umrechnung 1:2 sind Abweichungen in der Größenordnung von 10 ··· 20 % zu erwarten.

Wenn man also an den Stromwandler angeschlossene Geräte vor Überstromschäden schützen will, ist es zweckmäßig, den Stromwandler möglichst „auszubürden", d. h. ihn möglichst mit der Nennbürde zu belasten. Die Schutzwirkung des Stromwandlers geht mehr und mehr verloren, je kleiner das Verhältnis Bürde zu Nennbürde ist. Man sollte deshalb immer einen Stromwandler wählen, dessen Nennleistung nur wenig über der benötigten Leistung liegt. Früher wurde häufig derjenige Stromwandler als der günstigere angesehen, der in einer bestimmten Klasse eine höhere Leistung abzugeben in der Lage war. Diese falsche Vorstellung herrscht in weiten Kreisen leider heute noch vor. Die überspitzt hohen Nennleistungen sind erfreulicherweise jedoch inzwischen aus den Stromwandlerlisten der Wandlerhersteller verschwunden, nicht zuletzt dank der Arbeiten der Arbeitsgruppe „Meßwandler" des Fachnormenausschusses Elektrotechnik und der VDE-Kommission „Meßwandler".

Unterstützt wird die Forderung nach richtigem Ausbürden des Wandlers noch durch die Tatsache, daß die bisher gemachte Bedingung einer stromunabhängigen Bürde bei weitem nicht immer erfüllt ist. Besonders bei Geräten, die Eisen enthalten (Zähler, Relais), steigt der induktive Anteil des Spannungsverbrauches dieser Geräte im Sättigungsgebiet des Eisens nicht mehr linear mit dem Strom. Dies ist gleichbedeutend mit einer Verkleinerung der Bürde im Überstrombereich. Will man die sekundäre Überstromcharakteristik eines Satzes aus Stromwandler und angeschlossenen Geräten ermitteln, so ist natürlich die Kenntnis der Widerstandscharakteristik der angeschlossenen Geräte von Wichtigkeit. Abb. 12 zeigt den Verlauf des Scheinwiderstandes Z — bezogen auf den Wert Z_n bei Nennstrom — und des $\cos \beta$, abhängig vom Strom für einen modernen Zähler.

Bei den Relais liegen die Verhältnisse zum Teil noch ungünstiger, wie
Abb. 13 zeigt. Relais sind andererseits im allgemeinen für hohe Überströme ausgelegt und daher nicht so empfindlich gegen Überlastung,
wie dies beispielsweise bei Zählern der Fall ist. Bei letzteren sind es neben
den thermischen und dynamischen Beanspruchungen, die zu einer

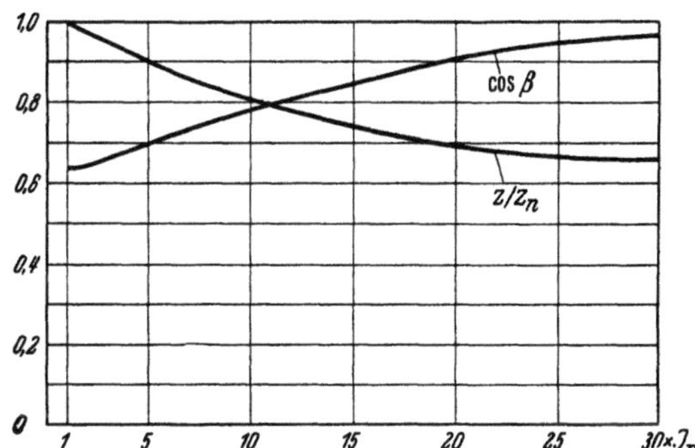

Abb. 12. Scheinwiderstand und Leistungsfaktor im Strompfad
eines Wechselstromzählers.

Beschädigung des Zählers führen können, auch die mögliche Schwächung
der Bremsmagnete, die eine dauernde Beeinträchtigung der Meßgenauigkeit zur Folge hat.

Nach diesen Vorbetrachtungen soll der Verlauf von Fehler und effek-
tivem Sekundärstrom im Überstromgebiet an Hand von Formeln und

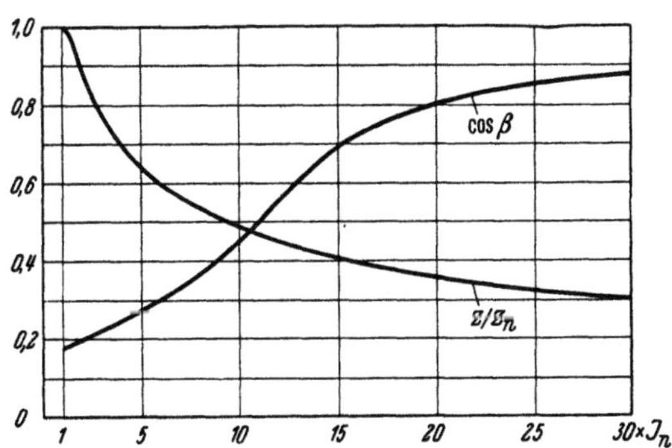

Abb. 13. Scheinwiderstand und Leistungsfaktor eines Überstromrelais.

Diagrammen genauer entwickelt werden. Abb. 14 zeigt die Darstellung
des Stromwandlers als Vierpol in etwas abgewandelter Form. Im Gegensatz zu der sonst üblichen Darstellung ist für den Widerstand Z_0 eine
Reihenschaltung des ohmschen Anteils R_0 und des induktiven Anteils X_0
gewählt. Dies ist ohne weiteres zulässig, solange der Wandler nur bei

einer festen Frequenz betrachtet wird. Abb. 15 zeigt das allgemeine Vektordiagramm für diese Anordnung. Mit

$$\ddot{u} = \frac{J_1 \cdot w_1}{J_2 \cdot w_2} = \frac{A_1}{A_2} \tag{27}$$

sei der Betrag des Amperewindungs-Verhältnisses bezeichnet. Aus dem schiefwinkligen Dreieck (Abb. 15), das von A_1, A_2 und A_0 gebildet wird, kann mit Hilfe des Cosinussatzes die Größe A_1 der Formel (27) durch A_2, A_0 und $\cos(\varphi_0 - \beta_g)$ ersetzt werden. Führt man

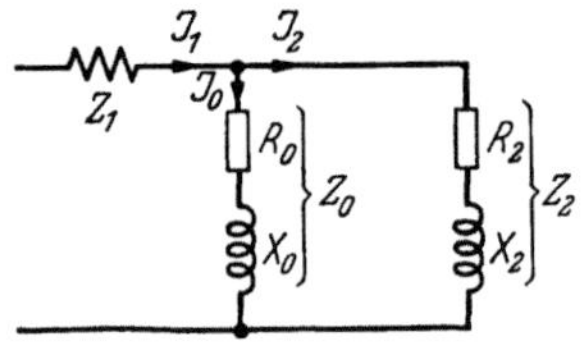

Abb. 14. Vereinfachte Vierpoldarstellung für einen Stromwandler.

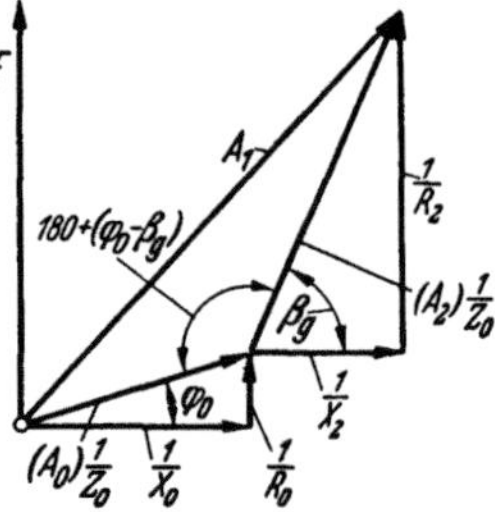

Abb. 15. Vektordiagramm für Stromwandler in Stromteilerschaltung.

weiter an Stelle der Amperewindungszahlen A_2 und A_0 die entsprechenden Widerstände ein, so ergibt sich als allgemeine Gleichung:

$$\ddot{u} = \sqrt{\left(\frac{Z_{2g}}{Z_0}\right)^2 + 2 \cdot \frac{Z_{2g}}{Z_0} \cdot \cos(\varphi_0 - \beta_g) + 1}, \tag{28}$$

wobei unter Z_{2g} die Summe aus dem sekundärseitigen Innenwiderstand und der Bürde verstanden werden soll. φ_0 ist der Winkel zwischen EMK und Leerlaufstrom, β_g der Winkel der Gesamtbürde. Die Lösung dieser Gleichung zeigt Abb. 16 in der Darstellung $\ddot{u} = f(Z_{2g}/Z_0)$. Der Schutz gegen Überstrom, den der Wandler den nachgeschalteten Meßgeräten gewährt, ist um so größer, je höher der Wert von $\ddot{u}$ wird. Am kleinsten ist er deshalb, wie Abb. 16 zeigt, für $\cos(\varphi_0 - \beta_g) = 0$. In diesem Falle vereinfacht sich die Gleichung (28) zu

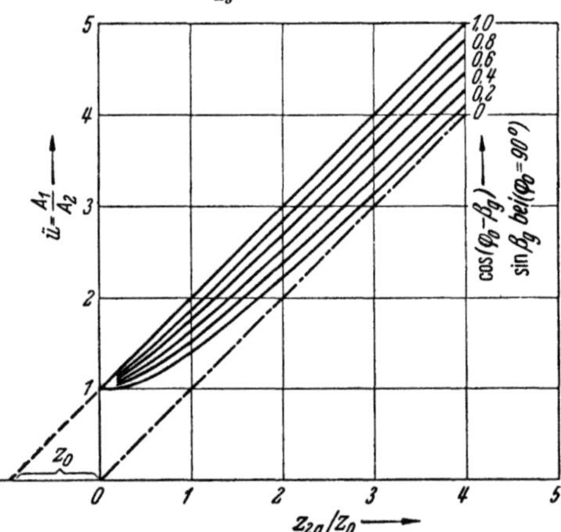

Abb. 16. Übersetzungsverhältnis eines Stromwandlers in Abhängigkeit vom Widerstandsverhältnis.

$$\ddot{u} = \sqrt{\left(\frac{Z_{2g}}{Z_0}\right)^2 + 1}. \tag{29}$$

Für den kernlosen Wandler und damit auch angenähert für den Fall, daß der mit Eisenkern versehene Wandler in voller Sättigung arbeitet, ist der ohmsche Anteil R_0 des Leerlaufwiderstandes Z_0 vernachlässigbar, so daß der Winkel φ_0 den Wert 90° annimmt. Die Gleichung (28) geht dann über in

$$\ddot{u}_{\mathrm{max}} = \sqrt{\left(\frac{Z_{2g}}{X_0}\right)^2 + 2 \cdot \frac{Z_{2g}}{X_0} \cdot \sin \beta_g + 1}. \tag{30}$$

Das Vektordiagramm für diesen Fall zeigt Abb. 17. Der geometrische Ort für die Endpunkte von A_2 und A_1 ist ein Kreis mit Radius $1/Z_{2g}$, dessen Mittelpunkt durch den Endpunkt des Leerlaufvektors bzw. von $1/X_0$ gebildet wird.

Die vereinfachten Verhältnisse gemäß Formel (30) sind bereits in Abb. 16 dadurch berücksichtigt, daß als Parameter zusätzlich $\sin \beta_g$ eingetragen ist. Den ungünstigsten Verlauf nimmt die unterste der Kurven ($\sin \beta_g = 0$; $\beta_g = 0$; $Z_{2g} = R_2$), die sich der strichpunktierten Linie asymptotisch nähert. Dieser Fall hat insofern

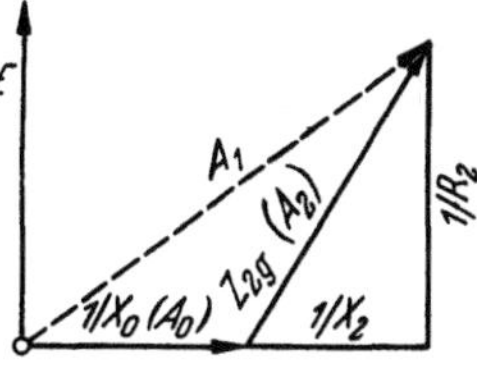

Abb. 17. Vektordiagramm des Stromwandlers ohne Eisenkern.

eine besondere Bedeutung, als bei sehr großem Überstrom infolge Sättigung des Kerneisens der angeschlossenen Geräte nur noch der ohmsche Anteil R_{2g} der Bürde Z_{2g} wirksam ist. Bei sehr hohen Werten für Z_{2g}/Z_0 ergibt sich dann angenähert:

$$\ddot{u}_{\mathrm{min}} \approx \frac{R_{2g}}{X_0}. \tag{31}$$

Diese Betrachtungen zeigen, daß eine fühlbare Beeinflussung des Überstromverhaltens nur durch entsprechende Wahl von Z_{2g}/Z_0 möglich ist. Bei gegebenem primären Überstrom stellt sich ein um so kleinerer sekundärer Überstrom ein, je größer Z_{2g} und je kleiner Z_0 ist. Die Vergrößerung von Z_{2g} findet eine Grenze in der Nennbürde des Wandlers. Hier wird die oben an Hand von allgemeinen Betrachtungen aufgestellte Forderung des „möglichst vollen Ausbürdens" bestätigt. Der Wert Z_0 hängt von der Ausführung der Wicklung ab. Man kann sich am besten hierüber ein Bild machen, wenn man den in der Hochfrequenztechnik üblichen Begriff des Kopplungsfaktors

$$K = \frac{L_{1,2}}{\sqrt{L_1 \cdot L_2}} \tag{32}$$

einführt. L_1 und L_2 sind die Induktivitäten der primären und sekundären Wicklung, $L_{1,2}$ der wechselseitige Induktionskoeffizient (Gegeninduktivität). Dieser Kopplungsfaktor gibt an, welcher Anteil von Kraftlinien des durch die Primärwicklung erzeugten Feldes die Sekundärwicklung durchsetzt. Das Amperewindungsverhältnis $\ddot{u}$ wird um so größer, je niedriger der Kopplungsfaktor K ist. Abb. 18a zeigt eine in diesem

Sinne günstige; Abb. 18 b und c ungünstigere Anordnungen. Daraus folgt, daß es zur Erzielung eines wirksamen Schutzes der angeschlossenen Geräte durch den Stromwandler zweckmäßig ist, ein Wandlermodell zu wählen, dessen Streuung zwischen Primär- und Sekundärwicklung groß ist. Eine besonders kleine Flächenabmessung der Sekundärspule ergibt sich bei gegebener Nennleistung durch Verwendung von hochpermeablem Nickeleisen.

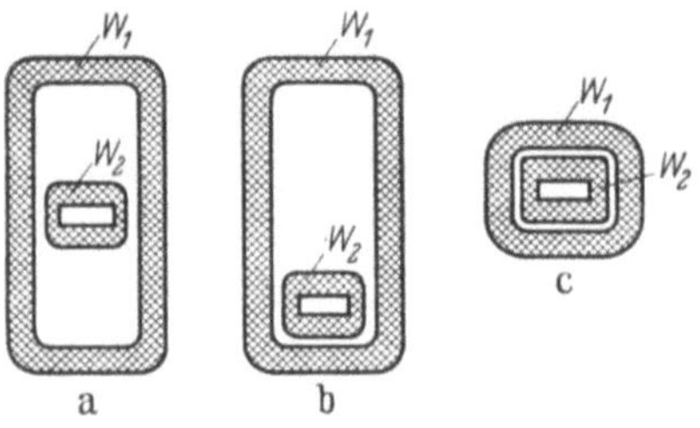

Abb. 18. Wicklungsanordnungen für Stromwandler.

Das Überstromverhalten des Wandlers *mit* Eisenkern bei konstanter Gesamtbürde zeigt Abb. 19. Als Abszisse ist das Vielfache des primären und als Ordinate dasjenige des sekundären Nennstromes gewählt. Das Verhalten des fehlerlosen Wandlers wird dann durch die strichpunktierte 45°-Gerade (a) beschrieben. Diese setzt einen Eisenkern voraus, dessen Permeabilität sehr groß gegenüber der der Luft ist. Diese Voraussetzung ist jedoch in der Nähe der Sättigungsinduktion nicht mehr gegeben, da dann die Permeabilität bei weiterer Steigerung des Primärstromes rasch absinkt und dem Wert 1 — der Permeabilität der Luft — zustrebt. Die Überstromkurve (b) eines normalen Stromwandlers verläßt demnach dann die 45°-Gerade, neigt sich mehr und mehr und nähert sich schließlich asymptotisch der Geraden (c), die eine Parallele zu der dem gleichen, aber eisenlosen und gleich belasteten Wandler zugehörigen Geraden (d) ist.

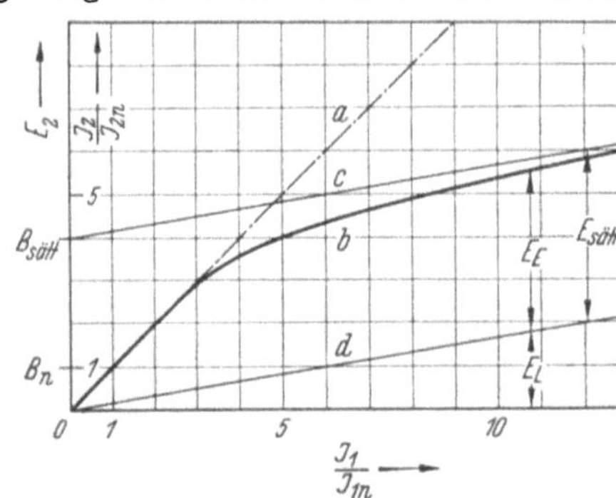

Abb. 19. Überstromverhalten des Stromwandlers bei Belastung mit konstanter Bürde.

Trägt man als Ordinate die sekundäre EMK als Produkt aus Sekundärstrom und Gesamtnennbürde auf und wählt einen Maßstab, der dem Verhältnis $J_2/J_{2n} = 1$ die Nenn-EMK bezw. Nenninduktion zuordnet, so bleibt das Bild unter der Voraussetzung einer stromunabhängigen Gesamtbürde unverändert. Bei kleinerer Bürde ändert sich der EMK- und der B-Maßstab umgekehrt proportional der Verkleinerung der Gesamtbürde.

Die EMK setzt sich im Überstromgebiet aus zwei Anteilen zusammen. Mit E_L ist der EMK-Anteil bezeichnet, der dem Wandler ohne Eisenkern entspricht, mit E_E derjenige, der durch den Fluß im Eisen gebildet wird. Im Gebiet hohen Überstromes ist E_E in seinem Effektivwert konstant und durch die Sättigungsinduktion der verwendeten Eisensorte gegeben. Die die Überstromkurve (b) des Wandlers nach oben begrenzende Gerade (c) wird demnach dadurch gefunden, daß eine Parallele zu der Geraden (d) des eisenkernlosen Wandlers in einem Abstand gezogen wird, der einer sekundären EMK $E_{\text{sätt}}$ entspricht, die sich aus der Transformatorgleichung bei Einsetzen der Sättigungsinduktion des verwendeten Eisens ergibt.

Die vorstehend wiedergegebenen neuen Erkenntnisse hinsichtlich des Überstromverhaltens von Stromwandlern wurden bei Untersuchungen gewonnen, die etwa gleichzeitig bei der AEG und bei S & H durchgeführt wurden. Über erstere haben A. KALTOFEN und R. KÜCHLER ausführlich berichtet (s. Schrifttum).

Bei der bisherigen Schilderung des Überstromverhaltens des Wandlers mit Eisenkern entsprechend Abb. 19 wurden bewußt die Winkelbeziehungen von Wandler und Bürde vernachlässigt. Dies erscheint zulässig, da in der Praxis für den Schutz der an den Wandler angeschlossenen Geräte gegen Überstromschäden immer nur der größte, im ungünstigsten Falle auftretende Sekundärstrom bei gegebenem Primärstrom interessiert. Bei Berücksichtigung der Winkelbeziehungen ergeben sich aber stets kleinere Werte für den Sekundärstrom.

Unterzieht man nun die Bürde einer kritischen Betrachtung, so muß festgestellt werden, daß die meisten der angeschlossenen Geräte ebenfalls Eisenkerne haben, die bei höheren Strömen zur Sättigung kommen.

Abb. 20 zeigt das Überstromverhalten eines Stromwandlers, der mit einer derartigen nicht konstanten Bürde belastet ist. Mit dem ersten Index E sind wieder die Kurven des Eisenkernwandlers, mit L die des gleichen Wandlers ohne Eisenkern gekennzeichnet. Der an zweiter Stelle stehende Index bezeichnet die Bürde, und zwar Z die Bürde bei noch merklicher Induktivität, und R die Bürde nach Sättigung des Bürdeneisens. Es seien dabei zunächst zwei Grenzfälle betrachtet. Der eine Grenzfall ist dadurch gegeben, daß das Eisen der Bürde noch nicht gesättigt ist. Der andere Grenzfall ergibt sich dann, wenn im Bürdeneisen Sättigung herrscht, also praktisch nur die Wirkanteile der Bürde maßgebend sind. Im ersten Fall ist der Wandler mit einer höheren Bürde belastet als im zweiten. In Abb. 20a sind beide Fälle zunächst getrennt gemäß dem Vorstehenden dargestellt. Die wirkliche Überstromkurve J_{EE} geht dann von dem einen zum anderen Grenzfall über.

In Abb. 20b sind diese Verhältnisse in etwas anderer Form gezeigt. Als Ordinate ist hier das reziproke Übersetzungsverhältnis

$$\ddot{U} = \frac{A_2}{A_1}$$

aufgetragen. Die Bezeichnung der Kurven entspricht der von Abb. 20a.

Aus beiden Abbildungen bestätigt sich, daß es bei gegebener Bürde nicht einen höchsten Sekundärstrom (Grenzstrom), wohl aber einen Grenzfehler gibt, nämlich den, der durch das Verhalten des Wandlers ohne Eisenkern gegeben ist.

Da es in der Praxis darauf ankommt, daß die angeschlossenen Geräte keinen Dauerschaden erleiden, empfiehlt es sich nach dem Vorstehenden, grundsätzlich nur mit dem Wirkanteil der Bürde zu rechnen.

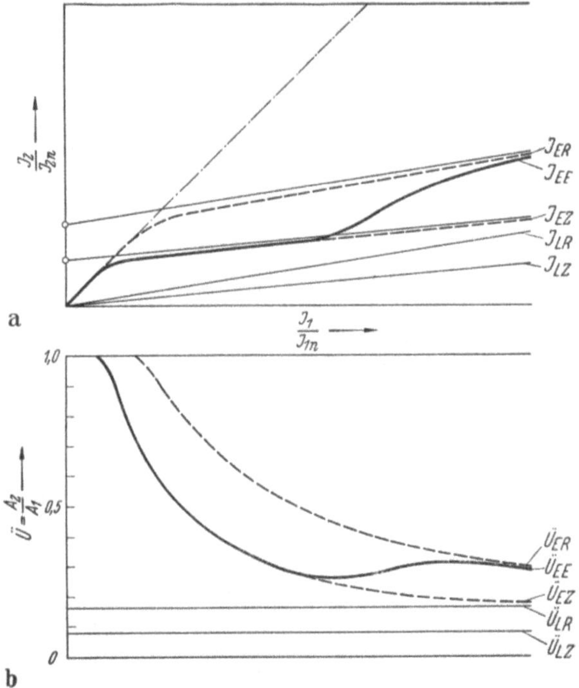

Abb. 20. Überstromverhalten des Stromwandlers bei eisenhaltiger Bürde.

Das gezeigte Beispiel ist so gewählt, daß die grundsätzlichen Vorgänge möglichst anschaulich dargestellt werden. In der Praxis wird im allgemeinen eine so scharfe Trennung in die charakteristischen Gebiete nicht zu finden sein, da diese sich überdecken werden. Wie schon erwähnt, wurde mit Absicht auch nicht auf die Winkelabweichungen eingegangen. Außerdem wurde vernachlässigt, daß der ohmsche Anteil der Bürde (R_{2g}) infolge der nicht unbeträchtlichen Stromwärme einen zeitlichen Anstieg erfährt. Diese Vernachlässigungen erscheinen zulässig, da der ungünstigste Fall als das Kriterium für die Beurteilung hinsichtlich des Schutzes der angeschlossenen Geräte herangezogen werden soll.

9. Mehrkernwandler. Im letzten Abschnitt wurde gezeigt, daß die Stromwandler den Überstromschutz der angeschlossenen Geräte übernehmen können, da bei geeigneter Bemessung und richtiger Ausbürdung der Sekundärstrom im Überstromgebiet wesentlich langsamer ansteigt als der Primärstrom. Davon wird man Gebrauch machen, wenn es sich um überstromempfindliche Geräte handelt, die ihre Aufgabe (Messen, Zählen) im Normalstromgebiet zu erfüllen haben. Man wird dann durch geeignete Maßnahmen dafür sorgen, daß die Proportionalität zwischen Primär- und Sekundärstrom schon bei verhältnismäßig kleinem Überstrom aufhört.

Sollen nun aber gleichzeitig Geräte des Netzschutzes angeschlossen werden, so ist es im Interesse eines guten Arbeitens des Schutzes erforderlich, daß der Stromwandler auch in einem gewissen — oft großen — Teil des Überstromgebietes noch gute Proportionalität zwischen Primär- und Sekundärstrom zeigt. Es ergeben sich damit zwei entgegengesetzte Forderungen hinsichtlich des gewünschten Überstromverhaltens.

Grundsätzlich könnte man diese Doppelaufgabe mit zwei getrennten Stromwandlern lösen, die primärseitig in Reihe geschaltet werden. Der Wandler, der für den Anschluß von genauen, überstromempfindlichen Apparaten bestimmt ist, muß mit großer Genauigkeit bei kleiner Überstromziffer ausgelegt sein. Der Stromwandler für den Netzschutz ist dagegen so zu bemessen, daß

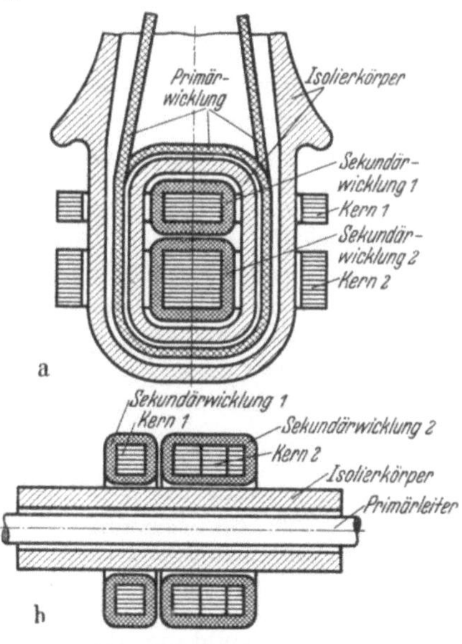

Abb. 21. Zweikernwandler.
a) Wickelwandler mit Schachtelkernen.
b) Einleiterwandler mit Bandkernen.

er vor allem eine große Überstromziffer aufweist, während die Forderungen an die Meßgenauigkeit meist nicht allzu hoch gestellt werden.

Die Aufgabe läßt sich jedoch dadurch einfacher und billiger lösen, daß man nur zwei getrennte Kernsysteme (Kerne mit Sekundärwicklung) vorsieht und diese in einem gemeinsamen Isolierkörper derart anordnet, daß die Primärwicklung beide Kernsysteme gemeinsam umschlingt (Abb. 21). Diese Lösung der Aufgabe hat zudem den Vorteil kleineren Platzbedarfes.

Für derartige Wandler hat sich der Begriff „Zweikernwandler" eingeführt, wobei — nicht ganz exakt — das eine Kernsystem entsprechend dem Verwendungszweck als „Meßkern", das andere als „Schutzkern" bezeichnet wird. Häufig werden die Aufgaben auf weitere Kernsysteme aufgeteilt, so daß man zu „Dreikernwandlern" und „Vierkernwandlern" kommt. Als Kurzbezeichnungen für die einzelnen Kernsysteme sind z. B. üblich: „Zählkern", „Meßkern", „Schutzkern" und .,Diffkern". Das zuletzt genannte Kernsystem dient zur Speisung von Differentialschutzgeräten, wie später noch ausführlich beschrieben wird.

Ist nur ein Kernsystem vorhanden, so werden gemäß VDE 0414 die Enden der primären Wicklung mit K und L, diejenigen der sekundären Wicklung mit k und l bezeichnet. Sind mehrere Kernsysteme vorhanden, so werden die Anschlüsse des ersten Kernsystems mit $1k$ und $1l$, die der folgenden mit $2k$ und $2l$, $3k$ und $3l$ usw. bezeichnet. Es wird empfohlen, die Kernziffer 1 dem Kern mit der größten Genauigkeit zuzuweisen. Bei 2 Kernsystemen gleicher Klassengenauigkeit bekommt dasjenige die kleinere Kernziffer, das die kleinere Leistung bzw. Überstromziffer hat. Das für Sonderschutzzwecke (z. B. Differentialschutz) ausgelegte Kernsystem erhält stets die höchste Kernziffer.

10. Zusätzliche Fehler. Bisher wurde gezeigt, daß die Fehler des Stromwandlers nur vom Leerlaufstrom verursacht werden. Dies ist im allgemeinen auch der Fall. In Grenzfällen jedoch stellen sich zusätzliche Fehlermöglichkeiten ein.

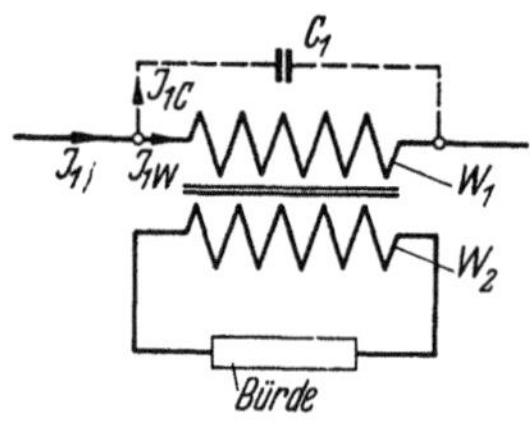

Abb. 22. Einfluß der Kapazität der Primärwicklung.

Die Kapazität C_1 der Primärwicklung, die man sich gemäß Abb. 22 parallel zu den Primärwicklungen geschaltet denken kann, führt einen Bruchteil J_{1C} des Primärstromes an der Primärwicklung vorbei:

$$J_{1C} = U_1 \cdot 2\pi f \cdot C_1 = U_1 \cdot \omega \cdot C_1. \qquad (33)$$

Je nach Ausbildung des Anschlußkopfes und der Verbindungsleitungen zwischen diesem und Primärwicklung schwankt die Größe der Kapazität der Primärwicklung einschließlich Schaltkopf und Verbindungsleitungen zwischen Werten von 50 und 300 pF. Die Spannung U_1, die an den Klemmen der Primärwicklung auftritt, ist abhängig von der primären Stromstärke und der Bürde des Wandlers einschließlich der primären und sekundären Eigenwiderstände. Die kleinste Primärstromstärke, die bei Wandlern für Schaltanlagen vorkommt, ist 5 A. Die Nennbelastung des Wandlers übersteigt selbst in den ungünstigsten Fällen kaum 180 VA. Setzt man für den primären und sekundären Eigenverbrauch des Wandlers 30 VA an, so ergibt sich eine primäre Nennspannung von 42 V des für einen primären Nennstrom von 5 A ausgelegten Wandlers und damit für 50 Hz und 300 pF Kapazität ein fälschender Kapazitätsstrom von etwa $4\,\mu\text{A}$. Dies ist weniger als $^1/_{10000}\%$ des Nennstromes. Für Wandler in Schaltanlagen kann dieser zusätzliche Fehler daher stets vernachlässigt werden.

Wandler für Prüfeinrichtungen aber werden für primäre Nennstromstärken bis herab zu 0,1 A ausgeführt. Bei einer Nennleistung von 10 VA und einem Eigenverbrauch in der Primär- und Sekundärwicklung von ebenfalls 10 VA ergibt sich bei 0,1 A Nennstrom an den Primärklemmen eine Spannung von 200 V. Bei einer Eigenkapazität von 300 pF wird der Kapazitätsstrom dann etwa $20\,\mu\text{A}$ betragen. Dies ist $0,2^0/_{00}$ des Primärstromes.

Derartige Wandler werden beispielsweise in Zählerprüfeinrichtungen verwendet. Der Entwurf der Eichanweisung der technischen Eichoberbehörde schreibt für diesen Fall eine Genauigkeit von $\pm\,0,1\%$ vor. Die Beeinflussung durch den kapazitiven Fehlerstrom beansprucht daher bereits 20 % der Klassengrenze, ist also durchaus nicht mehr vernachlässigbar.

Beachtung verdient der Einfluß des Kapazitätsstromes schließlich vor allem bei Wandlern, die mit höherer Frequenz betrieben werden.

Eine weitere Möglichkeit zur Bildung von zusätzlichen Fehlern ist dann gegeben, wenn der Wandler Streufeldern ausgesetzt ist. Dieser

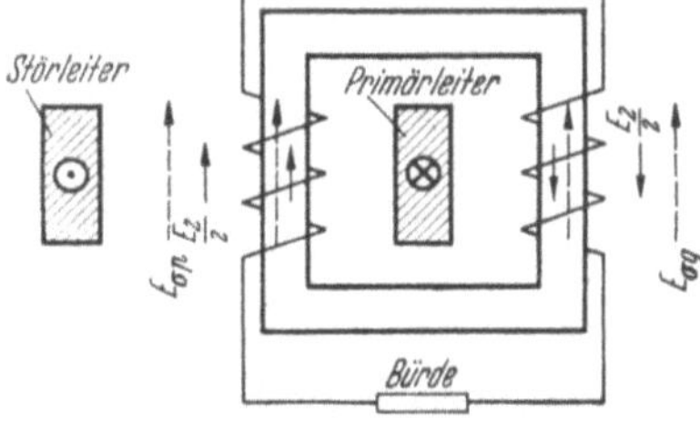

Abb. 23. Störbeeinflussung bei Wandlern mit in Reihe geschalteten Wicklungen.

Fall tritt beispielsweise dann ein, wenn die Rückleitung oder aber die anderen Phasen nahe am Wandler vorbeiführen.

Die Verhältnisse seien am Beispiel eines Schienenstromwandlers erläutert. Abb. 23 zeigt einen solchen Wandler, dessen Sekundärwicklung auf zwei Kernschenkel aufgeteilt ist, wobei die Sekundärspulen in Reihe geschaltet sind. Der durch das Kernfenster hindurchführende Primärleiter des Wandlers erzeugt im Eisenkern einen Fluß, der mit ausgezogenen Pfeilen gekennzeichnet ist.

Der am Wandler vorbeiführende Rückleiter verursacht in den beiden Kernschenkeln Flüsse entsprechend den gestrichelten Pfeilen. In demjenigen Kernschenkel, der dem Rückleiter am nächsten liegt, findet daher eine Flußerhöhung, im abgelegenen Kernschenkel dagegen eine Verminderung des Flusses statt.

Die sekundären Amperewindungen, die der Strom des Sekundärleiters erzeugt, sind den primären entgegengerichtet. Beide heben sich in ihrer Wirkung auf den Eisenkern bis auf den kleinen Anteil der magnetisierenden Amperewindungen auf, der zur Bildung der EMK E_2 nötig ist, die dem Spannungsabfall an der Bürde und den sekundären Innenwiderständen entspricht. Dementsprechend ergibt sich im Eisen eine verhältnismäßig niedrige Induktion.

Das Störfeld des Rückleiters erzeugt in den beiden Sekundärspulen Spannungen $E_{\sigma p}$ und $E_{\sigma q}$, die einander entgegengesetzt gerichtet sind, wobei diejenige in der dem Rückleiter nahe gelegenen Spule die etwas größere ist. Nur die Differenz beider ruft im Sekundärkreis einen Störstrom hervor, der bei der hier besprochenen Einphasenanordnung etwa mit dem vom Primärleiter erzeugten Sekundärstrom phasengleich ist. Der Störstrom bewirkt in diesem Falle einen schwachen zusätzlichen positiven Stromfehler.

Während das vom Primärstrom erzeugte magnetische Feld durch das vom Sekundärstrom hervorgerufene nahezu aufgehoben wird, wirkt sich das vom störenden Rückleiter gebildete Feld praktisch voll aus, da der schwache sekundäre Störstrom nur ein vergleichsweise vernachlässigbares Gegenfeld erzeugt. Die Folge ist, daß in den Kernschenkeln eine hohe Induktion durch das Störfeld bestehen bleibt, die eine entsprechend hohe EMK in den beiden Spulen zur Folge hat.

Bei Wandlern beispielsweise, die für einen primären Nennstrom von 30 000 A ausgelegt sind, wurden bei einer ungünstigen Schienenanordnung Spannungen von weit über 10 kV$_{\text{eff}}$ gemessen. Dies bedeutet, daß die Isolation der Sekundärwicklungen solcher Wandler gefährdet ist und an dem Verbindungspunkt beider Spulen gefährliche Spannungen gegen Erde auftreten.

Der Rück- oder Nachbarleiter erzeugt im Eisenkern des Wandlers eine entsprechend große Vormagnetisierung, die sich bei kleiner Störbeeinflussung günstig auswirkt, da die Arbeitsinduktion des Wandlers in ein Gebiet höherer Permeabilität verschoben wird. Ist die Beeinflussung dagegen so groß, daß das Kerneisen bereits durch den Störfluß in Sättigung kommt, so zeigt der Wandler große Fehler.

Bei einem Schienenstromwandler, dessen beide Sekundärspulen parallelgeschaltet sind, versucht der Rückleiter ebenfalls einen Störfluß in der gleichen Richtung wie bei dem Wandler mit in Reihe geschalteten Spulen

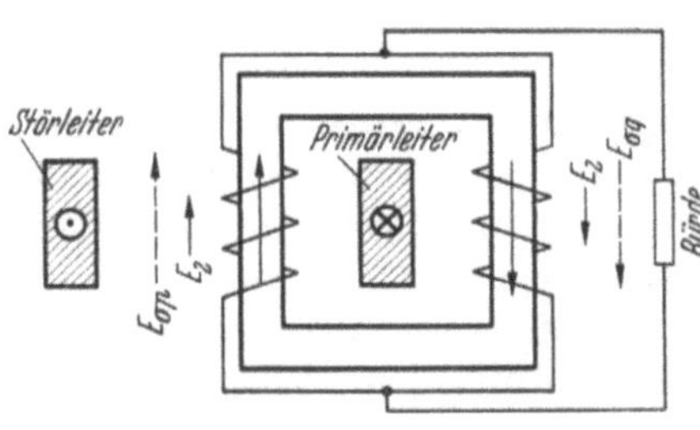

Abb. 24. Störbeeinflussung bei Wandlern mit parallelgeschalteten Wicklungen.

zu erzeugen. Dieser Störfluß erzeugt jedoch, wie Abb. 24 erkennen läßt, in den beiden Spulen des Wandlers gleichgerichtete Spannungen, so daß zwischen den beiden Spulen ein Ausgleichstrom zustande kommt. Dieser Strom hat auf beiden Kernschenkeln die Wirkung von Gegenamperewindungen, so daß die vom Störleiter und von den

Gegenamperewindungen herrührenden Fehler sich praktisch aufheben. Diesem geringen Restfeld proportional ist die Stör-EMK, die in den beiden Spulen entsteht. Die Gefahr einer Übersättigung des Kerneisens durch den Störstrom ist damit nicht mehr gegeben, so daß eine Fälschung des Übersetzungsverhältnisses des Wandlers durch Übersättigung des Eisens und eine Gefährdung durch hohe Spannungen nicht auftritt.

Der Ausgleichstrom fließt nur in beiden Wicklungen, also nicht über die Bürde, so daß er auch keinen Wandlerfehler erzeugt.

Die gleichen Betrachtungen gelten selbstverständlich ebenfalls für andere Kernformen. Um den Einfluß der Nachbarleiter zu beseitigen, teilt man die Sekundärwicklung in mehrere Gruppen auf, von denen jede, wie Abb. 25 für einen Ringkern zeigt, nur einen entsprechenden Sektor des Kernes bedeckt. Sämtliche Wicklungsgruppen erhalten die gleiche — praktisch volle — Windungszahl und werden untereinander parallelgeschaltet.

Bei der Bemessung des sekundären Kupferquerschnittes ist bei Wandlern mit parallelgeschalteten Spulen zu berücksichtigen, daß sich neben dem normalen Teilsekundärstrom auch der Ausgleichstrom zwischen den Wicklungen ausbildet. Im ungünstigsten Falle kann eine der Wicklungen nahezu den vollen Sekundärstrom führen. Wenn die Lage des störenden Leiters gegen den Wandler nicht bekannt ist, erscheint es daher notwendig, jede der Wicklungsgruppen für den vollen

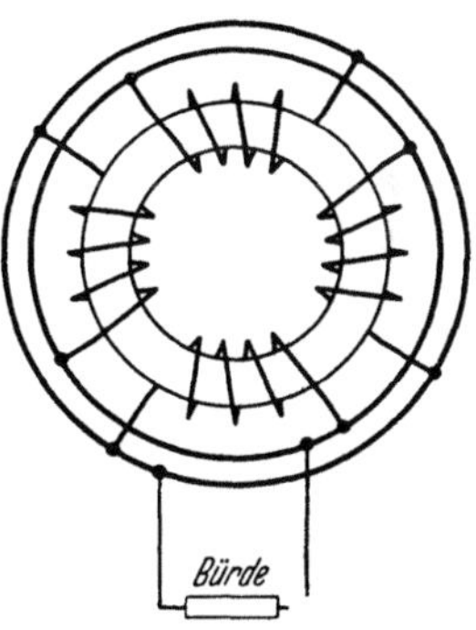

Abb. 25. Ringkernwandler mit als Ausgleichswicklung ausgebildeter Sekundärwicklung. (Ohne Primärleiter gezeichnet.)

Sekundärstrom zu bemessen. Dies bedeutet einen erheblichen Kupferaufwand für die Sekundärwicklung. Demgegenüber ist eine Einsparung von Sekundärkupfer nur möglich, wenn die Einbaulage des Wandlers und die Entfernungen zu den Störleitern genau bekannt sind. In diesem Falle ist es möglich, den Einfluß des oder der Störleiter vorauszuberechnen und den Kupferquerschnitt der einzelnen Wicklungen entsprechend zu bemessen.

Ähnliche Verhältnisse, wenn auch im allgemeinen nicht so ausgeprägt, liegen vor, wenn der Primärleiter unsymmetrisch angeordnet ist.

Vorschriften über die Abstände der einzelnen Phasen liegen nur mit Rücksicht auf die Spannungssicherheit vor, nicht jedoch hinsichtlich der Fehlerbeeinflussung. In den Wandlerregeln des In- und Auslandes ist auch nirgends der Fremdfeldeinfluß erwähnt, wie dies beispielsweise in den Regeln und Vorschriften für Zähler und Meßinstrumente der Fall ist. Dort ist der zulässige Fehler bei 5 Gauß festgelegt. Besonders bei Stromwandlern, die für hohe Primärströme ausgelegt sind, treten Störfelder auf, die weit über 5 Gauß liegen, wenn die normale Verlegungsart gewählt wird.

b) Vorschriften für Fehlergrenzen.

1. Deutschland. Neben den „Regeln für Wandler", VDE 0414 bestehen in Deutschland noch die „Eichordnung" und die „Eichanweisung" (letztere als Entwurf vorliegend) der Technischen Eichoberbehörde (Physikalisch-Technische Bundesanstalt PTB, Deutsches Amt für Maß und Gewicht DAMG, Physikalisch-Technische Reichsanstalt PTR). Die letztgenannten beiden Vorschriften beschränken sich auf Wandler, die zu Verrechnungszwecken dienen und solche, die als Normalien von Wandlern und Zählern verwendet werden.

Für Stromwandler gelten die in nachstehender Tab. 1 angegebenen Fehlergrenzen.

Die Fehlerkurven der Wandler müssen innerhalb der beiden Linienzüge liegen, die durch die geradlinige Verbindung der positiven bzw. negativen Werte der Tabelle erhalten werden (Abb. 26). Die Fehlergrenzen gelten bei Wandlern der Klassen 0,1 bis 1 für Bürden zwischen $^1/_4$ und $^1/_1$ Nennbürde bei einem Leistungsfaktor der Bürde von $\cos \beta = 0{,}8$.

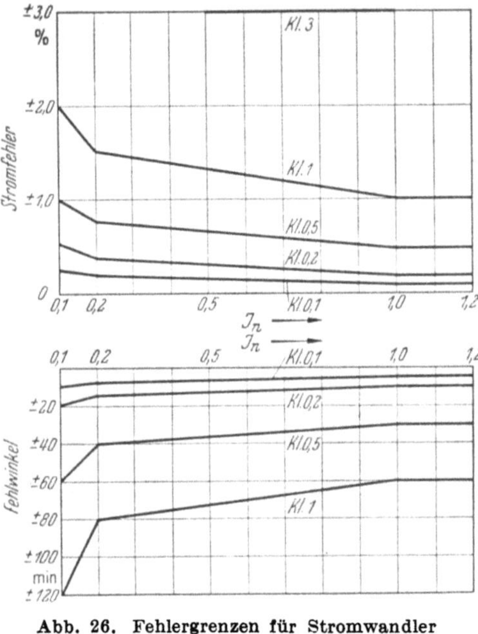

Abb. 26. Fehlergrenzen für Stromwandler nach VDE 0414.

Tabelle 1. *Fehlergrenzen für Stromwandler nach VDE 0414.*

Klasse	Stromfehler in ± % bei					Fehlwinkel in ± Min bei			
	$0{,}1\,J_n$	$0{,}2\,J_n$	$0{,}5\,J_n$	$1{,}0\,J_n$	$1{,}2\,J_n$	$0{,}1\,J_n$	$0{,}2\,J_n$	$1{,}0\,J_n$	$1{,}2\,J_n$
0,1	0,25	0,2	—	0,1	0,1	10	8	5	5
0,2	0,5	0,35	—	0,2	0,2	20	15	10	10
0,5	1,0	0,75	—	0,5	0,5	60	40	30	30
1	2,0	1,5	—	1,0	1,0	120	80	60	60
3	—	—	3	3	—	—	—	—	—
10	—	—	10	10	—	—	—	—	—

Ist der Wert für $^1/_4$ Nennleistung größer als 15 VA, so müssen die Fehlergrenzen von 15 VA bis zur Nennleistung eingehalten werden. Ist die Bürde kleiner als 0,15 Ohm, so tritt an Stelle des Bürdenleistungsfaktors 0,8 der Leistungsfaktor $\cos \beta = 1$.

Für Wandler der Klassen 3 und 10 müssen die Fehlergrenzen für Bürden zwischen $^1/_2$ und $^1/_1$ Nennbürde bei einem Bürden-Leistungsfaktor von $\cos \beta = 0,8$ eingehalten werden.

Hinsichtlich der Wandler, die im Netzbetrieb zu Verrechnungszwecken verwendet werden — Klassen 0,2 und 0,5 — decken sich die Forderungen der Technischen Eichoberbehörde mit denen des VDE. Bei der Zulassungsprüfung von Wandlertypen als beglaubigungsfähige Meßgeräte fordert die Technische Eichoberbehörde zusätzlich, daß die Fehlergrenzen auch in einem Leistungsfaktorbereich von $\cos \beta = 0,5$ bis 1,0 eingehalten werden. Erwähnt sei, daß Wandler gemäß Eichordnung § 979 nur mit $^2/_3$ ihrer Nennbürde belastet werden dürfen, wenn sie zusammen mit Zählern zu Verrechnungszwecken verwendet werden und soweit keine Eichung der Meßsätze erfolgt.

Die VDE-Kommission „Meßwandler" plant zur Zeit, sogenannte „Weitbereich-Stromwandler" für die Klassen 0,1, 0,2, 0,5, 1, 3 und 10 zuzulassen. Diese sollen es gestatten, die Möglichkeiten, die der Großbereich-Meßwandlerzähler bietet, auch von der Wandlerseite her auszunutzen. Zum Unterschied gegenüber den bisherigen Klassen soll der Klassenbezeichnung ein „W" angefügt werden.

Bei Stromwandlern, die als Normalien für Wandlerprüfungen verwendet werden, fordert die Eichanweisung im Bereich vom 0,1···1,2-fachen Nennstrom bei Betriebsbürde eine Genauigkeit von $\pm 0,05\%$ und ± 3 Minuten. Außerdem wird verlangt, daß der Gang der Fehler mit dem Strom zwischen dem 0,1- und 1,2fachen Nennstrom nicht größer als 0,05 % und 3 Minuten sein darf. Bei der doppelten Betriebsbürde darf zwischen 0,1 und 1,2 J_n der Stromfehler nicht mehr als 0,05 %, der Fehlwinkel nicht mehr als 3 Minuten von den bei einfacher Betriebsbürde vorhandenen Fehlern abweichen. Die vorgeschriebenen Fehlergrenzen brauchen hierbei nicht eingehalten zu werden. Nach einstündigem Einschalten bei Betriebsbürde mit 1,2fachem Nennstrom darf sich der Stromfehler bei Wandlern mit Nennströmen bis 1000 A um nicht mehr als 0,02 %, der Fehlwinkel um nicht mehr als 1 Minute gegenüber dem Anfangswert ändern. Bei Wandlern mit Nennströmen über 1000 A ist eine Betriebszeit von weniger als einer Stunde, jedoch nicht weniger als 15 Minuten zulässig, wenn diese auf dem Leistungsschild angegeben ist.

Für Präzisionsstufenwandler, die in Zählerprüfeinrichtungen verwendet werden, schreibt die Eichanweisung vor, daß bei Betriebsbürde in jedem Meßbereich Stromfehler von $\pm 0,1\%$ und Fehlwinkel von ± 3 Minuten nicht überschritten werden dürfen. Als Strombereich gilt $30 \cdots 100\%$, bei Stromwandlern für Gleichlastprüfstände $50 \cdots 100\%$ des Nennstromes.

2. I E C. Die „*International Electrotechnical Commission*" hat mit der Publikation 44—1931 (neueste Ausgabe 1949) ebenfalls Regeln für Meßwandler herausgegeben. Diese sind den VDE-Regeln sehr ähnlich. Hinsichtlich der Genauigkeitsgrenzen werden für Meßzwecke nur die zwei Klassen 0,5 und 1 unterschieden, wobei die zugelassenen Werte für Stromfehler und Fehlwinkel genau mit den deutschen identisch sind. Wie in Deutschland ist die Bestimmung der Fehler bei $^1/_4$ und $^1/_1$ Nennbürde unter Zugrundelegen eines Bürdenleistungsfaktors von $\cos \beta = 0,8$ vorzunehmen. Die in Deutschland gültige zusätzliche Bestimmung, daß an Stelle von $^1/_4$ Bürde der Wert 15 VA tritt, wenn die $^1/_4$ Bürde entsprechende Leistung größer als dieser Wert ist, fehlt in den internationalen Regeln.

3. Ausland. In *Frankreich* sowie in *Griechenland* und in der *Türkei* gelten die französischen „Règles d'établissement des transformateurs de mesure" NF-C29 vom 31. Juli 1943. Es sind Fehlergrenzen für die Klassen 0,2, 0,5, 1 und 2 festgelegt, wobei die Werte der Klassen $0,1 \cdots 1$ genau mit denen der VDE-Regeln übereinstimmen. Die in Deutschland unbekannte Klasse 2 hat bei 1,0 und 1,2 J_n die Fehlergrenze $\pm 2\%$, bei 0,2 $J_n \pm 3\%$ und bei 0,1 $J_n \pm 4\%$. Eine Begrenzung hinsichtlich der Fehlwinkel ist bei der französischen Klasse 2 nicht vorgesehen. Wie in Deutschland werden die Fehlergrenzen durch Linienzüge gebildet, welche die einander zugehörigen Werte verbindet.

Die Fehlergrenzen müssen bei Belastung zwischen $^1/_4$ und $^1/_1$ der Nennleistung mit einem Mindestwert von 3,75 VA eingehalten werden.

In *Großbritannien* sowie in den Ländern des *British Commonwealth* gelten die „British Standard Specification for Instrument Transformers" BSS Nr. 81—1936. Die Regeln unterscheiden 3 Arten von Stromwandlern und ordnen diesen verschiedene Fehlergrenzen zu. Für Meß- und Verrechnungszwecke gelten die Klassen AM, BM und CM mit Fehlergrenzen nach Tab. 2. Daneben bestehen die Klassen A, B, C und D für allgemeinen Gebrauch und die Klassen AL und BL für Laboratoriumszwecke mit Fehlergrenzen nach Tab. 3.

Tabelle 2. *Fehlergrenzen für Wandler zur Messung und Verrechnung nach BSS Nr. 81—1936.*

Klasse	Stromfehler in $\pm \%$ bei			Fehlwinkel in $\pm$ Min bei		
	$0,1\text{--}0,2\,J_n$	$0,2\text{--}1,2\,J_n$	$0,1\text{--}1,2\,J_n{}^1$	$0,1\text{--}0,2\,J_n$	$0,2\text{--}1,2\,J_n$	$0,1\text{--}0,2\,J_n{}^1$
AM	1	1	0,5	30	30	15
BM	1,5	1	1	50	35	25
CM	2	1	1,5	120	90	60

Für die Klassen $A \cdots D$ sind die Fehlergrenzen in Abb. 27 aufgetragen. Die Fehlergrenzen gemäß den deutschen und französischen Vorschriften ergeben abgeknickte, gemäß den britischen Regeln jedoch abgesetzte Linienzüge.

In *Italien* gelten die „Norme per la Costruzione, L'Accettazione ed il Collaudo dei Trasformatori Elettrici di Misura" 13—1 von 1942. Es sind 4 Genauigkeitsklassen vorgesehen. Die Klassen S, P und Q entsprechen genau den deutschen Klassen 0,2, 0,5 und 1. Für die letzte Klasse (R) gelten hinsichtlich des Strom-

---

[1] Die Werte dieser Spalten bezeichnen den zulässigen Fehlergang, während die übrigen Spalten den zulässigen absoluten Fehler enthalten. Die Fehlergrenzen müssen bei Nennbürde — genormt sind 2,5, 5, 15 und 30 VA — und $\cos \beta = 1$ eingehalten werden.

Tabelle 3. *Fehlergrenzen für Laboratoriumswandler und Wandler für allgemeinen Gebrauch nach BSS Nr. 81—1936.*

Klasse	Stromfehler in ± % bei			Fehlwinkel in ± Min bei		
	$0{,}1\text{--}0{,}2\,J_n$	$0{,}2\text{--}0{,}6\,J_n$	$0{,}6\text{--}1{,}2\,J_n$	$0{,}1\text{--}0{,}2\,J_n$	$0{,}2\text{--}0{,}6\,J_n$	$0{,}6\text{--}1{,}2\,J_n$
AL	0,15	0,15	0,15	6	4	3
BL	0,5	0,4	0,3	20	15	10
A	1,0	0,5	0,5	50	35	35
B	1,5	1,0	1,0	90	60	60
C	2,0	1,0	1,0	180	120	120
D	—	5,0	5,0	—	—	—

fehlers die Fehlerwerte der Klasse Q (Klasse 1); für die Fehlwinkel sind jedoch keine Grenzen festgelegt. Die Fehlergrenzen sind einzuhalten für die Belastung zwischen Null und Nennleistung bei einem Bürdenleistungsfaktor $\cos\beta = 0{,}8$.

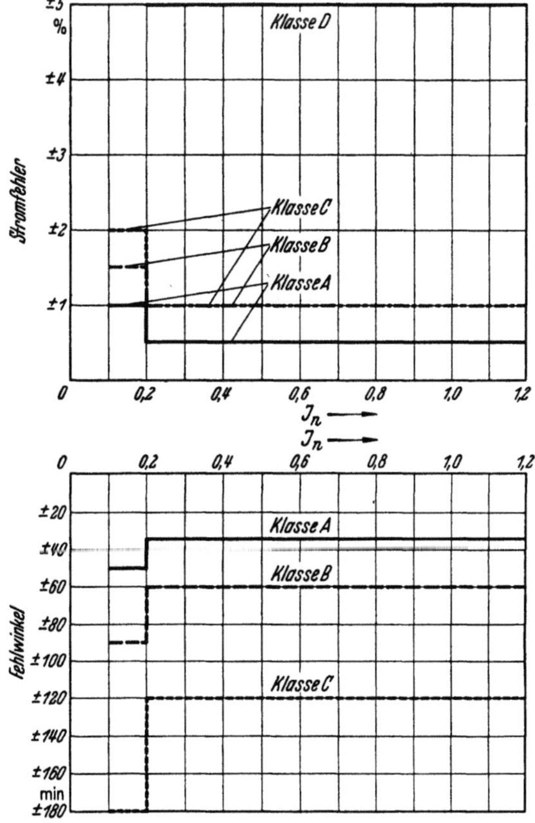

Abb. 27. Fehlergrenzen für Stromwandler, Klassen A···D nach BSS Nr. 81—1936.

Bauer, Meßwandler. 3

Die in der *Schweiz* zulässigen Fehlergrenzen sind in der „Vollziehungsverordnung über die amtliche Prüfung von Elektrizitätsverbrauchsmessern" vom 23. Juni 1933 niedergelegt. Es gibt nur eine Genauigkeitsklasse, deren zulässiger Fehlerwert der deutschen Klasse 0,5 entspricht. Die Stromfehler und Fehlwinkel sind bei Nennleistung und einer weiteren Belastung, die durch 5 ganzzahlig teilbar ist und 25% der Nennleistung zunächst liegt, beim Leistungsfaktor 0,8 zu ermitteln.

Die Schweizerische Vollziehungsverordnung berücksichtigt die Ungenauigkeit der Meßeinrichtungen, der Instrumente und der Meßmethode dadurch, daß sie Stromwandler als nicht außerhalb der Fehlergrenze fallend betrachtet, wenn die festgelegten Grenzen für den Stromfehler um 0,1% und diejenigen für den Fehlwinkel um 5 Minuten überschritten werden. Die Schweiz ist damit das einzige Land, das Toleranzen zuläßt.

Es wird in deutschen Fachkreisen immer wieder die Frage aufgeworfen, ob die Zulassung einer solchen Toleranz zweckmäßig ist oder nicht. Ist keine Toleranz vorgesehen, dann muß der Hersteller von Meßwandlern die Ungenauigkeit von Meßeinrichtungen und Meßmethoden dadurch berücksichtigen, daß er für sich engere Fehlergrenzen vorsieht. Damit ist natürlich ein gewisser Aufwand verbunden, der bei Wandlern hoher Klassengenauigkeit merklich ist. Die Eichanweisung gibt einen gewissen Anhalt, welche Abweichungen erwartet werden können, indem sie für Meßeinrichtungen und Normalien Genauigkeitstoleranzen vorschreibt. So sind beispielsweise für Wandlermeßeinrichtungen $\pm 0,015\%$ und $\pm 0,5 \cdots 1'$ Abweichung, für Normalwandler schon als Erwärmungsfehler nach einstündigem Betrieb eine Fehleränderung von 0,02% und 1′ zugelassen. Zieht man in Betracht, daß die Einrichtungen der Prüfämter und der Wandlerhersteller in entgegengesetzter Richtung abweichen können, so ergeben sich für die Prüfeinrichtungen *amtlich zugelassene* Abweichungen von etwa $0,04 \cdots 0,05\%$ und $2 \cdots 3'$. Die Forderung, diese Toleranzen auch auf die Wandler zu übertragen, entbehrt nicht einer gewissen Berechtigung. Andererseits ist auch die Auffassung der Gegenseite, es müsse irgendwo einmal eine definierte Grenze geben, und dies seien eben die jetzigen Klassengrenzen, nicht von der Hand zu weisen.

Die bisher aufgeführten Wandlerregeln weichen zwar hinsichtlich der zulässigen Fehlerwerte zum Teil voneinander ab, gehen aber sämtlich von dem Grundsatz aus, daß die Fehler für die Wandler für sich unabhängig von denen der angeschlossenen Geräte festgelegt werden.

In *Schweden* sind die dort gültigen Wandlerregeln vor kurzem neu bearbeitet und als „Normer för Mättransformatorer" SEN 9-1952 veröffentlicht worden. Diese gehen bei der Festlegung der Fehlergrenzen von dem sogenannten „Leistungsfehler" aus. Dies ist der prozentuale Unterschied zwischen derjenigen Leistung, die sich ohne Berücksichtigung der Übersetzungsfehler und Fehlwinkel der Wandler aus der sekundär gemessenen und mit dem Nennübersetzungsverhältnis der Wandler auf die Primärseite umgerechneten Leistung und der zu messenden Leistung, bezogen auf den ersteren Wert, ergibt. Der Leistungsfehler ist positiv, wenn der errechnete Wert größer ist als die zu messende Größe.

Der Anteil, den die Strom- bzw. Spannungswandlerfehler zu dem Leistungsfehler beitragen, ist mit in der Regel ausreichender Genauigkeit nach der Formel

$$F_{JL} = F_J + \delta_J \cdot tg\,\varphi \qquad\qquad \text{für Stromwandler und}$$

$$F_{UL} = F_U - \delta_U \cdot tg\,\varphi \qquad\qquad \text{für Spannungswandler}$$

zu berechnen. Dabei bedeuten:

F_{JL} = Leistungsfehler durch die Stromwandlerfehler in %;
F_{UL} = Leistungsfehler durch die Spannungswandlerfehler in %;
F_J = Stromfehler in %;
F_U = Spannungsfehler in %;
δ_J = Prozentualer Fehlwinkel des Stromwandlers;
δ_U = Prozentualer Fehlwinkel des Spannungswandlers;
φ = Winkel zwischen Spannung und Strom in dem Kreis, dessen Leistung zu
      messen ist.

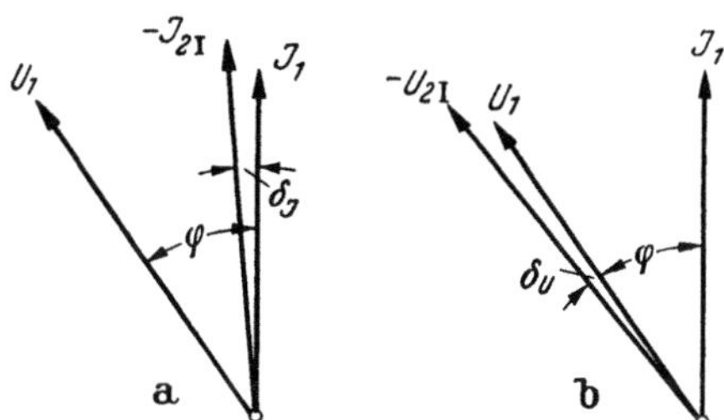

Abb. 28. Winkelbeziehungen bei Leistungsmessung
a mit Stromwandlern   b mit Spannungswandlern.

Abb. 28 läßt erkennen, daß bei induktiver Netzbelastung ein positiver Fehlwinkel des Stromwandlers eine Verkleinerung von φ und damit eine größere Leistung vortäuscht. Beim Spannungswandler liegen die umgekehrten Verhältnisse vor, wie dies auch in dem negativen Vorzeichen des zweiten Gliedes der obigen Formel zum Ausdruck kommt.

Den Leistungsfehler, den Strom- und Spannungswandlerfehler zusammen in einem einphasigen Kreis hervorrufen, erhält man mit ausreichender Genauigkeit als die Summe der oben errechneten Leistungsfehler.

Beim Messen einer Drehstromleistung müssen die Leistungsfehler für jede Phase getrennt errechnet werden, wenn die Fehler der Wandler untereinander nicht gleich sind. Bei dem Zweiwattmeterverfahren (Aron-Schaltung) muß außerdem die Ungleichheit der Winkel in den beiden Meßwerken berücksichtigt werden.

Für Stromwandler sind die Klassen 0,3; 0,6; 1,2 und 3 vorgesehen. Die zugelassenen Fehler sind aus Tabelle 4 zu ersehen.

Tabelle 4: *Fehlergrenzen für Stromwandler nach SEN 9-1952.*

Klasse	Leistungsfaktor im Netz	Größter Leistungsfehler ± % bei		Größter Übersetzungsfehler ± % bei	
		$1{,}0\,J_n$	$0{,}1\,J_n$	$3{,}0\,J_n$	$1{,}0\,J_n$
0,3	1,0···0,7 induktiv	0,6	0,6	—	—
0,6	1,0···0,7 induktiv	0,6	1,2	—	—
1,2	1,0···0,7 induktiv	1,2	2,4	—	—
3	—	—	—	6	3

Die Aufteilung des Leistungsfehlers in Stromfehler und Fehlwinkel für die drei ersten Klassen zeigen die Abb. 29a...c.

Die Fehlergrenzen sind für volle und halbe Nennleistung einzuhalten. Der Bürdenleistungsfaktor ist wie folgt festgelegt:

$\cos\beta = 0{,}8$ induktiv für die Klassen 0,3; 0,6 und 1,2;
$\cos\beta = 0{,}5$ induktiv für Klasse 3.

3*

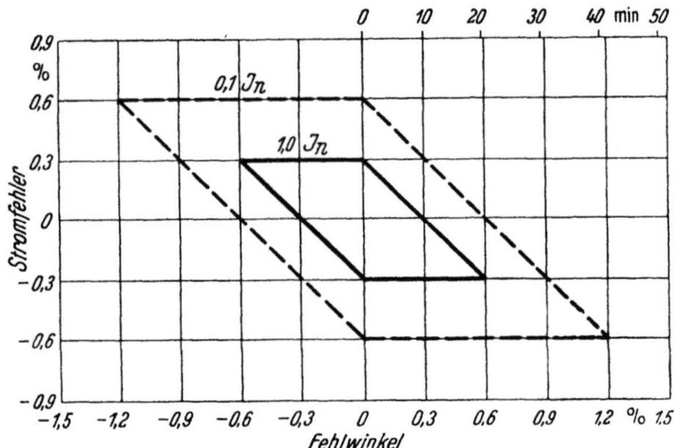

Abb. 29a. Fehlergrenzen für Stromwandler Klasse 0,3 nach SEN 9 — 1952.

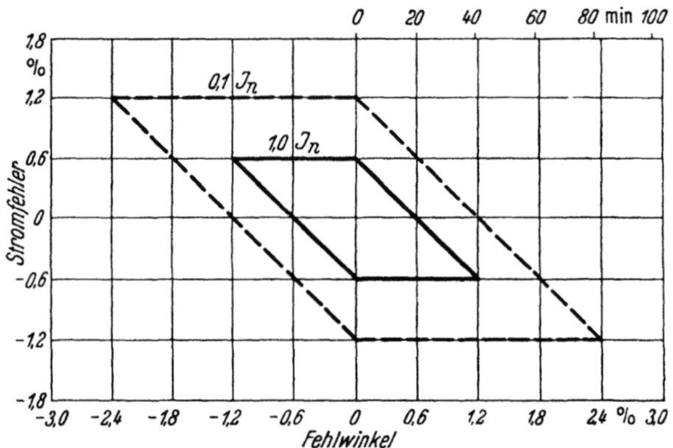

Abb. 29b. Fehlergrenzen für Stromwandler Klasse 0,6 nach SEN 9 — 1952.

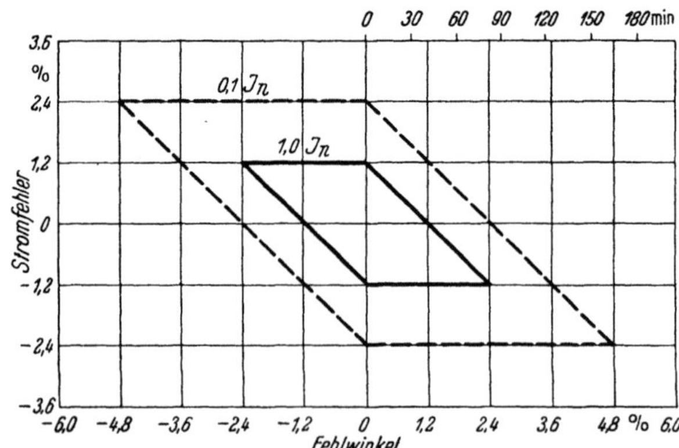

Abb. 29c. Fehlergrenzen für Stromwandler Klasse 1,2 nach SEN 9 — 1952.

Die „American Standard Association" (ASA) hat 1948 die „American Standard for Instrument Transformers" C 57.13—1948 neu herausgegeben. Die Fehlergrenzen für die vier vorgesehenen Klassen ähneln denen der schwedischen Regeln.

Abb. 30 zeigt die Korrektionsfaktoren (negative Leistungsfehler) für die Klassen
0,3; 0,6; 1,2 und Abb. 31 die für Klasse 0,5, Sie gelten für Nennbürde und
$\cos \beta = 0{,}6 \cdots 1{,}0$ Daneben bestehen noch für Schutzzwecke zwei Genauigkeitsklassen H und L, die beide entweder für 2,5% oder 10% Fehler ausgelegt

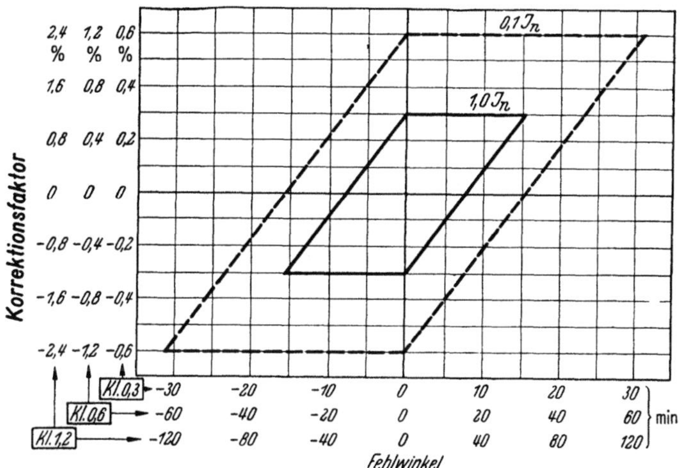

Abb. 30. Korrektionsfaktor für Stromwandler, Klasse 0,3; 0,6 und 1,2 nach ASA.

sind. Der Unterschied zwischen diesen Klassen beruht im Überstromverhalten.
Wandler der Klasse H sollen zwischen $5\,J_{1n}$ und $20\,J_{1n}$ den Wert der 5fachen sekundären Nennspannung bei Nennbürde nicht überschreiten, während für die Klasse J
ein lineares Wachsen der Sekundärspannung bis $20\,J_{1n}$ zugelassen ist.

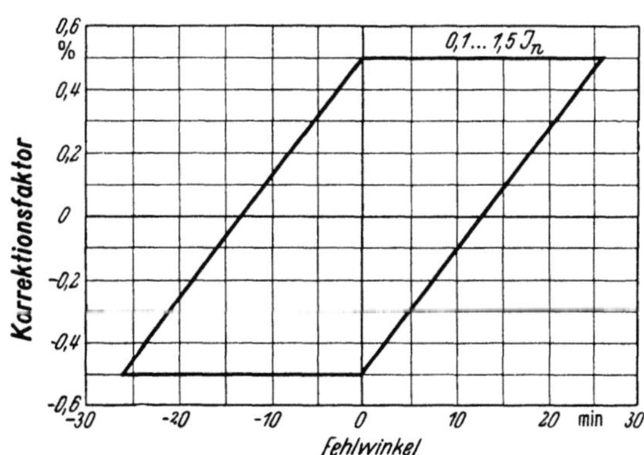

Abb. 31. Korrektionsfaktor für Stromwandler, Klasse 0,5 nach ASA.

c) Berechnungsverfahren.

Für die Vorausbestimmung der Meßgenauigkeit bzw. der Fehler von
Stromwandlern gibt es sowohl arithmetische als auch nomographische
Rechenverfahren. Wenn auch heute der punktweisen Berechnung auf

Grund der bereits bekannten Grundgleichungen des Stromwandlers infolge des großen Zeitaufwandes kaum mehr Bedeutung zukommt, so soll doch diese Berechnung als die grundlegende der Vollständigkeit halber an Hand eines Beispieles gezeigt werden.

In der Praxis treten drei verschiedene Varianten hinsichtlich der Berechnung von Stromwandlern auf:

α) Ein gegebener Wandler soll hinsichtlich seiner Fehler und des Überstromverhaltens für eine bestimmte Leistung und Klasse nachgerechnet werden.

β) Der Wandlertyp, Genauigkeit, Leistung, Überstromverhalten, thermische und dynamische Bedingungen seien gegeben. Die Berechnung erstreckt sich dann auf die Ermittlung des notwendigen Eisenquerschnittes und evtl. der Eisensorte, die zur Erfüllung der gestellten Bedingungen benötigt werden.

γ) Schaffen einer neuen Wandlerform. In diesen Fällen setzt sich die Berechnung aus einer größeren Zahl von Teilrechnungen zusammen, um den neuen Wandlertyp für die verschiedenen vorgesehenen Varianten hinsichtlich thermischer und dynamischer Festigkeit sowie Klassengenauigkeit, Leistung und Überstromziffer ins Optimum zu legen. Grundsätzlich aber sind die Rechenoperationen die gleichen wie für α) und β).

1. Punktweise Berechnung der Stromwandlerfehler. Für das nachfolgende Beispiel soll — der Einfachheit wegen — eine Berechnung nach α), also die Nachrechnung eines gegebenen Wandlers durchgeführt werden.

Der Wandler besitze einen Mantelkern und eine Wicklungsanordnung mit Abmessungen gemäß Abb. 32. Die übrigen Daten des Wandlers seien folgende:

Wicklung

Nennamperewindungszahl A_n . . .	600
Übersetzungsverhältnis $ü$	300/1 A
Windungszahlen primär/sekundär. .	2/600
Kupferquerschnitt primär/sekundär .	333/1,13 mm²

Kern

Mittlere Kraftlinienlänge l_E	46 cm
Effektiver Eisenquerschnitt q_E . . .	21,7 cm²
Eisenvolumen V_E	1000 cm³
Material	Dyn. Bl. IV; 0,35 mm
	(Sonderqualität
	Stromwandlerblech)

Der Wandler soll eine Nennleistung von 15 VA cos $\beta = 0,8$ haben.

Zunächst muß der sekundäre Eigenverbrauch des Wandlers ermittelt werden, um die sekundäre Gesamtnennleistung zu erhalten. Für die sekundäre Wicklung errechnet sich ein ohmscher Widerstand von 2,33 Ohm. Es wird in Übereinstimmung mit den VDE-Regeln angenommen, daß der sekundäre Eigenverbrauch ebenfalls einen Leistungsfaktor $\cos \beta = 0,8$ hat. Demnach errechnet sich der Eigenverbrauch zu

$$N_{2n} = \frac{J_{2n}^2 \cdot R_2}{\cos \beta} = \frac{1^2 \cdot 2,33}{0,8} = 2,92 \text{ VA} .$$

Der Eigenverbrauch wird auf 3 VA aufgerundet. Damit ergibt sich die Gesamtleistung des Wandlers zu

$$N_{gn} = 15 + 3 = 18 \text{ VA}$$

bei $\cos \beta = 0,8$. Die Nenn-EMK wird damit:

$$E_{2n} = \frac{N_{gn}}{J_{2n}} = \frac{18}{1} = 18 \text{ V} .$$

Aus der Transformatorgleichung (4) kann nun die Nenninduktion berechnet werden:

$$B = \frac{\sqrt{2} \cdot E_{2n} \cdot 10^8}{2\pi \cdot f \cdot w_2 \cdot q_E} =$$
$$= \frac{\sqrt{2} \cdot 18 \cdot 10^8}{2\pi \cdot 50 \cdot 600 \cdot 21,7} = 623 \text{ Gauß} .$$

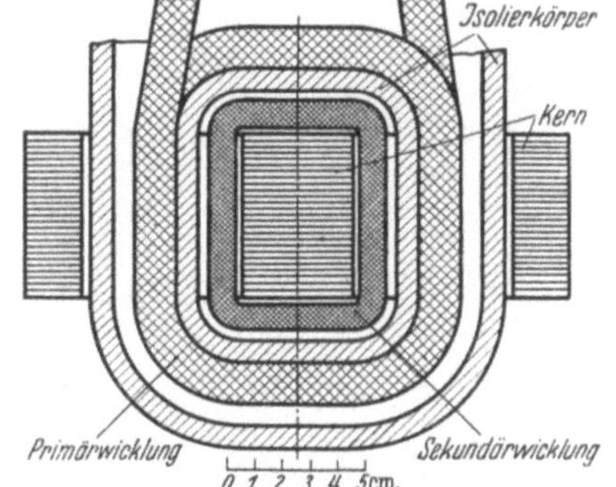

Abb. 32. Schnitt durch den als Beispiel gerechneten Stromwandler.

Der Wandler sei zu berechnen in dem Strombereich zwischen $0,1\,J_n$ bis zum Überstromzifferpunkt, und zwar für die Nennleistung. Ferner müssen die Fehler entsprechend den VDE-Vorschriften bei $^1/_4$ Bürde im Bereich $0,1 \cdots 1,2\,J_n$ ermittelt werden.

Bei $^1/_4$ Bürde setzt sich die der Berechnung zugrunde zu legende Leistung aus $^1/_4\,N_n$ ($^{15}/_4 = 3,75$ VA) und dem nach wie vor voll einzusetzenden Eigenverbrauch von 3 VA zusammen. Es ergibt sich dann für diesen Fall eine Gesamtleistung von 6,75 VA bei $\cos \beta = 0,8$. In der Tab. 5 sind diese Daten in den Spalten 1 und 2 eingetragen.

Die zugehörige EMK, bezogen auf die Sekundärseite, enthält Spalte 3. Aus der Transformatorgleichung ergibt sich dann die Induktion gemäß Spalte 4.

Für die Berechnung des Gesamtfehlers F [%] bei J_n wird die Formel (10) herangezogen:

$$F_n = \frac{N_{gn}}{f \cdot V_E \cdot \mu_g \cdot a_n^2} \cdot \frac{10^{10}}{\pi \cdot \sqrt{2}} = \frac{18}{50 \cdot 10^3 \cdot \mu_g \cdot (600/46)^2} \cdot \frac{10^{10}}{\pi \cdot \sqrt{2}} = \frac{4,8 \cdot 10^3}{\mu_g} .$$

Die im Ergebnis (rechts) vorgenommene Vereinfachung ist möglich, da sich für andere Ströme sowohl N_{gn} als auch a_n im Quadrat mit dem Verhältnis $J : J_n$ ändern. Die anderen Größen der Fehlergleichung bleiben bis auf μ_g unverändert.

Tabelle 5. *Berechnung*

1	2	3	4	5	6	7
N_{gn}	$\times J_{2n}$	E_2	B	μ_g	F	φ_0
VA		V_{eff}	Gauß		%	$^\circ$
	0,1	1,8	62	2530	2,04	80,7
	0,2	3,6	125	3160	1,52	77,8
	0,5	9	312	4300	1,12	70,9
	1,0	18	623	5700	0,84	64,0
18 VA	1,2	21,6	748	6200	0,78	62,0
$\cos \beta_g = 0,8$						
$\beta_g = 36,9^\circ$	2	36	1246	7900	0,61	57,0
	5	90	3115	12100	0,40	52,4
	10	180	6230	12300	0,39	60,7
	20	360	12460	5100	0,94	80,4
	23	414	14330	1800	2,77	86,0
	25	450	15575	850	5,65	88,4
	27	486	16821	270	17,8	89,1
	0,1	0,68	23,4	1930	0,93	84,3
6,75 VA	0,2	1,35	47	2330	0,77	82,2
$\cos \beta_g = 0,8$	0,5	3,38	117	3070	0,59	78,2
$\beta_g = 36,9^\circ$	1,0	6,75	234	3850	0,47	73,4
	1,2	8,10	281	4150	0,43	71,8

Für die Gesamtleistung von 6,75 VA ergibt sich entsprechend eine Fehlerformel

$$F = \frac{1,8 \cdot 10^3}{\mu_g}.$$

Die Werte für μ_g (Spalte 5) werden der $\mu_g = f(B)$-Kurve des verwendeten Eisens (Abb. 6) für die betreffende Induktion entnommen. Nunmehr können die Fehler (Spalte 6) errechnet werden.

Zur Berechnung des Stromfehlers F_J [%] (Spalte 11) und des Fehlwinkels δ_J [min] (Spalte 12) werden die bekannten Formeln (21) und (23) benutzt.

$$F_J = F \cdot \cos (\varphi_0 - \beta_g)$$
$$\delta_J = F \cdot \sin (\varphi_0 - \beta_g) \cdot 34,4.$$

Bei $\cos \beta_g = 0,8$ ist der Bürdenwinkel $\beta_g = 36,9^\circ$. Der Eisenwinkel φ_0 (Spalte 7) ist für die jeweilige Induktion B aus Abb. 33 zu entnehmen.

Für den üblichen Meßbereich des Wandlers $(0,1 \cdots 1,2 \, J_n)$ sind die so errechneten Fehler in Abb. 34a, b eingetragen. Für die Stromfehler F_J [%] gilt die linke Skala der Abb. 34a. Die Fehlerkurven verlaufen nur im negativen Teil des Diagramms. Da nun aber die zulässigen Fehlergrenzen gemäß den Wandlerregeln gleiche Abweichungen nach Plus und Minus zeigen, würde so der Fehlergrenzenbereich nur unvoll-

eines Stromwandlers.

8	9	10	11	12	13	14
$\varphi_0 - \beta_g$	$\cos(\varphi_0 - \beta_g)$	$\sin(\varphi_0 - \beta_g)$	F_J	δ_J	F_{Jk}	$\times J_{1n}$
0			%	min	%	
43,8	0,72	0,69	− 1,47	+ 48,4	− 0,80	
40,9	0,76	0,66	− 1,16	+ 34,6	− 0,49	
34,0	0,83	0,56	− 0,93	+ 21,6	− 0,26	
72,1	0,89	0,45	− 0,75	+ 13,0	− 0,08	
25,1	0,90	0,42	− 0,70	+ 11,3	− 0,03	
20,1	0,94	0,34	− 0,57	+ 7,1	+ 0,10	
15,5	0,96	0,27	− 0,38	+ 3,7	+ 0,29	
23,8	0,91	0,40	− 0,36	+ 5,4	+ 0,31	
43,5	0,73	0,69	− 0,69	+ 22,3	− 0,02	
49,1	0,66	0,75	− 1,83	+ 71,5	− 1,16	23,4
51,5	0,62	0,78	− 3,50 ·	+151	− 2,83	25,9
52,2	0,61	0,79	−11,86	+484	−11,19	30,2
47,4	0,68	0,74	− 0,63	+ 23,6	+ 0,04	
45,3	0,70	0,71	− 0,54	+ 18,8	+ 0,13	
41,3	0,75	0,66	− 0,44	+ 13,4	+ 0,23	
36,5	0,80	0,60	− 0,38	+ 9,7	+ 0,29	
34,9	0,82	0,57	− 0,35	+ 8,4	+ 0,32	

kommen ausgenutzt. Um eine bessere Ausnutzung zu ermöglichen, wird
die sekundäre Windungszahl des Wandlers absichtlich etwas gefälscht,

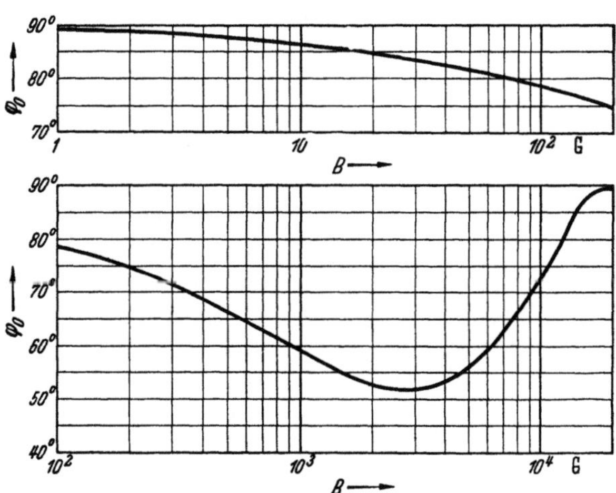

Abb. 33. Eisenwinkel φ_0 von Stromwandlerblech, 0,35 mm stark.

und zwar um einige Windungen erniedrigt. Diese Windungskorrektur
ist gleichbedeutend mit einer Verschiebung des Stromfehlers ins Posi-

tive. Bei dem Beispiel erweist es sich als zweckmäßig, den Wandler sekundär mit 4 Windungen weniger als ursprünglich vorgesehen, also

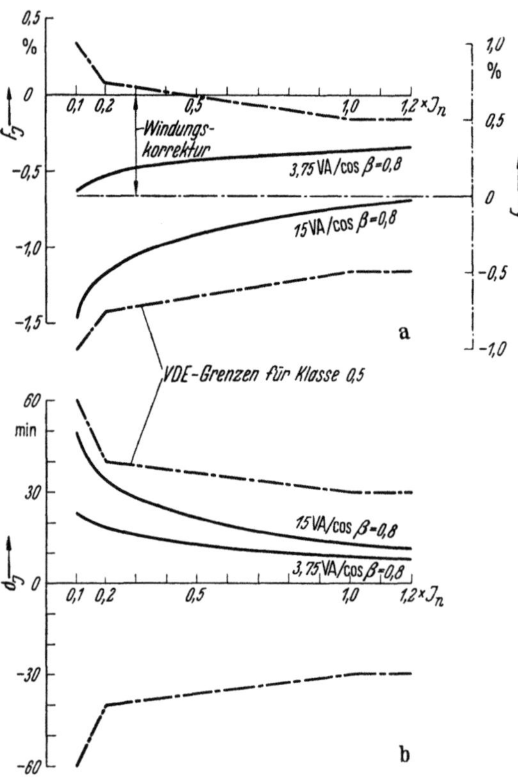

Abb. 34. Fehlerkurve des als Beispiel gerechneten Stromwandlers.

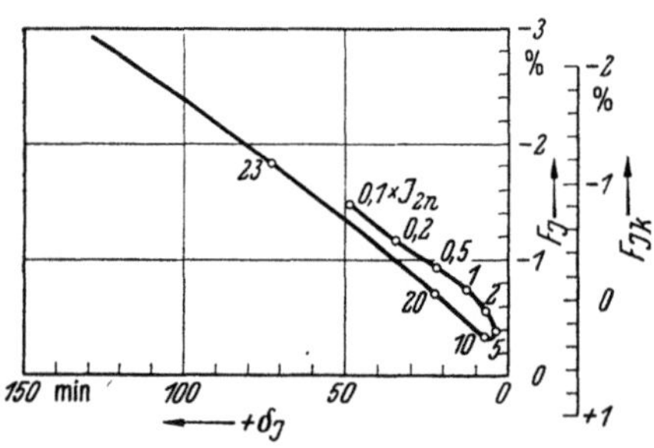

Abb. 35. MÖLLINGER-Diagramm des als Beispiel gerechneten Stromwandlers.

mit 596 Windungen auf der Sekundärseite, auszuführen. Dies bedeutet eine Verschiebung der Stromfehler um $4/600 = 0,67\,\%$ ins Positive. Damit ergeben sich dann die Werte der Spalte 13 für den Stromfehler F_{Jk}. Im Diagramm Abb. 34 ist die Wirkung so veranschaulicht, daß die Nullinie und damit die ganze Skale für den Stromfehler — jetzt mit $F_{Jk}\,[\%]$ bezeichnet — auf der rechten Seite des Diagramms um die Windungskorrektur verschoben ist. Gemäß dem so liegenden Maßstab sind die Fehlergrenzen der Klasse 0,5 eingezeichnet. Aus dem Diagramm ist zu erkennen, daß die Fehlergrenzen nirgends erreicht werden, sondern daß vielmehr genügend Toleranzen für fabrikations- und materialbedingte Abweichungen der Fehler vorhanden sind.

In Abb. 35 sind Stromfehler und Fehlwinkel des gerechneten Beispiels im Bereich zwischen 0,1 und $23 \times J_n$ nach MÖLLINGER aufgetragen. Auch hier kann, wie gezeigt, der Windungsabgleich durch entsprechende Verschiebung der %-Skala berücksichtigt werden.

2. Nomogramm-Rechenverfahren. Die punktweise Durchrechnung des Beispiels läßt erkennen, daß ein beträchtlicher Rechen- und Zeitaufwand, selbst bei der gewählten einfachsten Variante, nötig ist. Sollen nun nicht nur die Fehler eines gegebenen Wandlers nachgerechnet werden, sondern gilt es, alle möglichen Varianten beispielsweise mit verschiedenen Eisensorten durchzuprüfen, so kann das Rechnen eines Kernsystems Tage erfordern.

Wie kaum ein anderes Gerät im Netz muß gerade der Stromwandler außerordentlich anpassungsfähig sein. Trotz der intensiven Normungsarbeit hat noch ein großer Prozentsatz aller Stromwandler speziellen Bedingungen zu genügen, und ist deshalb als anormal anzusehen. Die Zahl der durchzurechnenden Wandler ist damit so groß, daß ein dringendes Bedürfnis nach zeitsparenden Berechnungsverfahren vorliegt.

Es hat nicht an Versuchen gefehlt, die rechnerische Ermittlung der Stromwandlerfehler dadurch zu erleichtern, daß man die Magnetisierungskurve durch eine mathematische Funktion ersetzte. Am ehesten gelingt diese mathematische Nachbildung durch Ersetzen der Magnetisierungskurve mittels einer Reihenentwicklung. Dieses Verfahren wird aber gerade deshalb wieder umständlich und zeitraubend, weil die Nachbildung nur mit einer Reihe von mindestens 3 Gliedern möglich ist. Bedenkt man ferner, daß jede Variation in der Eisensorte die Entwicklung einer anderen mathematischen Reihe und damit die Umstellung der ganzen Rechenunterlagen bedingt, so ist es nicht verwunderlich, daß diese Art von Rechenverfahren sich in der Praxis nicht eingeführt hat.

Dagegen haben nomographische Verfahren in der Berechnung von Stromwandlern längst ihre Bewährungsprobe bestanden. Die ersten Ansätze hierzu gehen etwa auf das Jahr 1930 zurück, wo W. FLEISCHHAUER sich mit der Durchbildung einer graphischen Methode insbesondere zur Ermittlung des Überstromverhaltens von Stromwandlern befaßte. Ausgehend von den Begriffen B/a^2 (Widerstandskennzahl) und $B \cdot a$ (Leistungskennzahl) entwickelte FLEISCHHAUER ein graphisches Verfahren zur Bestimmung der Überstromziffer. Die Rechendiagramme — entsprechend der charakteristischen Form der Kurven auch Zwiebelschnittkurven genannt — müssen für jedes Kernmaterial besonders aufgestellt werden. Dies ist gegenüber den modernen Verfahren, die auch ohne besondere Variation selbst die Berechnung von Mischkernwandlern gestattet, ein Nachteil, der wohl dazu geführt hat, daß dieses graphische Rechenverfahren sich in der Praxis nicht gehalten hat.

In dem Bestreben, ein einfaches Rechenverfahren zu finden, welches die Stromwandlerfehler unter Benutzung der normalen Magnetisierungskennlinie (ohne vorherige Abwandlung) über den ganzen Verlauf der Stromskale — also nicht nur im Überstromgebiet — zu ermitteln gestattet, wurde bei Siemens & Halske, vor etwa 20 Jahren beginnend, nach und nach ein graphisches Verfahren entwickelt,

an dem H. Schunk, H. Ritz, G. Reverey und in späterer Zeit der
Verfasser mitgearbeitet haben und laufend Verbesserungen vornahmen.
Wie durch eine Veröffentlichung von O. E. Nölke bekannt wird, ist bei
Koch & Sterzel ein ähnliches Verfahren im Gebrauch.

Nachfolgend soll das bei Siemens & Halske eingeführte Verfahren
abgeleitet und beschrieben werden. Die Ableitung soll, des leichteren
Verständnisses wegen, zunächst für Nennstrom und Nennbürde erfolgen,
später werden dann allmählich die anderen Varianten berücksichtigt.

Für Nennstrom und Nennbürde gilt folgende Grundgleichung für
den Fehler in %:

$$F_n = \frac{a_{0n}}{a_n} \cdot 100. \tag{34}$$

a_{0n} ergibt sich, wie früher bereits abgeleitet, aus der Gleichung (5):

$$a_{0n} = \frac{B_n}{\mu_{gn}}. \tag{5a}$$

Beide Gleichungen zusammengefaßt ergeben eine Formel ähnlich (8):

$$F_n = \frac{B_n}{\mu_{gn}} \cdot \frac{1}{a_n} \cdot 100. \tag{8a}$$

Will man diese Gleichungen nomographisch festlegen, so kann eine der
3 Größen als konstant vorausgesetzt werden. Aus Zweckmäßigkeits-
gründen sei gewählt:

$$a_{0n} = 0,1 = \text{konst.} \tag{35}$$

Damit geht die Gleichung (34) über in

$$F_n \cdot a_n = 10. \tag{36}$$

Es ergibt sich also eine reziproke Zugehörigkeit zwischen dem Fehler
F_n und der spezifischen Nennamperewindungszahl a_n. In der nomographischen Darstellung sind dies zwei gegeneinanderlaufende Skalen,
deren gegenseitige Lage durch die Festlegung von $a_{0n} = 0,1$ bestimmt ist.

Es entsprechen einander danach folgende Werte:

$$
\begin{aligned}
a_{0n} &= 10   & F &= 1\% \\
a_{0n} &= 20   & F &= 0,5\% \\
a_{0n} &= 100   & F &= 0,1\%
\end{aligned}
$$

Trägt man die Permeabilitätskurve gemäß Abb. 6 in der Form

$$\log \mu_g = f(\log B)$$

auf, so werden bei gleichem Maßstab für beide Achsen die Linien a_0
durch von links unten nach rechts oben verlaufende 45°-Linien dargestellt. Aus dieser Geradenschar kommt der Linie $a_{0n} = 0,1$ durch
die Festlegung gemäß Gleichung (35) besondere Bedeutung zu.

Legt man nun die oben erwähnte reziproke Doppelskala für F_n und
a_n, die zweckmäßig auf einen durchsichtigen Aufleger — künftig Schablone genannt — aufgetragen wird, so auf die Permeabilitätskurve, daß

der bei dem betrachteten Stromwandler gegebene a_n-Wert auf irgendeinem Punkt der Linie $a_{0n} = 0{,}1$ zu liegen kommt, so sind offensichtlich
die Bedingungen für die Gleichung (36) und damit auch für (8a) erfüllt.
Es ergeben sich damit graphisch die Beziehungen zwischen F_n, B_n
und a_n.

Diese sind noch in einer Richtung vieldeutig, da eine Bewegungs-
freiheit insofern vorhanden ist, als der a_n-Wert der Schablone auf der
Geraden $a_{0n} = 0{,}1$ beliebig wandern kann.

Dies ist mathematisch exakt, wenn man berücksichtigt, daß bisher
nur a_n und das Verhältnis $B/\mu_{gn} = 0{,}1$ festgelegt worden sind. Bei
jeder der noch möglichen Lagen von Schablone und Kurvenblatt wird
die Ausführungsmöglichkeit für einen Stromwandler angezeigt. Beispielsweise wird bei gegebenem a_n und angenommenem Fehler F das
zu einem frei wählbaren B notwendige μ_{gn}, also die Eisenqualität,
ermittelt.

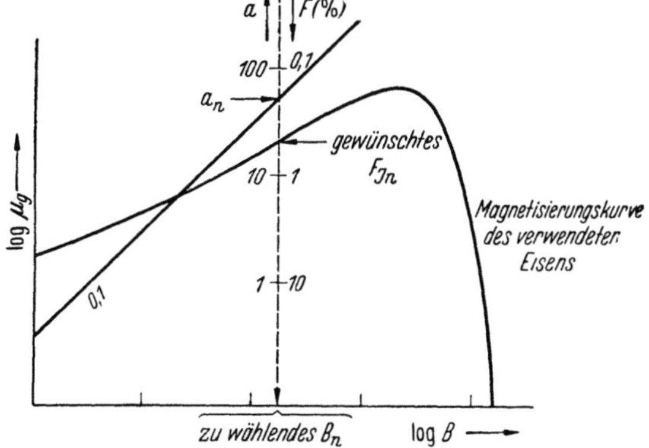

Abb. 36. Graphische Berechnung eines Stromwandlers bei Nennstrom.

Praktisch ist nun meistens die Eisenqualität gegeben, so daß dann
eine eindeutige Beziehung entsteht. Die zweite Bedingung für das Auf-
legen der Schablone ist also dadurch gegeben, daß das notwendige μ_{gn}
mit dem tatsächlichen μ_{gn} zur Deckung gebracht werden muß. Man
verschiebt also die Schablone — bei Beibehaltung der ersten Voraussetzung, daß das bei dem Stromwandler vorhandene a_n auf der Geraden
$a_{0n} = 0{,}1$ wandern muß — so, daß der gewünschte F-Wert mit dem
μ_{gn}-Wert des Kurvenblattes zusammenfällt. Zu beachten ist dabei, daß
die Gleichung (8a) eine Kombination aus den Gleichungen (34) und (5),
also aus zwei selbständigen nomographischen Systemen, darstellt, die
nur Gültigkeit hat, wenn die Achsenkreuze der beiden Systeme übereinstimmen. Praktisch heißt dies, daß darauf zu achten ist, daß sich
die Doppelskala der Schablone mit den Linien „B-konst." des Kurvenblattes in Richtung und Maßstab decken muß. Abb. 36 stellt dieses

Verhältnis eindeutig dar. Nunmehr sind die Bedingungen für einen Stromwandler mit gegebenem a_n, gegebenem Fehler F_n bei Nennstrom und der gewählten Eisensorte festgelegt. Die sich ergebende Nenninduktion B_n kann abgelesen werden.

Nach der Transformatorgleichung (4) ergibt sich dann der notwendige Eisenquerschnitt [cm²]

$$q_E = \frac{\sqrt{2} \cdot E_n \cdot 10^8}{2\pi \cdot f \cdot B_n \cdot w} \, . \tag{4a}$$

Die EMK für Nennstrom und Nennbürde ist

$$E_n = J_n \cdot Z_{gn}. \tag{37}$$

Unter der Annahme einer konstanten Gesamtbürde Z_{gn} geht die Gleichung (37) über in $E_n = J_n \cdot$ konst. Damit ergibt sich unter Berücksichtigung der Transformatorgleichung (4) für einen gegebenen Wandler die Beziehung

$$B_n = J_n \cdot \text{const}. \tag{38}$$

Dies gibt die Möglichkeit zu einer wesentlichen Erweiterung der Schablone. Es kann der Strommaßstab in der Form eingetragen werden:

$$x\, B_n = x\, J_n \cdot \text{const}. \tag{38a}$$

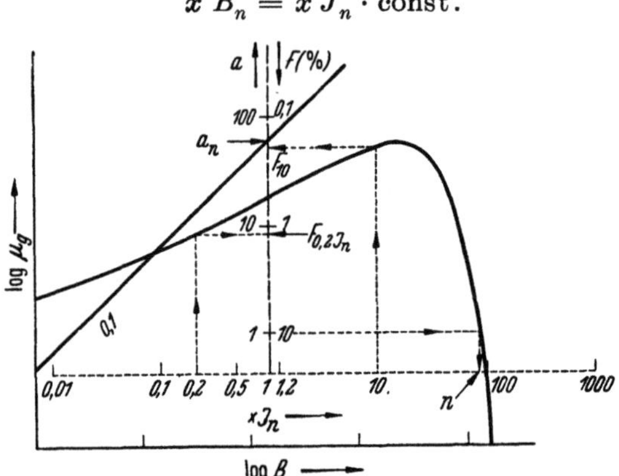

Abb. 37. Graphische Bestimmung der Fehlerkurve.

B verändert sich proportional dem Strom. In Abb. 37 ist dieser Maßstab eingezeichnet und angedeutet, wie der Fehler F_x bei der Stromstärke $x\, J_n$ graphisch ermittelt wird.

Das Verfahren ist also jetzt so weit entwickelt, daß man den Verlauf des Fehlers über den ganzen Strombereich des Stromwandlers ohne weitere Berechnung erhält.

Die Gleichung (18) läßt sich folgendermaßen umformen:

$$\frac{N_{gn}}{V_E} = \text{Konst.} \cdot F_n \cdot \mu_{gn} \cdot a_n^2, \tag{39}$$

wenn man die Frequenz f in die Konstante einbezieht. Der links des Gleichheitszeichens stehende Ausdruck stellt die Leistung je Volumeneinheit in VA/cm³ dar und soll künftig als spezifische Leistung v bezeichnet werden. Es bietet sich nun die Möglichkeit, diese spezifische Leistung mit dem graphischen Rechenverfahren zu ermitteln. Durch Logarithmieren geht die Gleichung über in

$$\log v = \text{Konst.} + \log F_n + \log \mu_{gn} + \log a_n^2. \tag{40}$$

Log μ_{gn} findet sich auf dem Kurvenblatt, log F_n auf der Schablone. Hat man zur Bestimmung von F_n Kurvenblatt und Schablone — wie oben beschrieben — zur Deckung gebracht, so wurde bereits auf Grund der Gleichungen (8a) und (35) die Summe ($\log \mu_{gn} + \log F_n$) gebildet. Es genügt also, auf der Schablone einen $\log a_n^2$-Maßstab anzubringen, der gegenüber der log F-Skala um die Konst. verschoben ist. Es handelt sich um einen zweiten a_n-Maßstab mit doppelter Einheit. Die Konstante beträgt für 50 Hz, wenn v_{gn} in VA/cm³ und F in Prozent angenommen wird,

$$\text{Konst.} = \frac{2\pi}{\sqrt{2}} \cdot 50 \cdot 10^{-8} \cdot 10^3 = 2{,}22 \cdot 10^{-5}. \tag{41}$$

Mit der Kenntnis der spezifischen Leistung v_{gn} eröffnet sich ein weiterer Weg zur Bestimmung des benötigten Kernquerschnittes q_E. Dieser Weg hat den Vorteil, daß die Transformatorgleichung (4) mit ihren vielen Gliedern nicht herangezogen zu werden braucht. Aus der Definition der spezifischen Nennleistung ergibt sich folgende Gleichung

$$N_{gn} = v_{gn} \cdot q_E \cdot l_E \tag{42}$$

und daraus

$$q_E = \frac{N_{gn}}{v_{gn}} \cdot \frac{1}{l_E}. \tag{43}$$

In dieser Formel werden N_{gn} und v_{gn} in VA oder mVA, q_E in cm² und l_E in cm eingesetzt.

Bisher wurde das Verfahren für die Berechnung des vektoriellen Gesamtfehlers eines Stromwandlers beschrieben. Will man nun eine Aufteilung in Stromfehler F_J und Fehlwinkel δ_J vornehmen, so lassen sich weitgehend die Betrachtungen des Abschnittes B I a 5 heranziehen. Aus den Gleichungen (21) und (23) ergibt sich unter Berücksichtigung der Gleichung (8) der Stromfehler in Prozent

$$F_J = \frac{\frac{B_n}{\mu_{gn}}}{a_n} \cdot \cos(\varphi_0 - \beta_g) \cdot 100 \tag{44}$$

sowie der Fehlwinkel in Minuten

$$\delta_J = \frac{\frac{B_n}{\mu_{gn}}}{a_n} \cdot \sin(\varphi_0 - \beta_g) \cdot 3440 \tag{45}$$

und umgeformt

$$F_J = \frac{B_n}{\dfrac{\mu_{gn}}{\cos(\varphi_0 - \beta_g)}} \cdot \frac{100}{a_n} \tag{46}$$

bzw.

$$\delta_J = \frac{B_n}{\dfrac{\mu_{gn}}{\sin(\varphi_0 - \beta_g)}} \cdot \frac{3440}{a_n}. \tag{47}$$

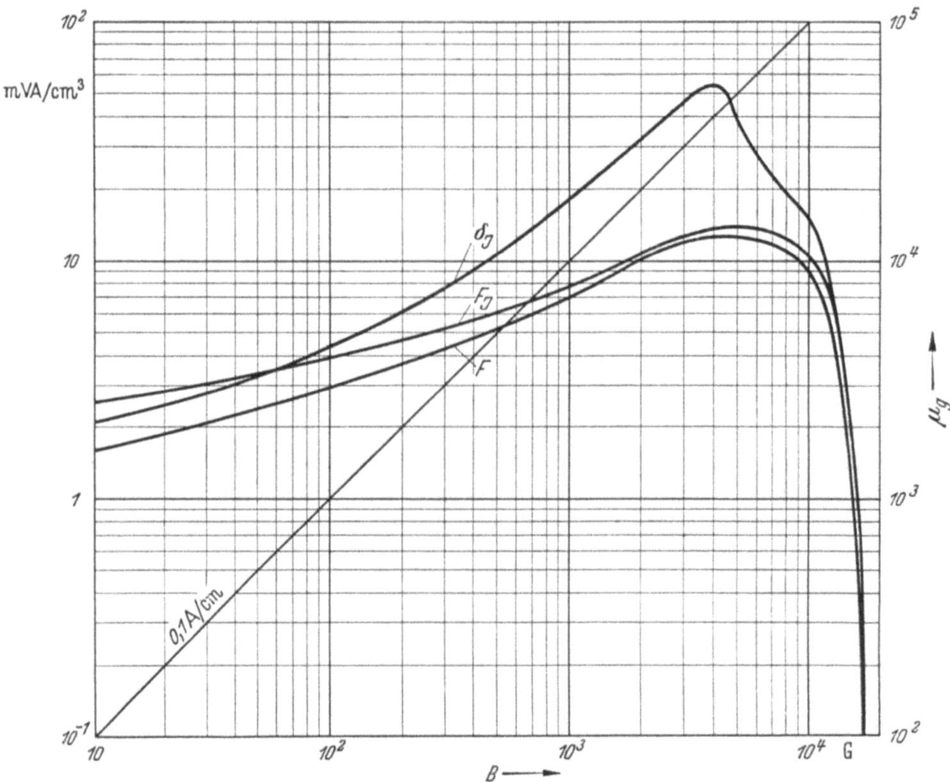

Abb. 38. Kurvenblatt für graphische Berechnung von Stromwandlern für Stromwandlerblech 0,35 mm bei $\cos \beta_g = 0{,}8$.

Durch Vergleich mit der Gleichung (8a) ergibt sich, daß das Rechenverfahren auch zur unmittelbaren Bestimmung von Stromfehler und Fehlwinkel verwendet werden kann, wenn man auf dem Kurvenblatt statt

$$\mu_g = f(B)$$

zur Berechnung des Stromfehlers die Beziehung

$$\frac{\mu_g}{\cos(\varphi_0 - \beta_g)} = f(B) \tag{48}$$

und zur Bestimmung des Fehlwinkels die Kurve

$$\frac{\mu_g}{\sin(\varphi_0 - \beta_g)} = f(B) \tag{49}$$

in doppellogarithmetischem Maßstab aufträgt.

Auch das graphische Rechenverfahren gibt für den Stromfehler lediglich das Fehlergefälle an. Nimmt man an, daß der Stromwandler

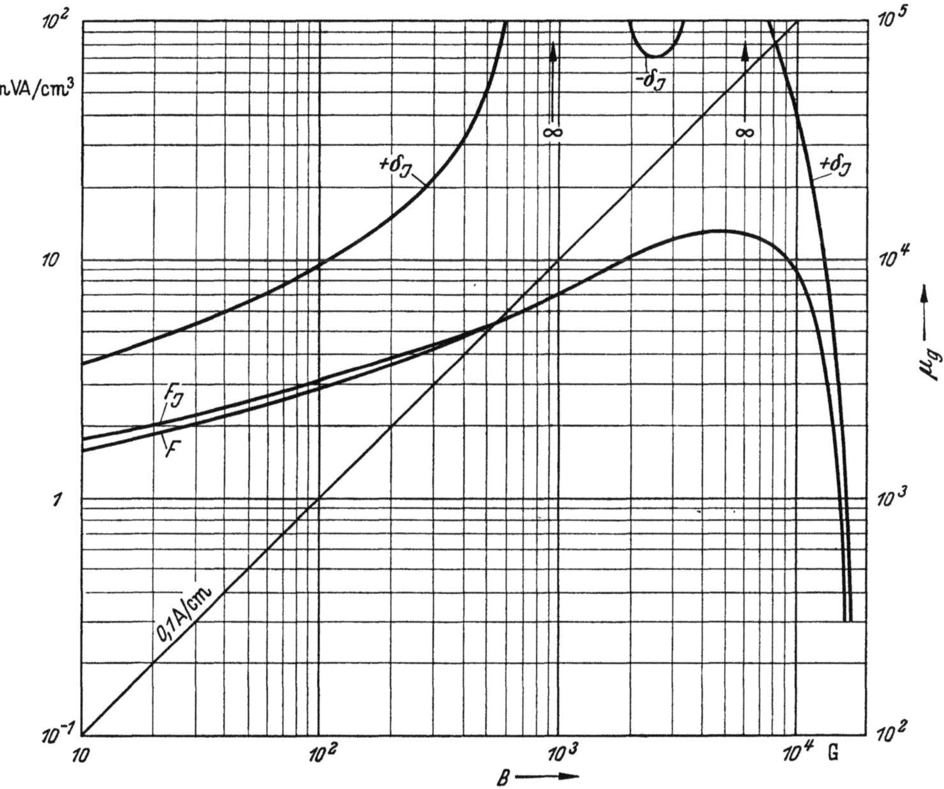

Abb. 39. Kurvenblatt für graphische Berechnung von Stromwandlern für Stromwandlerblech 0,35 mm bei cos β_g = 0,5.

durch Windungsabgleich ein Windungsverhältnis erhalten hätte, das einem künstlichen Abgleich gemäß der positiven Klassengrenze entspricht, so ist es möglich, die in den Wandlerregeln festgelegten Fehlergrenzen unmittelbar in die Schablone einzutragen.

Für die Klasse 1 wird beispielsweise angenommen, daß das Windungsverhältnis um $+1\%$ geändert ist. Entsprechend den Klassengrenzen darf dann bei 1,0 und 1,2 J_n ein Fehlergefälle von 2%, bei 0,2 J_n ein solches von 2,5% und bei 0,1 J_n ein Fehlergefälle von 3% auftreten.

Es gibt auch Verfahren, den Fehlwinkel zu verändern, doch werden diese im allgemeinen nicht angewandt, da zumeist die Stromfehler und nicht die Fehlwinkel kritisch sind, d. h. den Klassengrenzen nahekommen. Die in Abb. 41 eingetragenen Grenzen für den Fehlwinkel entsprechen daher in ihren Werten unverändert den Festlegungen der VDE-Regeln.

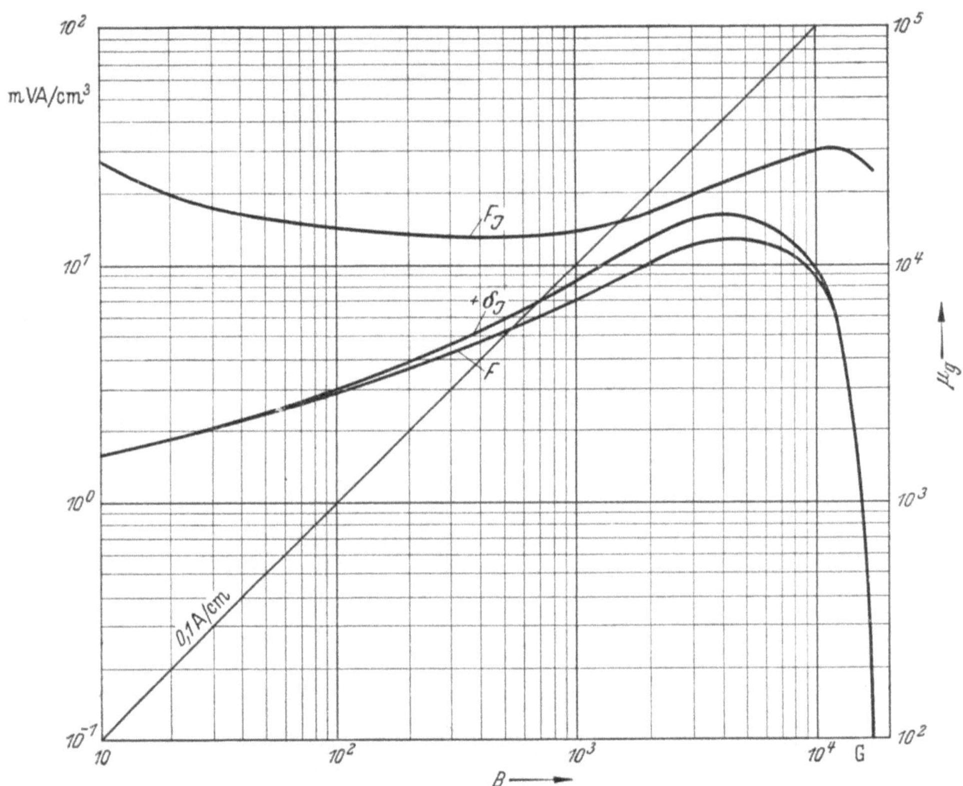

Abb. 40. Kurvenblatt für graphische Berechnung von Stromwandlern für Stromwandlerblech 0,35 mm bei cos $\beta_g = 1$.

Auch die Überstromziffer läßt sich, wie in Abb. 37 gezeigt, bei dem graphischen Verfahren direkt ablesen. Für sie ist ja Voraussetzung, daß ein Übersetzungsfehler von -10% auftritt. Es ist also nur nötig, auf der Schablone in der Höhe von -10% eine waagerecht liegende logarithmische Skala mit dem Strommaßstab anzubringen, wobei zu berücksichtigen ist, daß definitionsgemäß der Sekundärstrom um 10% kleiner ist als sein Sollwert.

Hat man es nun beispielsweise mit einem Stromwandler der Klasse 3 zu tun, der mit einem Windungsabgleich von $+3\%$ ausgeführt sein soll, so darf das Fehlergefälle 13 % sein, bis der für die Überstromziffer vorgeschriebene Fehler von −10 % erreicht wird. In diesem Fall wird man die Überstromzifferskala dementsprechend nicht in der Höhe von −10 %, sondern von −13 % anbringen und eine Linksverschiebung um ebenfalls 13 % vornehmen.

Für die genaueren Klassen, bei denen zwar ebenfalls immer ein positiver Windungsabgleich verwendet wird, ist dieser jedoch im

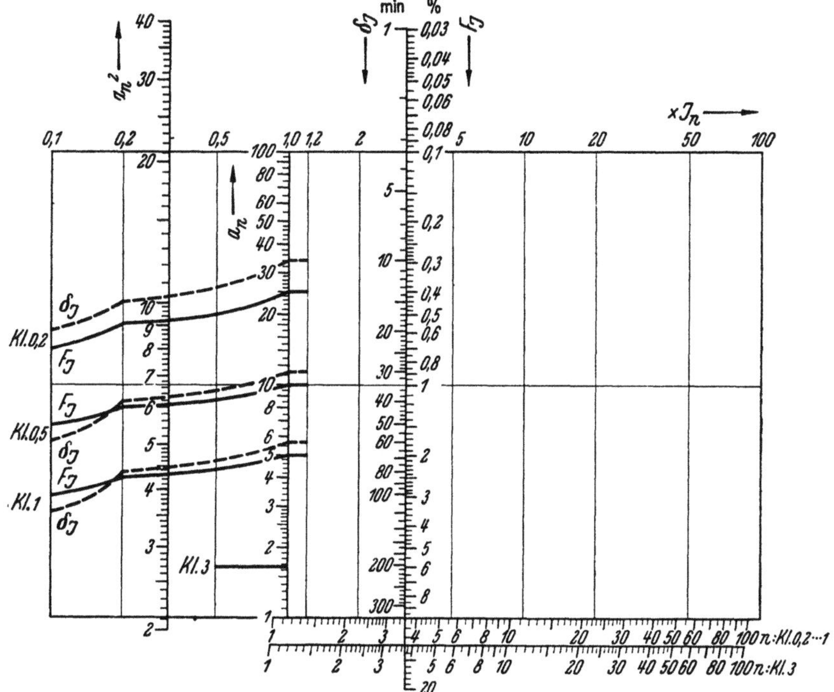

Abb. 41. Aufleger für graphische Stromwandlerberechnung.

Vergleich zu dem Fehler von 10 % so klein, daß es nicht lohnt, für diese Klassen getrennte n-Skalen anzubringen. Man verwendet die zuerst erwähnte n-Skala bei −10 %.

In Abb. 38 ist ein Kurvenblatt gezeigt, in dem sowohl die Kurven für μ_g als auch für $\mu_g/\cos(\varphi_0 - \beta_g)$ und $\mu_g/\sin(\varphi_0 - \beta_g)$ für einen Bürdenwinkel $\beta_g = 36° 52'$ entsprechend $\cos\beta_g = 0,8$ eingetragen sind.

Will man die Rechnung für einen anderen Gesamtbürdenleistungsfaktor vornehmen, so ist es nötig, andere Kurven für $\mu_g/\cos(\varphi_0 - \beta_g)$ und $\mu_g/\sin(\varphi_0 - \beta_g)$ zu wählen. Praktische Bedeutung haben im allgemeinen nur die Bürdenleistungfaktoren $\cos\beta_g = 0,5$ und $\cos\beta_g = 1$. In den Abb. 39 und 40 sind diese Kurven für ein gutes Stromwandlerblech eingezeichnet. Man erkennt daraus, daß bei dieser Blechsorte bei $\cos \beta_g = 0{,}8$ und $\cos \beta_g = 1$ nur positive Winkelfehler auftreten können. Bei $\cos \beta_g = 0{,}5$ hingegen treten im Bereich von etwa 900 Gauß und etwa 6000 Gauß Null-Durchgänge auf, wobei der Fehlwinkel im Bereich zwischen diesen Null-Durchgängen negative Werte annimmt.

Die in Abb. 41 gezeigte Schablone enthält alle im Zuge dieses Kapitels besprochenen Skalen. Diese sind nicht begrenzt, sondern können nach allen Seiten unter Beibehaltung des Maßstabes beliebig verlängert werden.

d) Eisenkern.

Der Fehler des Stromwandlers ist durch den Leerlaufstrom bedingt. Der Ausbildung des Eisenkernes und der Wahl des Eisenmaterials kommt daher besondere Bedeutung zu.

1. Kernformen. Sowohl in der Formel für den Stromwandlerfehler (10) als auch in der Formel für die Leistung des Stromwandlers (18) findet sich die Größe a^2. Wenn es darum geht, genaue oder leistungs-

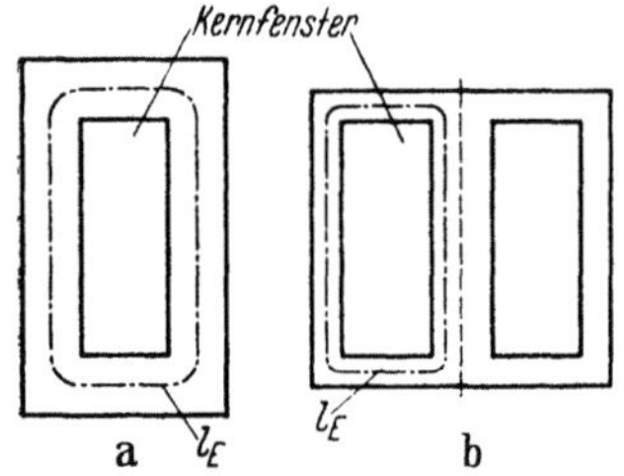

Abb. 42. Vergleich von Mantel- und Schenkelkern gleichen Kernfensters.

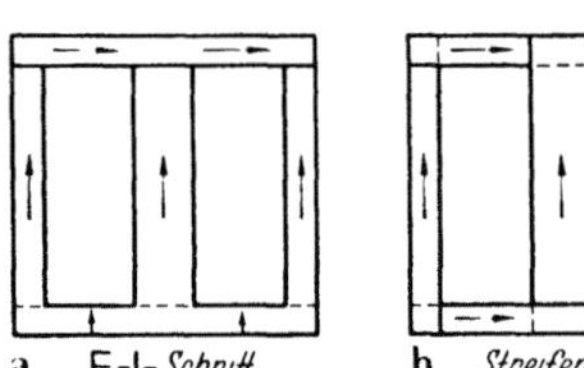

Abb. 43. Schachtelplan für Mantelkerne (Pfeile entsprechen der Walzrichtung).

fähige Stromwandler zu bauen, muß diesem Ausdruck besondere Aufmerksamkeit gewidmet werden, da er das einzige quadratische Glied in den Gleichungen ist. Es gilt also, die Amperewindungen je cm Kraftlinienweg so groß wie möglich zu wählen. Die Wahl der Amperewindungen wird an anderer Stelle behandelt. Gleichwertig mit einer Vergrößerung der Amperewindungen aber geht eine Verkleinerung des im Nenner stehenden Kraftlinienweges l_E ein. Man wird also bestrebt sein, diesen Kraftlinienweg so kurz wie möglich zu gestalten.

Unterzieht man die gebräuchlichen Schachtelkernformen einer kritischen Betrachtung, so ergibt sich, daß bei gleichem Kernfenster — dem Wicklungsvolumen einschließlich Isolation entsprechend — der Mantelkern hinsichtlich des Eisenweges günstiger abschneidet als der Schenkelkern, wie dies Abb. 42 zeigt. Beim Mantelkern weisen die Außenschenkel nur halbe Blechbreite auf, sodaß die Linie des mittleren Kraftlinienweges — in der Abbildung strichpunktiert gezeichnet –

näher nach innen rückt. Wenn nicht isolationstechnische Gründe für den Schenkelkern sprechen, wird man sich also wohl in den meisten Fällen für den Mantelkern entscheiden.

Um den Kern in die Spulenkörper einschachteln zu können, muß er aus einzelnen Stücken zusammengesetzt werden. Einige der verschiedenen Möglichkeiten deutet Abb. 43 an. Entweder werden E-I-Schnitte verwendet oder man setzt den Kern aus einzelnen Streifen zusammen. Im letzteren Fall muß der magnetische Fluß doppelt so viel Stoßstellen durchlaufen als beim E-I-Kern.

Es sei zunächst angenommen, daß die Stoßstellen stumpf zusammengesetzt werden. Der Einfluß einer solchen Stoßstelle soll an einem Beispiel erläutert werden: Der Eisenweg eines Kernes betrage 40 cm, die Summe der Luftstrecken in den Stoßstellen zusammen 0,1 mm. Das Verhältnis zwischen Luftweg und Eisenweg ist demnach 1:4000.

Bei einer Permeabilität μ von 4000 sind dann die magnetischen Widerstände des Eisenweges und der Stoßfuge einander gleich. Beide

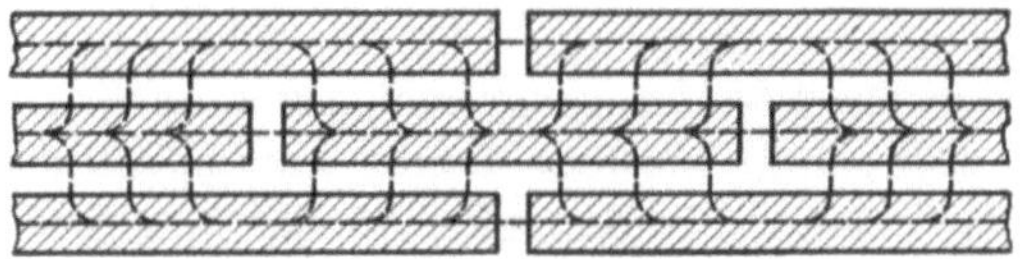

Abb. 44. Kraftlinienverlauf an Schachtelstellen.

Teile verbrauchen die gleiche Amperewindungszahl. Dies bedeutet, daß die mittlere Permeabilität des Kernes auf die Hälfte zurückgeht. Verwendet man aber ein Eisen mit einer Permeabilität von 40000, so ist der magnetische Widerstand der Stoßfugen 10mal höher als der des Eisens, so daß in den Stoßfugen 10mal so viel magnetisierende Amperewindungen verbraucht werden als im Kerneisen. Die mittlere Permeabilität eines solchen Eisenkernes geht damit auf $^{1}/_{11}$ zurück. Dies heißt mit anderen Worten, daß der zweite Kern nur knapp doppelt so gut ist als der erste, obgleich das Permeabilitätsverhältnis 1:10 ist. Die Stoßstellen machen sich also um so unangenehmer bemerkbar, je besser die Qualität des Eisens ist.

Um den Einfluß der Stoßstellen herabzusetzen, verwendet man heute im Wandlerbau nur in Ausnahmefällen stumpf zusammengesetzte Kerne. Man bildet die Stoßstellen überlappt geschachtelt aus, wie Abb. 43 zeigt (gestrichelt). Die Überlappung wird dadurch erreicht, daß die Stoßstellen bei jeder zweiten Lage an einer anderen Stelle angeordnet werden.

Abb. 44 zeigt eine solche überlappte Stoßstelle im Schnitt stark vergrößert. Der magnetische Fluß nimmt den Weg des kleinsten Widerstandes. Würde er an den Stoßstellen von Kante zu Kante übergehen, dann stände ihm nur ein verhältnismäßig kleiner Querschnitt zur Verfügung, so daß sich dem magnetischen Fluß ein hoher magnetischer Widerstand entgegensetzt. Der magnetische Fluß neigt daher viel eher dazu, das Blech vor der Stoßfuge seitlich zu verlassen und auf die diese Stoßstelle ganz überdeckenden Bleche überzutreten, da ihm hier ein weit größerer Übergangsquerschnitt bei etwa gleicher Länge des Übergangsweges zur Verfügung steht. So erklärt sich, daß die überlappt geschachtelten Kerne die magnetischen Eigenschaften des Kernmaterials wesentlich besser ausnutzen als stumpfgestoßene Kerne. Die günstige Wirkung kann man unterstützen, wenn die Überlappungsfläche genügend groß gemacht wird. Bei derartigen Kernen werden die magnetischen Eigenschaften auch bei den hochwertigen Materialien (Nickeleisen) größenordnungsmäßig zu etwa 30···50% ausgenutzt.

Die hochgezüchteten Eisenmaterialien haben in ihrer Walzrichtung bessere magnetische Eigenschaften als quer dazu. Man wird daher bestrebt sein, die Schnitte so zu legen, daß ein möglichst großer Teil des Kraftlinienweges mit der Walzrichtung des Bleches übereinstimmt. Bei einem E-I-Schnitt ist dies, wie Abb. 43 zeigt, nur unvollkommen möglich; bei dem aus Streifen zusammengesetzten Kern dagegen kann die Forderung voll erfüllt werden. Leider hat jedoch der Streifenkern, wie oben bereits gezeigt, die doppelte Anzahl von Stoßstellen, so daß die Verbesserung durch Berücksichtigung der Walzrichtung entweder nur unvollkommen ausgenutzt werden kann oder durch die verschlechternden Eigenschaften der Stoßstellen übertroffen wird.

Der Vollständigkeit halber sei erwähnt, daß man auch den umgekehrten Weg beschreitet, also den Kern ohne Stoßfugen ausbildet und dafür die Wicklungen hereinwickelt. Große Bedeutung hat dieses Verfahren bei Schichtkernen jedoch heute nicht mehr.

Wesentlich bessere Eigenschaften als die gezeigten Schachtelkerne hat der gewickelte B a n d k e r n. Er besteht aus Bändern, die in der Walzrichtung geschnitten und spiralig aufgewickelt sind. Damit erscheint bei dieser Kernart die oben aufgestellte Forderung, daß der magnetische Fluß das Eisen in Walzrichtung durchlaufen soll, erfüllt. Nun verläuft der Fluß jedoch nicht längs der Spirale, sondern annähernd in einer Kreislinie. Er muß demnach von Spiralwindung zu Spiralwindung treten, also auch den Luftweg zwischen den Spiralen passieren. Der Übergangsquerschnitt aber wird durch den ganzen Umfang einer Windung gebildet und ist damit noch beträchtlich größer als bei einer Überlappungsstelle von Schichtkernen. Der verschlechternde Einfluß dieser Luftstrecke beträgt selbst bei den hochwertigsten Eisenmaterialien nur wenige Prozente und kann daher vernachlässigt werden. Der gewickelte Bandkern nutzt somit die magnetische Qualität des Eisenmaterials praktisch voll aus. Um einen bestimmten Kernquerschnitt bzw. eine bestimmte Kernlänge zu erhalten, kann der Bandkern — wie in Abb. 21b gezeigt — aus einzelnen Kernen minderer Höhe zusammengesetzt werden.

Der Bandkern bietet noch einen weiteren Vorteil. Bekanntlich werden die hochqualifizierten Eigenschaften der heutigen Kernmaterialien durch einen oder mehrere Glühprozesse gewonnen. Bei mechanischer Beanspruchung, wie sie beispielsweise auch das Einschachteln eines Kerns besonders bei unvorsichtiger Handhabung darstellt, gehen die guten magnetischen Eigenschaften zu einem Teil wieder verloren. Der gewickelte Bandkern wird nach der Herstellung einer Glühung unterworfen und behält damit voll seine magnetische Qualität. Die Wicklung muß allerdings mit Spezialmaschinen oder von Hand in den Bandkern eingewickelt werden, möglichst ohne diesen mechanisch zu beanspruchen.

Hauptsächlich in Amerika wird bei Transformatoren der Bandkern in die Spulen hineingewickelt. Das Umwickeln des Kernes geschieht so, daß Krümmungsänderungen der Bänder auf ein Minimum beschränkt werden. Trotzdem ist es nicht zu vermeiden, daß die magnetischen Eigenschaften sich verschlechtern. Es gelingt bei Siliziumeisensorten, die Verschlechterung in tragbaren Grenzen zu halten. Bei den hochwertigen Nickeleisenlegierungen dagegen muß eine bedeutende Qualitätsminderung in Kauf genommen werden.

2. Eisensorten. Die Formeln für die Fehler und die Leistung des Stromwandlers zeigen, daß der Permeabilität μ_g eine große Bedeutung zukommt, wenn man kleine Fehler oder große Gesamtleistung erzielen will. Man wird deshalb für den Stromwandlerkern Eisensorten verwenden, die möglichst im gesamten Verlauf der Magnetisierungskurve ein hohes μ_g aufweisen. Von den vielen zur Verfügung stehenden Eisensorten werden heute zwei Gruppen besonders bevorzugt. Die eine ist die der hochgezüchteten Siliziumeisen, die andere die der Nickeleisenlegierungen. Das Nickeleisen besitzt eine Permeabilität, die um eine Zehnerpotenz und mehr über derjenigen des Siliziumeisens liegt. Der grundsätzlichen Verwendung von Nickeleisenlegierung steht aber nicht nur der hohe Preis, sondern auch die Tatsache entgegen, daß die Nickeleisenlegierungen ihre Sättigungsinduktion bereits bei etwa 8000 Gauß gegenüber 20 $\cdots$ 22000 Gauß bei Siliziumeisen haben. Die Sättigungsinduktion aber bestimmt mehr oder weniger die Überstromziffer des Stromwandlers. Siliziumeisen wird man also überall da verwenden, wo eine hohe Überstromziffer verlangt wird und die geforderte Genauigkeit bzw. Leistung schon mit dieser Eisensorte erreicht werden kann.

Die Bedeutung der Nickeleisenlegierungen für Stromwandler wurde bereits sehr zeitig erkannt. Bereits im Jahre 1917 wurde von den Siemens-Schuckert-Werken das DRP. 311871 angemeldet, in dem für den Hilfseisenkern eines Stromwandlers eine Eisensorte mit hoher Anfangspermeabilität, im besonderen Nickeleisen mit mehr als 25 % Nickel, verwendet wird.

Besonders in Amerika wurde der Entwicklung von Nickeleisensorten große Beachtung geschenkt. Vor allem die Legierung „Permalloy", die aus 78 % Nickel und 22 % Eisen besteht, brachte eine wesentliche Verbesserung der Anfangs- und Maximalpermeabilität, sowie eine beträchtliche Verringerung der Wattverluste. In Deutschland

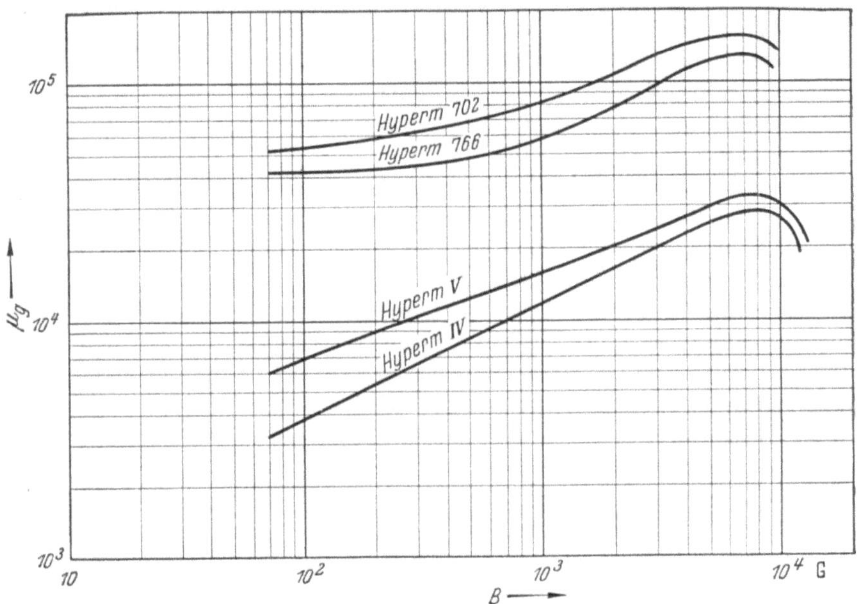

Abb. 45. Mittelwertskurven von Bandkernen der Firma Widia-Krupp, Essen.

fand das Permalloy bald eine Anzahl von Konkurrenten, von denen die Materialien Mu-Metall und M 1040 der Vacuumschmelze Hanau und die Hyperme 702 und 766 der Firma Widia-Krupp die bekanntesten sind. Es handelt sich dabei um Nickeleisenlegierungen, die einen ähnlichen Nickelanteil haben wie das Permalloy, jedoch zusätzlich wechselnde Mengen Kupfer, Molybdän, Chrom usw. besitzen. Neben diesen Materialien mit 75 $\cdots$ 78 % Nickelanteil finden gelegentlich auch noch Legierungen mit etwa 50 % und 36 $\cdots$ 48 % Nickel im Stromwandlerbau Verwendung.

Von den Siliziumeisensorten haben heute besonders diejenigen große Bedeutung, die auf kleine Wattverluste gezüchtet worden sind. Der Siliziumanteil dieser Legierungen liegt zwischen 2,5 und 3,5 %. Das Grundmaterial wird bis zu einigen Millimetern Dicke herab warm vor-

gewalzt und dann auf die gewünschte Materialstärke (0,05···0,35 mm)
kalt weitergewalzt. Bei dem Kaltwalzprozeß findet eine Kristall-
ausrichtung statt, die bewirkt, daß das Material eine magnetische Vor-
zugsrichtung in Walzrichtung aufweist. In dieser werden — unterstützt
durch nachfolgende Glühprozesse — hohe Permeabilitätswerte und
besonders niedrige Wattverluste — bei 10000 Gauß 0,55···0,8 W/kg —

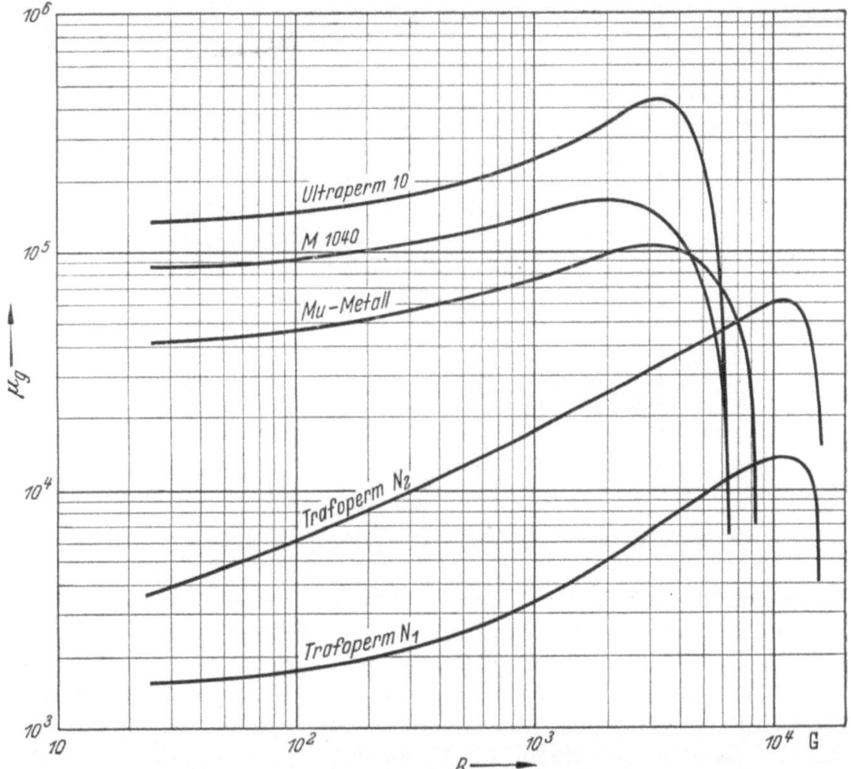

Abb. 46. Mittelwertskurven von Bandkernen der Firma Vacuumschmelze Hanau-Berlin.

erreicht. Diese Eisensorten werden von Spezialfirmen hergestellt und
zwecks Ausnützung der guten Eigenschaften in der Walzrichtung zumeist in Form von Bandringkernen verwendet. Die bekanntesten
Materialien dieser Art sind die Hyperme 3, 4, 5 und 6 (Widia-Krupp,
Essen) und die Trafoperme (Vacuumschmelze Hanau).

In großem Maßstab finden besonders für Schachtelkerne die von den
deutschen Feinwalzwerken hergestellten Siliziumeisensorten mit Wattverlusten von 1,0···1,1 W/kg Verwendung, wobei in den Firmenlisten
ausgesuchte Qualitäten als „Stromwandlerblech" gekennzeichnet
werden. In den Abb. 45 bis 47 ist aus den Firmenlisten eine Auswahl

der für den Stromwandlerbau verwendeten Silizium- und Nickeleisensorten mit ihren charakteristischen Kurven zusammengestellt.

Bei der Beurteilung auf Eignung für Stromwandler ist nicht nur die Höhe der Permeabilitätswerte maßgebend, sondern auch deren Verlauf abhängig von der Induktion. Im allgemeinen soll Stromwandlereisen einen möglichst geringen Anstieg der Permeabilitätskurven bis zum Permeabilitätsmaximum zeigen. Ein absolut waagerechter Verlauf der Kurve ist jedoch bei Wandlern für Schaltanlagen nicht notwendig, da die vorgeschriebenen Fehlergrenzen sich in Richtung vom 1,0-fachen zum 0,1-fachen Nennstrom auf das Doppelte erweitern. Möglichst waagerechter Verlauf der Permeabilitätskurve aber ist für solche Wandler

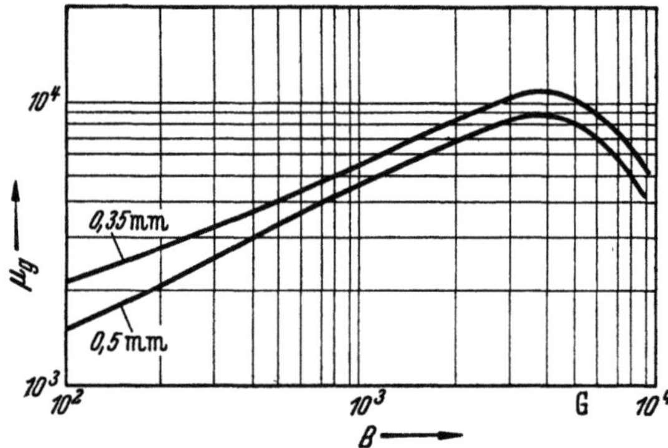

Abb. 47. Mittelwertskurven von Stromwandlerblech der Stahlwerke Bochum.

erwünscht, die in Prüfeinrichtungen, beispielsweise als Normalwandler, verwendet werden sollen, da für diese eine Erweiterung der Fehlergrenzen im oben beschriebenen Sinne nicht vorgesehen ist.

Bei 50 Hz und kleineren Frequenzen ist bei all den besprochenen Eisensorten die Blindkomponente des Leerlaufstromes im Bereich bis zum Permeabilitätsmaximum größer als die Wirkkomponente, so daß für den Fehler des Stromwandlers die Wattverluste nur bedingt Bedeutung haben. Bei Steigerung der Frequenz jedoch erfahren die Wattverluste — bezogen auf gleiche Induktion — eine ziemlich rasche Vergrößerung, während die Blindkomponente des Leerlaufstromes erhalten bleibt. Bei derartigen Wandlern kommt dann gerade den Wattverlusten eine große Bedeutung zu.

Einen Begriff für die Steigerung der Wattverluste, abhängig von der Frequenz, gibt die Formel von Steinmetz

$$\text{W/dm}^3 = \eta \cdot \frac{f}{100} \cdot \left(\frac{B}{1000}\right)^{1,6} + \xi \cdot \left(d \cdot \frac{f}{100} \cdot \frac{B}{1000}\right)^2. \tag{50}$$

Die Faktoren η und ξ sind Materialkonstanten, f ist die Frequenz und B die Induktion. Mit d ist die Blechdicke in mm bezeichnet. Die

Formel läßt erkennen, daß das erste der beiden Glieder (Hysteresis-verluste) eine lineare Abhängigkeit und das zweite (Wirbelstromverluste) eine quadratische Abhängigkeit von der Frequenz aufweist. Die STEIN-METZ-Formel wurde für die normalen Siliziumeisensorten des Trans-formatorenbaues entwickelt und hat für die neuen hochgezüchteten Eisensorten, besonders die Nickeleisenlegierungen, nur noch bedingt Gültigkeit.

Auf diesem Gebiet sind inzwischen eine Reihe von weiteren Arbeiten erschienen, von denen für Stromwandler besonders diejenigen von R. FELDTKELLER Bedeutung haben. FELDTKELLER untersucht den Einfluß der Frequenz auf die Permeabilität μ_g, in der sich definitions-gemäß sowohl die Wirk- als auch die Blindkomponente des Leerlauf-stromes wiederspiegelt. Die Frequenzabhängigkeit der Anfangspermea-

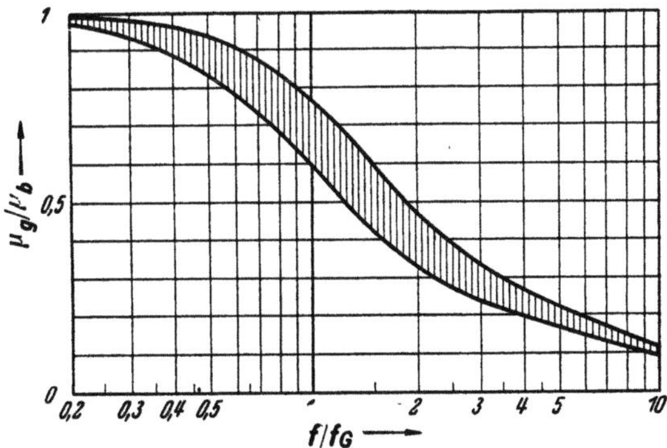

Abb. 48. Frequenzabhängigkeit der Anfangspermeabilität nach R. FELDTKELLER.

bilität[1] veranschaulichen Kurven, die in Abb. 48 ihrem Prinzip nach wiedergegeben sind. Als Abszisse ist der Logarithmus des Verhältnisses der Frequenz zur sogenannten „Grenzfrequenz" aufgetragen. Unter Grenzfrequenz f_G ist diejenige Frequenz verstanden, bei der die Anfangs-permeabilität auf den $1/\sqrt{2}$-fachen Wert abgesunken ist. Sie läßt sich nach folgender Formel bestimmen:

$$f_G = \frac{4 \cdot \varrho}{\mu_V \cdot \mu_a \cdot \pi \cdot d^2}. \tag{51}$$

Es bedeuten:

ϱ = spezifischer elektrischer Widerstand in Ohm $\cdot$ cm,

μ_a = relative Anfangspermeabilität,

μ_V = absolute Permeabilität des leeren Raumes ($1{,}256 \cdot 10^{-8}$),

d = Blechstärke in cm.

Soll eine hohe Grenzfrequenz erreicht werden, so ist — besonders bei Eisensorten mit hoher Permeabilität — die Wahl einer kleinen Blech-stärke das wirksamste Mittel, da diese Größe im Quadrat eingeht.

____

[1] bei $B \to 0$; $\mu_g = B/a_g$; $\mu_b = B/a_b$.

Das der Formel (51) entsprechende Doppeldiagramm Abb. 49
gestattet, die Blechdicke für eine gewünschte Grenzfrequenz, abhängig
vom spezifischen Widerstand und der Anfangspermeabilität, abzulesen.
Es muß allerdings darauf hingewiesen werden, daß die Kurvenbänder
gemäß Abb. 48 eine beträchtliche Streuung aufweisen, so daß die aus
Abb. 49 ermittelte Blechdicke nur als Richtwert angesehen werden kann.

Es muß natürlich dafür gesorgt werden, daß die einzelnen Schichten
der Kerne keinen elektrischen Kontakt miteinander haben. Bei Strom-

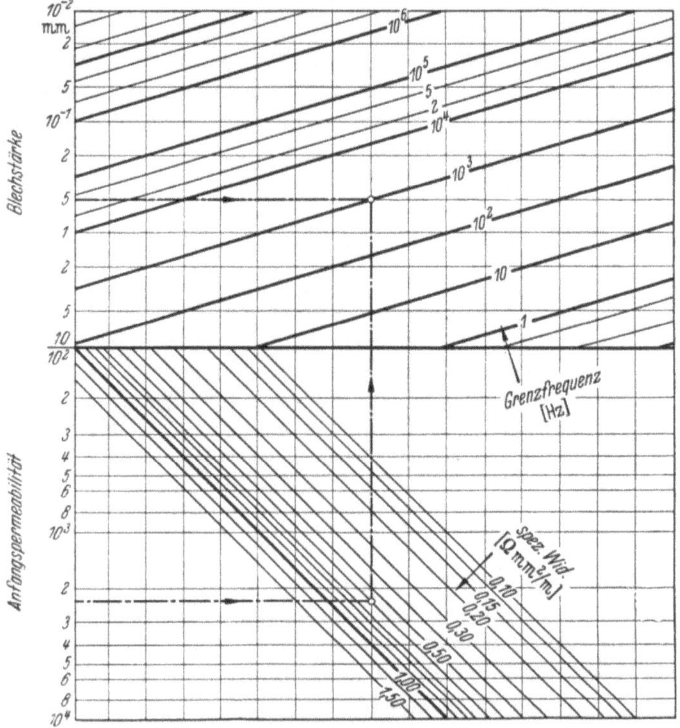

Abb. 49. Grenzfrequenz-Diagramm nach R. Feldtkeller.

wandlern ist die Spannung, die an einer Windung liegt, also damit
auch die Spannung, die Wirbelströme über das gesamte Blechpaket
erzeugen will, im allgemeinen sehr klein. Es genügt daher für die Isolierung der Bleche gegeneinander der beim Glühen entstehende Zunder-
belag. Bei Bandkernen streut man zwischen die einzelnen Windungen
ein Pulver, z. B. Magnesiumoxyd, das ein Zusammenbacken der einzelnen Lagen beim Glühen und damit Blechschlüsse verhindert.

Bei mechanischer Beanspruchung (Stanzen, Schneiden, Verbiegen
usw.) gehen die guten Eigenschaften hinsichtlich der Permeabilität mehr

oder weniger verloren. Durch nochmaligen Glühprozeß können die ursprünglichen Eigenschaften jedoch praktisch wieder zurückgewonnen werden.

Die Züchtung von Eisensorten hoher Permeabilität ist heute durchaus noch nicht zum Abschluß gekommen. Bereits im letzten Krieg wurden sowohl in Amerika als auch in Deutschland (Vacuumschmelze Hanau) neue Erkenntnisse gewonnen, die eine weitere Permeabilitätssteigerung um etwa den Faktor $3 \cdots 10$ erwarten lassen. Die Entwicklung auf diesem Gebiet ist jedoch noch in vollem Gange. Vor allem muß erprobt werden, ob die neuen Materialien (Supermalloy und Ultraperm) allen Anforderungen der Stromwandlerpraxis entsprechen.

Die hohe Permeabilität bei diesen Materialien kann entsprechend den Betrachtungen über die Grenzfrequenz wahrscheinlich nur voll ausgenutzt werden, wenn, selbst für Wandler von 50 Hz, kleinere Blechdicken als die üblicherweise gewählten 0,35 mm verwendet werden.

3. Mischkerne. Im unteren Teil der Permeabilitätskurve zeigt beispielsweise das Mu-Metall μ_g-Werte, die $6 \cdots 20$mal höher liegen als beim Siliziumeisen. Vom Maximum der Permeabilitätskurve an dagegen fallen die μ_g-Werte des Nickeleisens sehr viel eher ab als diejenigen des Siliziumeisens. Häufig ist es nun nicht notwendig, die im unteren Teil der Permeabilitätskurve erreichbaren hohen μ_g-Werte des Mu-Metalls voll auszunutzen. Man verwendet dann zweckmäßig einen Mischkern, d. h. man nimmt nur für einen bestimmten Anteil der Kernhöhe Nickeleisen und für den Rest Siliziumeisen. Die Anwendung eines solchen Mischkernes gibt bei den hohen Kosten der Nickeleisenlegierungen vor allem Preisvorteile. Außerdem fallen die μ_g-Werte des Mischkernes im Sättigungsgebiet weniger schnell ab als bei einem reinen Nickeleisenkern.

Abb. 50 zeigt die Kurven $\mu_g = f(B)$, abhängig vom Mischungsverhältnis. Das Verfahren für die Gewinnung der Permeabilitätskurven bei Mischkernen aus den Daten der beiden Materialien ist verhältnismäßig einfach. Es wird unterstellt, daß bei beiden Materialien derselbe mittlere Eisenweg vorhanden ist. In diesem Falle sind dann auch für beide Kernteile jeweils die gleichen magnetisierenden spezifischen Amperewindungen a_0 vorhanden. Gemäß der Magnetisierungskurve der einzelnen Materialien ergeben sich aber verschiedene Induktionen. Bezeichnet man mit x den Volumenanteil an höherwertigem Material und entsprechend mit $1 - x$ den Anteil für die andere Eisensorte, so ergibt sich die für den Gesamtkern geltende mittlere Induktion B_m zu

$$B_m = x \cdot B_1 + (1 - x) \cdot B_2. \tag{52}$$

Der Index 1 ist dem hochwertigen Material zugeordnet. Der mittleren Induktion B_m entspricht sinngemäß eine mittlere Permeabilität

$$\mu_{gm} = x \cdot \mu_{g1} + (1 - x) \cdot \mu_{g2}. \tag{53}$$

Bei Verwendung des im Abschn. B I c 2 gezeigten graphischen Rechenverfahrens läßt sich dann jeweils leicht erkennen, welches Mischungsverhältnis für den zu errechnenden Wandler am zweckmäßigsten ist.

Die Permeabilitätskurven zeigen bei Verwendung von einheitlichem Material nur ein Maximum. Aus Abb. 50 ist zu erkennen, daß die Permeabilitätskurve von Mischkernen zumindest für bestimmte Mischungsverhältnisse zwei ausgeprägte Maxima zeigt. Bei einem

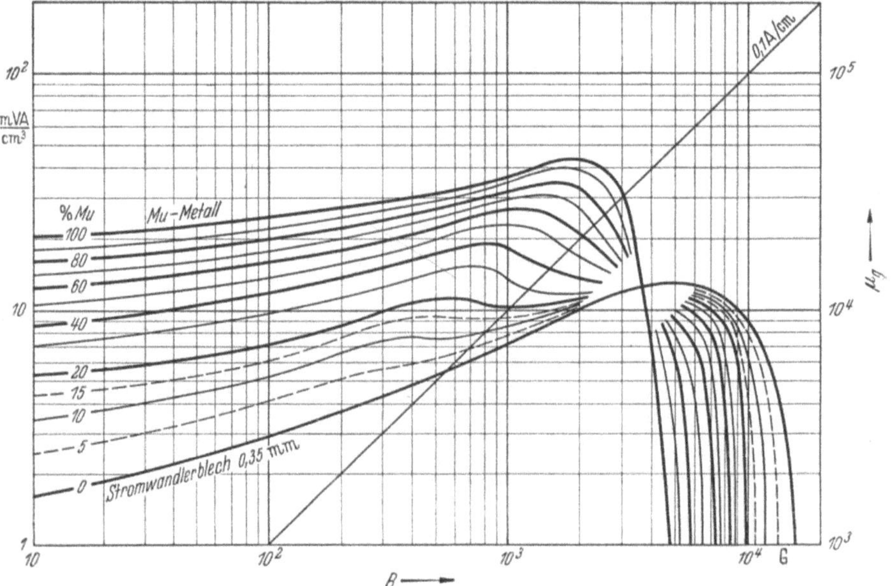

Abb. 50. Permeabilitätskurven von Mischkernen aus Stromwandlerblech und Mu-Metall.

Mischungsverhältnis von etwa 20 % wird hier über einem weiteren Bereich der Induktion eine nahezu konstante Permeabilität erzielt. Dies kann man dazu benutzen, um Stromwandler zu bauen, deren Fehlerkurven praktisch parallele Gerade zur Nullinie sind.

e) Schaltungsmaßnahmen zur Fehlerminderung (Kunstschaltungen).

Die Schaltungsmaßnahmen zur Fehlerverkleinerung, wie sie beim Stromwandler angewendet werden, sind sehr mannigfaltig. Häufig wird dafür auch der Sammelbegriff „Kunstschaltung" verwendet. Im weitesten Sinne kann bereits der schon erwähnte Windungs-Abgleich des Stromwandlers zur besseren Ausnutzung der gesamten Klassengrenze als eine Schaltungsmaßnahme zur Fehlerverkleinerung bezeichnet werden. Andererseits wird aber das Wort „Kunstschaltung" häufig als Sonderbegriff für die Anwendung der Zusatzmagnetisierung bei Stromwandlerkernen verwandt. Es besteht weder in der deutschen noch in der ausländischen Literatur eine einheitliche Sprache, so daß sich selbst die Fachleute untereinander häufig mißverstehen. Es ist daher notwendig, an den Anfang dieses Abschnittes einige Begriffserklärungen zu setzen. Das Wort „Kunstschaltung" soll grundsätzlich als Sammelbegriff für alle Schaltungsmaßnahmen zur Fehlerverminderung aufgefaßt werden. Als solche sind beispielsweise Maßnahmen anzusehen, die einen Windungsabgleich des Stromwandlers bezwecken. Diese werden als „Abgleichmaßnahmen" bezeichnet. Diejenigen Maßnahmen, die getroffen werden, um den Stromwandlerfehler durch Kompensation des Leerlaufstromes oder der Blindkomponente desselben zu verkleinern, sollen unter dem Sammelbegriff „Kompensationsmaßnahmen" erfaßt werden. Die Schaltungsmaßnahmen, die die Verbesserung der Eigenschaften des Stromwandlers durch Verlagerung des Arbeitspunktes in das Gebiet der Maximalpermeabilität zum Ziele haben, sollen unter dem Sammelbegriff „Zusatzmagnetisierung" zusammengefaßt werden.

1. Abgleichmaßnahmen. Im Abschn. B I c 1 war bereits erläutert worden, daß man der Sekundärseite eine von dem theoretischen Windungsverhältnis abweichende Windungszahl mit dem Ziel gibt, dem Stromwandler einen positiven Abgleichfehler zur Ausnutzung der gesamten Klassengrenzen zu geben. Solange die Amperewindungszahl des Stromwandlers groß ist, wird es genügen, mit ganzen Windungen abzugleichen. Handelt es sich aber beispielsweise um einen Stabwandler für einen primären Nennstrom von 100 A, so sind bei einem sekundären Nennstrom von 5 A nur 20 sekundäre Windungen vorhanden. Das Wegnehmen einer Windung würde eine Fehlerverschiebung von 5 % mit sich bringen. Dies ist naturgemäß viel zu viel, wenn ein Stromwandler beispielsweise für die Klasse 1 abgeglichen werden soll. Es ist dann ein Abgleich um $^1/_5$ Windungen erwünscht. Man kann sich nun auf verschiedene Weise helfen, um die Wirkung von Teilwindungen zu erzielen.

So kann man die Sekundärwicklung aus 5 parallelen Drähten herstellen, von denen jeder $^1/_5$ des notwendigen Kupferquerschnittes hat. Mit 4 Drähten werden — das Beispiel weiterverfolgend — 20 Windungen gewickelt, während der fünfte Draht nur 19 Windungen erhält. Am Anfang und am Ende werden die Drahtenden zusammengeschlossen. Der Fluß im Eisenkern induziert je Windung eine ganz bestimmte EMK, angenommen 10 mV. An den 19 Windungen des einen Drahtes stellt sach demnach die EMK von 190 mV, an den 20 Windungen der übrigen Drähte dagegen eine solche von 200 mV ein. Werden die Drähte nun in ihren Enden verbunden, so stellt sich im ganzen offensichtlich eine

Spannung von $$\frac{4 \cdot 200 + 1 \cdot 190}{5} = 198 \text{ mV}$$

ein.

Gegenüber dem Wert 200 mV der nicht abgeglichenen Wicklung ist eine Spannungsverschiebung um 2 mV, 1 % entsprechend, erzielt worden. Das Übersetzungsverhältnis des Stromwandlers ist damit — wie gewünscht — um 1 % ins Positive verschoben.

Das Zusammenschalten von Wicklungen mit verschiedener Windungszahl, also auch unterschiedlicher EMK, bewirkt einen Ausgleichstrom innerhalb der Wicklung. Die Windungen wirken bis auf die eine unterschiedliche bifilar. In erster Annäherung kann also die Induktivität vernachlässigt werden, so daß nur der ohmsche Widerstand der Windungen den Ausgleichstrom begrenzt. Dieser durchfließt gemeinsam die 4 Wicklungen mit gleicher und schließt sich über die einzelne Wicklung mit abweichender Windungszahl. Die treibende Spannung ist der EMK-Unterschied zwischen den Wicklungen, also 10 mV. Der Widerstand beträgt unter der Annahme, daß jede der einzelnen Wicklungen etwa 0,02 Ohm habe, für den ganzen Stromkreis rund 0,025 Ohm, womit sich ein Ausgleichstrom von 0,4 A ergibt. Dieser setzt sich geometrisch mit den durch die einzelnen Sekundärwicklungen fließenden Teilen des Sekundärstromes zusammen. Besonders in der Wicklungsabteilung, die mit abweichender Windungszahl ausgerüstet ist, muß daher kontrolliert werden, ob die Gefahr einer thermischen Überlastung besteht.

Der Ausgleichstrom von 0,4 A muß transformatorisch von der Primärseite des Wandlers geliefert werden. Bei den 19 Windungen der verschiedenen Wicklungsabteilungen hebt sich die Wirkung auf. Die 20. Windung hingegen bleibt wirksam. Dieser Kreis entzieht daher dem Stromwandler, der voraussetzungsgemäß 100 AW haben soll, 0,4 AW, entsprechend 0,4 % der Amperewindungszahl, so daß ein zusätzlicher negativer Fehler von 0,4 % auftritt.

Die Richtung dieses Fehlervektors fällt praktisch mit derjenigen der EMK zusammen, da angenähert nur ohmsche Widerstände wirksam sind. Der Fehler geht also dann als reiner Stromfehler ein, wenn der Wandler mit einer rein ohmschen Bürde belastet ist und die inneren induktiven Widerstände vernachlässigt werden können. Andernfalls teilt sich dieser Fehler in Stromfehler und Fehlwinkel auf. Der Einfachheit halber soll im folgenden der Fehler bei rein ohmscher Belastung weiterbehandelt werden.

War also ursprünglich beabsichtigt, dem Stromwandler einen positiven Abgleich von 1 % zu geben, so wird dieser durch den zusätzlich aufgetretenen Fehler nicht erreicht, sondern nur 0,6 %. Es ist also notwendig, sich bei derartigen Abgleichmaßnahmen Rechenschaft über den Einfluß des Ausgleichstromes zu geben.

Noch eine weitere unangenehme Eigenschaft hat diese Art des Abgleichs bei kleinen Amperewindungszahlen. Das vorstehende Beispiel war gerechnet für die Nennbelastung des Wandlers. Wird nun aber entsprechend den Wandlervorschriften der Wandler bei $^1/_4$ der Nennlast geprüft, so ist die Windungsspannung, wenn man den Eigenverbrauch vernachlässigt, ebenfalls auf $^1/_4$ heruntergegangen, damit auch Ausgleichstrom, fälschende Amperewindungen und die durch sie bedingte Verschiebung des Übersetzungsverhältnisses. Wurde die Lastkurve bei Vollbürde um 0,6 % gehoben, so wird die Kurve für $^1/_4$ Last um 0,9 % nach Plus verschoben. Die Fehlerkurven werden also gegenüber einem nicht abgeglichenen Wandler auseinandergedrückt. Man bezeichnet diesen Vorgang gewöhnlich als „Fehlerspreizung". Um diese müssen die Klassengrenzen eingeengt werden, wenn der Wandler berechnet wird.

Der Abgleich mit Paralleldrähten ist bereits seit langem angewandt worden. Es ist nun natürlich möglich, auch mit parallelen Drähten verschiedener Querschnitte zu arbeiten. Die vorstehenden Überlegungen gelten dann sinngemäß, da der Strom sich im Verhältnis der Querschnitte aufteilt.

Ein anderes Verfahren zur Erzielung der Wirkung von Teilwindungen ergibt sich dadurch, daß man einen der Drähte oder aber auch den gesamten sekundären Drahtquerschnitt bei der letzten Windung nicht um den Gesamteisenquerschnitt, sondern nur um einen Teil desselben herum führt. Der Fachausdruck für diese Art des Abgleichs ist „Fädeln". Bei Mantelkernen wird eine halbe Windung oder eine halbe Teilwindung leicht dadurch erzielt, daß die letzte Windung nicht durch beide Kernfenster, sondern nur durch ein Kernfenster und dann außen um den Kern herumgeführt wird. In beiden Fällen werden nun aber die beiden Kernteile von verschiedenen sekundären Amperewindungen beaufschlagt. Es stellen sich damit wegen der nicht völligen Aufhebung der primären und sekundären Amperewindungen in den Teilkernen zusätzliche magnetische Flüsse ein, die in den beiden Kernteilen gegensinnig verlaufen. Diesen Zusatzflüssen stehen keine Gegenamperewindungen gegenüber, so daß sie sich voll magnetisierend auf die Eisenkernteile auswirken. Auf diese Weise wird eine Verschiebung des Arbeitspunktes auf der Magnetisierungskurve erzielt, die in dem späteren Abschnitt „Zusatzmagnetisierung" noch eingehend behandelt werden muß. Hier mag der Hinweis genügen, daß die Wirkung dieser Zusatzmagnetisierung überprüft werden muß, da es in ungünstigsten Fällen vorkommen kann, daß infolge der Zusatzmagnetisierung eine vorzeitige Sättigung des Eisenkerns oder von Teilen desselben eintritt.

Schon sehr frühzeitig versuchte man, den Stromfehler des Wandlers dadurch günstig zu beeinflussen, daß man der Primärseite einen Widerstand parallel schaltete. Die erste Kunde hierüber gibt ein französisches

Patent[1], in dem davon gesprochen wird, daß es durch Anwendung eines primär parallelen Widerstandes möglich sei, den Fehler auf 0,2 % herunterzudrücken.

Der Widerstand leitet einen — im allgemeinen kleinen — Bruchteil des Primärstromes am Wandler vorbei. Mit ihm kann eine Verschiebung des Übersetzungsverhältnisses ins Negative erzielt werden. Dies gilt für den Fall, daß die induktiven Widerstände des Wandlers und der Bürde vernachlässigt werden können. Sind wesentliche induktive Komponenten vorhanden, so wird sich außer der Verschiebung des Übersetzungsverhältnisses ein zusätzlicher Fehlwinkel nach der negativen Seite hin ergeben.

Die Größe der Verschiebung ist nicht konstant, sondern hängt von dem Verhältnis Zusatzwiderstand zu Gesamtwiderstand des Wandlers einschließlich Belastung ab. Je größer beispielsweise die Belastung des Wandlers gewählt wird, desto höher ist die primäre Klemmenspannung und desto größer der prozentuale Stromanteil, der durch den Parallelwiderstand fließt. Auch hier liegt damit eine Fehlerspreizung vor. Ein Parallelwiderstand — ob primär oder sekundär, ist gleichbedeutend — zur Feinabgleichung des Übersetzungsverhältnisses (Stromfehlers) ist deshalb nur angebracht, wenn ein Wandler mit konstanter Bürde betrieben wird.

In Abb. 51 wird ein Abgleichwiderstand gezeigt, der jedoch nicht der ganzen Primär- oder Sekundärwicklung parallelgeschaltet ist, sondern nur an einem kleinen Teil der sekundären Wicklung liegt[2]. Er wirkt diesmal

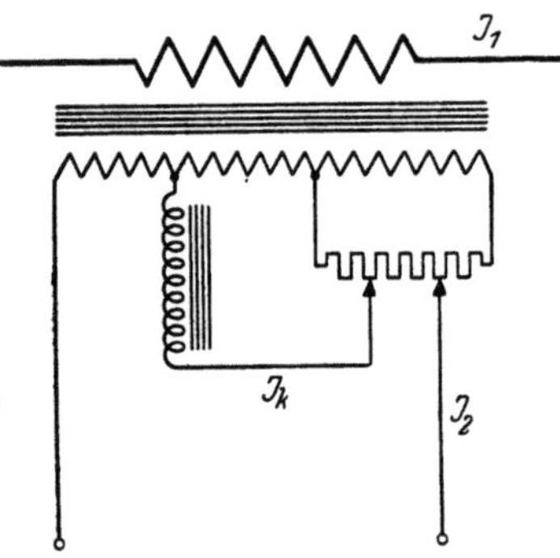

Abb. 51. Abgleich von Stromfehler und Fehlwinkel mittels Potentiometer und Drossel.

weniger als Parallelwiderstand — dies ist nur eine unerwünschte Nebenwirkung —, sondern als Spannungsteiler, um Teilwindungen zu ermöglichen. Die Wirkung ist nach dem oben Dargelegten wohl ohne weiteres verständlich. Mit ihm kann das Übersetzungsverhältnis in Richtung der Stromfehler verschoben werden.

Das Anbringen des Widerstandsteilers hat natürlich ebenfalls die Abzweigung eines Teiles des Sekundärstromes zur Folge. Es treten daher ähnliche Erscheinungen auf, wie sie oben bei der Parallelschaltung von Drähten nicht gleicher Windungszahl geschildert wurden.

Wesentlich besser ist es, an Stelle des ohmschen Widerstandsteilers einen induktiven Teiler anzubringen. Dieser kann dann so bemessen

---

[1] Französisches Patent 474159 vom 26. 6. 1914.
[2] DRP. 702956 vom 9. 12. 1937.

werden, daß der von ihm aufgenommene Leerlaufstrom und damit die unerwünschte Fehlerverschiebung klein bleibt. Allerdings ist die Justierung bei einem induktiven Teiler bei weitem nicht so bequem. Im allgemeinen genügt es, den Teiler der äußersten Windung der Sekundärwicklung parallelzuschalten.

In Abb. 51 ist zugleich auch eine der Möglichkeiten des Verschiebens des Fehlwinkels aufgezeigt. Sie besteht darin, daß eine Drossel an einen festen Punkt der Sekundärwicklung und an einen zweiten Abgriff des für die Verschiebung des Stromfehlers vorgesehenen Widerstandes angelegt wird. Dem Stromwandler werden auf diese Weise Amperewindungen entzogen, die je nach Güte der Drossel mehr oder weniger senkrecht auf der sekundären EMK stehen. Man erzielt dadurch eine Verschiebung des Fehlwinkels ins Negative. Ist die Bürde des Wandlers nicht rein ohmisch, so tritt neben der Fehlwinkelverschiebung zusätzlich ein Stromfehler auf. Abb. 52[1] zeigt die Möglichkeit der Fehlwinkelkorrektur auf der Primärseite.

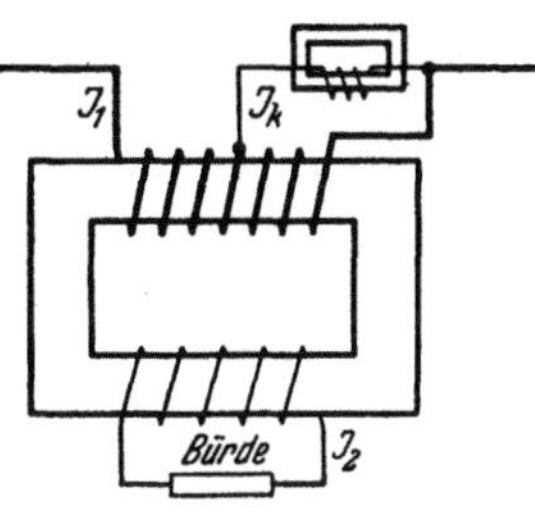

Abb. 52. Beeinflussung des Fehlwinkels mittels primärseitiger Paralleldrossel.

2. Kompensationsverfahren. Die einfachste Art, den induktiven Anteil des Leerlaufstromes zu kompensieren, ist die Anwendung eines entsprechend bemessenen Parallelkondensators. Diese Maßnahme zur Fehlerverkleinerung ist sehr alt, denn bereits in der Beschreibung einer deutschen Patentschrift[2] vom 2.11.1913 wird sie als bekannt vorausgesetzt.

Die Patentschrift enthält eine zweckmäßige Erweiterung. Der Kondensator wird nicht unmittelbar, sondern über einen Hilfstransformator an den Stromwandler angekoppelt. Trägt man die induktive Komponente des Leerlaufstromes über der Spannung auf, so ergibt sich eine Kurve, während der Kondensatorstrom eine durch den Nullpunkt gehende Gerade darstellt. Der in dem genannten Patent beschriebene Zwischentransformator soll nun die Aufgabe erfüllen, den Kondensatorstromverlauf so zu beeinflussen, daß er möglichst dem Verlauf des induktiven Leerlaufstromes des Wandlers entspricht, so daß eine bessere Kompensation über den ganzen Arbeitsbereich erzielt wird.

Eine ähnliche Wirkung bezweckt ein vor den Kondensator geschalteter stromabhängiger Widerstand[3] oder eine Vorschaltdrosselspule[4].

---

[1] Französisches Patent 706006 vom 27.11.1930.
[2] DRP. 279545.
[3] DRP. 294118 vom 11.1.1916.
[4] DRP. 296839 vom 5.10.1914.

Man kann den Kondensator auch an eine zweite Sekundärwicklung[1] des Stromwandlers anschließen und zwischen die Hauptwicklungen und die zweite Sekundärwicklung einen künstlichen Streupfad aus ferromagnetischem Material, beispielsweise in Gestalt eines um die zweite Sekundärwicklung herumgelegten Eisenblechringes, anordnen. Dieser Streupfad hat eine abschirmende Wirkung, die am höchsten ist, wenn der Schirm einen Fluß führt, der ihn auf das Maximum der Permeabilität bringt. Wenn dagegen der Schirm voll gesättigt ist, wird er praktisch unwirksam. Auf diese Weise wird erzielt, daß der Kondensator um so mehr wirkt, je mehr der Stromwandler beaufschlagt ist. Der Kondensatorstrom nimmt damit einen recht ähnlichen Verlauf wie die Blindkomponente des Magnetisierungsstromes, so daß eine günstige Kompensation in weitem Bereich erfolgt.

Eine ganz andere Art der Kompensation hat H. B. Brooks[2] gezeigt. Er entnimmt (Abb. 53) einem zweiten Kern, der ebenfalls von

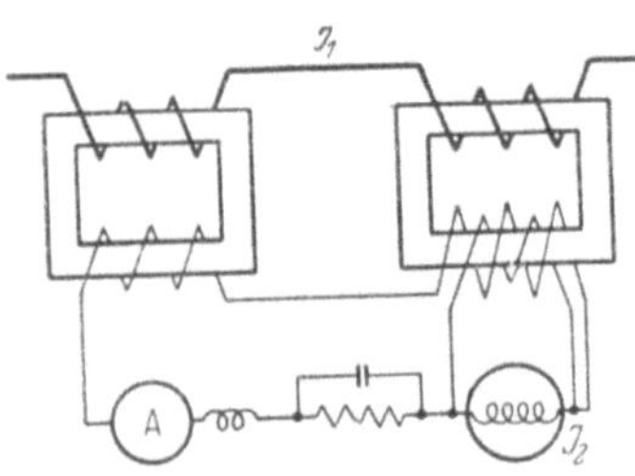

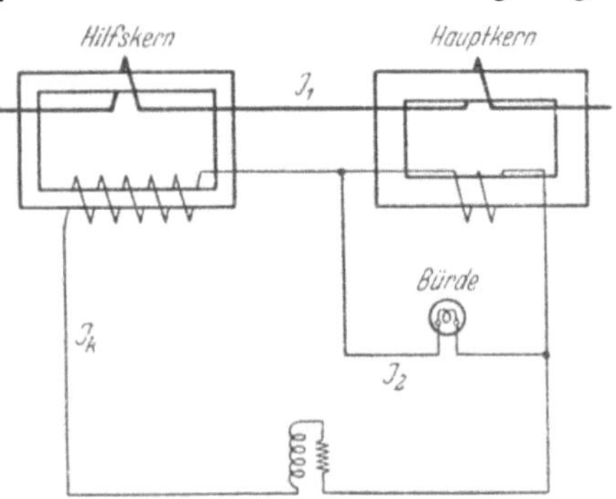

<table>
<tr><td align="center">Abb. 53.
Stromwandler nach Brooks.</td><td align="center">Abb. 54. Fehlerkompensation durch galvanische Summenschaltung.</td></tr>
</table>

der Primärwicklung umschlungen ist, einen Kompensationsstrom, der zum Sekundärstrom addiert wird. Durch entsprechendes Auslasten der beiden Kerne bzw. durch geeignete Wahl von Kernquerschnitt und Windungszahlen gelingt es, sehr genaue Stromwandler zu schaffen. Ehe das Nickeleisen zur Verfügung stand, waren die Brooks-Wandler die besten Normalwandler.

Ganz ähnlich wird die gleiche Aufgabe mit einer Schaltung nach Abb. 54 gelöst. Während Brooks die Sekundärwicklung über beide Kerne führte, wird hier der Hauptsekundärstrom nur von dem einen und der korrigierende Zusatz-Sekundärstrom von dem zweiten Kern geliefert. Beiden Schaltungen ist gemeinsam, daß die Addition der beiden Ströme galvanisch im Sekundärkreis beziehungsweise in der Bürde erfolgt.

---

[1] DRP. 311493 vom 3. 12. 1916.
[2] Britisches Patent 169093 vom 6. 9. 1920.

In den Abb. 55 und 56 werden Schaltungen gezeigt, bei denen die Summierung auf induktivem Wege innerhalb des Wandlersystems vorgenommen wird. Nach Abb. 55 trägt nur der Hauptkern die Sekundärwicklung, während die kompensierenden Amperewindungen mittels besonderer Wicklungen vom Hilfskern auf den Hauptkern übertragen werden. Die Schaltung nach Abb. 56 sieht vor, daß nur ein Teil des Stromes, den die Sekundärwicklung des Hilfskernes abgibt, dem Hauptkern zugeführt wird. Die Stromteilung wird durch Anordnung einer parallelgeschalteten Drossel

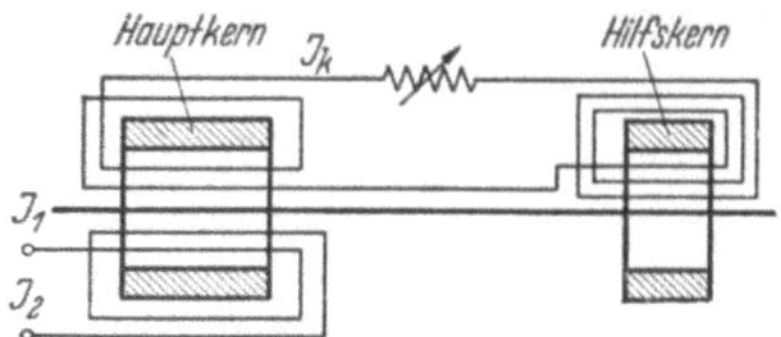

Abb. 55. Fehlerkompensation durch magnetische Summenschaltung.

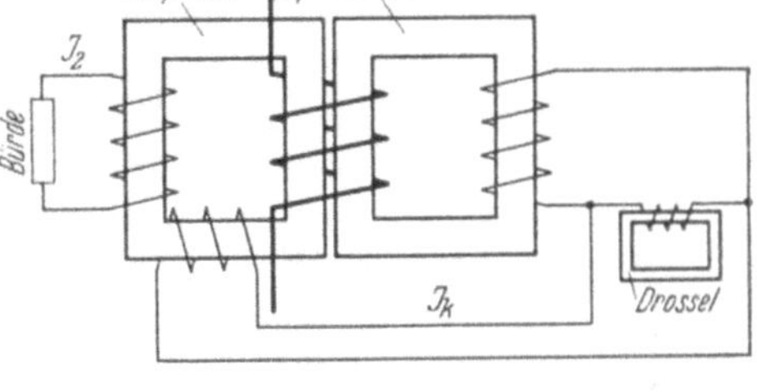

Abb. 56. Fehlerkompensation durch stromabhängige magnetische Summenschaltung.

erzielt, wobei durch entsprechende Bemessung derselben dem Korrekturstrom eine wünschenswerte Charakteristik erteilt werden kann.

3. Verlagerung des Arbeitsbereichs durch Zusatzbelastung. H. Vahl[1] hat wohl als Erster gezeigt, daß es zweckmäßig sein kann, daß der innere Scheinwiderstand des Wandlers ein Vielfaches des sekundären Belastungswiderstandes beträgt. Dies wird entweder durch Erhöhung der sekundären Spannung und des sekundären Widerstandes oder durch Einschalten einer Drossel in den sekundären Stromkreis erreicht. Dadurch wird der Arbeitspunkt des Stromwandlers so weit verlagert, daß die Induktion des Eisenkernes auf dem steilsten Ast der Magnetisierungskurve, also in der Höhe des Permeabilitätsmaximums, liegt.

4. Verlagerung des Arbeitsbereiches durch Zusatzmagnetisierung. Ein grundsätzlich anderes Verfahren zur Verlagerung des Arbeitsbereiches in das Gebiet des Permeabilitätsmaximums beruht darauf, daß in dem Eisenkern Zusatzflüsse erzeugt werden. Dies muß auf eine solche Weise geschehen, daß die Zusatzflüsse keine induzierende Wirkung auf Primär- und Sekundärwicklungen ausüben, da sonst das allgemeine Amperewindungsgleichgewicht gestört wäre. Der Stromwandler würde dann beim Primärstrom Null bereits einen Sekundärstrom führen.

Die Erfüllung dieser Forderungen kann auf verschiedene Weise geschehen. Beispielsweise teilt man den Kern gemäß Abb. 57 in zwei

---

[1] DRP. 528349 vom 5. 8. 1925.

Teile gleichen Querschnitts und drückt mittels besonderer Hilfswicklungen beiden Hälften gleiche, aber entgegengesetzt gerichtete, — 180° Phasenverschiebung — Zusatzflüsse auf. Sowohl die Primär- als auch

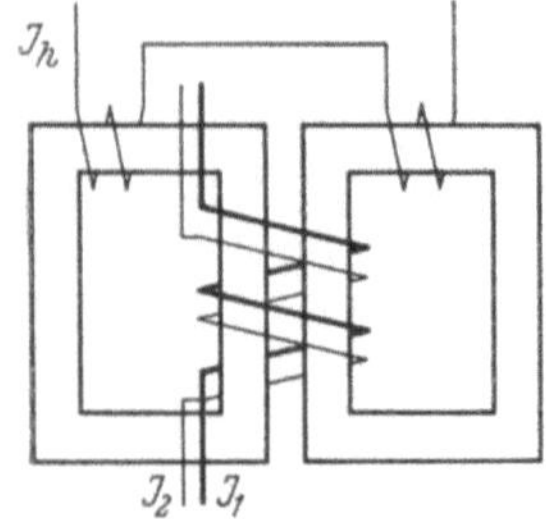

Abb. 57. Prinzip der Zusatzmagnetisierung bei Schenkelkernen.

die Sekundärwicklung umschlingen beide Kernhälften. Da die Summe der Zusatzflüsse beider Kernhälften Null ist, wird in den Hauptwicklungen keine Spannung induziert.

Die beschriebene Anordnung zeigt bereits die älteste Anmeldung auf diesem Gebiet, das französische Patent 474159[1] vom 26. 6. 1914, das in allen wichtigen Industrieländern angemeldet wurde.

Die Hilfswicklungen der beiden Kernteile können theoretisch entweder in Reihe oder parallelgeschaltet werden. Gemäß der Transformatorgleichung (4) wird der Zusatzfluß dann immer der gleiche sein, wenn die gleiche Spannung an Hilfswicklungen mit gleicher Windungszahl liegt. Daraus könnte man schließen, daß die Parallelschaltung der Zusatzwicklung der beiden Kernhälften die zu bevorzugende Schaltung ist. Es stellt sich aber heraus, daß eine Parallelschaltung

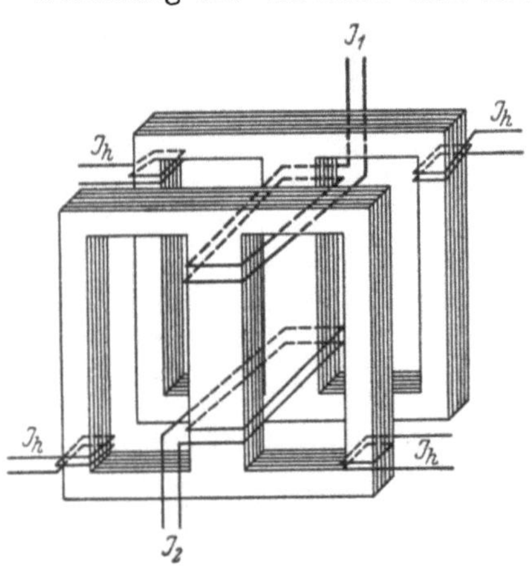

Abb. 58. Prinzip der Zusatzmagnetisierung bei Mantelkernen.

dieser Wicklungen unmöglich ist, da beide zusammen für den Stromwandler eine Kurzschlußwicklung darstellen.

Die beiden Hilfswicklungen können daher nur in Reihe geschaltet werden. Da beide Wicklungen dann vom gleichen Strom durchflossen sind, werden den Kernteilen gleiche Amperewindungszahlen durch den Hilfsstrom aufgedrückt. Sollen nun voraussetzungsgemäß die Flüsse der beiden Kernteile entgegengesetzt gleich groß werden, dann ist es notwendig, daß die beiden Kernhälften gleichen Querschnitt und gleiche magnetische Eigenschaften haben.

Abb. 58 zeigt für einen Mantelkern eine zweite Möglichkeit. Die Hauptwicklungen umschließen den Mittelschenkel, während die Zusatzwicklungen auf den Außenschenkeln angeordnet sind. Die Richtung

---

[1] Anmelder: Compagnie pour la Fabrication des Compteurs et Matérial d'Usines à Gaz in Paris.

der Zusatzflüsse ist so gewählt, daß der Mittelschenkel, der zwischen zwei Punkten gleichen magnetischen Potentials liegt, vom Zusatzfluß frei bleibt. Auf diese Weise ist hier eine Verkettung desselben mit den Hauptwicklungen vermieden. Allerdings ist diese Art der Zusatzmagnetisierung nicht so wirksam, da die Permeabilität im Mittelschenkel nicht gehoben wird.

Eine weitere Art, den beiden Kernhälften einen gegenläufigen Zusatzfluß aufzudrücken, besteht gemäß Abb. 59[1] darin, den beiden Hauptkernhälften ein oder zwei magnetische Joche aufzusetzen, von denen wenigstens eines die Hilfswicklung für die Erzeugung des Zusatzflusses trägt.

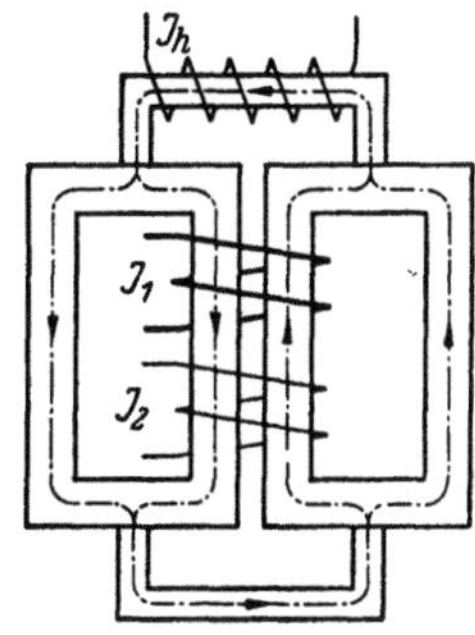

Abb. 59. Zusatzmagnetisierung mittels zusätzlicher Magnetisierjoche.

Es entsteht nun die Aufgabe, eine für die Speisung der Hilfswicklung geeignete Stromquelle zu finden. Eine einfache Art, diese Aufgabe zu lösen, ergibt sich dadurch, daß der Sekundärstrom[2] des Wandlers (Abb. 60) oder ein einstellbarer Teil[3] (Abb. 61) desselben über die Hilfswicklungen geleitet wird.

In beiden Fällen kommt eine „stromproportionale Zusatzmagneti-

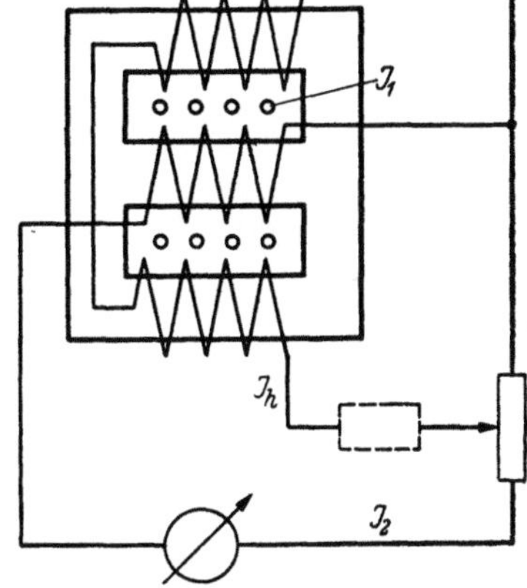

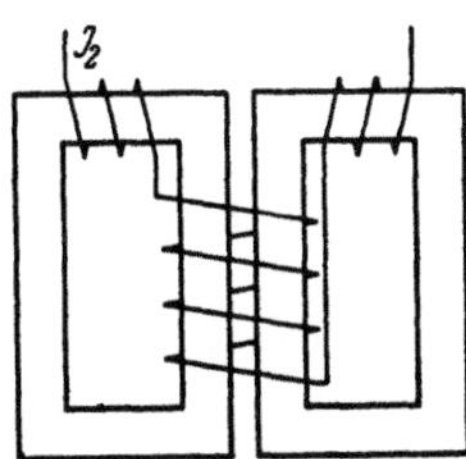

Abb. 60. Stromproportionale Zusatzmagnetisierung durch den Sekundärstrom.

Abb. 61. Stromproportionale Zusatzmagnetisierung durch einen Teil des Sekundärstromes.

sierung" zustande. Wird diese so gewählt, daß beispielsweise bei Halbstrom der Arbeitspunkt auf dem Permeabilitätsmaximum liegt, so ist die Wirkung der Zusatzmagnetisierung bei $^1/_{10}\, J_n$ nur $^1/_5$ derjenigen und bei Vollstrom hingegen doppelt so groß als bei Halbstrom. Der Arbeitspunkt eines Stromwandlers ohne Zusatzmagnetisierung aber liegt bei

---

[1] Französisches Patent 543183 vom 23. 3. 1921.
[2] Französisches Zusatzpatent 30169 vom 13. 3. 1925.
[3] DRP. 581058 vom 21. 2. 1930.

$^1/_{10}\,J_n$, weit unterhalb des Maximums der Permeabilität, so daß gerade hier eine wesentliche Verschiebung wünschenswert wäre. Bei Vollstrom und darüber wirkt sich die stromproportionale Zusatzmagnetisierung so aus, daß der Arbeitspunkt möglicherweise bereits in den fallenden Teil der Permeabilitätskurve verlagert wird. Die Fehlerkurven von stromproportionalen zusatzmagnetisierten Wandlern weisen daher wesentlich größere Krümmungen auf als die eines gewöhnlichen Wandlers (Abb. 62).

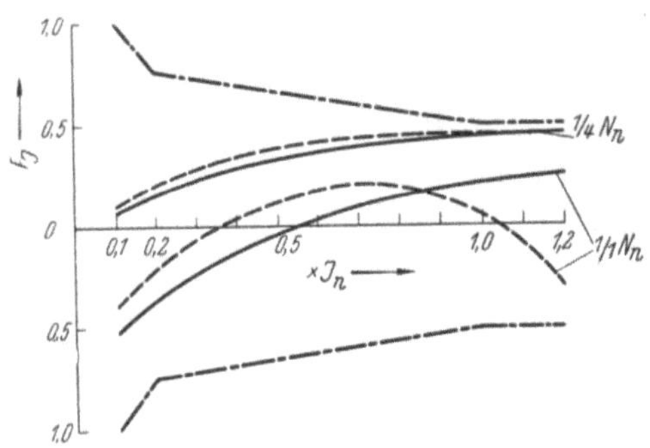

Abb. 62. Stromfehlerkurven —— Wandler ohne Zusatzmagnetisierung, - - - Wandler mit stromproportionaler Zusatzmagnetisierung.

Infolge der großen Wirksamkeit der stromproportionalen Zusatzmagnetisierung im Überstromgebiet wird bei steigendem Strom sehr bald eine Sättigung des Eisens erreicht, so daß derartige Wandler kleinere Überstromziffern zu erreichen gestatten als Wandler ohne Zusatzmagnetisierung. Diesem Vorteil ist es wohl zuzuschreiben, daß die stromproportionale Zusatzmagnetisierung nach wie vor noch eine gewisse Bedeutung hat. Auf diesem Gebiet gibt es naturgemäß eine Vielzahl von Patentanmeldungen. Aus dieser Fülle sollen nur einige wenige interessante Beispiele herausgegriffen werden. Schon das oben erwähnte französische Patent 474159 vom 26. 6. 1914 (DRP. 364204) enthält den Satz: „Wenn man nicht über eine Hilfsstromquelle zur Speisung der Wicklungen ... verfügt, so kann man diese in Reihe mit der Primärwicklung oder mit der Sekundärwicklung schalten. In diesem Fall ist die Wirkungsweise zwar ungünstiger ...“. Es ist also eigentlich bereits 1914 all das ausgesprochen, was über die stromproportionale Zusatzmagnetisierung zu sagen ist.

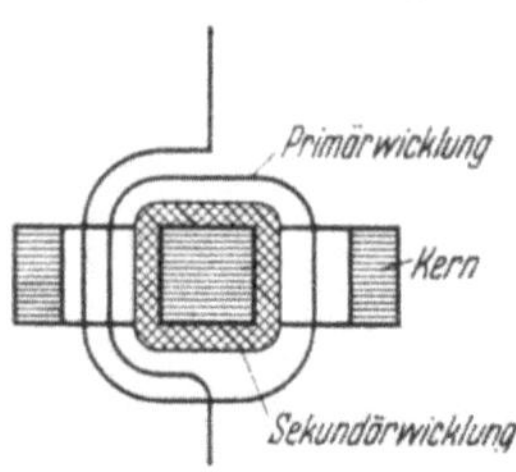

Abb. 63. Durchflutung eines Durchführungswandlers mit Mantelkern.

Bei der Entwicklung von Durchführungswandlern — und zwar bei den Schleifenwandlern und Querlochwandlern — stieß man ungewollt auf eine Anordnung mit stromproportionaler Zusatzmagnetisierung. Abb. 63 läßt erkennen, daß das eine Fenster des Mantelkernes von einem Primärleiter mehr durchsetzt wird als das andere, so daß die beiden Kernfenster ungleich durchflutet werden. Die Sekundärwicklung, die auf dem Mittelschenkel des Mantelkernes angeordnet ist, kann nur eine mittlere Gegenamperewindungszahl erzeugen. Die Folge ist, daß in den Kernfenstern gleich große, aber 180° verschobene unkompensierte Amperewindungen übrigbleiben, die voll zur Zusatzmagnetisierung des Außenweges verbraucht werden. Besonders bei Stromwandlern für hohe Stromstärken, die nur wenig Primärwindungen enthalten, wird der Zusatzfluß derart groß, daß eine völlige Sättigung des Kernaußenweges eintritt, wodurch der Stromwandler einen sehr großen negativen Stromfehler zeigt.

Bereits im Jahre 1925[1] werden Maßnahmen angegeben, die diese Ungleichheit beseitigen (Abb. 64). Zu diesem Zweck werden auf dem Außenschenkel, der zu dem Kernfenster mit höherer Durchflutung gehört, Windungen aufgebracht, die vom Sekundärstrom gegensinnig durchflossen werden, und die so groß gewählt sind, daß beide Kernfenster von der gleichen Amperewindungszahl durchsetzt werden. Eine

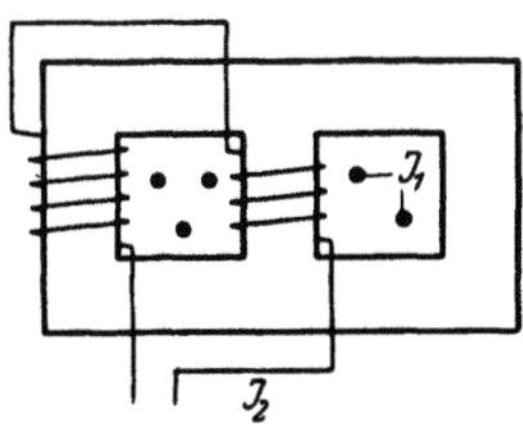

Abb. 64. Beseitigung der Zusatzmagnetisierung durch zusätzliche Sekundärwicklung.

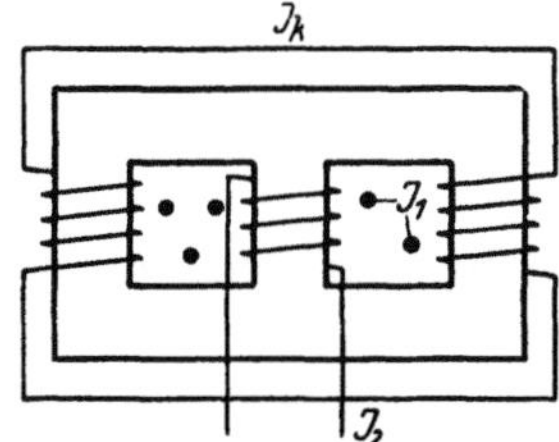

Abb. 65. Beseitigung der Zusatzmagnetisierung durch Koppelwicklungen.

andere Lösung (Abb. 65) ist die, daß auf den beiden Außenschenkeln gleiche Wicklungen angeordnet werden, die parallelgeschaltet sind. Die Wirkung dieser Wicklungen ist folgende: Naturgemäß kann an parallelgeschalteten Wicklungen gleicher Windungszahl nur *eine* Spannung herrschen. Gemäß der Transformatorgleichung ist dies nur möglich, wenn die Spulen vom gleichen Fluß durchsetzt sind. Es stellt sich demnach ein Ausgleichstrom ein, der dafür sorgt, daß in dem Kernfenster, wo die höhere Amperewindungszahl vorhanden ist, Gegenamperewindungen entstehen und in dem anderen Kernfenster mit der zu kleinen Amperewindungszahl Zusatzamperewindungen auftreten.

Die Ausbildung von Zusatzflüssen kann auch dadurch vermieden werden, daß der Mantelkern in zwei Schenkelkerne[2] aufgelöst wird, die verschiedene Sekundärwindungszahlen tragen.

Zielten die bisher beschriebenen Maßnahmen darauf ab, die beim Durchführungswandler naturgegebene Zusatzmagnetisierung ganz zu

---

[1] DRP. 474614 vom 7. 8. 1925.
[2] DRP. 517087 vom 2. 7. 1929.

beseitigen, so ist es möglich, bei einem Durchführungsstromwandler mit
Mantelkern die Ausgleichwicklung auf den Kernschenkeln so auszubilden, daß durch entsprechende Wahl[1] von Querschnitt, Material und
Windungszahl ein bewußt unvollständiger Ausgleich der Magnetisierung
beider Kernschenkel herbeigeführt wird. Auf diese Weise wird erreicht,
daß der im allgemeinen zu große Zusatzfluß auf das Maß zurückgeführt
wird, das für einen stromproportional zusatzmagnetisierten Stromwandler wünschenswert ist.

Der Wunsch nach möglichst gestreckten Kennlinien, den ja — wie
oben ausgeführt — die stromproportionale Zusatzmagnet isierung nicht
erfüllen kann, führte zu einer anderen Lösung. Man ordnete neben den beiden Kernhälften einen kleinen Hilfskern an, der nur von der Primärwicklung, nicht jedoch von der Sekundärwicklung, durchsetzt wird (Abb. 66). Die primären Amperewindungen werden daher in

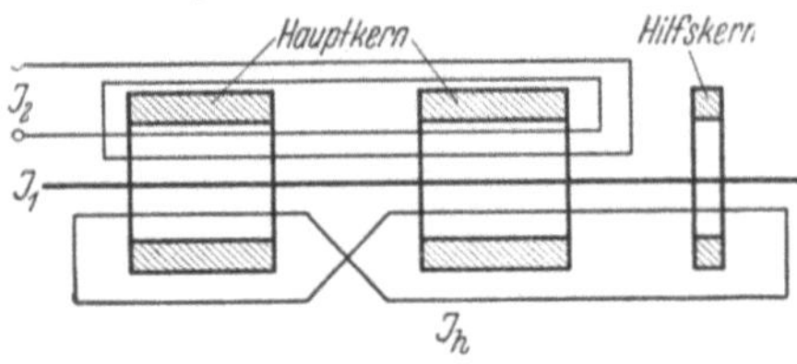

Abb. 66. Stromunabhängige Zusatzmagnetisierung mittels gesättigtem Hilfskern.

diesem Hilfskern voll zur Magnetisierung verwendet. Dieser Hilfskern
ist daher praktisch im ganzen Strombereich voll gesättigt.

Bringt man nun auf ihm eine Wicklung an, so wird an dieser —
unabhängig von der primären Stromstärke — eine praktisch konstante
Spannung auftreten, die man nun zur Speisung der Hilfswicklungen
auf den Hauptkernhälften benutzt. Auf diese Weise wird erreicht,
daß der Zusatzfluß ebenfalls wieder annähernd konstant ist. Man
nimmt dabei allerdings leider in Kauf, daß der Zusatzfluß nicht mehr
sinusförmig ist.

Bei Stromwandlern mit kleiner Amperewindungszahl, also beispielsweise bei Stabwandlern kleiner Nennstromstärke, kann es vorkommen,
daß der Hilfskern bei kleinen Bruchteilen des Primärstromes nicht mehr
voll gesättigt ist. Dann wird auch der Zusatzfluß entsprechend kleinere
Werte annehmen.

Diese Mängel erweisen sich aber bei genauerer Betrachtung als nicht
so bedeutungsvoll, wie es zunächst erscheinen mag. Durch die Induktivität der Hilfswicklungen auf den Hauptkernhälften findet eine
gewisse Glättung der Stromkurven statt. Dem mangelhaften Sättigungsgrad des Hilfskernes bei Stromwandlern mit kleiner primärer Amperewindungszahl kann man dadurch begegnen, daß man für den Hilfskern
ein Material wählt, das schon bei kleinem a_0 in Sättigung übergeht, z. B.
hochpermeables Nickeleisen.

---

[1] DRP. 507820 vom 29. 10. 1925.

Über die stromunabhängige Zusatzmagnetisierung mittels eines gesättigten Hilfskernes sind sehr zahlreiche Veröffentlichungen erschienen. Die älteste Anmeldung dieser Art ist das französische Patent Nr. 568573[1] vom 11. Juli 1923. In Abb. 67 ist eine der Zeichnungen dieses Patentes wiedergegeben, in der deutlich der nur mit der Primärwicklung verkettete Hilfskern zu sehen ist, der eine Wicklung speist, die die Hauptkernhälften gegensinnig umläuft. WELLINGS und MAYO, denen in der Fachliteratur offensichtlich in Unkenntnis dieses französischen Patents fälschlich die Priorität zugesprochen wird, haben das Verdienst, als Erste ausführlich die Anwendungsmöglichkeiten[2] eines gesättigten Hilfskernes beschrieben zu haben. Abb. 68[3] zeigt die prak-

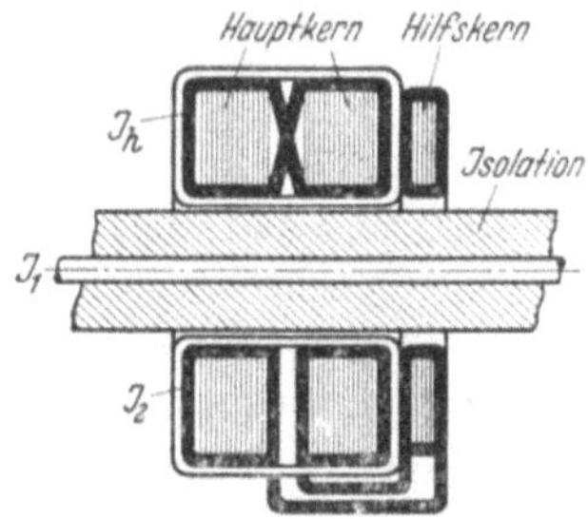

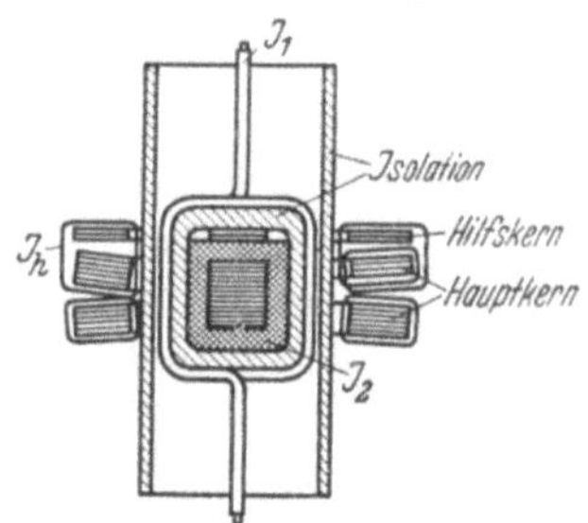

Abb. 67. Fig. 3 des französischen
Patentes Nr. 568573.
Abb. 68. Zusatzmagnetisierung bei einem
Durchführungswandler mit Mantelkern.

tische Ausführung bei einem Durchführungswandler mit Mantelkern. J. GOLDSTEIN und E. BILLIG ordnen dem Erregerkern eine derartige spannungsunabhängige Belastung[4] zu, daß eine Änderung des Primärstromes in seinem ganzen Bereich nur eine sehr geringe oder überhaupt keine Änderung der Gegenmagnetisierung zur Folge hat. Die spannungsunabhängige Belastung kann ein spannungsabhängiger Widerstand oder eine eisenhaltige Drosselspule sein.

O. E. NÖLKE[5] hat gezeigt, daß man bei einem Wandler mit zwei Hauptkernen für beide einen gemeinsamen Hilfskern verwenden kann.

G. STEIN[6] erweitert den Grundgedanken der stromunabhängigen Zusatzmagnetisierung mittels eines gesättigten Hilfskernes. Der Hauptkern wird nicht, wie bisher gezeigt wurde, in zwei möglichst gleiche Hälften, sondern beliebig aufgeteilt, wobei dann dafür zu sorgen ist, daß sich die Windungszahlen der Hilfswicklung umgekehrt proportional den Eisenquerschnitten verhalten. Man kann die Hauptkernteile aus Material verschiedener Permeabilität machen. Dann ist die Zusatz-

---

[1] Anmelder: Compagnie pour la Fabrication des Compteurs et Material d'Usines à Gas. — [2] Britisches Patent 286431 vom 8. 2. 1927.

[3] DRP. 606389 vom 28. 7. 1931 (Erf. O. E. NOELKE).

[4] DRP. 639495 vom 23. 12. 1931. — [5] DRP. 624577 vom 24. 5. 1932.

[6] DRP. 623956 vom 22. 7. 1932.

magnetisierung für die einzelnen Kernteile so zu wählen, daß in beiden etwa die gleiche Feldstärke herrscht. Als besonders wichtige Erweiterung ist zu werten, daß ein zweiter Hilfskern vorgesehen ist, der dazu benutzt wird, den die Hilfswicklung speisenden ersten Hilfskern vorzusättigen. Dies ist eine weitere wichtige Möglichkeit, um den Hilfskern bei Stabwandlern mit kleinem primären Nennstrom in Sättigung zu halten.

Die stromunabhängige Zusatzmagnetisierung hat den großen Vorzug gegenüber der stromproportionalen, daß die Induktion im Eisen über den ganzen Strom- und Bürdenbereich des Wandlers praktisch die gleiche, und zwar diejenige des Permeabilitätsmaximums, bleibt. Entsprechend dem hohen μ_g ist schon bei kleinem Eisenvolumen eine große Genauigkeit bzw. Leistung zu erzielen.

In bestimmten Fällen kann es Vorteile bringen, die zuletzt beschriebene stromunabhängige Zusatzmagnetisierung mit einer stromproportionalen Zusatzmagnetisierung zu koppeln[1]. Dies ist beispielsweise dann der Fall, wenn eine kleine Überstromziffer erreicht werden soll.

Theoretisch ist es möglich, als Stromquelle für die Zusatzmagnetisierung eine fremde Hilfsquelle, beispielsweise das Netz, zu benutzen. Praktisch hat diese Lösung, die gemäß dem auf S. 72 zitierten Text des französischen Patentes 474159 schon 1914 ausgesprochen wurde, jedoch keine Bedeutung erlangt, da bei Ausfall dieser Stromquelle die Genauigkeit des Wandlers auf die eines nicht zusatzmagnetisierten absinken würde.

Die Speisung der Hilfswicklungen mit sinusförmiger konstanter Spannung gleicher Frequenz bietet als die technisch ideale Zusatzmagnetisierung die Möglichkeit, grundlegend wichtige Aussagen zu machen. Untersucht man in einer solchen Schaltung den Einfluß der Phasenlage des Hilfsflusses gegenüber dem Hauptfluß, so ergibt sich eine Abhängigkeit gemäß Abb. 69. Sowohl der Stromfehler als auch der Fehlwinkel zeigen eine starke Abhängigkeit von der gegenseitigen Lage von Haupt- zu Hilfsfluß. Leider fällt das Optimum hinsichtlich des Stromfehlers und dasjenige des Fehlwinkels nicht zusammen. Es zeigt sich, daß im Gegenteil gerade dann der Stromfehler günstig beeinflußt wird, wenn der Fehlwinkel ungünstigste Werte zeigt und umgekehrt. Man wird also hier einen Mittelweg wählen müssen.

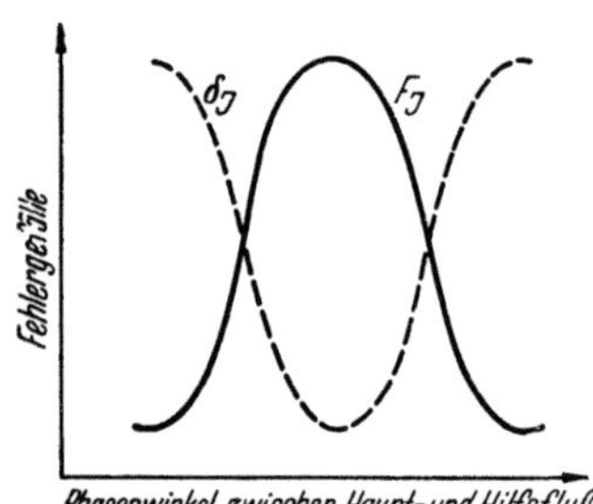

Abb. 69. Abhängigkeit des Fehlergefälles von der relativen Phasenlage des Hilfsflusses

---

[1] DRP. 639495 vom 23. 12. 1931 (Erf. J. Goldstein u. E. Billig).

Messungen mit fremdgespeister konstanter sinusförmiger Zusatzmagnetisierung ergeben fast konstante Fehler über den ganzen Strombereich und somit ein Fehlerverhalten, das nur vom Permeabilitätsmaximum bestimmt ist.

Neuerdings sind von A. Boyajian und G. Camilli in USA Stromwandler entwickelt worden, bei denen für die Zusatzmagnetisierung erhöhte Frequenz, beispielsweise die 3. Oberwelle, verwendet wird. Boyajian und Camilli haben festgestellt, daß die Stromanteile der Grundwelle, die von den Hysteresisverlusten und der Magnetisierung des Eisens her-

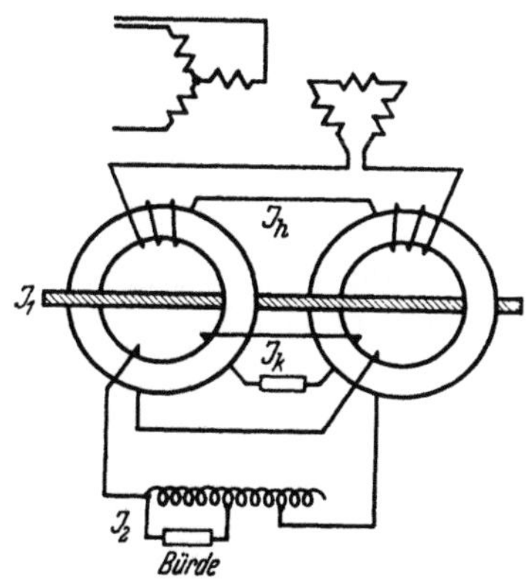

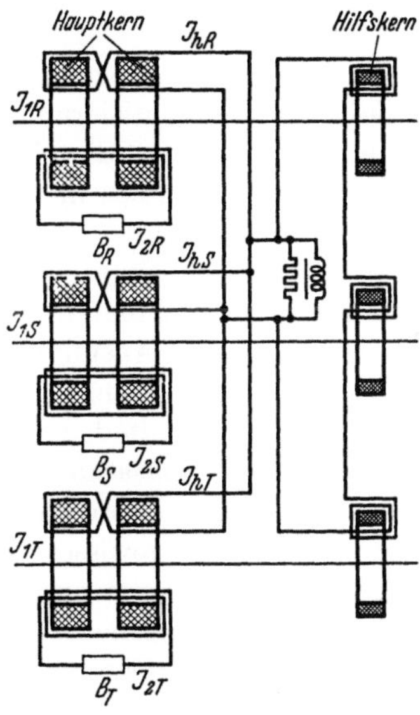

Abb. 70. Mit dreifacher Frequenz zusatzmagnetisierter Stromwandler nach Boyajian und Camilli.

Abb. 71. Mit dreifacher Frequenz zusatz magnetisierter Stromwandlersatz nach Goldstein.

rühren, dadurch fast gänzlich zum Verschwinden gebracht werden können. Im Strom bleibt lediglich der Anteil erhalten, der den Wirbelstromverlusten entspricht. Somit wird die scheinbare Gesamtpermeabilität μ_q wesentlich gehoben, was sich in einer entsprechenden Verkleinerung der Fehler auswirkt. Als Stromquelle mit der dreifachen Frequenz benutzten Boyajian und Camilli einen zusätzlichen Transformator in Stern/Dreieckschaltung, wobei die Hilfswicklungen für die Zusatzmagnetisierung gemäß Abb. 70 in das sekundäre Dreieck des Hilfstransformators geschaltet werden. Die Größe des Zusatzmagnetisierungsstromes wird durch den Sättigungsgrad des Kernes des Hilfstransformators geregelt.

J. Goldstein hat eine andere Schaltung für die Gewinnung des Zusatzmagnetisierungsstromes dritter Harmonischer angegeben. Gemäß Abb. 71 werden in Sättigung arbeitende Hilfskerne der Stromwandler zur Lieferung des Stromes mit dreifacher Frequenz herangezogen. Diese Schaltung setzt allerdings das Vorhandensein eines Satzes von drei Stromwandlern voraus. Dies trifft im allgemeinen für Drehstromnetze zu. Durch eine besondere Schaltung ist es aber auch möglich, mit zwei Stromwandlern auszukommen. Bei der Schaltung mit drei Stromwandlern ist im Hilfskreis die Summe der drei Grundwellenkomponenten des Stromes Null, während sich die Stromkomponenten dreifacher Frequenz addieren.

Die Schaltung nach GOLDSTEIN hat gegenüber derjenigen von BOYAJIAN und CAMILLI den Vorteil, daß eine fremde Hilfsquelle für die Erzeugung des Zusatzmagnetisierungsstromes nicht benötigt wird, so daß nicht die Gefahr besteht, daß die Meßgenauigkeit bei Ausfall der Hilfsstromquelle auf diejenige eines nicht zusatzmagnetisierten Wandlers gleicher Abmessung zurückgeht.

O. E. NÖLKE hat die verschiedenen Arten der Zusatzmagnetisierung hinsichtlich der erzielbaren Genauigkeit und Leistung bei gleichem Kernvolumen durch Ausnutzungsfaktoren gekennzeichnet, wobei die zuletzt beschriebene Fremdspeisung aus einem Netz konstanter, sinusförmiger Spannung mit dem Wirkungsgrad 1 angesetzt wird. Für die stromproportionale Zusatzmagnetisierung findet er den Wert 0,65, für diejenige mit gesättigtem Hilfskern 0,90. Diese empirische Art der Bewertung gibt ein gewisses Gefühl für einen Vergleich. Eine exakte Lösung ist möglich, wenn man unter Benutzung des im Abschn. B I c 2 gezeigten nomographischen Rechenverfahrens an Stelle der bisher verwendeten $\mu_g = f(B)$-Kurve eine solche verwendet, die die sich bei Berücksichtigung der Zusatzmagnetisierung bei einer bestimmten Nutzinduktion B ergebende Permeabilität μ_g enthält. Auf diese Weise ist eine exakte Berechnung eines zusatzmagnetisierten Wandlers möglich.

f) Wandler mit mehreren Meßbereichen, Klemmenbezeichnungen.

Der Wunsch nach kleiner Lagerhaltung und einer möglichst großen Wendigkeit im Betrieb einer Schaltanlage ist wohl der Hauptgrund für die große Beliebtheit von Stromwandlern mit mehreren Meßbereichen. Die Umschaltung kann sowohl auf der Primärseite als auch auf der Sekundärseite des Wandlers erfolgen.

1. Primäre Umschaltung. Teilt man die Primärwicklung beispielsweise eines Stützer- oder Topfstromwandlers (Abb. 72) in zwei gleiche Teile mit je halber Windungszahl, dann ergibt sich bei Reihenschaltung dieser beiden Windungshälften das ursprüngliche Übersetzungsverhältnis und die ursprüngliche Nennstromstärke. Werden jedoch die beiden primären Wicklungshälften parallelgeschaltet, so nehmen Übersetzungsverhältnis und primärer Nennstrom den doppelten Wert an. Bei einer solchen primärseitigen Umschaltung bleiben die Nennamperewindungszahlen des Wandlers und damit seine meßtechnischen Eigenschaften in beiden Meßbereichen die gleichen.

Dies gilt nicht mehr in vollem Maße, wenn Wickelwandler mit Mantelkern umschaltbar ausgeführt werden sollen, die gleichzeitig als Durchführungen benutzt werden. Dies sei am Beispiel eines 1:2 primär umschaltbaren Durchführungswandlers erläutert. Wie Abb. 73 erkennen läßt, durchsetzt jede der Wicklungen die beiden Kernfenster, wobei das eine derselben einen Leiter mehr enthält. Außerdem ist in demjenigen Kernfenster, das von der kleineren Amperewindungszahl der beiden Wicklungsgruppen mit den Indizes a und b durchsetzt wird,

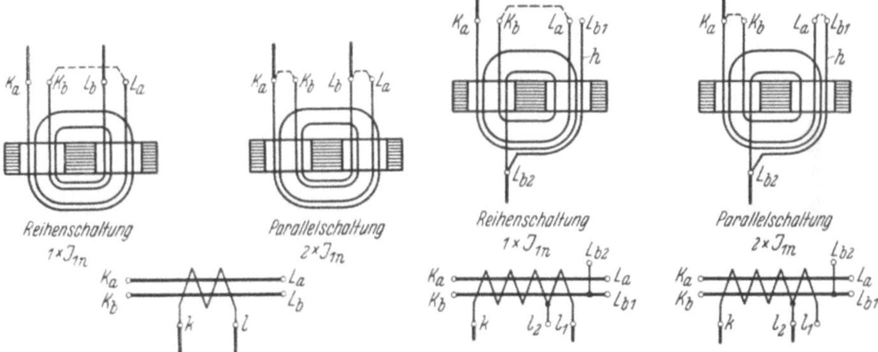

<table>
<tr><td>Abb. 72. Primär 1:2 umschaltbarer
Stützerstromwandler.</td><td>Abb. 73. Primär 1:2 umschaltbarer
Durchführungsstromwandler.</td></tr>
</table>

noch ein Hilfsleiter h vorhanden, der bei Parallelschaltung tot liegt, bei Reihenschaltung dagegen als Verbindung der beiden Wicklungshälften dient. In der Reihenschaltung wird das linke Kernfenster von 2×2 Windungen durchsetzt. Durch das rechte Kernfenster hingegen führen infolge Nichtmitbenutzung des Hilfsleiters h $2 + 1$ Windung. Für diese Schaltung ergibt sich daher eine mittlere Windungszahl von 3,5 Windungen und eine Amperewindungszahl von $3{,}5\,J_n$. Bei Parallelschaltung wird die linke Kernfensterhälfte des als Beispiel gezeigten Wandlers von 2×2 Leitern und die rechte von $2 + 1 - 1 = 2$ Leitern durchsetzt. Die mittlere Windungszahl beträgt dann $2 \times 1{,}5$ Windungen. Da beide Wicklungen parallelgeschaltet sind, kann man sie als eine Wicklung mit doppeltem Querschnitt ansehen. Die Amperewindungszahl für diesen Fall ist dann $2\,J_n \cdot 1{,}5 = 3\,J_n$. Mit J_n soll hier die Nennstromstärke bezeichnet sein, für die jede Wicklungsgruppe ausgelegt ist.

Da für beide Schaltungsfälle sowohl der Kern als auch die Belastungsbedingungen erhalten bleiben, ergibt sich aus den verschie denen Nennamperewindungszahlen, daß bei Reihen- bzw. Parallelschaltung verschiedenartige Meßeigenschaften vorhanden sein müssen. Bei gleicher Belastung werden sich entsprechend dem in Kap. B I a Gesagten bei der Parallelschaltung (kleinere Amperewindungszahl) größere Fehlerwerte ergeben als bei der Reihenschaltung. Der Bemessung des Wandlers ist daher der ungünstigere Fall der Parallelschaltung zugrunde zu legen.

In der günstigeren Reihenschaltung ist dann ein Leistungsüberschuß vorhanden, der sich etwa aus dem Quadrat des Verhältnisses der Nennamperewindungszahlen ergibt. Im Beispiel ergibt sich ein nicht benötigter Leistungsüberschuß von etwa 36%. In diesem Verhältnis ist der Materialaufwand bei einem umschaltbaren Durchführungswandler gemäß obigem Beispiel größer als bei einem entsprechend umschaltbaren Topf- oder Stützerwandler. Dieser Mehraufwand aber ist nicht zu umgehen, muß also als notwendiges Übel in Kauf genommen werden.

Wird **ein** Wandler nun mit großer primärer Windungszahl, also für kleinen Nennstrom, ausgelegt, so ist der Unterschied in den Nennamperewindungszahlen bei den beiden Schaltungsarten vernachlässigbar klein. Der umschaltbare Durchführungswandler wird im Vergleich zum umschaltbaren Topf- oder Stützerwandler daher um so ungünstiger abschneiden, je kleiner die primäre Windungszahl, also je höher die Nennstromstärke ist. Im ungünstigsten Fall, daß jede Wickelgruppe nur aus einem durchgehenden Leiter besteht, ist, wie sich leicht errechnen läßt, ein Unterschied in den Nennamperewindungszahlen im Verhältnis 2:3 entsprechend einem bei Reihenschaltung nicht benötigten Leistungsüberschuß von etwa 125% vorhanden.

Die verschiedene Amperewindungszahl in den beiden Schaltungsfällen hat weiter zur Folge, daß zur Erzielung des gleichen sekundären Nennstromes die Sekundärwicklung mit Anzapfungen versehen sein muß. Die Windungszahlen der Sekundärwicklung sind ungeachtet einem Windungsabgleich im Verhältnis der bei den verschiedenen Schaltstellungen sich ergebenden Nennamperewindungszahlen zu wählen. Obigem ersten Beispiel gemäß also im Verhältnis 3:3,5.

In der Praxis werden die Wandler unabhängig von der gewählten Primärschaltung mit der gleichen Bürde belastet. Das Produkt aus Überstromziffer und Leistung ist bei Stromwandlern in engen Variationsgrenzen größenordnungsmäßig eine Konstante. Bei umschaltbaren Topf- und Stützerwandlern ist die Überstromziffer von der Schaltung unabhängig. Bei umschaltbaren Durchführungswandlern hingegen verhalten sich die Überstromziffern in den verschiedenen Schaltungen bei gleicher Belastung des Wandlers annähernd wie die Quadrate aus den Amperewindungszahlen.

Die verschiedenen Ausführungsmöglichkeiten für Stützer- und Durchführungsstromwandler sind in den Abb. 72 bis 74 zusammengestellt. Die sich in den einzelnen Schaltungen für Wandler mit Mantelkern ergebenden Nennamperewindungszahlen sind in Tab. 6 zusammengestellt.

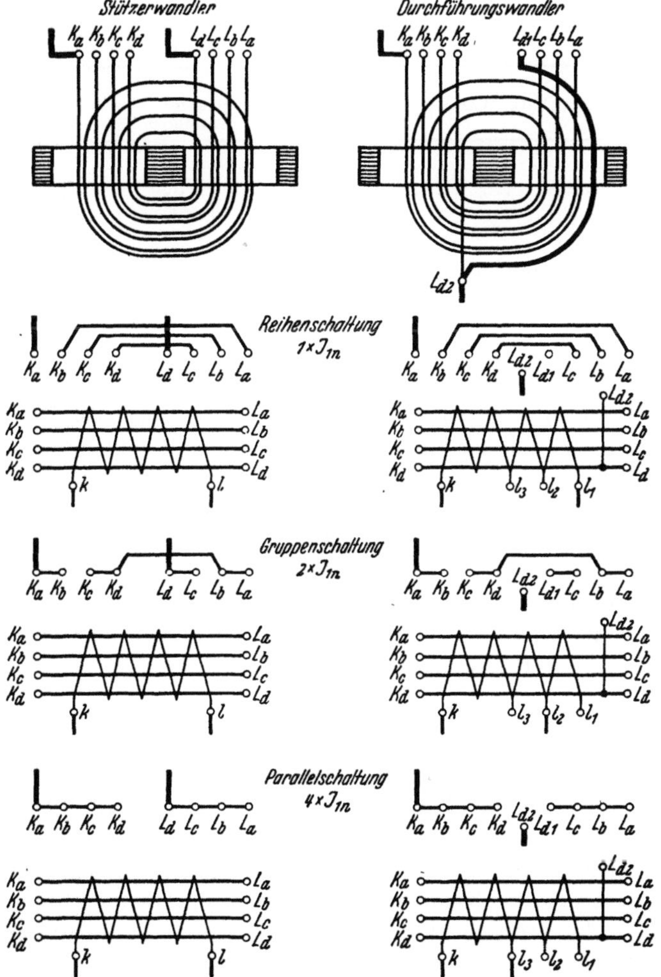

Abb. 74. Primär 1:2:4 umschaltbarer Stromwandler (Aufbau, Schaltungen. Klemmenbezeichnungen und Anschlüsse).

In den Tabellen und Formeln bedeuten:
J_n = Nennstrom der einzelnen Wicklungsgruppen,
w = Windungszahl jeder Wicklungsgruppe im Kernfenster mit höherer Windungszahl,
p = Zahl der Wicklungsgruppen des Wandlers,
q = Zahl der vom Strom parallel durchlaufenen Wicklungsgruppen.

Tabelle 6. *Nennamperewindungszahlen bei umschaltbaren Wandlern.*

1:2 umschaltbare Wandler	Nenn-strom	A_n bei Stützer-wandlern	A_n bei Durchführungs-wandlern
Reihenschaltung	J_n	$2\,w\,J_n$	$(2\,w - 0{,}5)\cdot J_n$
Parallelschaltung	$2\,J_n$	$2\,w\,J_n$	$(2\,w - 1)\ \ \cdot J_n$

1:2:4 umschaltbare Wandler	Nenn-strom	A_n bei Stützer-wandlern	A_n bei Durchführungs-wandlern
Reihenschaltung	J_n	$4\,w\,J_n$	$(4\,w - 0{,}5)\cdot J_n$
Gruppenschaltung	$2\,J_n$	$4\,w\,J_n$	$(4\,w - 1)\ \ \cdot J_n$
Parallelschaltung	$4\,J_n$	$4\,w\,J_n$	$(4\,w - 2)\ \ \cdot J_n$

Allgemein gelten folgende Beziehungen:

für Stützerwandler:
$$A_n = p \cdot w \cdot J_n \tag{54}$$

für Durchführungswandler mit Mantelkern:
$$A_n = \left(pw - \frac{q}{2}\right)\cdot J_n. \tag{55}$$

Bei Durchführungswandlern, die nur einen Schenkel- oder Bandkern haben, der an der Stelle der Wicklung mit voller Windungszahl angeordnet ist, gilt immer Formel (52).

Als Klemmenbezeichnung sehen die VDE-Regeln vor, daß die Enden gleichartiger Wicklungsgruppen mit den Indizes a, b, c, d versehen werden.

Anzapfungen erhalten von der L- bzw. l-Seite ausgehend in Richtung K bzw. k die Indizes 1, 2, 3 usw. Das Wicklungsende bekommt die Bezeichnung L_1 (Primärseite) bzw. l_1 (Sekundärseite).

2. Sekundäre Umschaltung. Will man die Änderung des Übersetzungsverhältnisses bzw. das Einstellen einer anderen primären Nennstromstärke durch eine sekundäre Umschaltung vornehmen, so ergeben sich wesentlich ungünstigere Verhältnisse. Der Grund dafür ist die starke Änderung der Nennamperewindungszahl. Setzt man beispielsweise wieder voraus, daß eine Umschaltung 1:2 erzielt werden soll, dann ändert sich die Nennamperewindungszahl ebenfalls im Verhältnis 1:2, da ja die primäre Windungszahl in jedem Falle die gleiche ist. Mit der Änderung der Nennamperewindungszahl im Verhältnis 1:2 ist eine Änderung der Leistungsfähigkeit des Wandlers etwa im Verhältnis 1:4 verbunden. Bei der Bemessung ist natürlich wieder der ungünstigere Fall zugrunde zu legen, so daß bei doppeltem primären Nennstrom ein nicht benötigter Leistungsüberschuß von etwa 300 % vorhanden ist. Daraus geht bereits hervor, daß für einen sekundär umschaltbaren Stromwandler ein beträchtlich größerer Aufwand getrieben werden muß, was sich naturgemäß im Preis entsprechend auswirkt.

Für den normalen Fall gleicher Belastung in den beiden Schaltstellungen verhalten sich größenordnungsmäßig die Überstromziffern wie die erzielbaren Leistungen. Wenn also im Falle des Beispiels bei der Schaltstellung, die dem kleineren Nennstrom entspricht, eine Überstromziffer von 10 vorhanden ist, so entspricht der Schaltstellung für den doppelten Nennstrom eine Überstromziffer von etwa 40. Dies ist ein weiterer sehr großer Nachteil von sekundär umschaltbaren Wandlern, der in der Praxis häufig nicht beachtet wird.

Ähnliche Überlegungen gelten auch für den Fall, daß man die Änderung des Übersetzungsverhältnisses nicht durch sekundäre Umschaltung, sondern durch sekundäre Anzapfungen erreichen will. In diesem Falle kommt noch ungünstig hinzu, daß der sekundäre Wickelraum nicht voll ausgenutzt werden kann.

Man wird zu einer Änderung des Übersetzungsverhältnisses auf der Sekundärseite nur dann greifen, wenn die Möglichkeit einer primären Umschaltung nicht besteht. Dies gilt praktisch nur für Einleiterwandler, also solche, deren Primärwicklung aus einer einzigen — meist gestreckten — Windung besteht.

3. Zwischenwandler. Eine weitere Möglichkeit zur Änderung des Übersetzungsverhältnisses bietet sich durch Anwendung von Zwischenwandlern. Diese können mit getrennten Wicklungen oder in Sparschaltung ausgeführt sein. In beiden Fällen ergibt sich eine Hintereinanderschaltung (Kaskadenschaltung) von zwei Stromwandlern, die den Nachteil hat, daß der Hauptstromwandler neben der Bürde noch den gesamten, also primären und sekundären Eigenverbrauch des Zwischenwandlers zusätzlich zu decken hat. Die Fehler des Gesamtaggregates können unter Berücksichtigung dessen durch Summation der Fehler der einzelnen Wandler erhalten werden. Sind beide Wandler voll ausgenutzt und halten — beispielsweise jeder für sich — die Klasse 0,5 ein, so hat das Gesamtaggregat nur noch die Genauigkeit der Klasse 1. Die Überstromziffer des Gesamtaggregates ist kleiner als die kleinste Überstromziffer der Einzelwandler.

Besonders häufig wird ein Zwischenwandler angewendet, wenn an einen Hauptwandler mit großer Überstromziffer empfindliche Meßgeräte angeschlossen werden sollen. Man gibt dann dem Zwischenwandler meistens das Übersetzungsverhältnis 1 und legt ihn für eine kleine Überstromziffer aus. Zweckmäßig ist es, nur diejenigen Geräte, die überstromempfindlich sind, hinter den Zwischenwandler anzuschalten, während die übrigen weniger empfindlichen Geräte in Reihe mit der Primärseite des Zwischenwandlers an den Hauptwandler angeschlossen werden, wie dies Abb. 75 zeigt. Man gelangt auf diese Weise zum kleinstmöglichen Aufwand für den Zwischenwandler. Dieser ist naturgemäß bei einem Wandler in Sparschaltung kleiner als bei einem Zwischenwandler mit getrennten Windungen. Man neigt deshalb gerne dazu, einen Zwischenwandler in Sparschaltung zu verwenden. Dieser ist im besonderen Fall des Übersetzungsverhältnisses 1 praktisch eine Drossel mit geschlossenem Eisenkern, der der Bürde parallelgeschaltet ist.

Vergleicht man das Überstromverhalten eines Zwischenwandlers mit getrennten Wicklungen mit demjenigen eines Wandlers in Sparschaltung, so ergeben sich grundsätzliche Unterschiede. Der Wandler mit getrennten Wicklungen verhält sich wie im Abschn. B I a 8 ausführlich beschrieben. Wie Abb. 14 zeigt, ist der Gesamtbürde (Bürde und sekundärer Eigenverbrauch) die Querinduktivität des Wandlers parallelgeschaltet. Letztere nimmt im Überstromfall sehr kleine Werte an, so daß ein wirksamer Schutz der angeschlossenen Geräte erreicht wird. Im Falle des Zwischenwandlers in Sparschaltung ist — wie oben bereits erwähnt — der Bürde eine eisengeschlossene Drossel parallelgeschaltet worden, deren Gesamtwiderstand die Summe aus Querwiderstand und innerem Wicklungswiderstand ist. Selbst wenn der Querwiderstand bei hohen Strömen vernachlässigbar klein geworden ist, bleibt der Wicklungswiderstand unverändert erhalten. Die Ströme verteilen sich dann zwischen Bürde und Begrenzungsdrossel im umgekehrten Verhältnis der Widerstände. Wird nun ein Zwischenwandler in Sparschaltung, wie dies häufig der Fall ist, mit verhältnismäßig hoher Amperewindungszahl ausgeführt, um einen kleinen Eisenkern und damit scheinbar eine kleine Überstromziffer zu erhalten, so wird gerade der Wicklungsgesamtwiderstand, der der Windungszahl linear bis quadratisch proportional ist, verhältnismäßig groß sein, so daß für den Verbraucher nur scheinbar ein guter Schutz gegeben ist.

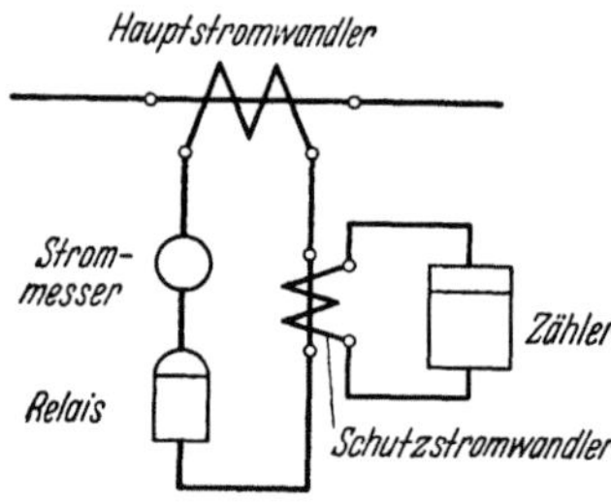

Abb. 75. Verwendung von Schutzstromwandlern.

g) Fehlerverhalten in Sonderfällen.

1. Abweichende Frequenz, Oberwellenverhalten. Häufig wird die Frage gestellt, wie genau der Stromwandler die Kurvenform zu übertragen in der Lage ist. Des besseren Verständnisses wegen soll zunächst die Frage beantwortet werden, welche Genauigkeit ein Stromwandler, der für eine bestimmte Frequenz ausgelegt ist, bei anderen Frequenzen hat.

Zweckmäßig stellt man zwei Grenzbetrachtungen an. Es sei zunächst angenommen, daß der Stromwandler mit einer rein ohmschen Bürde belastet sei. Der induktive Anteil der sekundären Innenbürde soll vernachlässigt werden. Wird nun der Stromwandler beispielsweise vom Nennstrom durchflossen, so bleibt der die elektromotorische Kraft bestimmende Spannungsabfall an der Gesamtbürde bei jeder Frequenz der gleiche. Entsprechend der Transformatorgleichung (4) stellt sich dann eine Induktion B ein, die im umgekehrten Verhältnis zu der Frequenz steht. Da die Magnetisierungskurve im unteren Bereich in erster Annäherung als eine Gerade angesehen werden kann, so wird bei höherer Frequenz auch der Leerlaufstrom und damit der Fehler des Wandlers etwa im umgekehrten Verhältnis der Frequenz zurückgehen. Bei Wandlern mit Windungsabgleich nähert sich der Wandlerfehler mit höherer Frequenz dem Abgleichwert.

Die Annahme eines geradlinigen Verlaufs der Magnetisierungskurve ist natürlich nur solange zulässig, als das Eisen noch nicht in Sättigung geht. Dehnt man die Betrachtung über das Frequenzverhalten bei ohmscher Bürde in Richtung kleinerer Frequenz aus, so steigt die Induktion etwa entsprechend dem umgekehrten Frequenzverhältnis an und erreicht schließlich einen Wert, bei dem sich die Magnetisierungskurve zu neigen beginnt. Senkt man die Frequenz noch weiter ab, so geht das Eisen schnell in Sättigung. Entsprechend den damit kleiner werdenden μ_g-Werten stellt sich ein rasch zunehmender Fehler ein.

Nun ist im allgemeinen nur dem Hersteller bekannt, in welchem Induktionsbereich ein Wandler arbeitet. Man kann sich aber ein verhältnismäßig gutes Bild über das Verhalten des Wandlers bei kleinerer als der Nennfrequenz machen, wenn die Nennüberstromziffer bekannt ist. Definitionsgemäß stellt sich bei Nennbürde und mit n-fachem Strom ein Fehler von 10 % ein. Dieser ist ja, wie oben gezeigt wurde, ebenfalls etwa durch das Erreichen einer bestimmten kritischen Induktion bedingt. Es ist grundsätzlich gleichgültig, ob diese Induktion durch Stromerhöhung oder durch Frequenzerniedrigung erreicht wird. Deshalb wird sich unter Beibehaltung der Nennbürde und bei Nennstrom ein Fehler von 10 % bei einer Frequenz einstellen, die größenordnungsmäßig etwa der n-te Teil der Nennfrequenz des Wandlers ist. Andererseits kann durch Herabsetzen der Bürde eine Verbesserung des Verhaltens bei tiefen Frequenzen erzielt werden. Senkt man die Gesamtbürde des Wandlers in gleichem Maße wie die Frequenz, so ist in erster Annäherung das gleiche Fehlerverhalten zu erwarten.

Es bedarf der besonderen Erwähnung, daß diese Betrachtungen nur angestellt werden, um ohne genaue Kenntnis der Wandlerdaten einen ungefähren Anhalt über das Verhalten bei kleinerer Frequenz zu ermitteln. Die Überstromziffer wird definitionsgemäß bei Nennbürde, also bei einem Bürdenleistungsfaktor $\cos\beta = 0{,}8$, bestimmt. Die vorstehenden Überlegungen beruhen aber auf dem Grenzfall der rein ohmschen Belastung. Wie nachfolgend für den anderen Grenzfall der rein induktiven Belastung gezeigt werden wird, ergibt rein ohmsche Belastung die ungünstigsten Verhältnisse. Demzufolge wird sich der Wandler bei $\cos \beta = 0,8$ bei niedrigeren Frequenzen günstiger verhalten als die vorstehende Grenzbetrachtung ergibt. Diese Überlegungen gelten auch für Wandler, die mit Zusatzmagnetisierung ausgeführt sind.

Nimmt man im Gegensatz zu dem bisher Gesagten an, daß der Stromwandler mit einer rein induktiven Gesamtbürde belastet sei, dann steigt offensichtlich die sekundäre Klemmenspannung und damit auch die EMK bei gleichbleibendem Strom angenähert proportional mit der Frequenz. Die Induktion im Eisen bleibt die gleiche. Der Blindanteil des Magnetisierungsstromes und damit für den Fall der reinen induktiven Belastung auch der Stromfehler, sind dann ebenfalls unabhängig von der Frequenz. Der Wirkanteil des Magnetisierungsstromes hingegen ändert sich mit der Frequenz, und zwar im allgemeinen mit einem Exponenten, der je nach verwendeter Eisensorte zwischen den Werten 1 und 2 liegen kann (Formel 50). Im Falle der induktiven Belastung ist der Wirkanteil des Magnetisierungsstromes bestimmend für den Fehlwinkel. Dieser wird deshalb mit steigender Frequenz linear bis quadratisch ansteigen.

Faßt man die beiden Grenzfälle zusammen, so ergibt sich, daß bei ohmscher Belastung die niederen Frequenzen und bei induktiver Belastung die hohen Frequenzen als kritisch anzusehen sind.

Zusätzlich kann sich auch bei sehr hohen Frequenzen der Einfluß der Wicklungskapazität bemerkbar machen. Man kann sich diese als einen Parallel-Kondensator zu der primären oder sekundären Wicklung vorstellen. Eine kapazitive Belastung bei einem Transformator bewirkt im wesentlichen (mit den Streuinduktivitäten) eine Spannungserhöhung, also eine Verschiebung des Stromfehlers ins Positive, wie dies ausführlich im Abschn. B I a 10 dargelegt wurde.

Bei hohen Frequenzen kann aber je nach der verwendeten Blechstärke und Eisensorte bereits der Fall eintreten, daß sich im Eisen eine Art magnetischer Skineffekt einstellt. Infolge der inneren Wirbelstromverluste wird der Fluß mehr und mehr an die Außenhaut des Eisenbleches verdrängt. Da auf diese Weise nur noch ein mehr oder weniger kleiner Anteil des Eisenquerschnittes wirksam herangezogen wird, entstehen Verhältnisse, die sich nur unter Berücksichtigung des im Abschn. B I d 2 und zu Abb. 49 Gesagten übersehen lassen.

Bei den heute verwendeten Eisensorten tritt dieser Effekt frühestens bei einigen 1000 Hz ein. Bis zu diesen Frequenzen aber ist im allgemeinen auch der kapazitive Einfluß noch vernachlässigbar.

Gewöhnlich wird weniger nach dem Verhalten eines Stromwandlers bei anderen Frequenzen gefragt, als danach, wie gut oder wie schlecht der Stromwandler Oberwellen bzw. die Kurvenform zu übertragen in der Lage ist. Trotzdem wurde zwecks leichteren Verständnisses die weniger oft gestellte Frage zuerst beantwortet. Die Beantwortung der Frage nach der Güte der Kurvenformübertragung ergibt sich dann zwanglos, da man jede Kurve in Grundwelle und Oberwellenkomponenten zerlegen kann. Schätzt man nun nach dem oben Gesagten die Übertragungsgenauigkeit der einzelnen Oberwellen ab und fügt dann das Bild wieder zusammen, so ist die Frage nach der Güte der Oberwellenübertragung beantwortet. Da in der Praxis im allgemeinen nur Oberwellen bis zur 9. — evtl. bis zur 15. — in merkbarer Größe auftreten, wird bei einem Wandler für 50 Hz der Frequenzbereich, der oben als gut übertragbar gekennzeichnet wurde, nicht überschritten.

2. Unterbrechen des Sekundärkreises. Wird ein Stromwandler mit geöffnetem Sekundärkreis betrieben, so können sich keine sekundären Gegenamperewindungen ausbilden. Die gesamte primäre Amperewindungszahl dient dann zur Magnetisierung des Kernes. Es stellt sich eine spezifische Magnetisierungs-Amperewindungszahl a_0 ein, die der aufgedrückten spezifischen primären Amperewindungszahl a_1 gleich ist. Aus dieser Größe kann unter Zuhilfenahme der Magnetisierungskurve der verwendeten Eisensorte die sich einstellende Induktion ermittelt werden. Bei dem im Abschn. B I c 1 angezogenen Beispiel war eine spezifische Nennamperewindungszahl von 13 A/cm und als Eisensorte „Stromwandlerblech" vorausgesetzt. Daraus ergibt sich gemäß Abb. 5 bei Nennstrom eine Induktion von etwa 14000 Gauß.

Mit dieser Induktion ist das Auftreten von hohen Eisenverlusten verbunden. Der Kern, der sonst zur Erwärmung des Stromwandlers praktisch nichts beiträgt, nimmt je nach der Höhe der Induktion eine hohe Temperatur an. Bei einem Wandler mit hoher Nennamperewindungszahl ist es dann leicht möglich, daß die zulässigen Grenztemperaturen überschritten werden und eine Dauerschädigung des Kernes im Hinblick auf seine magnetischen Eigenschaften eintritt. Die damit verbundene Verschlechterung des Fehlerverhaltens kann nur durch auswechseln des Kernes wieder behoben werden.

Nimmt man den ungünstigen Fall an, daß die Kernwärme keine Gelegenheit hat, nach außen abzufließen, so gilt für die Temperatursteigerung in °C je Sekunde folgende Formel:

$$\frac{\varDelta\vartheta}{\varDelta t} = 2{,}2 \cdot 10^{-3} \cdot \frac{\mathrm{W}}{\mathrm{kg}} . \tag{56}$$

Für die dem Beispiel entsprechende Induktion von 14000 Gauß bei Nennstrom ergibt sich für das gewählte Blech etwa eine Verlustziffer von 1,8 W/kg und damit ein Temperaturanstieg von $4{,}15 \cdot 10^{-3}$ °C/sec bzw. 15 °C/h. Es dauert also eine beträchtliche Zeit, bis gefährliche Temperaturen im Eisenkern auftreten.

Die hohe Induktion hat nun aber auch das Auftreten einer beträcht-
lichen Sekundärspannung zur Folge. Die Grundwelle dieser Spannung
kann nach der Transformatorgleichung errechnet werden. Im Falle des
Beispiels tritt eine Grundwellenspannung von etwa 405 V auf. Wenn
ein Kern mit einer sinusförmigen EMK erregt wird, so treten entsprechend der Form der Hysteresisschleife Verzerrungen im Leerlaufstrom auf. Für den Fall des sekundär offenen Wandlers muß nun aber
angenommen werden, daß der Primärstrom und damit der Leerlaufstrom
sinusförmig ist. Die Oberwellen bzw. die Verzerrungen werden demnach
jetzt, da das natürliche Verhältnis von Leerlaufstrom und Spannung
erhalten bleiben muß, in der Spannung auftreten.

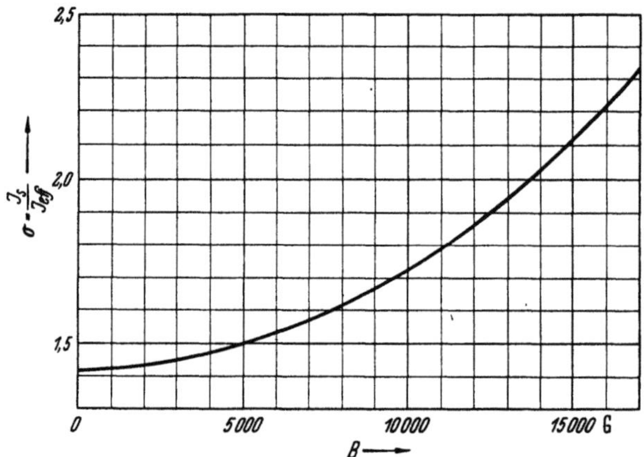

Abb. 76. Scheitelfaktor für Stromwandlerblech 0,35 mm.

In Abb. 76 ist für das vorgesehene Stromwandlerblech der Scheitelfaktor abhängig von der Induktion aufgetragen. Dieser ist das Verhältnis zwischen dem Scheitelwert und dem Effektivwert des Leerlaufstromes bzw. im vorliegenden Falle der Spannung. Bei 14 000 Gauß
ist ein Scheitelfaktor von 2,03 vorhanden. Mit diesem Wert ist der
vorhin errechnete Effektivwert der Spannung zu multiplizieren, um den
Scheitelwert der sekundär auftretenden Spannung zu erhalten. Für den
Wandler des Beispiels ergibt sich damit eine Scheitelspannung von etwa
820 V_s. Diese Spannung muß bereits als lebensgefährlich angesehen
werden.

Da die Sekundärseite des Stromwandlers stets zur Verhinderung des
kapazitiven Durchtritts von Hochspannung an einem Punkt geerdet sein
muß, treten die genannten Spannungen als Spannungen gegen Erde
auf. Die VDE-Regeln schreiben vor, daß alle Wandler, bei denen bei
offenem Sekundärkreis und Nennstrom eine Spannung von über 250 V_{eff}
auftritt, mit einem Zusatzschild mit folgendem Wortlaut versehen wer-

den müssen: „Achtung! Hochspannung bei geöffneten Sekundärklemmen". Die Spannung an den offenen Sekundärklemmen wird um so höher sein, je höher die Amperewindungszahl, je größer der Eisenquerschnitt und je kleiner der sekundäre Nennstrom ist. In ungünstigen Fällen können Spannungen von weit über 2000 V auftreten, so daß die Isolation der Sekundärwicklung und der evtl. noch angeschlossenen Leitungen und Geräte, die für diese Prüfspannung ausgelegt sind, gefährdet wird. Bei der Verlegung bzw. Herstellung der an den Stromwandler sekundär angeschlossenen Stromkreise muß daher mit aller Sorgfalt vorgegangen werden.

Es hat nicht an Maßnahmen gefehlt, um das Auftreten von sekundärer Hochspannung zu verhindern oder zu begrenzen. So hat man beispielsweise Durchschlagsicherungen oder Überspannungsableiter unmittelbar den Sekundärklemmen parallelgeschaltet. Da ein Fehler des Sekundärkreises aber zumeist nicht sofort entdeckt wird, müßten diese Schutzmittel für Dauerstrom ausgelegt sein. Dies ist meistens nicht möglich, so daß sie bei länger dauerndem Störungsfall beschädigt und damit unwirksam werden. Noch aus einem anderen Grunde sind diese Arten von Einrichtungen unbeliebt. Hohe Spannungen treten an den Sekundärklemmen des Wandlers auch auf, wenn bei geschlossenem Sekundärkreis über die Primärwicklungen infolge Netzkurzschluß ein hoher Strom fließt. Die besprochenen Einrichtungen würden dann einen Kurzschluß bewirken, der auch erhalten bleibt, wenn die Störung beseitigt ist. Damit sind Messung, Zählung und besonders Netzschutz außer Betrieb gesetzt.

Man hat weiter daran gedacht, spannungsabhängige Relais zu verwenden, die den Stromwandler kurzschließen und gleichzeitig eine Signalisierung dieser Störung bewirken. Aber auch diese wesentlich bessere Methode hat sich nicht eingeführt.

Ein weiterer Weg wäre die Anwendung einer unmittelbar am Stromwandler anzuschließenden sekundären Paralleldrossel mit geschlossenem Eisenkern, die für eine kleine Überstromziffer ausgelegt ist. Dies kann auch in Form eines Zwischenwandlers in Sparschaltung oder mit getrennten Wicklungen geschehen. Von dieser Möglichkeit — insbesondere in der Form des Zwischenwandlers — wird in der Praxis ab und zu Gebrauch gemacht.

Die besten Bestrebungen sind diejenigen, welche von Hause aus darauf hinzielen, das Auftreten von Hochspannungen grundsätzlich zu vermeiden. Damit ist in erster Linie zu fordern, daß die Stromwandlerkerne nicht überdimensioniert werden. Diese Forderung ist nicht an den Hersteller, sondern an den Besteller von Wandlern zu richten. Erfreulicherweise sind gerade im letzten Jahrzehnt wesentliche Fortschritte hinsichtlich eines kleinen Eigenverbrauches der Geräte für den

Netzschutz erzielt worden, so daß es möglich ist, die Nennleistungen auch für Schutzkerne gegen früher wesentlich herabzusetzen, also mit kleinerem Eisenquerschnitt auszukommen, mit dem die Spannung an den offenen Sekundärklemmen linear sinkt.

Ist es notwenig, Wandler mit höheren Amperewindungszahlen zu verwenden, wie dies beispielsweise bei Stromwandlern für einige tausend Ampere Nennstrom nicht zu vermeiden ist, so sollte man als sekundäre Nennstromstärke — gemäß dem Normblatt für Meßwandler — möglichst 10 A wählen.

Wenn ein Stromwandler sekundär offen betrieben wurde, so besteht die Gefahr, daß beim Abschalten eine starke Restmagnetisierung im Eisenkern erhalten bleibt, die die meßtechnischen Eigenschaften des Wandlers ungünstig beeinflußt. Es ist deshalb auf jeden Fall zweckmäßig, den Wandler vor Wiederinbetriebnahme einem Entmagnetisierungsprozeß zu unterwerfen.

3. Auftreten von Stoßströmen. Beim Einschalten von Leitungen, Motoren und Transformatoren treten je nach Einschaltmoment mehr oder weniger starke Stoßströme, verbunden mit einer Gleichstromkomponente, auf. Besonders die Gleichstromkomponente wäre an sich geeignet, im Wandlereisen eine Vormagnetisierung zu hinterlassen. Da aber gleichzeitig hohe Wechselstromamplituden vorhanden sind, die etwa in dem gleichen Maße abklingen wie die Gleichstromamplitude, findet gleichzeitig eine automatische Entmagnetisierung des Stromwandlereisens statt. Ein Einschaltstoß kann daher die Meßgenauigkeit des Wandlers auf die Dauer nicht beeinflussen.

Bei einem Netzkurzschluß treten ebenfalls große Wechselstromamplituden auf, die nach einer gewissen Zeit infolge Auslösung eines Schalters plötzlich aufhören. In diesem Fall kann eine beträchtliche Magnetisierung des durch den Kurzschlußstrom hochgesättigten Eisens zurückbleiben. Da aber nach Beseitigung der Störung ein Wiedereinschalten erfolgt, läuft der eingangs dieses Abschnittes geschilderte Vorgang des Einschaltstoßes ab. Die dort beschriebene entmagnetisierende Wirkung der abklingenden Wechselstromamplitude wird im allgemeinen auch die verbliebene Restmagnetisierung beseitigen, zumindest aber auf einen solchen Betrag herunterdrücken, daß der fließende Betriebswechselstrom im Laufe einiger Minuten eine völlige Entmagnetisierung bewirken kann.

h) Theorie von Sonderausführungen.

1. Kaskadenstromwandler. Die Herstellung von Porzellanisolierkörpern nach dem Gießverfahren (s. C III a) wird um so schwieriger, je größer die Wandstärke, also je größer die Nenn- und Prüfspannung wird, für die der Porzellankörper bestimmt ist. Die praktische Grenze liegt zur Zeit bei Reihe 30, evtl. noch Reihe 45. Will man porzellanisolierte Stromwandler für höhere Spannungen bauen, so ist es notwendig, auf Kaskadenschaltungen überzugehen, die den Vorteil bringen, daß die einzelnen Glieder nur für Teilspannung bemessen zu werden brauchen. Abb. 77 zeigt die grundsätzliche Anordnung und Schaltung einer zweistufigen Stromwandlerkaskade. Der Übersichtlichkeit wegen sind nur die Kerne mit ihren Wicklungen gezeichnet. Im Kopfglied ist nur ein Kern vorgesehen, der die evtl. umschaltbar ausgebildete Primärwicklung trägt. Mit Hilfe einer Koppelwicklung wird der Strom dem oder den Kernen des Fußgliedes zugeführt, die die Sekundärwicklungen tragen. In Abb. 78 ist in zweierlei Form das Ersatzschaltbild einer solchen zweistufigen Stromwandlerkaskade mit einem Meß- und einem Schutzkern gezeigt. Den üblichen Bezeichnungen sind Indizes bei-

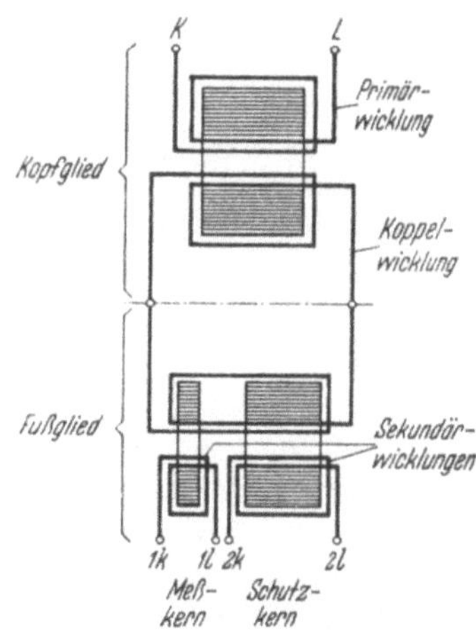

Abb. 77. Prinzip einer zweistufigen Stromwandlerkaskade.

gegeben, die die Zugehörigkeit zu den einzelnen Kernsystemen kennzeichnen. Dem Kernsystem des Kopfgliedes ist der Index K, dem Meßkernsystem der Index M und dem Schutzkernsystem der Index S zu-

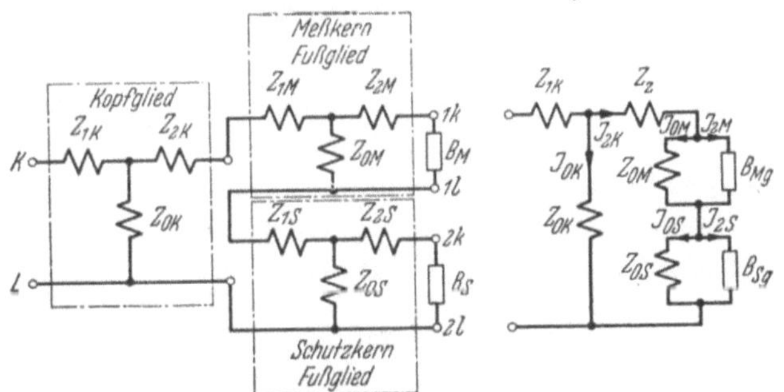

Abb. 78. Ersatzschaltbilder einer zweistufigen Stromwandlerkaskade.

geordnet. Im rechts gezeichneten Ersatzschaltbild sind gewisse Vereinfachungen vorgenommen. In dem Widerstand Z_Z des Zwischenkreises sind die Impedanzen Z_{2K}, Z_{1M} und Z_{1S} des links gezeichneten Ersatzschaltbildes zusammengefaßt. Ferner sind jeweils die Bürde B und der zugehörige sekundäre Innenwiderstand Z_2 zur sogenannten Gesamtbürde B_g vereinigt.

Bereits das Kernsystem des Kopfgliedes verursacht Stromfehler und Fehlwinkel, die durch die Höhe des Leerlaufstromes J_{0K} dieses Gliedes verursacht werden. In den Kernsystemen des Fußgliedes treten durch deren Leerlaufströme J_{0M} und J_{0S} weitere Fehler hinzu.

Der Fehler, der zwischen der Primärwicklung des Kopfgliedes und der Sekundärwicklung jedes Kernsystems des Fußgliedes auftritt, setzt sich aus zwei Teilen zusammen. Die Fehleranteile, die sich in den Kernsystemen der Fußglieder einstellen, sind nur abhängig von der Gesamtbürde des jeweiligen Fußgliedkernsystemes. Die zusätzlichen Fehleranteile, die im Kernsystem des Kopfgliedes entstehen, sind bedingt durch die Gesamtbelastung dieses Wandlerteiles. Die diese Fehler bestimmende EMK wird gemäß dem vereinfachten Ersatzschaltbild erhalten, indem man das Produkt aus J_{2K} und der geometrischen Summe von Z_Z — Gesamtwiderstand des Zwischenkreises — und den beiden Gesamtbürden der Fußkernsysteme, denen jeweils die Leerlaufwiderstände parallelgeschaltet sind, bildet. Da letztere immer groß gegenüber dem Widerstand der zugehörigen Gesamtbürde sind, können sie in erster Näherung vernachlässigt werden.

Im Gegensatz zu einem einstufigen Stromwandler, bei dem sich zwei Kernsysteme praktisch nicht beeinflussen, werden bei einer Kaskadenanordnung die Fehler des einen Kernsystems durch Variation der Bürde des anderen Kernsystemes verändert. Es liegt eine gegenseitige Beeinflussung der Kernsysteme des Fußgliedes über das Kernsystem des Kopfgliedes vor. Darauf muß bei der Dimensionierung Rücksicht genommen werden. Um die Beeinflussung auf ein tragbares Maß herunterzudrücken, bildet man zweckmäßig das Kernsystem des Kopfgliedes so aus, daß dieses sehr leistungsfähig ist und einen nur kleinen Fehler aufweist. Dies kann beispielsweise dadurch geschehen, daß man dem Stromwandler des Kopfgliedes einen kräftigen Eisenkern und eine hohe Nennamperewindungszahl zuordnet. Man teilt zweckmäßig die Klassengenauigkeit auf die einzelnen Glieder auf, wie dies an einem Beispiel erläutert werden soll. Der Gesamtwandler soll im Meßkreis eine Leistung von 15 VA in Klasse 0,5 bei $n < 5$, im Schutzkreis eine Leistung von 60 VA in Klasse 1 bei $n > 10$ besitzen. Es sei ferner angenommen, daß die Koppelwicklung einen Verbrauch von 20 VA, die Sekundärwicklung des Meßkernsystems einen solchen von 3 VA und diejenige des Schutzkernsystemes einen sekundären Eigenverbrauch von 7 VA habe. Das Kernsystem des Kopfgliedes ist dann mit der Summe all dieser Leistungen, also 115 VA, belastet. Der Einfachheit halber ist angenommen, daß die genannten Widerstände sämtlich einen Bürdenleistungsfaktor $\cos \beta = 0{,}8$ haben. Bildet man nun das Kernsystem des Kopfgliedes so aus, daß es bei einer Nennleistung von 115 VA die Fehlergrenzen der Klasse 0,2 einhält, so stehen für die Bemessung der beiden

Kernsysteme des Fußgliedes nur noch die Differenz der geforderten Klassengenauigkeit, abzüglich den Fehlern der Klasse 0,2 zur Verfügung. Das Meßkernsystem des Fußgliedes wäre also für eine Klasse 0,3, das Schutzkernsystem für eine Klasse 0,8 auszulegen.

Für die Nachprüfung der Meßgenauigkeit einer solchen Kaskade bestehen weder in den Wandlerregeln noch in der Eichanweisung Vorschriften. Überträgt man die bestehenden Vorschriften für einstufige Wandler sinngemäß auf mehrstufige Wandler, dann ergeben sich folgende Bedingungen:

Die Fehlergrenzen des Gesamtwandlers sind zwischen 0,1 und 1,2 J_n einzuhalten. Zu prüfen ist bei folgenden 4 Belastungsbedingungen:

Tabelle 7. *Prüfung einer Stromwandlerkaskade mit Meß- und Schutzkernsystem.*

Prüfung Nr.	Prüfung zwischen	Belastung	
		$1\,k-1\,l$	$2\,k-2\,l$
1	K, L und $1\,k$, $1\,l$	$^1/_4\,N_{nM}$	0
2	K, L und $1\,k$, $1\,l$	$^1/_1\,N_{nM}$	$^1/_1\,N_{nS}$
3	K, L und $2\,k$, $2\,l$	0	$^1/_4\,N_{nS}$
4	K, L und $2\,k$, $2\,l$	$^1/_1\,N_{nM}$	$^1/_1\,N_{nS}$

Mit N_{nM} ist die Nennbürde des Meßkreises und mit N_{nS} diejenige des Schutzkreises bezeichnet. An Stelle von $^1/_4\,N_n$ tritt 15 VA, wenn $^1/_4\,N_n$ größer als 15 VA ist. Die Prüfung bei der Belastung 0 VA (Zeile 1 und 3) nimmt Rücksicht darauf, daß das eine oder andere Kernsystem im praktischen Betrieb kurzgeschlossen sein kann, weil beispielsweise der Wandler noch nicht auf Schutzeinrichtungen arbeitet.

Abb. 79 zeigt ein Ausführungsbeispiel für eine zweistufige Stromwandlerkaskade.

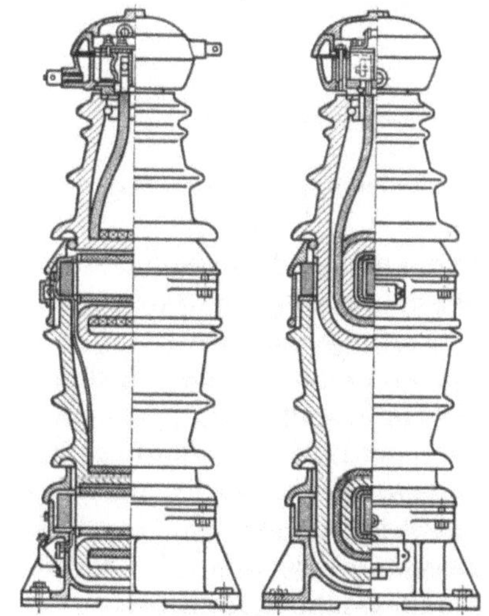

Abb. 79. Kaskaden-Querlochstromwandler (Koch & Sterzel).

2. Summenstromwandler. Es sei der Fall angenommen, daß die Summenleistung aus mehreren Leitungsabzweigen gebildet werden soll. Abb. 80 zeigt eine einfache Stromsummenschaltung für drei Leitungsabzweige A, B und C. In jedem dieser Leitungssysteme seien Stromwandler vorgesehen, die *gleiches* Übersetzungsverhältnis haben.

Jeder der Wandler ist im allgemeinen mit einer Bürde (B_A, B_B, B_C) belastet. Nachdem die Sekundärströme diese Bürden durchlaufen haben, werden sie gemeinsam über die Summenmeßeinrichtung (B_S) geführt. Im vorliegenden Beispiel ist als sekundärer Nennstrom der Einzelwandler 1 A gewählt, die Meßgeräte der einzelnen Stromzweige des Summenmeßsatzes hingegen sind dann für 3 A zu bemessen. Zweckmäßigerweise wird man die Summenmeßgeräte über einen Zwischenwandler $^3/_1$ A oder $^3/_5$ A anschließen, so daß auch diese Geräte für die genormten Nennströme 1 A oder 5 A ausgelegt werden können.

In Abb. 81 ist der allgemeine Fall einer Summenstrommessung mit einem summierenden Zwischenwandler gezeichnet, die dann anzuwenden

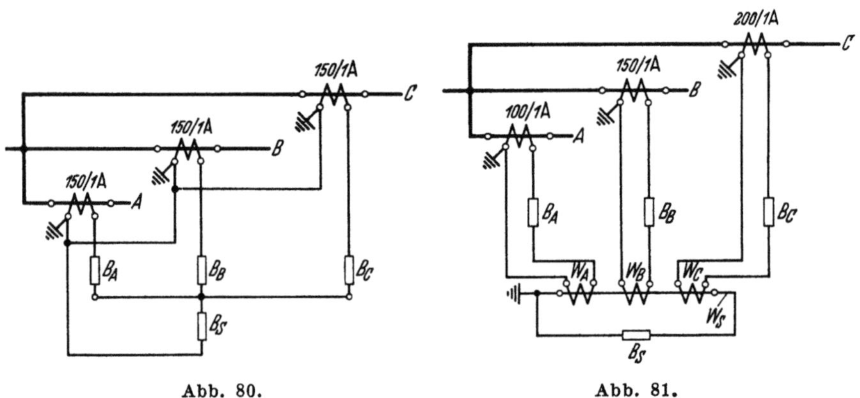

<table>
<tr><td align="center">Abb. 80.
Einfache Stromsummenschaltung.</td><td align="center">Abb. 81.
Summenstrommessung mit Summenwandler.</td></tr>
</table>

ist, wenn die Hauptwandler *ungleiches* Übersetzungsverhältnis haben. Der Summenwandler besitzt soviel Primärwicklungen (z. B. w_A, w_B, w_C), als Leitungsabzweige (A, B, C) vorhanden sind. Die Windungszahlen dieser einzelnen Primärwicklungen sind den primären Nennstromstärken der Hauptwandler proportional zu wählen. Im Beispiel, das Abb. 81 zeigt, sind die Stromwandler im Leitungsabzweig A für einen primären Nennstrom von 100 A, im Abzweig B für 150 A und bei C für 200 A ausgelegt. Führt man w_A beispielsweise mit 200 Windungen aus, so müssen w_B 300 und w_C 400 Windungen erhalten. Die Nennamperewindungszahl dieses Zwischenwandlers ist dann die Summe der primären Amperewindungen, also dem Beispiel entsprechend 900. Die Sekundärseite des Summenwandlers erhält dann 900 Windungen für einen sekundären Nennstrom von 1 A bzw. 180 Windungen für einen sekundären Nennstrom von 5 A. Der Einfachheit halber soll der üblicherweise angewendete Windungsvorabgleich hier nicht berücksichtigt werden.

Abb. 82 zeigt das Ersatzschaltbild für eine solche Summenstrommessung. Die Ersatzwiderstände und Ströme sind in üblicher Weise gekennzeichnet. Ihre Zuordnung zu den einzelnen Wandlern erfolgt durch Zusetzen der Indizes A, B und C entsprechend der gewählten Bezeichnung der Leitungssysteme bzw. S für den Summenwandler. Bei der Summenmessung treten Stromfehler und Fehlwinkel sowohl im Summenwandler durch dessen Leerlaufstrom J_{0S} als auch in den Hauptwandlern durch deren Leerlaufströme J_{0A}, J_{0B} bzw. J_{0C} auf.

Die Größe der Fehler des Summenwandlers ist nur bestimmt durch dessen Gesamtbürde, bestehend aus Bürde und sekundärem Eigenverbrauch. Die Teilfehler, die durch die Hauptwandler in die Messung

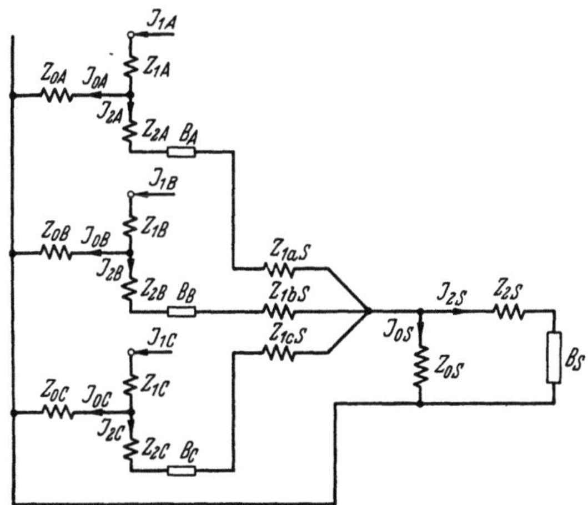

Abb. 82. Ersatzschaltbild einer Stromsummenschaltung.

hineingebracht werden, bestimmen sich aus der Belastung dieser Wandler. Diese besteht aus den ihnen zugeordneten Bürden einschl. ihres sekundären Innenwiderstandes und der Bürde, die der Summenwandler für die Hauptwandler darstellt. Die Bestimmung der Größe der einzelnen Fehler erfolgt gemäß Abschn. B I a. Der Gesamtfehler ergibt sich durch vektorielles Summieren der Einzelfehler.

Tritt nun der Fall ein, daß eines der Leitungssysteme hochspannungsseitig abgeschaltet wird, so liegt trotzdem an der Sekundärseite des Hauptwandlers dieses Leitungssystems eine gewisse Spannung, die aus den beiden anderen eingeschalteten Leitungssystemen über den Summenzwischenwandler geliefert wird. Entsprechend der Gesamtbürde des Summenzwischenwandlers stellt sich an der Primärwicklung des Summenwandlers, die zu dem abgeschalteten Leitungssystem gehört, eine bestimmte EMK ein. Diese Wicklung ist nunmehr mit einer Reihenschaltung aus angeschaltetem Hauptwandler und der dem Hauptwandler zugeordneten Bürde belastet und wirkt wie eine *zweite Sekun-*

därwicklung auf dem Summenwandler. Der Summenwandler ist dann mit dem Leerlaufstrom des Hauptwandlers belastet. Diese dem Summenwandler entzogenen Amperewindungen fehlen naturgemäß im Sekundärkreis desselben, was gleichbedeutend mit dem Auftreten eines zusätzlichen Fehlers ist. Der ungünstigste Fall tritt dann ein, wenn nur eines der Leitungssysteme in Betrieb ist. Über die Größe der entstehenden Fehler läßt sich eine allgemeine Aussage schwer machen. Diese Fehler können jeweils nur von Fall zu Fall errechnet werden. Es soll deshalb hier auch nur der Weg zu dieser Berechnung gezeigt werden. Wenn der Hauptwandler beispielsweise für eine Nennleistung von 60 VA ausgelegt ist und einen sekundären Eigenverbrauch von 5 VA hat, ergibt sich bei Nennstrom 1 A und Nennbürde an der Sekundärwicklung des Hauptwandlers eine EMK von 65 V. Der Zwischenwandler liefere nun aber nur eine Spannung von beispielsweise 15 V. Es stellt sich demnach ein Leerlaufstrom auf der Sekundärseite des Hauptwandlers ein, der dem Fehler des normal betriebenen Wandlers bei Nennstrom und einer Gesamtleistung von 15 VA beziehungsweise einer abgegebenen Leistung von 10 VA entspricht. Aus den Fehlerkurven des Hauptwandlers ist dieser Strom unschwer zu errechnen. Damit ist aber dann auch die Amperewindungszahl gegeben, die dem Summenwandler entzogen wird und als zusätzlicher Fehler eingeht.

Um diese Fehler klein zu halten, erscheint es zweckmäßig, die Hauptwandler mit hoher Klassengenauigkeit und für eine entsprechend hohe Nennleistung auszulegen. Außerdem ist es nützlich, Bürde und Eigenverbrauch des Summenwandlers so klein wie möglich zu halten, damit die EMK an den einzelnen Wicklungen dieses Wandlers möglichst klein gegenüber der Nenn-EMK an der Sekundärseite der Hauptwandler wird.

Für die Bemessung und Prüfung von Summenwandlerschaltungen sind — soweit diese zu Verrechnungszwecken dienen sollen — die Vorschriften der Eichanweisung maßgebend. Diese schreiben vor, daß die Richtigkeitsprüfung eines Summenwandlers mit den in den einzelnen Abzweigen liegenden Hauptwandlern zusammen in der betriebsmäßigen

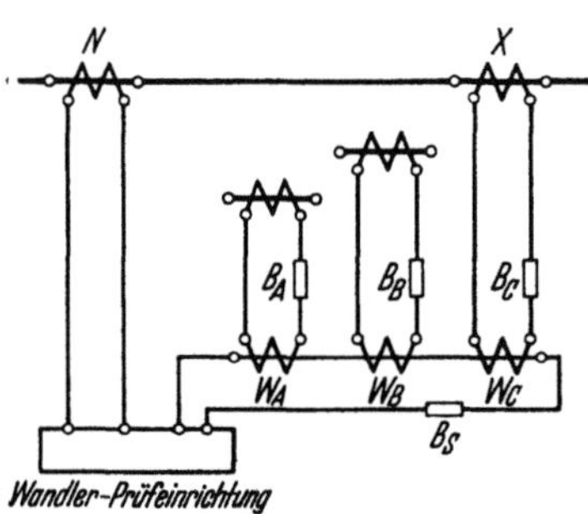

Abb. 83. Richtigkeitsprüfung I einer Summenstromwandler-Anordnung.

Schaltung auszuführen ist. Wenn dann nur ein Hauptwandler beaufschlagt wird (Abb. 83), werden die Fehler mit erfaßt, die sich durch die Rückwärtsspeisung der anderen Hauptwandler über den Summenwandler ergeben. Als Nennstrom der Gesamtanordnung gilt die Summe der primären Nennströme der Hauptwandler aller Abzweige.

Da im allgemeinen die primären Nennströme der einzelnen Hauptwandler voneinander verschieden sind, sieht die Eichanweisung zusätzlich die getrennte Ermittlung von Teilfehlern vor. Der Zwischenwandler
wird für sich allein gemessen, wobei sämtliche primären Wicklungen in
Reihe geschaltet werden (Abb. 84). Durch diese Richtigkeitsprüfung
werden die mittleren Fehler F_S und δ_S des Summenwandlers allein
ermittelt. Eine zweite Prüfung ist für jeden Hauptwandler in der Form
durchzuführen (Abb. 85), daß dieser
an die ihm zugeordnete Primär-

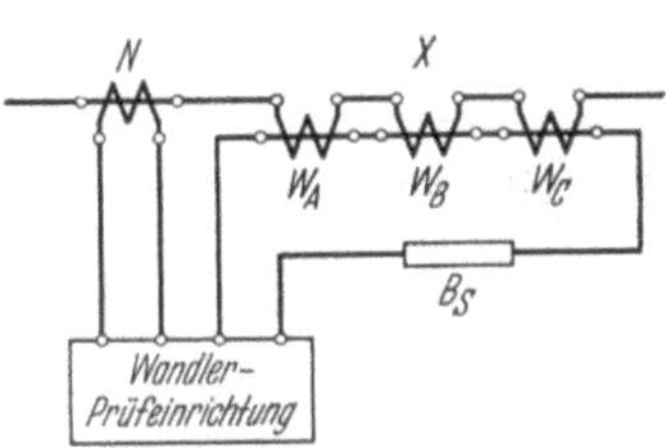

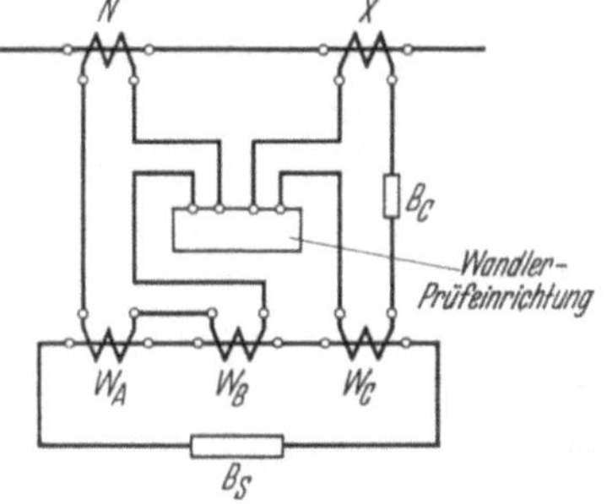

Abb. 84. Richtigkeitsprüfung II einer
Summenstromwandler-Anordnung.

Abb. 85. Richtigkeitsprüfung III einer
Summenstromwandler-Anordnung.

wicklung des Summenwandlers gelegt wird, während die übrigen Primärwicklungen dieses Zwischenwandlers in Reihe geschaltet und mit der
Sekundärseite des Normalwandlers verbunden werden. Durch diese
Prüfung werden die Fehler F_H und δ_H des Hauptwandlers bei der durch
den voll erregten Zwischenwandler gegebenen Belastung ermittelt. Die
so gewonnenen Teilfehler werden dann addiert.

3. Eisenstabwandler. 1932 haben G. KEINATH und B. LUKSCHIK[1]
einen Stabwandler beschrieben, der nicht den Nachteil der gewöhnlichen

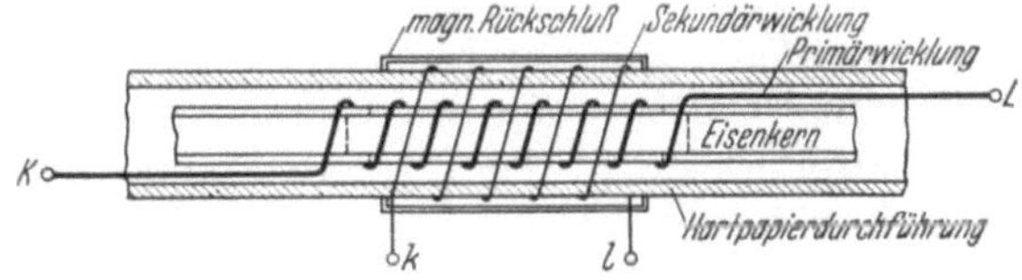

Abb. 86. Eisenstab-Stromwandler nach LUKSCHIK.

Stabwandler aufweist, daß die Nennamperewindungszahl und mit ihr
die Güte des Stromwandlers von der Höhe der Nennstromstärke abhängig ist. Als Eisenkern wird ein aus lamelliertem Blech zusammen-
gesetzter Stab gemäß Abb. 86 verwendet, der die Primärwicklung trägt.
Das Kerneisen befindet sich auf Hochspannungspotential. Zwischen
Kern- und Hochspannungswicklung einerseits und der Sekundärwick-

---

[1] DRP 616903 v. 19. 2. 1932.

lung andererseits ist die erforderliche Isolation angeordnet. In Wirklichkeit also ist der Eisenstabwandler ein Wickelstromwandler, bei dem die Amperewindungszahl und damit die Güte des Wandlers frei wählbar ist. Durch die Anwendung des offenen, nicht geschlossenen Eisenkerns überwiegt die Blindkomponente des Leerlaufstromes die Wirkkomponente weit mehr als bei Wandlern mit geschlossenem Eisenkern. Unter der Annahme einer rein ohmschen Bürde stellt sich daher ein größerer Fehlwinkel ein als bei gleichartig dimensionierten Wandlern mit geschlossenem Eisenkern. Soweit dieser Fehlwinkel die gewünschten Genauigkeitsgrenzen überschreitet, kann er durch eine entsprechende Kunstschaltung beliebig verkleinert werden.

Die Fehlerkurven in Abhängigkeit des Stromes sind bei dem Eisenstabwandler weniger gekrümmt als bei Wandlern mit geschlossenem Eisenkern aus dem gleichen Kernmaterial, da die Magnetisierungskurve infolge des Luftanteiles des Kraftlinienweges eine Scherung erfährt.

4. Gleichstromwandler. Die Messung von Gleichströmen wird üblicherweise durch die Ermittlung des Spannungsabfalles an Widerständen (Shunts) vorgenommen. Bei sehr hohen Gleichströmen ist die Herstellung und Anwendung von solchen Widerständen mit mancherlei Nachteilen behaftet. Der Eigenverbrauch der Widerstände steigt beträchtlich an, so daß Temperaturfehler schwer zu vermeiden sind. Außerdem steht nur eine sehr geringe Meßleistung zur Verfügung. Man verwendet daher für Messung sehr hoher Gleichströme heute Gleichstromwandler.

Es wurden im Laufe der Zeit verschiedene Meßverfahren durchgebildet, die alle darauf beruhen, daß die magnetische Wirkung des Gleichfeldes ausgenutzt wird. So hat J. M. Pestarini die Messung des Gleichstromes in der Form vorgenommen, daß er in eine Aussparung eines um den Primärleiter gelegten Eisenkernes den Anker eines Generators rotieren läßt. Die Messung des Gleichstromes erfolgte mittels einer Hilfsgleichstromwicklung, die auf dem Eisenkern angebracht ist und das von dem zu messenden Gleichstrom herrührende Feld kompensiert. Derartige Wandler wurden von der Firma Carpentier, Paris, für Stromstärken bis 30 000 A bei einer Meßgenauigkeit von 1 % gebaut.

Abb. 87 zeigt das Grundprinzip des von O. E. Nölke bei Koch & Sterzel entwickelten Gleichstromwandlers. Dieser Wandler unterscheidet sich von dem zuvor beschriebenen dadurch, daß der Strom für die Gleichstromhilfswicklung dem Anker des Generators direkt entnommen wird. Es stellt sich ein Gleichgewichtszustand ein, wobei die primäre Amperewindungszahl etwa gleich der sekundären ist. Der Fehler des Wandlers ist gegeben durch die zur Aufrechterhaltung des Restfeldes erforderlichen Amperewindungen. Die Windungszahl der Sekundärwicklung wird damit genau so berechnet, wie bei einem Wechselstromwandler. Wie bei diesem kann der Fehler durch einen Windungsabgleich verkleinert werden. Da die gesamte Energie für die kompensierende Sekundärwicklung und den Meßkreis im Anker des Generators aufgebracht werden muß, ist es unvermeidlich, daß sich dieser im Betrieb erwärmt. Dadurch stellen sich zwischen dem kalten und dem betriebswarmen Zustand Unterschiede in der Fehlerkurve ein, die eine Temperaturkompensation erfordern. Infolge der Remanenz des Eisenkernes ist der Stromfehler bei steigendem und fallendem Primärstrom etwas voneinander verschieden. Dieser Unterschied kann jedoch so klein gehalten werden, daß er für die Praxis keine Rolle spielt. Etwa in dem zu messenden Gleichstrom vorhandene Oberwellen werden transforma-

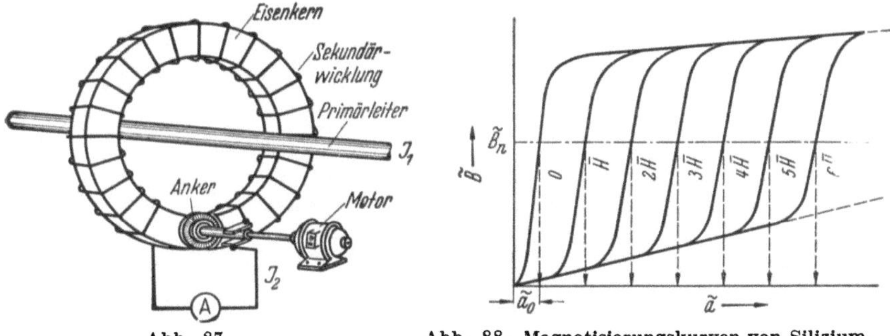

<table>
<tr><td>

Abb. 87.
Gleichstromwandler nach NÖLKE.

</td><td>

Abb. 88. Magnetisierungskurven von Siliziumeisen bei Gleichstrom-Vormagnetisierung.

</td></tr>
</table>

torisch auf die Sekundärseite übertragen. Die Anordnung wirkt in diesem Falle als Wechselstromwandler. Der Meßwandler ist deshalb in der Lage, auch die Kurvenform praktisch richtig wiederzugeben.

E. BESAG[1] hat als erster einen Gleichstromwandler ohne bewegliche Teile und damit ein Meßverfahren angegeben, bei dem die Veränderung der Permeabilität eines Eisenkernes durch Gleichstromvormagnetisierung zum Messen herangezogen wird. Abb. 88 zeigt die Magnetisierungskurve von Siliziumeisen bei verschiedener Gleichstromvormagnetisierung. Arbeitet man in einem Induktionsbereich B_n, wo die Magnetisierungskurven ihre größte Steilheit haben, so ist die Wechselfeldstärke der Gleichfeldstärke praktisch proportional. Die Proportionalität wird nur gestört durch die Wechselfeldkomponente a_0, die bereits ohne Gleichfeld vorhanden ist. Die Schaltung eines Wandlers nach BESAG zeigt Abb. 89. Über dem Primärleiter ist ein vierschenkliger Kern angeordnet, auf dessen äußeren Schenkeln zwei gegeneinandergeschaltete Wicklungen gleicher Windungszahl angebracht sind. Diese werden mit dem Meßgerät in Reihe an eine Wechselspannungsquelle konstanter Spannung und Frequenz angeschlossen.

---

[1] DRP 272748 v. 21. 8. 1931.

Bei dieser Art von Meßwandlern muß durch entsprechende Anordnung der Wicklungen dafür gesorgt werden, daß die Wechselstromamperewindungen nicht mit dem Primärleiter verkettet sind, da die Genauigkeit sonst durch den Schließungswiderstand des Primärkreises gestört ist. In diesem Falle würde ja nicht nur der Leerlaufstrom über das Meßgerät fließen, sondern zusätzlich der in den Primärkreis hineintransformierte Strom.

Bei der Überlagerung von Gleich- und Wechselfeldern treten durch die einseitige Verschiebung des Arbeitspunktes auf der Magnetisierungslinie geradzahlige Oberwellen auf. Auf diese Tatsache hat bereits Epstein aufmerksam gemacht. K. Rottsieper hat diese Erscheinung

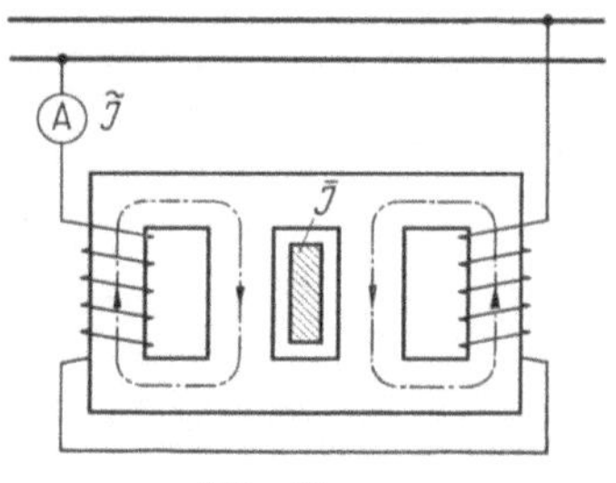

Abb. 89.
Gleichstromwandler nach Besag.

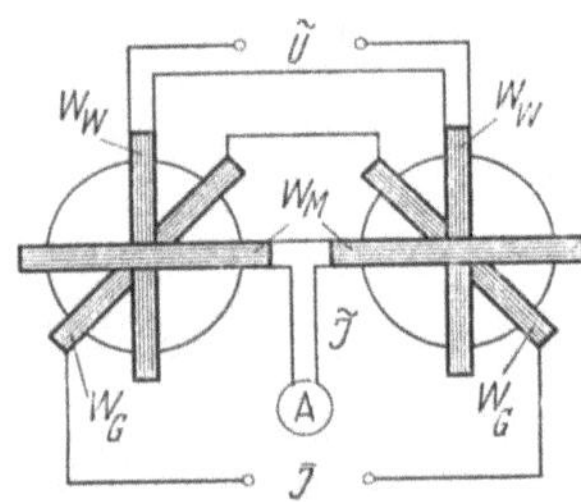

Abb. 90.
Gleichstromwandler nach Someda.

zum Messen von großen Gleichströmen benutzt. Er ordnet eine Meßwicklung an einer solchen Stelle des Eisenkerns an, die nur vom Gleichfluß und den geradzahligen Oberwellen des Wechselflusses durchsetzt wird. Untersuchungen an derartigen Wandlern zeigen, daß die geradzahligen Oberwellen auch im Primärkreis fließen. Dadurch wird die Anzeige abhängig vom Widerstand des primären Schließungskreises, so daß ein Wandler dieser Art nur in einer Anlage mit festem primären Schließungskreis Verwendung finden kann, wobei die Eichung an Ort und Stelle vorgenommen werden muß.

Bei der Meßanordnung nach Besag wird die Proportionalität zwischen Gleich- und Wechselstrom durch den auch beim Gleichstrom Null vorhandenen Wechselstrom gestört. G. Someda hat eine Anordnung, Abb. 90, entwickelt, bei der durch räumliche Entkopplung der Wechselstrommeß- und Wechselstromhilfswicklungen erreicht wird, daß beim Gleichstrom Null in der Meßwicklung keine Wechselstromkomponente auftritt. Someda hat bei dieser Schaltung Untersuchungen über die Bekämpfung der geradzahligen Harmonischen angestellt und gezeigt, daß diese durch Dämpfungswicklungen unterdrückt werden können.

H. Ritz hat bei Siemens & Halske einen Gleichstromwandler gemäß Abb. 91 entwickelt, bei dem der Kern aus zwei U-förmigen Jochstücken besteht, zwischen denen zwei Wechselstromdrosseln völlig symmetrisch angeordnet sind. Auch bei diesem Wandler sind Kupferzylinder als Dämpfungswicklung zur Unterdrückung der geradzahligen Oberwellen angewendet. Der Restwechselstrom, der beim Gleichstrom Null auf-

tritt, wird mittels einer Kompen-
sationsschaltung, die in Abb. 91 angedeutet ist, vom Meßgerät ferngehalten, so daß eine gute Proportionalität zwischen Gleich- und
Wechselstrom erzielt wird.

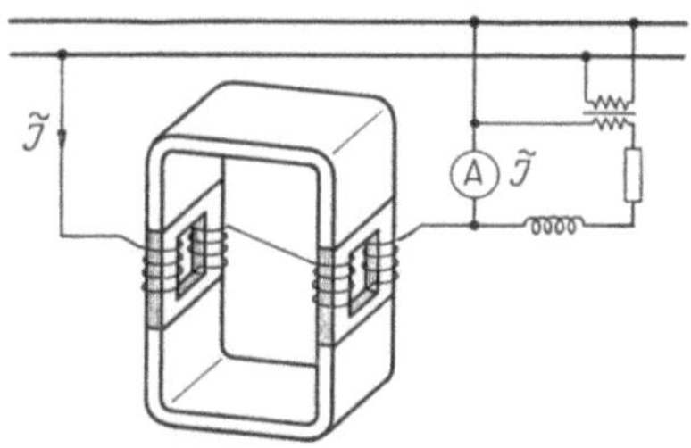

Abb. 91. Gleichstromwandler nach Ritz (Ohne Primärleiter gezeichnet).

G. KEINATH hat gezeigt, daß der störende Restwechselstrom dann besonders klein wird, wenn Nickel- eisen als Kernmaterial Verwendung findet. In diesem Fall ist auch die Spannungsabhängigkeit sehr klein, da die Magnetisierungskurven ver- hältnismäßig steil verlaufen, so daß der sonst notwendige Spannungs- konstanthalter entbehrt werden kann.

W. KRÄMER hat an Gleichstromwandlern (Abb. 92) mit Nickeleisen- kernen bei der AEG sehr eingehende Untersuchungen angestellt und

hat vor allem erstmals darauf hingewiesen, daß es möglich ist, bei der
Verwendung von Nickeleisenkernen
einen Gleichstrommeßwandler ohne
bewegliche Teile mit echten Wand-
lereigenschaften herzustellen. Er

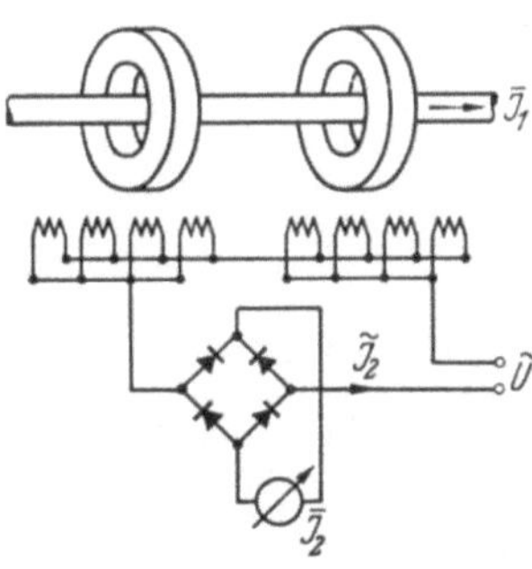

Abb. 92. Gleichstromwandler nach KRÄ- MER (Allgemeine Elektricitäts-Gesellschaft).

Abb. 93. Anordnung und Schaltung des Gleichstromwandlers nach KRÄMER.

benutzt zur Anzeige Gleichstrommeßgeräte und schaltet zu diesem Zweck in den Kreis Gleichrichter in Grätzschaltung (Abb. 93) ein. Dadurch werden Stromkurven erhalten, wie sie Abb. 94 zeigt. Die

Amperewindungszahl, die sich in der Sekundärwicklung einstellt, ist der primären praktisch gleich. Der noch verbleibende Fehler ist durch die Zwickel Zw — Kurve c in Abb. 94 — gegeben, die dadurch bedingt

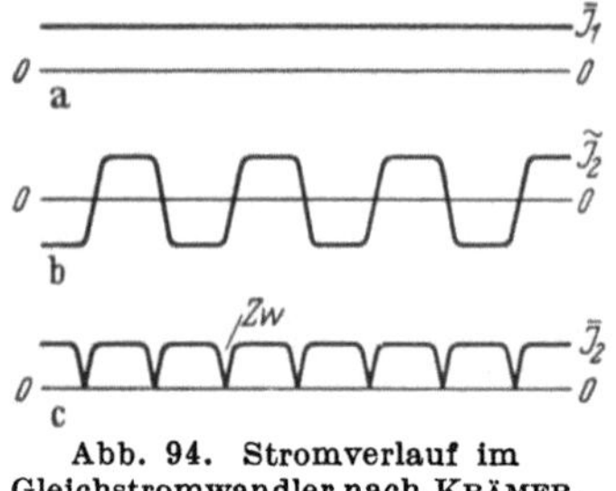
Abb. 94. Stromverlauf im Gleichstromwandler nach KRÄMER.

sind, daß die Magnetisierungskurve auch bei Nickeleisen noch etwas vom rechteckigen Verlauf abweicht. W. KRÄMER hat weiter erstmalig gezeigt, daß auch bei Gleichstromwandlern die Unterteilung der sekundären Wicklung in mehrere räumlich getrennt angeordnete, parallelgeschaltete Wicklungsgruppen zur Beseitigung des Fremdfeldeinflusses wirksam angewendet werden kann.

H. COLLINS hat bei Siemens & Halske Schaltungen entwickelt, die ein Ausfüllen dieser Zwickel ermöglichen, so daß die Eigenschaften dieses Wandlers noch weiter verbessert werden.

II. Spannungswandler.

a) Theorie, Grundgleichungen und Diagramm.

Der Spannungswandler ist seinem Wesen nach ein praktisch unbelasteter Transformator. Da die zu messende Größe nur in engen Grenzen schwankt, ähnelt die Berechnung des Spannungswandlers weit mehr als die des Stromwandlers derjenigen des Transformators.

1. Gesamtfehler. Am anschaulichsten lassen sich die Gleichungen des Spannungswandlers und damit sein meßtechnisches Verhalten ab-

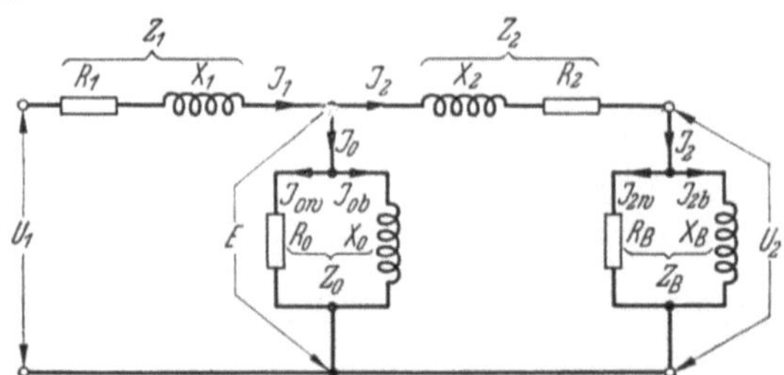
Abb. 95. Vierpoldarstellung des Spannungswandlers.

leiten, wenn man die schon beim Stromwandler angewandte Betrachtungsweise des Vierpols wählt. Der Fehler des Spannungswandlers kommt dadurch zustande, daß sich die Sekundärspannung U_2 von der Primärspannung U_1 unter Berücksichtigung des Übersetzungsverhältnisses nach Größe und Phase unterscheidet. Wie die Vierpoldarstellung (Abb. 95), die eine Reduktion des Übersetzungsverhältnisses auf den

Wert 1 voraussetzt, erkennen läßt, wird der Unterschied zwischen diesen beiden Spannungen durch die Spannungsabfälle an den primären und sekundären inneren Widerständen Z_1 und Z_2 des Wandlers hervorgerufen. Durch den Widerstand der Primärwicklung Z_1 fließt der Primärstrom J_1 als die geometrische Summe des Sekundärstromes J_2 und des Leerlaufstromes J_0. Dieser Spannungsabfall sei mit ΔU_1 bezeichnet. Der Sekundärstrom durchfließt dann noch den Widerstand der Sekundärwicklung Z_2 und erzeugt in diesem einen Spannungsabfall ΔU_2. Der prozentuale Gesamtfehler F des Spannungswandlers ergibt sich damit nach folgender Vektorgleichung:

$$F = \frac{\Delta U_1 + \Delta U_2}{U_1} \cdot 100. \tag{57}$$

Bei Einführung der Ströme und Widerstände nimmt die Vektorgleichung die Form an:

$$F = \frac{J_1 \cdot Z_1 + J_2 \cdot Z_2}{U_1} \cdot 100. \tag{58}$$

Führt man an Stelle des Primärstromes die vektorielle Summe von Sekundär- und Leerlaufstrom ein, dann ergeben sich folgende Formeln:

$$F = \frac{J_0 \cdot Z_1 + J_2 \cdot (Z_1 + Z_2)}{U_1} \cdot 100 \tag{59}$$

oder

$$F = \frac{J_0 \cdot Z_1}{U_1} \cdot 100 + \frac{J_2 \cdot (Z_1 + Z_2)}{U_1} \cdot 100. \tag{60}$$

Der Fehler setzt sich demnach aus zwei Gliedern zusammen, dem Leerlauffehler:

$$F_0 = \frac{J_0 \cdot Z_1}{U_1} \cdot 100 \tag{61}$$

und dem Belastungsfehler:

$$F_l = \frac{J_2 \cdot (Z_1 + Z_2)}{U_1} \cdot 100. \tag{62}$$

Wird zunächst angenommen, daß der Spannungswandler mit konstanter Bürde betrieben wird, dann herrscht Proportionalität zwischen U_1 und J_2, wenn der an sich geringe durch J_0 an den Widerständen der Primärwicklung auftretende Spannungsabfall vernachlässigt wird. Der innere Widerstand $(Z_1 + Z_2)$ ist als konstant anzusehen. Die Formel (62) läßt erkennen, daß der Belastungsfehler von der Höhe der Primärspannung unabhängig ist. Er ist mit J_2 porportional der angeschlossenen Belastung. Es genügt daher, den Belastungsfehler für eine beliebig gewählte Last und eine beliebig gewählte Spannung zu berechnen oder zu messen. Man kann dann durch Umrechnung auf den Fehler bei einer anderen Belastung schließen.

Im Gegensatz dazu ist der Leerlauffehler F_0 spannungsabhängig, da der Leerlaufstrom J_0 und die Spannung U_1 infolge des durch die Magnetisierungskurve gegebenen Zusammenhanges nicht proportional zueinander sind.

Bei der Fehlerbildung sind neben den Strömen 'die inneren Widerstände des Spannungswandlers gleichermaßen mitbeteiligt. Von diesen bedürfen die Streuwiderstände noch einer ergänzenden Erläuterung.

Abb. 96 zeigt eine einfache Wicklungsanordnung. Mit W_1 ist die Primärwicklung, mit W_2 die Sekundärwicklung und mit K der Eisenkern bezeichnet. Wird die Primärwicklung an eine Wechselspannungsquelle gelegt, so bildet sich ein magnetisches Feld aus, dessen überwiegender Teil im Eisenkern verläuft (Linie a der Abbildung). Daneben gibt es Feldlinien, die nicht im Eisen des die Wicklungen durchsetzenden Schenkels verlaufen. Von den verschiedenen Streulinienarten sind für die nachfolgenden Betrachtungen diejenigen wichtig, die in Abb. 96 mit b, c, d und e gekennzeichnet sind. Für die Übertragung der EMK von der Primär- nach der Sekundärwicklung ist nur derjenige Teil des Feldes voll wirksam, der alle Windungen der beiden Wicklungen voll umschlingt (a, e). Die Teile des Streufeldes, die mit der Sekundärwicklung gar nicht (b, c) oder nur teilweise (d) verkettet sind, beteiligen sich an der Übertragung nicht oder nur zum Teil, so daß die sekundäre Leerlaufspannung entsprechend kleiner ist als im Idealfall des streufeldfreien Wandlers.

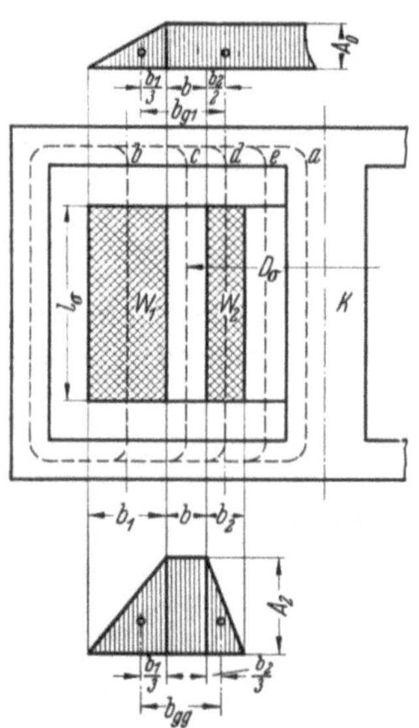

Abb. 96. Das Streufeld des Spannungswandlers.

Die Vierpoldarstellung erfaßt diesen Spannungsunterschied als den an X_1 entstehenden Leerlauffehler $J_0 \cdot X_1$.

Der prozentuale Anteil des an der Spannungsübertragung nicht beteiligten Streufeldes zum Gesamtfeld ist wegen der Änderung der Permeabilität im Eisenkern in gewissem Maße spannungsabhängig, so daß es eigentlich einen festen Wert von X_1 gar nicht gibt. In der Vierpoldarstellung ist nun aber X_1 als konstant angesetzt; die Veränderung gemäß der Permeabilität wird im Ausdruck $J_0 \cdot X_1$ durch den Leerlaufstrom J_0 berücksichtigt, der der Permeabilität umgekehrt proportional ist.

In Abb. 96 oben ist der Verlauf der durch die Leerlauf-Amperewindung gegebenen magnetischen Spannung dargestellt. An der äußeren Begrenzung der Primärspule ist die magnetische Spannung Null. Sie steigt bei gleichmäßig aufgebauter Primärspule nach innen zu linear an, erreicht den Höchstwert an der inneren Spulenbegrenzung und behält diesen Wert dann innerhalb des von der Primärspule umschlossenen Raumes bei. Diese magnetische Spannung bewirkt den Streufluß. Der magnetische Widerstand R_M, der sich der Bildung des Streuflusses Φ_σ entgegenstellt, ist

$$R_M = \frac{l_\sigma}{\mu_V \cdot \mu_L \cdot q_\sigma} = \frac{l_\sigma}{0{,}4\pi \cdot 10^{-8} \cdot q_\sigma} \, . \tag{63}$$

In der Formel bedeuten:
l_σ = Streulinienweg [cm],

μ_V = Permeabilität des leeren Raumes = $0{,}4\,\pi \cdot 10^{-8} \left[\dfrac{V \cdot s}{A \cdot cm}\right]$ bzw. $\left[\dfrac{H}{cm}\right]$

μ_L = relative Permeabilität der Luft = 1,
q_σ = Querschnitt des Streufeldes [cm²].

Der Streufluß Φ_σ ergibt sich als der Quotient aus der magnetischen Spannung $A = J \cdot w$ und dem magnetischen Widerstand R_σ:

$$\Phi_\sigma = \frac{J \cdot w}{R_M}. \tag{64}$$

Die Verkettung des auf die Stromeinheit bezogenen Flusses mit den Windungen ist die Streuinduktivität L_σ [H]:

$$L_\sigma = \frac{w \cdot \Phi_\sigma}{J} \, . \tag{65}$$

Durch Einbeziehung der Formeln (63) und (64) nimmt die Formel (65) folgende Form an:

$$L_\sigma = \frac{0{,}4\pi \cdot w^2 \cdot q_\sigma \cdot 10^{-8}}{l_\sigma} \, . \tag{66}$$

Die für den Leerlauffehler maßgebende *primäre* Streuinduktivität $L_{\sigma 1}$ ist dann

$$L_{\sigma 1} = \frac{0{,}4\pi \cdot w_1^2 \cdot q_{\sigma 1} \cdot 10^{-8}}{l_{\sigma 1}} \, . \tag{67}$$

Den Querschnitt $q_{\sigma 1}$ des primären Streufeldes definiert man zweckmäßig als:

$$q_{\sigma 1} = \left(b + \frac{b_1}{3} + \frac{b_2}{2}\right) \cdot D_\sigma \cdot \pi = b_{\sigma 1} \cdot D_{\sigma 1} \cdot \pi. \tag{68}$$

Die Bedeutung der einzelnen geometrischen Größen [cm] ergibt sich aus Abb. 96. Die Gleichung beschreibt den mittleren Querschnitt des Streukanals und berücksichtigt in $b_1/3$, daß über der Breite b_1 der Primärwicklung kein konstanter, sondern ein stetig ansteigender Amperewindungsdruck herrscht. $b_{\sigma 1}$ ergibt sich damit als der Abstand der Schwerpunkte der über den Wicklungen stehenden Amperewindungs-Flächen. Als Streuweg $l_{\sigma 1}$ wird normalerweise die mittlere Breite der Wicklungen angesetzt. Außerhalb der Wicklungen vergrößert sich der Querschnitt des Streukanals schnell, so daß diese Teile den Streuwiderstand nur wenig beeinflussen. Nach Rogowsky berücksichtigt man dies genügend genau durch einen Zuschlag von 6 %. Der primäre Streuwiderstand (Ohm) wird dann:

$$X_{\sigma 1} = 2\pi f \cdot L_{\sigma 1} = \frac{1{,}06 \cdot 0{,}4\pi \cdot 2\pi f \cdot w_1^2 \cdot \left(b + \dfrac{b_1}{3} + \dfrac{b_2}{2}\right) \cdot D_{\sigma 1} \cdot \pi \cdot 10^{-8}}{l_{\sigma 1}} \tag{69}$$

bzw.

$$X_{\sigma 1} = \frac{2{,}63 \cdot f \cdot w_1^2 \cdot D_{\sigma 1} \cdot \left(b + \dfrac{b_1}{3} + \dfrac{b_2}{2}\right) \cdot 10^{-7}}{l_{\sigma 1}}. \tag{70}$$

Der Streuspannungsabfall des *belasteten* Wandlers setzt sich aus dem Leerlauf- und dem Belastungsabfall zusammen. Die Vierpoldarstellung und die daraus abgeleiteten Fehlergleichungen erfassen beide Anteile getrennt und setzen sie dann zusammen. Der für den Lastabfall maßgebende Gesamtstreuwiderstand $X_{\sigma g} = X_{\sigma 1} + X_{\sigma 2}$ errechnet sich ganz ähnlich wie der primäre Streuwiderstand $X_{\sigma 1}$. Der Verlauf des Last-Amperewindungs-Druckes ist in Abb. 96 unten gezeigt. Er unterscheidet sich — abgesehen von der Höhe — dadurch von der magnetischen Leerlaufspannung, daß er über der Sekundärspule nicht konstant bleibt, sondern linear nach Null abfällt. Demzufolge ist in den Gleichungen jetzt statt $b_2/2$ der Wert $b_2/3$ einzusetzen.

$$X_{\sigma g} = \frac{2{,}63 \cdot f \cdot w_1^2 \, D_{\delta g} \cdot \left(b + \dfrac{b_1 + b_2}{3}\right) \cdot 10^{-7}}{l_{\sigma g}}. \tag{71}$$

Die Gleichungen (70) und (71) unterscheiden sich nur um $b_2/6$ im Klammerausdruck. Da beim Spannungswandler dieser Wert infolge der geringen Höhe der Sekundärwicklung klein gegen b_{g1} ist, rechnet man gewöhnlich nur mit $X_{\sigma g}$ und nimmt $X_{\sigma 1} = X_{\sigma g}$ an. Der dadurch bedingte Fehler beträgt größenordnungsmäßig $2 \cdots 3\%$ des prozentualen induktiven Gesamtspannungsabfalles.

2. Spannungsfehler und Fehlwinkel. Die Aufteilung des Gesamtfehlervektors F in Spannungsfehler F_U (Abweichung des Übersetzungsverhältnisses) und Fehlwinkel δ_U (Abweichung senkrecht zur Spannung) kann leicht durch folgende Betrachtungen erzielt werden:

Bei Spannungsteilern nach Abb. 97a, b, die aus gleichartigen Widerstandsgrößen (reelle Teiler) zusammengesetzt sind, tritt nur ein Spannungsfehler auf. Ein Fehlwinkel hingegen wird in Anordnungen gemäß Abb. 97c, d erzeugt. Derartige Spannungsteiler, die aus verschiedenartigen Widerständen zusammengesetzt sind, werden als komplexe Teiler bezeichnet. Wie bei Stromwandlern soll auch beim Spannungswandler der Fehlwinkel positiv sein, wenn die sekundäre Größe der primären voreilt. Demzufolge ergibt die Anordnung nach c einen positiven und diejenige nach d einen negativen Fehlwinkel.

Bei gemischten Teilern, wie beispielsweise der allgemeinen Vierpoldarstellung des Spannungswandlers, ist es zulässig, eine Aufspaltung in echte Teiler vorzunehmen. Die an den einzelnen Teilern ermittelten Teilfehler können dann zum Gesamtergebnis zusammengesetzt werden. In Abb. 98 ist die Vierpoldarstellung gemäß Abb. 95 aufgelöst in vier Einzeldarstellungen, von denen a und b Spannungsfehler bildende reelle Teiler sind, während c und d Fehlwinkel bildende komplexe Teiler darstellen. Die Widerstandsgrößen bleiben die gleichen wie im gemeinsamen Vierpol. Die durch die Querwiderstände fließenden Ströme

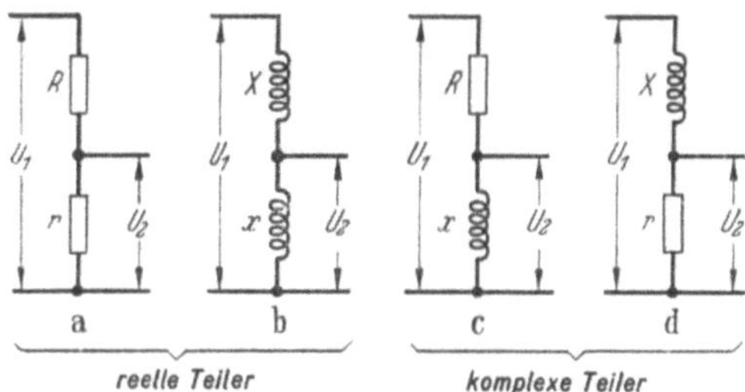

Abb. 97. Spannungsteilerschaltungen.

werden in ihre Wirkkomponenten (Index w) und ihre Blindkomponenten (Index b) aufgeteilt.

Bisher war ein Übersetzungsverhältnis 1 vorausgesetzt. Die Überlegungen gelten auch für jedes beliebige Übersetzungsverhältnis, wenn sämtliche Größen entweder auf die primäre oder sekundäre Seite bezogen werden. Die Umrechnung der Spannungen erfolgt im Verhältnis, die der Ströme im umgekehrten Verhältnis der Windungszahlen. Dementsprechend werden Widerstände im Quadrat des Windungsverhältnisses umgerechnet. In den nachfolgenden Ausführungen werden alle Größen auf die Primärseite des Wandlers bezogen; die auf die primäre Seite bezogenen Größen sind nachfolgend durch I als Index gekennzeichnet.

Die in der aufgelösten Vierpoldarstellung nach Abb. 98 eingezeichneten Teilströme haben folgende Größe:

Wirkkomponente des Leerlaufstromes

$$J_{0w} = \frac{U_1}{R_0} . \tag{72}$$

Blindkomponente des Leerlaufstromes

$$J_{0b} = \frac{U_1}{X_0} . \tag{73}$$

Wirkkomponente des auf die Primärseite bezogenen Sekundärstromes (Belastungsstromes)

$$J_{2wI} = \frac{U_2}{Z_b \cdot \cos\beta} \cdot \frac{w_2}{w_1} . \tag{74}$$

Blindkomponente desselben

$$J_{2bI} = \frac{U_2}{Z_b \cdot \sin \beta} \cdot \frac{w_2}{w_1}. \tag{75}$$

Der Spannungsfehler bildet sich also aus der Summe der Spannungsabfälle an den echten Teilern:

$$\Delta U_F = -J_{0w} \cdot R_1 - J_{0b} \cdot X_1 - J_{2wI}(R_1 + R_{2I}) - J_{2bI} \cdot (X_1 + X_{2I}). \tag{76}$$

Die den Fehlwinkel bildende Summe der Spannungsabfälle an den unechten Teilern ergibt sich zu

$$\Delta U_\delta = -J_{0w} \cdot X_1 + J_{0b} \cdot R_1 - J_{2wI} \cdot (X_1 + X_{2I}) + J_{2bI}(R_1 + R_{2I}). \tag{77}$$

Zur Vereinfachung soll die auf die Primärseite bezogene Summe aus den primären und sekundären Widerständen (Index g) eingeführt werden. Für einen Wandler mit dem Übersetzungsverhältnis w_1/w_2 betragen diese Widerstände:

$$R_{gI} = R_1 + R_{2I} = R_1 + \left(\frac{w_1}{w_2}\right)^2 \cdot R_2, \tag{78}$$

$$X_{gI} = X_1 + X_{2I} = X_1 + \left(\frac{w_1}{w_2}\right)^2 \cdot X_2, \tag{79}$$

$$Z_{gI} = Z_1 + Z_{2I} = Z_1 + \left(\frac{w_1}{w_2}\right)^2 \cdot Z_2 \quad [\text{Vektorgleichung}]. \tag{80}$$

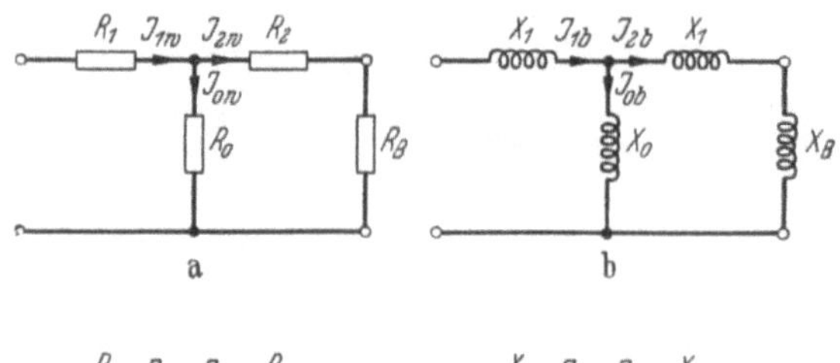
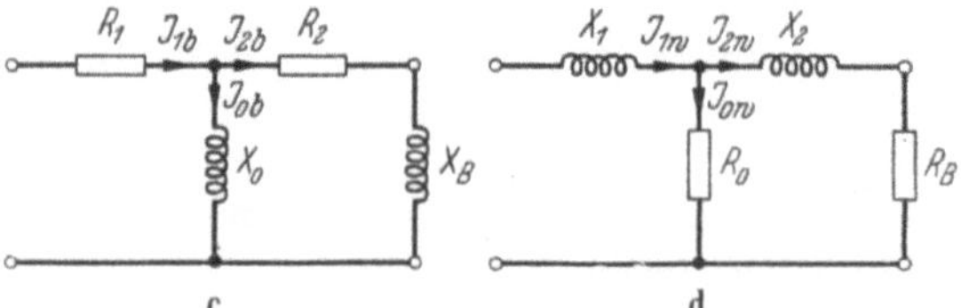

Abb. 98. Aufteilen des Vierpols Abb. 95 in echte und unechte Teiler.

Durch Einführen dieser Größen nehmen die Gleichungen (76) und (77) folgende Form an:

$$\Delta U_F = -J_{0w} \cdot R_1 - J_{0b} \cdot X_1 - J_{2wI} \cdot R_{gI} - J_{2bI} \cdot X_{gI}, \tag{81}$$

$$\Delta U_\delta = -J_{0w} \cdot X_1 + J_{0b} \cdot R_1 - J_{2wI} \cdot X_{gI} + J_{2bI} \cdot R_{gI}. \tag{82}$$

Das erste und dritte Glied der Gleichung (81) entstammen dem Teilvierpol a, das zweite und vierte dem Teilvierpol b von Abb. 98. Entsprechend sind das erste und dritte Glied der Gleichung (82) dem Teilvierpol d, das zweite und vierte der Darstellung c zugeordnet.

Die beiden ersten Glieder der Gleichungen beschreiben den Leerlaufspannungsfehler und den Leerlauffehlwinkel, die zwei letzten Glieder der Gleichungen den Belastungsfehler bzw. den Belastungsfehlwinkel. Sollen die Fehler nicht in Volt, sondern — wie üblich — in % bzw. in Minuten ausgedrückt werden, so ändern sich die Gleichungen in:

$$F_U = \frac{-J_{0w} \cdot R_1 - J_{0b} \cdot X_1 - J_{2wI} \cdot R_{\sigma I} - J_{2bI} \cdot X_{\sigma I}}{U_1} \cdot 100 \qquad (83)$$

sowie

$$\delta_U = \frac{-J_{0w} \cdot X_1 + J_{0b} \cdot R_1 - J_{2wI} \cdot X_{\sigma I} + J_{2bI} \cdot R_{\sigma I}}{U_1} \cdot 3440. \qquad (84)$$

Interessiert man sich nun nicht für den aufgeteilten, sondern den Summenfehler, so können die Gleichungen selbstverständlich wieder zusammengezogen werden. Es ergibt sich dann der Summenfehler F in % aus der Vektorgleichung:

$$F = \frac{(J_{0w} + J_{0b}) \cdot Z_1 + (J_{2wI} + J_{2bI}) \cdot Z_{\sigma I}}{U_1} \cdot 100 \qquad (85)$$

oder anders zusammengefaßt

$$F = \frac{J_0 \cdot (R_1 + X_1) + J_{\sigma I} \cdot (R_{\sigma I} + X_{\sigma I})}{U_1} \cdot 100. \qquad (86)$$

Es sei darauf hingewiesen, daß die Gleichungen (85) und (86) ebenso wie die früheren Gleichungen (57) bis einschließlich (62) als Vektorgleichung aufzufassen sind, während die Gleichungen (76) bis (84) arithmetische Gleichungen darstellen.

3. Das Spannungswandler-Diagramm. Das Diagramm des Spannungswandlers unterscheidet sich nicht von dem des Transformators. Es kann jedoch insofern eine gewisse Vereinfachung erfahren, da vom Stromteil nur die Richtung der Ströme J_0 und J_2 eingetragen zu werden braucht. J. A. Möllinger und F. Gewecke haben gezeigt, daß es besonders zweckmäßig ist, auch beim Spannungswandler-Diagramm den Koordinatenanfangspunkt mit dem Ende des Vektors der sekundären Größe — hier U_2— zusammenfallen zu lassen.

In Abb. 99 sind die Vektorgrößen gezeichnet, wie sie den Gliedern der Gleichungen (81), (82) und (86) entsprechen. Wie beim Stromwandler-Diagramm kann die Ordinate in Prozent und die Abszisse in Minuten geteilt werden, wobei wieder darauf zu achten ist, daß 1% = 34,4 Minuten entspricht. Das Diagramm Abb. 99 ist für eine bestimmte Spannung, beispielsweise Nennspannung, gekennzeichnet. Beim

Übergang auf eine andere Spannung ändert man — ähnlich wie beim Stromwandler-Diagramm — zweckmäßig den Spannungsmaßstab im umgekehrten Verhältnis der Spannungen, damit der Prozent- und der Minutenmaßstab erhalten bleiben.

Man bezeichnet die Figur OAB als das Leerlaufdreieck, BCD als das Belastungsdreieck. Beim Übergang auf eine andere Spannung ändert sich gemäß den Ausführungen im Abschn. B II a 1 wohl die Größe und Form des Leerlaufdreiecks, nicht jedoch die des Belastungsdreiecks, solange die Bürde die gleiche bleibt. Es ergibt sich also jeweils eine andere Lage des Punktes B. Das Belastungsdreieck wird dann entsprechend verschoben, bleibt aber bei Beibehaltung der Bürde nach Form, Größe und Richtung erhalten.

Das Diagramm Abb. 99 ist für einen Bürdenleistungsfaktor $\cos \beta = 0,8$ gezeichnet. Wird der Wandler nun aber beispielsweise mit rein ohmscher Bürde gleicher Größe ($\cos \beta = 1$) belastet, dann schwenkt die Richtung von J_2 und fällt mit der Ordinatenrichtung zusammen. Da das Belastungsdreieck die durch den Sekundärstrom an den inneren Widerständen hervorgerufenen Spannungsabfälle wiedergibt, muß es der Schwenkung von J_2 folgen, so daß im Fall $\cos \beta = 1$ die Strecke BC der Ordinatenachse parallelläuft, wie dies Abb. 100 zeigt. Wird nun gleichzeitig die Nennleistung geändert, so schrumpft oder wächst das Belastungsdreieck proportional mit dieser Größe. Das MÖLLINGER-Diagramm gestattet damit, die Fehler bei jeder Belastung auf einfachste Weise zu ermitteln, wenn der Fehler bei irgendeiner Belastung bekannt ist. Lediglich bei Übergang auf eine andere Spannung muß die Lage und Größe des Leerlauffehlers $J_0 \cdot Z_1$, also die Lage des Punktes B bekannt sein.

Bisher wurde der Fall behandelt, daß das Verhältnis der Windungszahlen des Wandlers genau der Nennübersetzung entspricht. Gewöhnlich wird nun aber der Wandler zwecks Ausnutzung des positiven Teiles

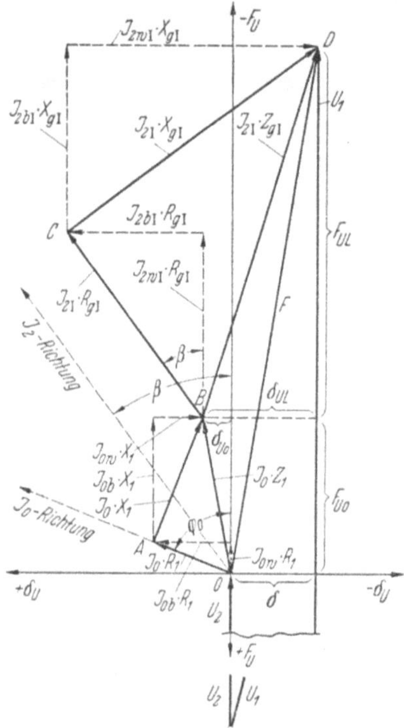

Abb. 99. MÖLLINGER-Diagramm des Spannungswandlers.

der Klassengrenzen mit einem Windungsabgleich ausgeführt. Im Diagramm wird dies dadurch berücksichtigt, daß man das Achsenkreuz um den prozentualen Abgleich in Ordinatenrichtung verschiebt. Der Punkt O des Gesamtdiagramms ist dann um diesen Prozentsatz auf der Ordinate nach Plus verschoben (Abb. 101).

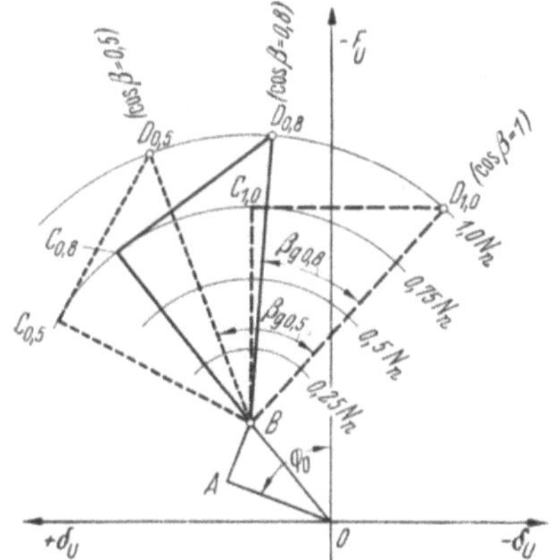

Abb. 100. Beziehungen zwischen Leistung und Bürdenwinkel beim Spannungswandler.

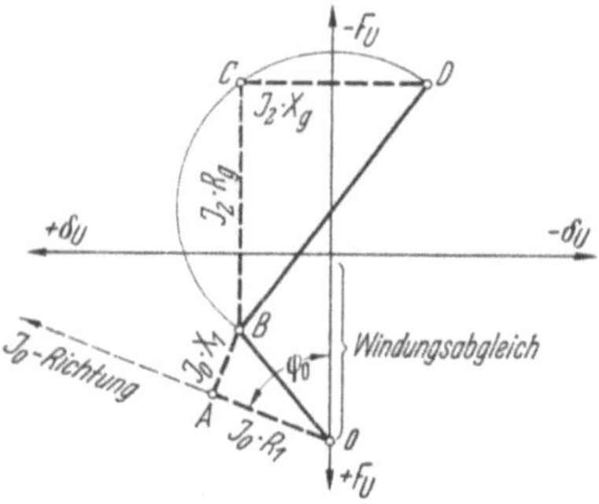

Abb. 101. Diagramm eines mit ohmscher Bürde belasteten Spannungswandlers mit Windungsabgleich.

4. Auswertung des Spannungswandler-Diagramms. In Abb. 101 ist das Diagramm eines mit rein ohmscher Bürde belasteten Spannungswandlers mit unbekanntem Abgleich gezeichnet. Die Lage der Punkte B und D sei beispielsweise durch Messung bekannt. Außerdem seien die ohmschen Widerstände R_1 und R_2 und damit R_{gI}, sowie durch eine wattmetrische Leerlaufmessung die Größe und Richtung (φ_0) des Leerlaufstromes ermittelt worden.

Will man nun die Lage des Dreiecks OAB und damit den Abgleich ermitteln, so braucht man nur von einem beliebig angenommenen Punkt O aus die J_0-Richtung zu zeichnen und darauf die Strecke OA, entsprechend $J_0 R_1$, aufzutragen. Durch A wird eine Senkrechte zu OA gezogen und dieses Gebilde solange parallel zur Ordinatenrichtung verschoben, bis die Senkrechte auf OA durch den Punkt B geht. Dann ist das Dreieck OAB bekannt. Damit ist nun neben dem Windungsabgleich auch die Strecke AB — entsprechend $J_0 X_1$ — und damit X_1 gefunden.

Das Dreieck BCD kann leicht gezeichnet werden, wenn die Punkte B und D bekannt sind. Der Punkt C muß bei der vorausgesetzten ohmschen Belastung senkrecht über B liegen. Außerdem ist das Lastdreieck rechtwinklig. Damit ist es dann möglich, den Wert von X_{gI} auf graphischem Wege aus Genauigkeitsmessungen zu bestimmen.

Diese Größe könnte im Gegensatz zu X_1 natürlich auch durch eine wattmetrische Kurzschlußmessung bestimmt werden.

Das Spannungswandler-Diagramm bei ohmscher Bürde ermöglicht besonders dem Wandlerhersteller, wichtige Schlüsse hinsichtlich der Bemessung zu ziehen. Soll ein Wandler für anormale Bedingungen hinsichtlich Bürde, Bürdenwinkel oder Frequenz aus einem gegebenen Modell entwickelt werden, so kann die Wahl der Induktion und der inneren Widerstände durch leicht auszuführende Umrechnungen mit Hilfe der Fehlergleichungen ermittelt werden.

5. Zusätzliche Fehler. Die bisherigen Fehlerbetrachtungen berücksichtigen nur die Abfälle durch den ohmschen und induktiven Anteil des Leerlaufstromes und des Belastungsstromes an den ohmschen und induktiven inneren Widerständen. Neben diesen ohmschen und induktiven Anteilen der Ströme fließen nun aber vor allem bei Wandlern für höhere Spannung zusätzlich noch Kapazitätsströme, deren Höhe sich aus der Formel (33)

$$J_C = U \cdot \omega \cdot C$$

ergibt. Auf die Fehler des Spannungswandlers haben dabei nur solche kapazitiven Ströme Einfluß, die durch die Primärwicklungen oder Teile derselben fließen. Da die kapazitiven Ströme in ihrer Phasenlage um 180° gegen die induktive Komponente des Leerlaufstromes versetzt sind, haben sie die entgegengesetzte Wirkung. Ist also beispielsweise der durch die Primärwicklung fließende kapazitive Strom dem induktiven Teil des Leerlaufstromes gleich, so werden die zweiten Glieder der Gleichungen (81) und (82) Null. Der Leerlaufübersetzungsfehler wird damit kleiner, der Fehlwinkel negativer.

Der kapazitive Strom, der durch die Primärwicklung fließt, hat einen wesentlichen Einfluß auf das Fehlerverhalten, besonders bei Wandlern für hohe Spannung und solchen für hohe Frequenz. Es kann dann leicht vorkommen, daß der kapazitive Strom den induktiven Anteil des Leerlaufstromes überwiegt. Dann ändert sich in den obengenannten Gleichungen für die zweiten Glieder das Vorzeichen, so daß jetzt beim Leerlaufspannungsfehler dem negativen ersten Glied ein positives zweites Glied entgegensteht. Damit ergibt sich die Möglichkeit, daß sich auch bei theoretischem Windungsverhältnis ein positiver Spannungsfehler ergibt. Der Fehlwinkel hingegen nimmt einen größeren negativen Wert an, da die beiden ersten Glieder negativ werden.

Im Abschnitt „Schaltungsmaßnahmen zur Fehlerminderung" werden Mittel gezeigt, mit denen der Fehlwinkel beeinflußt werden kann.

Der Windungsabgleich von Spannungswandlern kann nur am unimprägnierten Wandler erfolgen, bei Wandlern hoher Spannung außerdem bei einer Teilspannung, um die Isolation nicht zu gefährden. Nach der Imprägnierung ändern sich die kapazitiven Verhältnisse insofern, als die vorher von Luft erfüllten Hohlräume des Dielektrikums nunmehr mit Imprägniermittel gefüllt sind, so daß eine Erhöhung der Dielektrizitätskonstante eingetreten ist. Damit verschiebt sich das Verhältnis der kapazitiven Ströme zu den induktiven Anteilen des Leerlaufstromes zugunsten der Kapazitätsströme, wodurch sich am fertigen Wandler andere Leerlauffehler einstellen als bei Vorprüfung im unimprägnierten Zustand. Diese Fehlerverschiebung muß beim Abgleich im trockenen Zustand bereits aus Erfahrungswerten berücksichtigt werden.

Bei sehr genauen Spannungswandlern verursachen die Schachtelfugen des Eisenkernes einen merklichen zusätzlichen Fehler. Von diesen Stellen gehen zusätzlich Streufelder aus, die in der bisherigen Rechnung nicht berücksichtigt wurden. Ist die Sekundärwicklung des Wandlers beispielsweise mit Anzapfungen ausgeführt, die so liegen, daß die Streuungsverhältnisse zwischen Primär- und Sekundärwicklung nicht oder nur unwesentlich geändert werden, so müßten sich für die einzelnen Anzapfungen gleiche Leerlauffehler einstellen. Bei räumlich ungünstiger Lage der Anzapfungen gegenüber den zusätzlichen Streufeldern durch die Schachtelfugen verursachen diese Streufelder Abweichungen, die in der Größenordnung von einigen hundertstel Prozent liegen können.

b) Vorschriften für Fehlergrenzen.

1. Deutschland. Die „Regeln für Wandler" VDE 0414 sehen für Spannungswandler 5 Genauigkeitsklassen vor. Die zugelassenen Fehlerwerte enthält die nachstehende Tabelle:

Tabelle 8. *Fehlergrenzen für Spannungswandler nach VDE 0414.*

Klasse	Spannung	Spannungsfehler in $\pm$ %	Fehlwinkel in $\pm$ Min
0,1	$0,8-1,2\ U_n$	0,1	5
0,2	,,	0,2	10
0,5	,,	0,5	20
1	,,	1,0	40
3	$1,0\ U_n$	3,0	—

Die Fehlergrenzen gelten bei Wandlern der Klassen 0,1...1 zwischen $^1/_4$ und $^1/_1$ der Nennleistung, bei Wandlern der Klassen 3 zwischen $^1/_2$ und $^1/_1$ der Nennleistung, wobei in allen Fällen ein Bürdenleistungsfaktor von $\cos \beta = 0,8$ zugrunde zu legen ist. Für Leistungen unter 3,75 VA tritt an Stelle des Leistungsfaktors $\cos \beta = 0,8$ der Leistungsfaktor $\cos \beta = 1$. Ist der Wert von $^1/_4$ Nennleistung größer als 15 VA, dann müssen die Fehlergrenzen von 15 VA aufwärts eingehalten werden.

Der Entwurf der Eichanweisung sieht im Teil XV für Normalspannungswandler zu Wandlerprüfeinrichtungen hinsichtlich der Fehlerwerte diejenigen der Klasse 0,1 von VDE 0414 vor. Der Spannungsbereich, in dem die Fehler eingehalten werden müssen, ist jedoch größer, nämlich $0,4 \cdots 1,2\ U_n$. Zusätzlich gelten noch folgende Bestimmungen: Der Gang der Fehler mit der Spannung zwischen 0,4 und $1,2\ U_n$ darf nicht größer sein als 0,1% für den Spannungsfehler und 5 Minuten für den Fehlwinkel. Bei der doppelten und bei der halben Betriebsbürde darf der Spannungsfehler zwischen 0,4 und $1,2\ U_n$ nicht mehr als 0,1%, der Fehlwinkel nicht mehr als 5 Minuten von den Werten bei einfacher Betriebsbürde abweichen. Die angegebenen Fehlergrenzen brauchen hierbei nicht eingehalten zu werden.

Nach einstündigem Betrieb mit Nennbürde und $1,2\ U_n$ darf sich der Spannungsfehler nicht mehr als 0,02%, der Fehlwinkel nicht mehr als 1 Minute gegenüber dem Anfangswert ändern.

Für Spannungswandler, die in Zählerprüfeinrichtungen verwendet werden sollen, schreibt der Entwurf der Eichanweisung vor, daß diese bei Betriebsbürde zwischen 90 und 110% einer jeden der in Frage kommenden Nennspannungen keinen größeren Spannungsfehler als $\pm 0,1\%$ und keinen größeren Fehlwinkel als ± 1 Minute haben dürfen. Die im Hinblick auf die im Abschn. B II g 3 zitierten amtlich zugelassenen Fehler der Wandlermeßeinrichtungen überspitzt erscheinende Forderung von ± 1 Minute, die auch in keinem Verhältnis zu der Genauigkeitsforderung für den Spannungsfehler steht, erklärt sich aus der Geschichte der Zählerprüfeinrichtungen. Die Spannungsbereiche der Zählerprüfeinrichtungen wurden zur Zeit, als die zugehörigen Regeln entstanden, mit Hilfe von Vorwiderständen gewählt. Bei diesen ist ein Fehlwinkel von ± 1 Minute verhältnismäßig leicht einzuhalten, so daß dieser Wert bei der Aufteilung des zulässigen Gesamtfehlers festgelegt wurde. Bei der Weiterbildung der Zählerprüfeinrichtung mußte dann dieser Wert natürlich auch für den Spannungswandler beibehalten werden. Diese Forderung ist beim Spannungswandler sehr viel schwieriger zu erfüllen. Die mit speziell hergerichteten Wandlermeßeinrichtungen erreichbare Genauigkeit liegt — sehr optimistisch gesehen — heute bei $\pm 0,01\%$ und $\pm 0,3'$. Da Toleranzen nicht zugelassen sind, verengen sich damit die Grenzen für den Hersteller auf $\pm 0,08\%$ und $\pm 0,4$ Minuten. Der Hersteller steht damit vor der Aufgabe, einen Wandler zu liefern, dessen Fehlwinkel etwa der Meßunsicherheit entspricht. Es ist zu begrüßen, daß zur Beseitigung dieses ungesunden Zustandes Bestrebungen im Gange sind, die Grenzen für den Fehlwinkel zuungunsten desjenigen des Spannungsfehlers zu vergrößern. Derzeit stehen dem Hersteller unter Berücksichtigung der Tatsache, daß 1% dem Wert von 34,4 Minuten entspricht, einer Forderung von $\pm 0,08\%$ für den Spannungsfehler eine solche für den Fehlwinkel von nur $\pm 0,012\%$ gegenüber. Es sollte also durchaus möglich sein, einen Ausgleich zu erzielen.

2. J E C. Die „*International Electrotechnical Commission*" sieht für Spannungswandler in der Publication 44 hinsichtlich der Fehlergrenzen die deutschen Klassen 0,5 und 1 vor. Wie bei Stromwandlern fehlt jedoch hier die in den deutschen Regeln enthaltene Bestimmung, daß die Fehlergrenzen von 15 VA an aufwärts eingehalten werden müssen, wenn der Wert von $^1/_4$ Nennleistung größer ist als 15 VA.

3. Ausland. In *Frankreich* sehen die Vorschriften NF—C 29, die auch für *Griechenland* und die *Türkei* gelten, für Spannungswandler 4 Genauigkeitsklassen vor. Die Klassen 0,2, 0,5 und 1 entsprechen in ihren Werten den in gleicher Weise bezeichneten deutschen Klassen der VDE-Regeln. Für die in Deutschland nicht vorgesehene Klasse 2 der französischen Regeln ist die Grenze für den Spannungsfehler auf $\pm 2\%$ festgesetzt. Hinsichtlich des Fehlwinkels bestehen keine Vorschriften.

Wie in Deutschland verstehen sich die Genauigkeitsgrenzen für jeden primären Spannungswert zwischen 0,8 und $1,2\ U_n$ und im Bereich von 25 und 100% der Nennleistung bei einem Leistungsfaktor der Bürde von ungefähr $\cos \beta = 0,8$.

In *Großbritannien* und in den Ländern des *British Commonwealth* sind für Spannungswandler 6 Genauigkeitsklassen vorgesehen. Wandler der Klassen A, B, C und D sind für allgemeinen Gebrauch bestimmt, während die Wandler der Klassen AL und BL für Laboratoriumsgebrauch gedacht sind. Die einzelnen Werte der Fehlergrenzen sind aus den Tab. 9 und 10 zu ersehen.

Tabelle 9. *Fehlergrenzen für Spannungswandler nach BSS Nr. 81—1936.*

Klasse	$0,9 - 1,0\ U_n$ $0,25 - 1,0\ N_n$ $\cos \beta = 0,8$		$0,9 - 1,06\ U_n$ $0,1 - 0,5\ N_n$ $\cos \beta = 0,2$	
	Spannungs-Fehler $\pm\ \%$	Fehlwinkel $\pm$ Min	Spannungs-Fehler $\pm\ \%$	Fehlwinkel $\pm$ Min
A	0,5	20	0,5	40
B	1	30	1	70
C	2	60	—	—
D	5	—	—	—

Tabelle 10. *Fehlergrenzen für Laboratoriumsspannungswandler nach BSS Nr. 81—1936.*

Klasse	$0,8 - 1,1\ U_n$	
	Spannungsfehler in $\pm\ \%$	Fehlwinkel in $\pm$ Min
AL	0,25	10
BL	0,5	20

In *Italien* sehen die Wandlerregeln „Norme per la Costruzione, l'Accettazione ed il Collaudo dei Trasformatori Elettrici di Misura" vier Klassen für Spannungswandler vor. Die Klassen S, P, Q entsprechen in ihren Bedingungen vollständig denen der deutschen Klassen 0,2, 0,5 und 1. Für eine weitere Klasse mit der Bezeichnung R gelten die Spannungsfehler der Klassen Q bzw. 1. Die Einhaltung von bestimmten Fehlwinkeln ist für die Klassen R nicht vorgeschrieben. Im Gegensatz zu den deutschen Regeln schreiben die italienischen einen Bürdenbereich zwischen 0 und 100% bei $\cos \beta = 0,8$ vor.

Die Wandlerbestimmungen der *Schweiz* „Vollziehungsverordnung über die amtliche Prüfung von Elektrizitätsverbrauchsmessern" sehen für Verrechnungszwecke lediglich *eine* Genauigkeitsklasse vor, die der deutschen Klasse 0,5 entspricht. Wie auch bei Stromwandlern und Zählern wird ein Spannungswandler nicht als außerhalb der Fehlergrenzen fallend betrachtet, wenn der zulässige Spannungsfehler um 0,1% und der zulässige Fehlwinkel um 5 Minuten überschritten wird.

In *Schweden* lassen die „Normer för Mättransformatorer" SEN 9—1952 für Spannungswandler die drei Genauigkeitsklassen 0,3; 0,6 und 1,2 zu. Auch bei den Spannungswandlern wird vom Leistungsfehler ausgegangen, wie dies im Abschnitt B I b 3 eingehend erörtert wurde. Die größten zulässigen Leistungsfehler bei verschiedenem Leistungsfaktor im Netz ergeben sich aus der Tabelle 11.

Die Aufteilung der zugelassenen Leistungsfehler auf Spannungsfehler und Fehlwinkel läßt Abb. 102 erkennen. Die Fehler müssen innerhalb der jeweiligen Linienzüge liegen, und zwar für Spannungen zwischen 90 und 110% der Nennspannung und zwischen Nennleistung und 10 VA. Als Leistungsfaktor der Bürde ist $\cos \beta = 0,8$ vorgeschrieben.

Die Fehlergrenzen müssen bei einer Frequenzabweichung von $\pm$ 0,25 Hz von der Nennfrequenz eingehalten werden. Dies braucht in der Regel nur bei kapa-

Tabelle 11. *Fehlergrenzen für Spannungswandler nach SEN 9—1952.*

Klasse	Leistungsfaktor im Netz	Größter Leistungsfehler in ± %
0,3	1,0···0,7 ind. bzw. 1,0···0,9 kap.	0,3
0,6	1,0···0,7 ind. bzw. 1,0···0,9 kap.	0,6
1,2	1,0···0,7 induktiv	1,2

zitiven Spannungswandlern nachgeprüft zu werden. Es kann hier bereits gesagt werden, daß diese Forderung für kapazitive Wandler mit induktivem Mittelteil, wie sie später noch eingehend behandelt werden, leicht zu erfüllen ist.

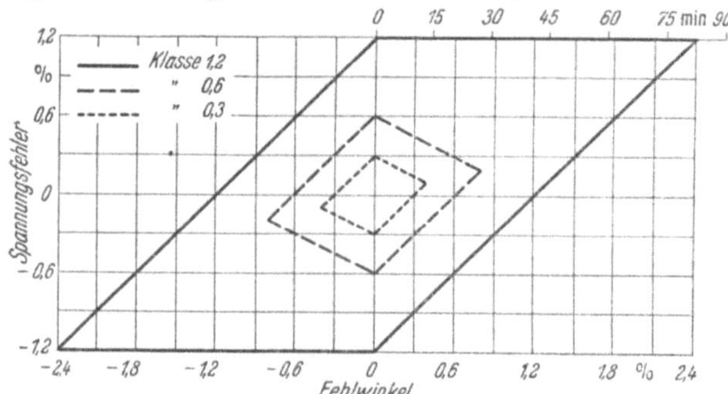

Abb. 102. Fehlergrenzen für Spannungswandler nach SEN 9.

Für solche kapazitiven Spannungswandler, deren Übersetzung nennenswert von der Aufstellung des Kondensatorteils im Hinblick auf die Kapazität zur Umgebung abhängig ist, wird ferner vorgeschrieben, daß sie bei der Messung so aufzustellen sind, daß die Streukapazität derjenigen am Verwendungsort möglichst entspricht. Für die kapazitiven Wandler mit induktivem Mittelspannungsteil erscheint diese Forderung hinfällig, da ihre große Kapazität sie von der Aufstellung praktisch unabhängig macht. Die Forderung erklärt sich wohl daraus, daß in Schweden häufig kapazitive Teiler mit vergleichsweise geringer Kapazität unter Zuhilfenahme von Verstärkern als Wandler verwendet werden.

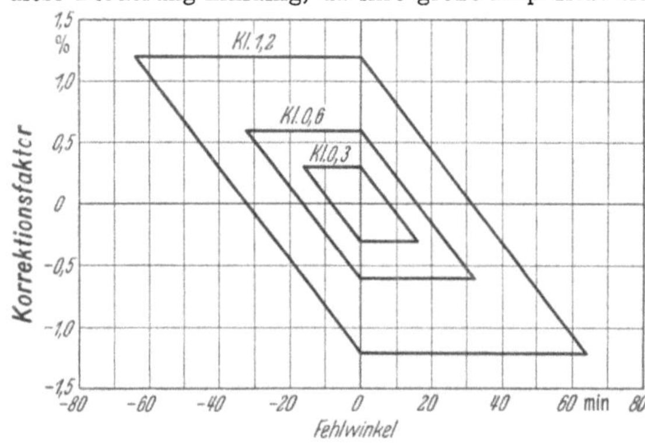

Abb. 103. Korrektionsfaktoren für Spannungswandler nach ASA.

Tabelle 12.

Bürde	VA	cos β
W	12,5	0,10
X	25	0,70
Y	75	0,85
Z	200	0,85

Die von der ASA unter C 57,13—1948 herausgegebenen „American Standard for Instrument Transformers" sehen die Klassen 0,3, 0,6 und 1,2 vor, deren Korrekturfaktoren Abb. 103 wiedergibt. Sie sind von 0,9 bis 1,0 U_n einzuhalten. Als Normalnennleistungen sind Werte gemäß Tab. 12 vorgesehen.

c) Berechnungsverfahren.

Die Zahl der Varianten in der Ausführung von Spannungswandlern ist um mehrere Zehnerpotenzen kleiner als die entsprechenden Möglichkeiten beim Stromwandler. Im allgemeinen werden für jede Reihenspannung ein oder höchstens zwei Wandlertypen vorgesehen und diese für $2 \cdots 4$ Nennspannungen ausgelegt. Die bei den einzelnen Reihen ausgeführten Leistungen für die verschiedenen Genauigkeitsklassen sind im letzten Jahrzehnt besonders auch durch die Arbeit des Fachnormenausschusses Elektrotechnik so weit standardisiert worden, daß ein besonderes Bedürfnis für Schnellrechenverfahren wie beim Stromwandler nicht besteht. Die kleine Zahl von anormalen Ausführungen wird jeweils unter Anwendung der im Abschn. B II a entwickelten Fehlergleichungen berechnet und bemessen.

Nachfolgend soll an Hand eines Zahlenbeispiels ein zweipolig isolierter Wandler der Reihe 10 mit einem Übersetzungsverhältnis 10000/100 V auf Leistung in den Klassen 0,5 und 0,2 nachgerechnet werden. Abb. 104 zeigt die Anordnung von Wicklungen und Kern, wobei zur besseren Übersicht die Isolierung weggelassen wurde. Der Wandler habe folgende Daten:

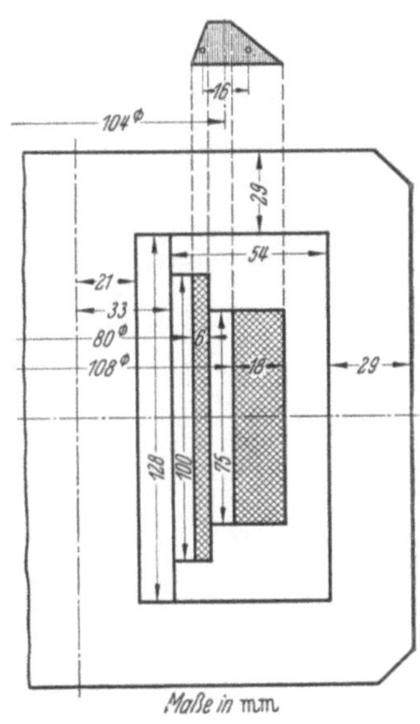

Abb. 104. Kern und Wicklungen des als Beispiel gerechneten Spannungswandlers.

Wicklung:	*Eisenkern:*	
10000/100 V	Form:	Mantelkern mit kreuzförmigem Querschnitt
14875/150 Windungen		
0,22/1,6 mm Kupferdraht-Durchmesser	Material:	Dyn.-Bl. III; 0,5 mm
	Effektiver Eisenquerschnitt:	$q_E = 35$ cm²
2900/0,37 Ohm		
	Mittlerer Kraftlinienweg:	$l_E = 50$ cm
	Kerngewicht:	$G_E = 13,7$ kg.

Es müssen nun zunächst die in den Berechnungsformeln vorkommenden, noch nicht bekannten Größen festgestellt werden.

Auf die Primärseite bezogener ohmscher Gesamtwiderstand nach (78):

$$R_g = 2900 + \left(\frac{14875}{150}\right)^2 \cdot 0,37 = 6600\,\Omega.$$

Auf die Primärseite bezogener Streuwiderstand nach (70) und (71):

$$X_1 \approx X_{\sigma\,\mathrm{I}} = \frac{2{,}63 \cdot 50 \cdot 14875^2 \cdot 1{,}6 \cdot 10{,}4 \cdot 10^{-7}}{8{,}75} = 5500\,\Omega.$$

Die Nenninduktion B_n bei 50 Hz ergibt sich nach (4) zu:

$$B_n = \frac{\sqrt{2} \cdot 10000 \cdot 10^8}{2\pi \cdot 50 \cdot 35 \cdot 14875} = 8650\ \text{Gauß}.$$

Die Fehler des Wandlers sollen, den VDE-Regeln entsprechend, bei 0,8, 1,0 und 1,2 U_n für eine Nennleistung von 90 VA berechnet werden. In der Tab. 13 ist in Zeile 2 die zugehörige Spannung, in Zeile 3 die Induktion eingetragen. Die Werte für die spezifischen Leerlauf-Blindamperewindungen und Wattverluste ergeben sich (Zeilen 4 und 5)

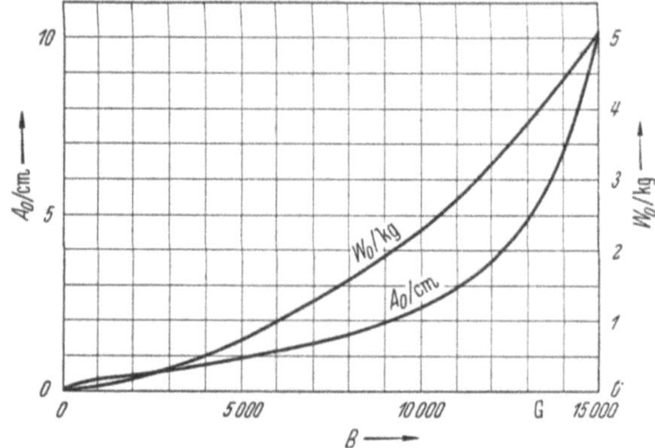

Abb. 105. Magnetisierungskurve und spezifische Wattverluste
von Dyn. Bl. III; 0,5 mm bei 50 Hz.

aus den Kurven des verwendeten Eisenmaterials (Abb. 105). Die Werte der Zeilen 6 und 7 der Tabelle berechnen sich unter Berücksichtigung der Formeln

$$J_{0b} = \frac{a_0 \cdot l_E}{w_1} \tag{87}$$

und

$$J_{0w} = \frac{W_0/\text{kg} \cdot G_E}{U_1}. \tag{88}$$

Nunmehr können die in den Fehlergleichungen enthaltenen Leerlaufspannungsabfälle der Zeilen 8, 9, 12 und 13 berechnet werden. Die Zeilen 10 und 14 enthalten dann die Leerlauffehlergrößen in Volt, die Zeilen 11 und 15 in Prozent bzw. Minuten. Damit sind alle für das Leerlaufverhalten des Wandlers notwendigen Größen bekannt.

Anschließend sind die Lastabfälle zu berechnen. Man wird dies zur Vereinfachung der Rechenarbeit normalerweise in der Form tun, daß man animmt, daß die Nennbürde einen Bürdenleistungsfaktor $\cos\beta = 1$

habe und die Werte, die sich dann bei $\cos\beta = 0{,}8$ ergeben, aus dem Diagramm ermitteln. Mit Absicht soll hier der allgemeine Fall durchgerechnet werden, daß die Nennbürde einen Leistungsfaktor $\cos\beta = 0{,}8$ habe. Der auf die Primärseite bezogene Nennlaststrom beträgt bei einer Nennleistung von 90 VA und einer Nennspannung von 10 000 V

$$J_{2n\,I} = 9 \text{ mA}.$$

Multipliziert man diesen Wert mit $\sin\beta$ bzw. $\cos\beta$, so erhält man den Blindanteil $J_{2b\,I}$ (Zeile 16) und $J_{2w\,I}$ (Zeile 17). Durch Multiplikation mit den Gesamtwiderständen ergeben sich die in den Formeln enthaltenen einzelnen Lastspannungsabfälle gemäß den Zeilen 18, 19, 22 und

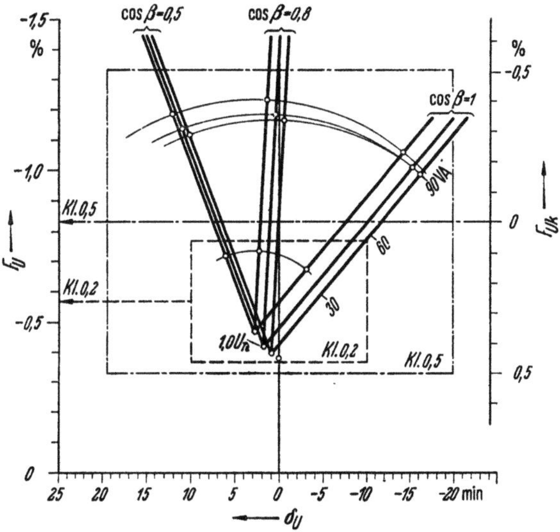

Abb. 106. MÖLLINGER-Diagramm des gerechneten Spannungswandlers.

23 der Tabelle. Die Zeilen 20 und 24 enthalten die Lastabfälle in Volt, die Zeilen 21 und 25 in % bzw. in Minuten.

Nunmehr können die gewonnenen Werte für Leerlauf- und Lastfehler in das MÖLLINGER-Diagramm Abb. 106 eingetragen werden. Es gelten zunächst die mit F_U [%] und δ_U [Min] bezeichneten Skalen.

Die bisherige Berechnung ließ außer acht, daß dem Spannungswandler durch Verminderung der Primärwindungszahl um 125 Windungen gegenüber dem theoretischen Wert von 15 000 Windungen ein Windungsabgleich von $+0{,}83\%$ für Klasse 0,5 erteilt worden war. Um dem Rechnung zu tragen, zeichnet man in das MÖLLINGER-Diagramm zweckmäßig eine zweite Spannungsfehlerskala ein (rechts im Bild), die mit $F_{U\,k}$ bezeichnet ist. An dieser und der δ_U-Skala können nunmehr die Fehler des abgeglichenen Wandlers ermittelt werden. Die Fehler-

Tabelle 13. *Berechnung eines Spannungswandlers Reihe 10, Klasse 0,5 — 90 VA*

1	% U_n	80	100	120	%
2	U_1	8000	10000	12000	V
3	B	6920	8650	10370	Gauß
4	a_0	1,4	1,9	2,6	A_0/cm
5	W_0/kg	1,25	1,8	2,5	W/kg
6	J_{0b}	4,7	6,4	8,7	mA
7	J_{0w}	2,15	2,5	2,85	mA
8	$-J_{0w} \cdot R_1$	— 6,2	— 7,2	— 8,3	V
9	$-J_{0b} \cdot X_1$	—25,8	—35,2	—47,8	V
10	F_{U0}	—32,0	—42,4	—56,1	V
11	F_{U0}	— 0,40	— 0,42	— 0,47	%
12	$-J_{0w} \cdot X_1$	—11,8	—13,8	—15,7	V
13	$+J_{0b} \cdot R_1$	+13,6	+18,6	+25,2	V
14	δ_{U0}	+ 1,8	+ 4,8	+ 9,5	V
15	δ_{U0}	+ 0,8	+ 1,7	+ 2,7	Min
16	J_{2bI}		5,4		mA
17	J_{2wI}		7,2		mA
18	$-J_{2wI} \cdot R_{gI}$		—47,4		V
19	$-J_{2bI} \cdot X_{gI}$		—29,7		V
20	F_{Ul}		—77,1		V
21	F_{Ul}		— 0,77		%
22	$-J_{2wI} \cdot X_{gI}$		—39,6		V
23	$+J_{2bI} \cdot R_{gI}$		+35,6		V
24	δ_{Ul}		— 4,0		V
25	δ_{Ul}		— 1,4		Min
26	gewählter Windungsabgleich für Kl. 0,5: —0,83%				

grenzen der Klasse 0,5 sind strichpunktiert in Abb. 106 eingefügt. Die jetzt eingetragenen Fehlergrößen beziehen sich auf $\cos \beta = 0,8$. Wie im Abschn. B II a 3 beschrieben, können nun die Fehler für jede beliebige Leistung und einen beliebigen Bürdenleistungsfaktor auf rein zeichnerischem Wege aus dem MÖLLINGER-Diagramm gewonnen werden. Das Diagramm Abb. 106 enthält den Fehlerverlauf für die beiden Leistungsfaktoren 0,5 und 1. Die vorgeschriebenen Fehlergrenzen der Klasse 0,5 werden mit großen Reserven eingehalten.

Wünscht man zu ermitteln, welche Leistung der Wandler beispielsweise in Klasse 0,2 abgeben kann, so brauchen nur die Klassengrenzen, wie in Abb. 106 gezeigt, eingetragen zu werden. Der notwendige Windungsabgleich kann Abb. 106 entnommen werden (—0,57%). Der Wandler des Beispiels leistet reichlich 30 VA in Klasse 0,2.

d) Eisenkern.

Sowohl die Fehlergleichungen als auch das Beispiel zeigen, daß der Einfluß des Eisenkernes auf die Meßgenauigkeit vergleichsweise sehr viel kleiner ist als beim Stromwandler. Während bei diesem der Leerlaufstrom für den Gesamtfehler verantwortlich ist, erzeugt der Leerlaufstrom beim Spannungswandlergang[1] nur einen Teil des Gesamtfehlers. Das Verhältnis zwischen Leerlauffehlergang und Lastfehler schwankt je nach Klassengenauigkeit etwa zwischen 1:3 und 1:20, wobei das erste Zahlenverhältnis für Wandler der Klasse 0,2 und das andere für Klasse 1 gilt. Der Einfluß des Leerlaufstromes bewegt sich also in einer Größenordnung zwischen 25 und 5% des Gesamtfehlers.

Damit kommt aber auch der Ausgestaltung des Eisenkernes und der Wahl der Eisensorte für Spannungswandler bei weitem nicht eine so hohe Bedeutung zu wie beim Stromwandler.

1. Kernformen. Praktisch verwendet man nur Mantel- und Schenkelkerne. Ringkerne, die beim Stromwandler mehr und mehr an Bedeutung gewonnen haben, werden im Spannungswandlerbau nur für Sonderausführungen verwendet. Der Grund hierfür ist darin zu sehen, daß der Wicklungsaufbau der Hochspannungswicklung beim Spannungswandler dadurch sehr viel schwieriger ist, daß längs der Hochspannungswicklung das gesamte Potential auftritt und abzuisolieren ist. Bei einem Bandkern ergäben sich infolge der großen Windungszahl je Doppellage unangenehm hohe Lagenspannungen, die den Füllfaktor der Wicklung bei Bandkernen sehr ungünstig werden lassen. Dies wird dadurch noch verschlimmert, daß die einzelnen Windungen am Außenumfang des Bandkernes auf Lücke gewickelt werden müssen, wenn die Drähte sich auf dem Innenumfang berühren. Man verwendet deshalb praktisch nur gestreckte Spulen und kommt damit automatisch zum Schenkel- oder Mantelkern.

Auch der Einfluß der Stoßfuge ist beim Spannungswandler im allgemeinen viel weniger von Bedeutung als beim Stromwandler. Man bevorzugt daher, besonders für Wandler der höheren Reihen Kerne, die aus einzelnen Blechstreifen zusammengesetzt werden und vermeidet damit einen größeren Materialabfall. Die Kerne werden beim Spannungswandler grundsätzlich mit überlappten Stoßfugen geschachtelt.

2. Eisensorten. Für Spannungswandlerkerne wird nur Siliziumeisen verwendet. Der eine Grund hierfür ist, wie oben bereits erwähnt, der bedeutend geringere Einfluß des Leerlaufstromes auf die Fehler. Ein zweiter sehr wesentlicher Grund ist darin zu sehen, daß es beim Spannungswandler darauf ankommt, die inneren Längswiderstände möglichst klein zu halten. Man wird deshalb im Gegensatz zum Stromwandler

---

[1] Fehlergang = Änderung der Fehler zwischen 0,8 und 1,2 U_n.

bestrebt sein, mit verhältnismäßig hoher Induktion zu arbeiten, um die
Windungszahl der Wicklungen, die quadratisch in den Widerstand eingeht, klein zu halten. Es sind daher Eisensorten erwünscht, deren

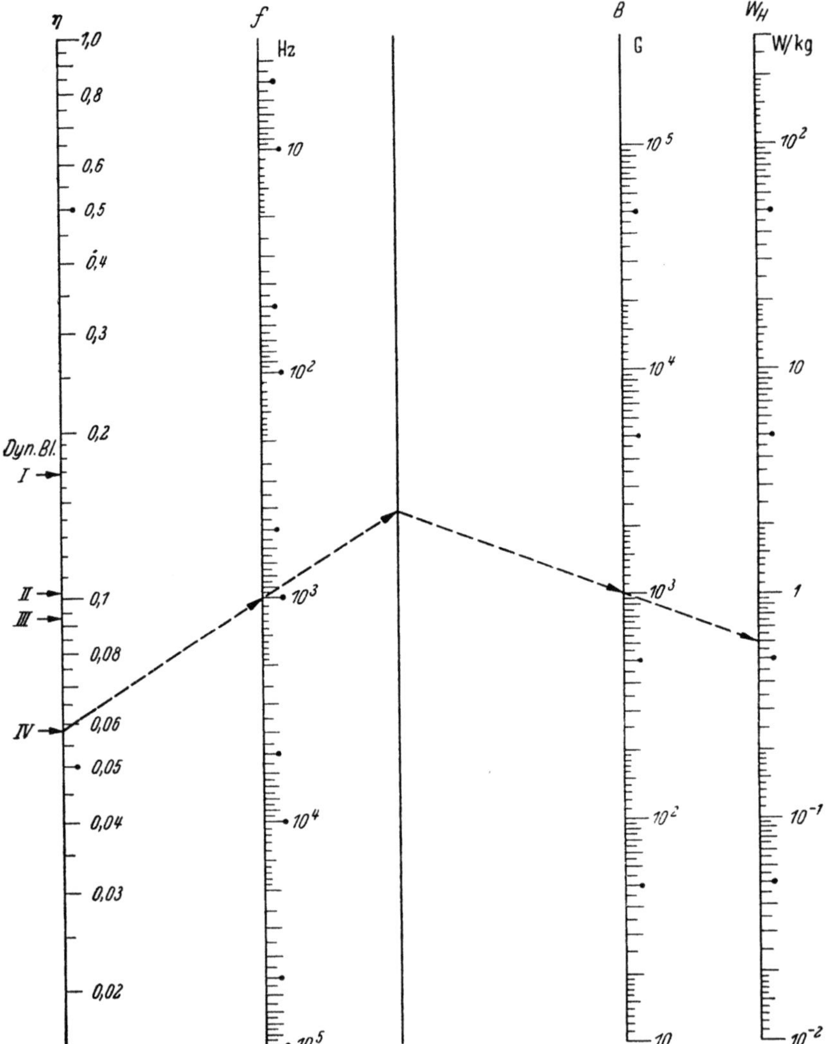

Abb. 107. Eisenverluste (Teil I: Hysteresis-Verluste).

Sättigungsinduktion möglichst hoch liegt. Nickeleisenlegierungen, die
beim Stromwandler eine besondere Rolle spielen, sind für den Spannungswandler völlig unbrauchbar, da ihre Sättigungsinduktion mit etwa
8000 Gauß gegenüber etwa 22000 des Siliziumeisens eine Verwendung

von vornherein ausschließt. Von den silizierten Eisensorten werden vorzugsweise Dyn. Bl. III; 0,5 mm, Dyn. Bl. IV; 0,5 mm und Dyn. Bl. IV; 0,35 mm verwendet. Bei der zuletzt genannten Blechsorte bevorzugt man insbesondere die auf kleine Wattverluste gezüchteten Sonderqualitäten besonders bei Wandlern für höhere Nennfrequenz.

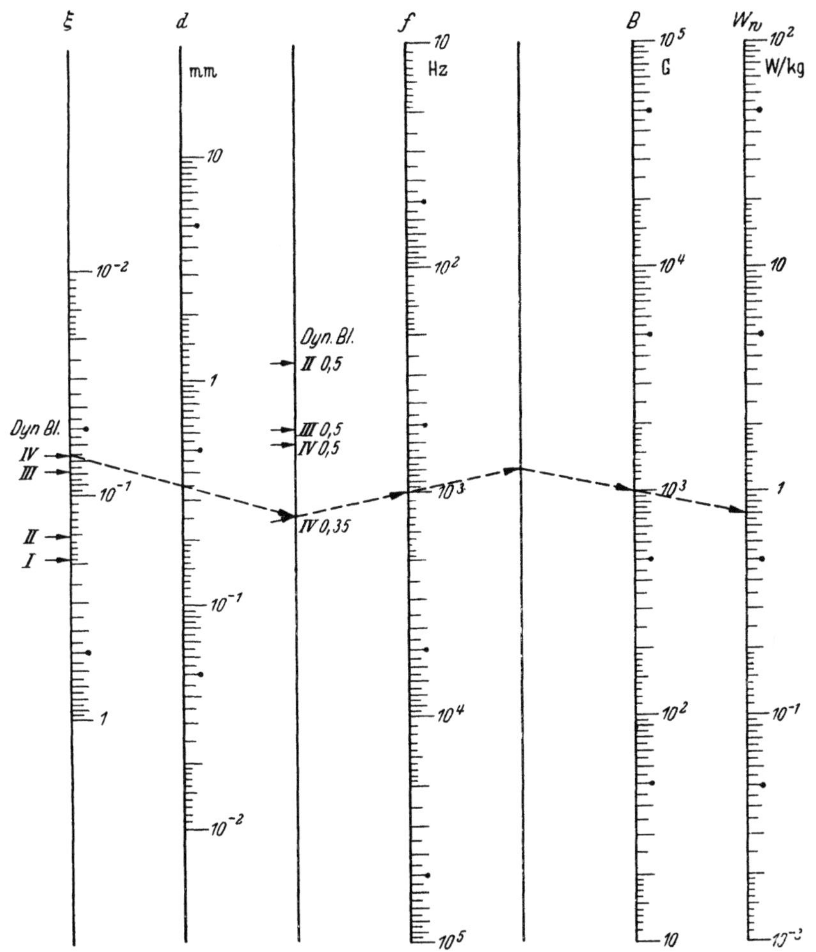

Abb. 108. Eisenverluste (Teil II: Wirbelstrom-Verluste).

Infolge der hohen Nenninduktion kommt den Wattverlusten im Eisenkern mit Rücksicht auf Genauigkeit und Erwärmung erhöhte Bedeutung zu. Die Firmenschriften und das Normenblatt DIN 6400 enthalten die Wattverluste bei 10 000 und bei 15 000 Gauß. Ab und zu findet sich in den Firmenlisten zusätzlich noch die Abhängigkeit der

Wattverluste von der Induktion. Liegen diese Angaben nicht vor, oder
soll beispielsweise noch die Abhängigkeit der Wattverluste von der Frequenz ermittelt werden, so steht zur Berechnung die erwähnte Formel
(50) nach STEINMETZ zur Verfügung. In den Abb. 107 und 108 sind
die beiden Glieder der STEINMETZ-Formel als Nomogramm dargestellt.
Wie für die STEINMETZ-Formel, gibt es naturgemäß auch bei diesen
Nomogrammen Grenzen für die Gültigkeit. Hinsichtlich der Induktion
liegt diese obere Grenze etwa zwischen 12000 und 14000 Gauß. Für
die Berechnung von Spannungswandlern, die nur in Sonderfällen (einphasiger Erdschluß) diese Induktion erreichen oder überschreiten, geben
daher die STEINMETZ-Formeln und die Nomogramme noch brauchbare
Ergebnisse. Die Windungsspannung (Volt/Windung) liegt bei Spannungswandlern größenordnungsgemäß zwischen 0,5 und 5 V. Um keinen
Blechschluß zwischen den einzelnen Lagen des Eisenkernes zu verursachen, begnügt man sich daher im Spannungswandlerbau nicht mit
der beim Glühen gewonnenen Zunderschicht, sondern bringt auf die
Kernbleche zusätzliche Isolierschichten auf. Diese bestehen entweder
aus Wasserglas, Isolierlack oder Papier, wie dies auch im Transformatorenbau üblich ist.

e) Schaltungsmaßnahmen zur Fehlerminderung.

Im vorhergehenden Abschnitt waren die Maßnahmen angedeutet,
die besonders beim Schaffen eines neuen Wandlertyps angewendet
werden, um ein Optimum hinsichtlich des Fehlerverhaltens zu erreichen.
Für einen gegebenen Spannungswandler gibt es nur noch einige wenige
Möglichkeiten, das Fehlerverhalten zu verbessern, da der Belastungsfehler durch zusätzliche Maßnahmen in seiner Größe nicht beeinflußt
werden kann. Es besteht nur die Möglichkeit, die Größe des Leerlauffehlers in gewissen Grenzen zu beeinflussen sowie das Fehlerdiagramm
im ganzen zu verschieben.

1. Abgleichmaßnahmen. Wie bereits bei der Berechnung des Spannungswandlers gezeigt, ist eine der Maßnahmen, das Fehlerdiagramm
in die vorgeschriebenen Fehlergrenzen besser hineinzulegen, der Windungsabgleich. Beim Spannungswandler wird dieser im allgemeinen in
der Weise durchgeführt, daß man die Windungszahl der Primärwicklung
etwas verkleinert, das Windungsübersetzungsverhältnis also etwas
kleiner macht als es dem Spannungsübersetzungsverhältnis entspricht.
Man nimmt den Abgleich deshalb auf der Primärseite des Wandlers
vor, weil diese infolge der im allgemeinen höheren Windungszahl einen
feineren Abgleich ermöglicht. Nur bei Wandlern für niedere Spannung,
die für hohe Klassengenauigkeit ausgeführt werden sollen, werden
gelegentlich Abgleichmaßnahmen mit Teilwindungen nötig, wie sie im

entsprechenden Stromwandlerabschnitt eingehend beschrieben worden sind.

Wünscht man das gesamte Diagramm zu verschieben, so bietet sich als einfachste Möglichkeit die Anwendung einer fest an den Wandler angeschalteten Zusatzbelastung. Richtung und Größe der Verschiebung durch eine bestimmte Zusatzbelastung lassen sich aus dem MÖLLINGER-Diagramm ohne weiteres ermitteln.

2. Kompensationsmaßnahmen. Durch Belasten der Sekundärseite des Spannungswandlers mit Kapazitäten kann man erreichen, daß in der Primärwicklung neben dem Leerlaufstrom ein kapazitiver Strom fließt. Wählt man diesen so, daß er gleich der induktiven Komponente des Leerlaufstromes wird, dann ist hinsichtlich des Leerlauffehlers nur noch der ohmsche Anteil des Leerlaufstromes wirksam. Auf diese Weise ist es möglich, einen merklich kleineren Leerlauffehler zu erzielen. Die Fehlergleichungen lassen erkennen, daß sich sowohl Leerlauffehler als auch Belastungsfehler aus je zwei Komponenten zusammensetzen. Beim Spannungsfehler haben alle Komponenten negative Vorzeichen, beim Fehlwinkel hingegen sind je ein positives und je ein negatives Fehlerglied vorhanden. Strebt man dahin, den Fehlwinkel möglichst Null werden zu lassen, so würde die oben beschriebene vollständige Kompensation des induktiven Anteils des Leerlaufstromes unpraktisch sein. Der Fehlwinkel Null wird dann erreicht, wenn der Betrag des positiven und des negativen Fehlergliedes einander gleich gemacht werden. Besonders bei Wandlern für hohe Spannung wird im allgemeinen das Fehlerglied, welches die primäre Streuinduktivität enthält, das ohmsche Fehlerglied an Größe übertreffen. Es kann dann evtl. zweckmäßig sein, die induktive Blindkomponente des Leerlaufstromes zu vergrößern. Dies kann auf die Weise geschehen, daß der Wandler sekundärseitig mit einer zusätzlichen Induktivität belastet oder der Eisenkern mit einem Luftspalt versehen wird.

3. Zusatzspannungen. Eine elegante Methode, die Lage der Fehler im Diagramm zu beeinflussen, ist die Anwendung von sekundärseitigen Zusatzspannungen. Abb. 109 zeigt einige dieser Möglichkeiten. An die Sekundärklemmen wird ein Abgleichglied angeschlossen, das es gestattet, in Reihe zur Sekundär-

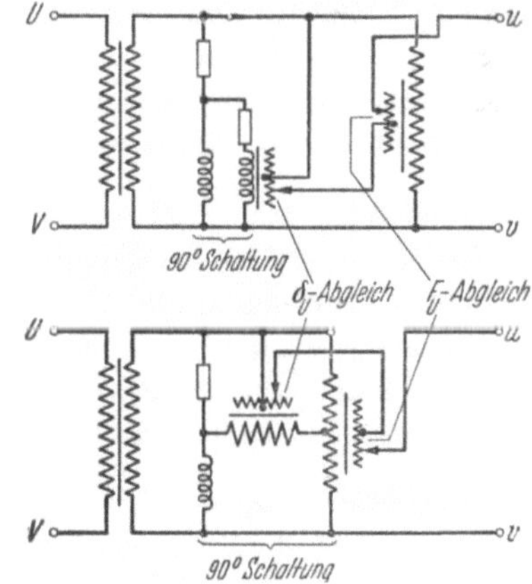

Abb. 109. Abgleich von Spannungswandlern mittels Zusatzspannungen.

spannung Zusatzspannungen zu schalten, wobei zweckmäßig getrennte Möglichkeiten für die Verschiebung in den beiden Achsrichtungen vorgesehen werden. In den gezeichneten Beispielen sind bewußt nur solche Maßnahmen hinsichtlich der Ausbildung der Abgleichglieder gewählt worden, die die Anwendung von Kondensatoren vermeiden.

Der Möglichkeit einer Verschiebung der Fehler am fertigen Wandler kommt deshalb besondere Bedeutung zu, weil bei Wandlern der höheren Reihenspannungen die Ermittlung des notwendigen Windungsabgleiches am unimprägnierten Spannungswandler mit Rücksicht auf die zunächst noch geringe Spannungsfestigkeit nur bei einem Bruchteil der Nennspannung, also bei einer wesentlich kleineren Induktion, möglich ist. Durch die Imprägnierung werden die Kapazitätsverhältnisse im Wandler verändert. Diese Einflüsse bewirken eine Verschiebung der Fehler, so daß es besonders bei genauen Wandlern vorkommen kann, daß der Wandler im fertigen Zustand die Fehlergrenze überschreitet. Eine nachträgliche Korrektur mittels der oben beschriebenen Maßnahmen ermöglicht es dann ohne weiteres und ohne großen Arbeitsaufwand, die Klassengrenzen einzuhalten.

f) Wandler mit mehreren Meßbereichen, Klemmenbezeichnungen.

Die Nachfrage nach Spannungswandlern für Versorgungsnetze mit mehreren Meßbereichen ist bedeutend kleiner als bei Stromwandlern. Dies ist auch durchaus natürlich, da die Umstellung von Netzen auf höhere Stromstärken viel häufiger vorgenommen wird als die Umschaltung auf eine andere Nennspannung. Für Wandler hingegen, die zu Experimentierzwecken verwendet werden sollen, ist die Umschaltung bei Spannungswandlern ebenso beliebt wie bei Stromwandlern.

1. Primäre Umschaltung. Eine primärseitige Umschaltung kann entweder in der Weise vorgenommen werden, daß die Wicklung in zwei oder vier Gruppen aufgeteilt wird oder daß die Primärwicklung mit Anzapfungen versehen wird. In jedem Falle werden die Spannungen proportional den Windungszahlen sein. Damit bleibt gemäß der Transformatorgleichung (4) die Nenninduktion erhalten.

Bei Wandlern, deren Primärwicklung in gleiche Schaltgruppen unterteilt wird, bleiben die prozentualen Spannungsabfälle und damit die Fehler bei gleicher Belastung unverändert, wie dies die nachfolgende Betrachtung zeigt. Bei einer Umschaltung im Verhältnis 1:2 ändert sich der Widerstand der Primärwicklung im Verhältnis 1:4. Der Primärstrom dagegen geht bei gleicher Belastung im Verhältnis 2:1 zurück, so daß der primärseitige Spannungsabfall im Verhältnis 1:2 steigt. Dieser aber wird nun auf die Nennspannung bezogen, die ebenfalls im Verhältnis 1:2 höher ist. Sekundärseitig bleiben die Verhältnisse unverändert.

Bei Wandlern, deren Primärwicklung mit Anzapfungen versehen ist, liegen die Verhältnisse nicht ganz so günstig. Zwar ändert sich die Streuinduktivität der Primärwicklung und die auf die Primärseite reduzierten Widerstände der Sekundärwicklung wie beim Wandler mit umschaltbaren primären Wickelgruppen etwa im Quadrat des Übersetzungsverhältnisses, der ohmsche Widerstand der Primärwicklung jedoch erfährt nur eine lineare Veränderung. Dies gilt für den Fall, daß die Primärwicklung mit durchgehendem Kupferquerschnitt ausgeführt ist. Durch Abstufung des Querschnittes kann auch hier eine etwa quadratische Abhängigkeit erreicht werden. In beiden Fällen aber wird der Wickelraum und damit der Wandlertyp bedeutend weniger ausgenutzt, als dies bei der Umschaltung mittels Wicklungsgruppen der Fall ist. Vergleicht man die beiden Ausführungsmöglichkeiten hinsichtlich der Leistungsfähigkeit eines bestimmten Wandlertyps, so ist unbedingt die Unterteilung der Primärwicklung in umschaltbare Wicklungsgruppen im Vorteil.

Gemäß den Regeln für Wandler werden die Anschlüsse der Primärwicklung von zweipolig isolierten Wandlern durch die Buchstaben U und V, die der Sekundärwicklung mit u und v bezeichnet. Bei Wandlern, die nur zwischen Leiter und Erde geschaltet werden dürfen, tritt an Stelle der Buchstaben V und v die Bezeichnung X und x. Bei dreiphasigen Spannungswandlern wird der Sternpunkt primärseitig mit M_p, sekundärseitig mit m_p, die spannungsführenden Enden der Wicklungen der drei Phasen primärseitig mit U, V und W, sekundärseitig mit u, v und w bezeichnet.

Bei umschaltbaren gleichen Wicklungsgruppen werden wie bei Stromwandlern den vorstehend genannten Buchstaben die Indizes a, b, c usw. hinzugefügt. Anzapfung erhalten, von U bzw. u ausgehend, die Beiziffern 1, 2, 3 usw. (Wicklungsende U_1 bzw. u_1).

Die Hilfswicklungen für Erdschlußerfassung erhalten stets die Bezeichnung e und n.

2. Sekundäre Umschaltung. Soll der Übergang auf eine andere Primärnennspannung durch Anzapfungen der Sekundärwicklung bzw. durch Ausbildung der Sekundärwicklung in umschaltbare Gruppen vorgenommen werden, so liegen die Verhältnisse wesentlich ungünstiger. Die verschiedenen Nennspannungen werden immer an die gleiche primäre Windungszahl gelegt. Der innere Widerstand der Primärwicklung bleibt daher erhalten. Will man einen solchen Spannungswandler nun beispielsweise mit der halben primären Nennspannung betreiben, so geht die Induktion auf die Hälfte zurück. In erster Annäherung kann angenommen werden, daß auch der Leerlaufstrom und damit die Spannungsabfälle auf die Hälfte zurückgehen. Die prozentualen Leerlaufspannungsabfälle bleiben daher angenähert die gleichen.

Anders liegen die Verhältnisse jedoch hinsichtlich des Laststromes. Die Umschaltung des Wandlers auf halbe Primärnennspannung muß dadurch erzielt werden, daß sekundär die doppelte Windungszahl eingeschaltet wird. Geschieht dies beispielsweise dadurch, daß 2 vorher parallele sekundäre Wicklungsgruppen in Reihe geschaltet werden, so hat die Sekundärwicklung nunmehr den vierfachen Widerstand. Demzufolge vervierfachen sich auch die sekundären Anteile des prozentualen Fehlers bei gleicher Belastung. Infolge der Änderung des Übersetzungsverhältnisses im Verhältnis 1 : 2 steigt der auf die Primärseite übertragene Laststrom ebenfalls auf das Doppelte. Die durch ihn in der Primärwicklung erzeugten Spannungsabfälle sind damit ebenfalls auf das Doppelte gestiegen. Da sie aber auf die halbe primäre Nennspannung zu beziehen sind, sind auch die durch die Primärwiderstände hervorgerufenen prozentualen Fehler auf das Vierfache gestiegen.

Zusammenfassend kann für diese Art der Umschaltung also gesagt werden, daß zwar der Leerlauffehler seine Größenordnung beibehalten hat, der Lastfehler jedoch bei gleicher Bürde auf das Vierfache heraufgegangen ist. Ein derartiger Wandler kann also bei gleicher Genauigkeit nur noch etwa $^1/_4$ der früheren Nennleistung abgeben.

Wird die Änderung des Übersetzungsverhältnisses mittels sekundärseitiger Anzapfungen erzielt, so liegen die Verhältnisse ähnlich. Die Tatsache jedoch, daß der Wickelraum dann nicht voll ausgenutzt ist, führt auch hier dazu, daß ein gegebener Wandlertyp bei der Umschaltung mittels sekundärer Anzapfungen ungünstiger abschneiden muß als bei der Verwendung von umschaltbaren Sekundärwicklungsgruppen.

Das Fehlerverhalten von umschaltbaren Spannungswandlern entspricht also etwa dem der umschaltbaren Stromwandler. Der Aufwand, der jedoch für eine primärseitige Umschaltung getrieben werden muß, ist bei Wandlern für höhere Spannungen beträchtlich größer, da die Wicklungsgruppen gegeneinander hoch isoliert werden müssen. Bei Experimentierwandlern, bei denen es im allgemeinen auf möglichst große Genauigkeit ankommt, wird man trotzdem meist zu primär umschaltbaren Wandlern greifen. Im Netzbetrieb werden umschaltbare Wandler zumeist nur dann benutzt, wenn das Netz in absehbarer Zeit auf eine höhere Spannung umgestellt werden soll. Für diesen Fall bevorzugt man Wandler mit sekundärer Umschaltung bzw. sekundären Anzapfungen und nimmt die geringere Genauigkeit bzw. die kleinere Leistungsfähigkeit bis zum Zeitpunkt der Umschaltung des Netzes in Kauf. Meistens liegt dabei der Fall vor, daß die beiden primären Nennspannungen nicht im Verhältnis 1 : 2 stehen, so daß ein Wandler mit sekundären Anzapfungen verwendet werden muß. Dann kann man allerdings — wie oben ausgeführt — aus einem gegebenen Wandlertyp auch bei der höheren Spannung meist nicht mehr die volle Leistung herausnehmen, da ein Teil des Wickelraumes der sekundären Seite infolge der sekundären Umschaltmöglichkeit nicht ausnutzbar ist.

3. Zwischenwandler. Den zuletztgenannten Nachteil kann man vermeiden, wenn der Wandler nur für die höhere Spannung ausgelegt wird und die Anpassung an die kleinere Nennspannung während der Übergangszeit durch einen Zwischenwandler geschieht. Das Aggregat, bestehend aus Haupt- und Zwischenwandler, verhält sich ähnlich wie der sekundär umschaltbare Wandler, sofern der Zwischenwandler genügend leistungsstark und für hohe Genauigkeit ausgelegt ist. Grundsätzlich addieren sich natürlich die Fehler beider Wandler. Legt man jedoch bei einer Genauigkeit des Hauptwandlers nach Klasse 0,5 oder 1 den Zwischenwandler beispielsweise für Klasse 0,1 aus, dann ist die Beeinträchtigung der Meßgenauigkeit gering. Der Aufwand für einen solchen genauen Zwischenwandler bleibt in mäßigen Grenzen, wenn dieser in Sparschaltung ausgeführt ist. Wird das Netz auf die höhere Spannung umgeschaltet, kommt der Zwischenwandler in Fortfall, so daß der Hauptwandler mit voller Typenleistung und -genauigkeit zur Verfügung steht.

g) Fehlerverhalten in Sonderfällen.

1. Abweichende Frequenz, Oberwellenverhalten. Die Frage nach dem Fehlerverhalten eines Spannungswandlers bei anderer als der Nennfrequenz wird zweckmäßig wieder mittels Grenzbetrachtungen beantwortet.

Wird ein Spannungswandler bei Nennspannung mit einer anderen Frequenz betrieben, so stellt sich — wie die Transformatorgleichung zeigt — eine Induktion ein, die im umgekehrten Verhältnis dieser Frequenz zur Nennfrequenz steht. Beispielsweise bei doppelter Frequenz ergibt sich also die halbe Induktion. Damit sinkt auch — in erster Annäherung linear — der Leerlaufstrom und damit der fehlerbildende Spannungsabfall am ohmschen Widerstand der primären Wicklung. Da der induktive Teil des Primärwiderstandes ($X_{\sigma 1} = \omega \cdot L_{\sigma 1}$) mit der Frequenz proportional ansteigt, bleibt der durch diesen Widerstand hervorgerufene Leerlauffehler größenordnungsmäßig konstant. Im ganzen gesehen wird der Gesamtleerlauffehler mit steigender Frequenz also etwas zurückgehen.

Bei Frequenzen, die unter der Nennfrequenz liegen, stellen sich höhere Induktionen ein. Ist der Wandler, wie üblich, bei Nennfrequenz für eine Nenninduktion zwischen 7000 und 9000 Gauß ausgelegt, so wird schon bei mäßiger Frequenzsenkung der Leerlaufstrom, besonders dessen induktiver Anteil, sehr rasch zunehmen. Trotz des linear kleiner werdenden primären Streuwiderstandes wird der Leerlauffehler verhältnismäßig schnell große Werte erreichen.

Die vorstehenden Betrachtungen gelten für den Fall, daß die kapazitiven Ströme, die die Primärwicklung passieren, im Vergleich zu der Blindkomponente des Leerlaufstromes vernachlässigt werden können. Dies ist um so weniger der Fall, je höher Spannung und Frequenz sind. Die Gleichung für den Spannungsfehler (81) läßt erkennen, daß das zweite Glied $(-J_{0b} \cdot X_1)$, das für den induktiven Anteil des Leerlaufstromes negativ ist, bei Überwiegen des kapazitiven Stromes das Vorzeichen wechselt. Der Spannungsfehler wird sich damit mit steigender Frequenz nach positiven Werten hin verschieben, und zwar beträchtlich, da der primäre Streuwiderstand $\omega \cdot L_{\sigma 1}$ ebenfalls der Frequenz proportional ist.

In der Gleichung für den Fehlwinkel (82) wird in diesem Falle das zweite Glied $(J_{0b} \cdot R_1)$ negativ werden, so daß die Fehlwinkel sich nach Minus verschieben. Da R_1 frequenzunabhängig ist, verursacht das zweite Glied der Gleichung höchstens eine frequenzproportionale Verschiebung. Wie oben bereits ausgeführt, wird das Ansteigen von $\omega \cdot L_{\sigma 1}$ im ersten Glied $(-J_{0w} \cdot X_1)$ der Gleichung durch frequenzabhängiges Absinken von J_{0w} etwa kompensiert.

Das Verhalten des Belastungsfehlers kann am leichtesten übersehen werden, wenn man unter Weglassen der Leerlaufnachbildung Z_0 die Vierpoldarstellung zu einem Spannungsteiler vereinfacht. Wird zunächst

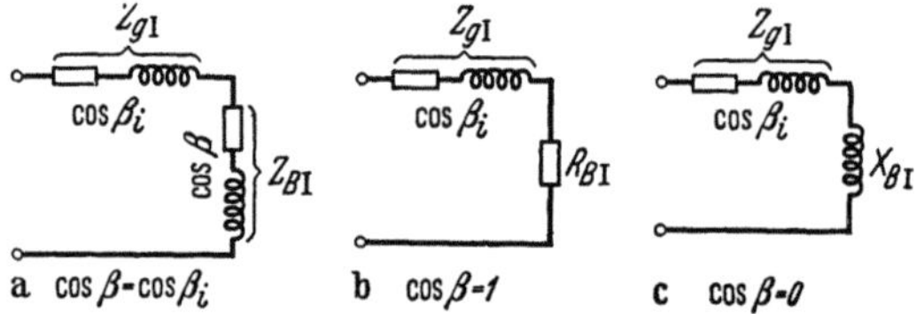

Abb. 110. Vereinfachte Ersatzschaltbilder des Spannungswandlers bei verschiedenen sekundären Leistungsfaktoren.

gemäß Abb. 110a angenommen, daß die inneren Widerstände des Wandlers und die Bürde den gleichen Leistungsfaktor cos β haben, so ist dieses Gebilde als reeller Teiler frequenzunabhängig. Für diesen Sonderfall erfahren also die Lastfehler bei anderen Frequenzen keine Änderung.

Ist der Wandler hingegen mit einer rein ohmschen oder einer rein induktiven Bürde belastet, während die inneren Widerstände ohmischinduktiven Charakter haben, dann liegt ein komplexer Teiler vor. Im Falle der ohmschen Belastung (Abb. 110b) werden die inneren Abfälle im Vergleich zu der Spannung an der Bürde bei höherer als der Nennfrequenz größer sein, so daß eine Fehlerverschiebung ins Negative und ein entsprechender positiver Fehlwinkel auftritt. Bei rein induktiver (Abb. 110c) Belastung treten die umgekehrten Verhältnisse ein.

Zusammenfassend kann gesagt werden, daß der Betrieb eines Spannungswandlers mit kleinerer als der Nennfrequenz nur möglich ist, wenn die Spannung etwa im Verhältnis der Frequenz gesenkt wird. Die Leistungsfähigkeit geht bei etwa gleichbleibendem Fehler im Quadrat der Spannungssenkung zurück. Höhere Frequenzen werden gut übertragen. Die obere Grenze ist im Hinblick auf die Verschiedenheit der Wandlertypen generell schwer anzugeben. Sie liegt in einem Bereich zwischen größenordnungsmäßig 500 und 5000 Hz. Spannungswandler für hohe Reihenspannungen verhalten sich wegen der hohen kapazitiven Ströme ungünstiger als diejenigen der kleinen Reihen. Die an der Verzerrung der Spannungskurve bei Wandlern für 50 Hz beteiligten Oberwellen werden im allgemeinen gut übertragen. Dagegen sind die Spannungswandler — besonders die der hohen Reihen — nicht in der Lage, mittel- oder hochfrequente Vorgänge richtig zu übermitteln.

2. Erdschluß. Bei Netzen, deren Sternpunkt nicht oder nicht starr geerdet ist, werden bevorzugt ein- oder dreipolig isolierte Spannungswandler verwendet, da diese die zur selektiven Erfassung des Erdschlusses notwendige Nullpunktsspannung bilden können. Zunächst soll das Meßverhalten im Erdschlußfalle an drei in Stern geschalteten einpolig isolierten Wandlern betrachtet werden. Die erdseitigen Enden der Primärwicklung dieser drei Wandler müssen geerdet sein. Es sind an jedem Wandler zwei Sekundärwicklungen vorgesehen, und zwar eine Meßwicklung und eine Hilfswicklung für Erdschlußerfassung. Die sekundären Meßwicklungen der drei Wandler werden ebenfalls in Stern geschaltet, die Hilfswicklung für Erdschlußerfassung dagegen zu einem

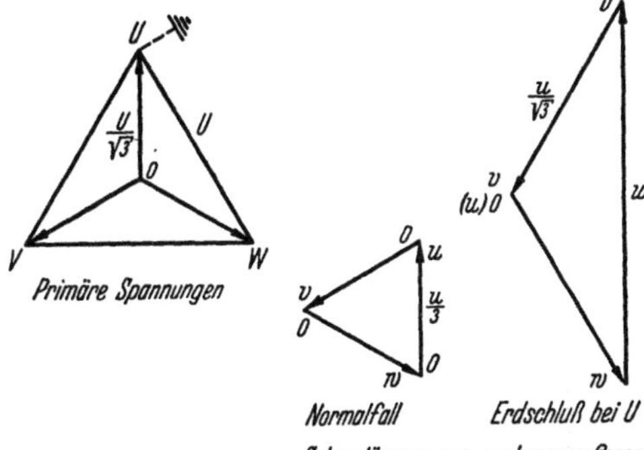

Abb. 111. Spannungsdiagramm der Hilfswicklungen für Erdschlußerfassung.

offenen Dreieck vereinigt. Das Dreieck wird über die Geräte zur Erdschlußerfassung geschlossen. Im Falle eines satten Erdschlusses nimmt die betroffene Phase des Netzes an der Erdschlußstelle Erdpotential an, so daß im Extremfall der an dieser Phase angeschaltete Spannungswandler die Spannung Null und die beiden anderen die verkettete Nennspannung aufgedrückt bekommen. Gemäß Diagramm Abb. 111 tritt in diesem Falle an den Klemmen des offenen Dreiecks der Hilfswicklungen für Erdschlußerfassungen das Dreifache der Spannung auf, die die einzelne Wicklung im normalen Betriebsfall führt.

Von den dreipolig isolierten Wandlern ist der sogenannte Fünfschenkelwandler (Abb. 112) hier von Interesse. Neben den drei die Primärwicklungen und die sekundären Meßwicklungen tragenden Hauptschenkeln sind noch zwei außenliegende Rückschlußschenkel vorhanden. Im normalen Betriebsfall sind in den drei Hauptschenkeln gleich große Flüsse vorhanden, die entsprechend den Spannungen um je 120° gegeneinander versetzt sind. Die Summe der Grundwelle dieser Flüsse ist in jedem Zeitmoment Null, so daß die Rückschlußschenkel keinen Fluß führen. Im Falle des Erdschlusses treten die gleichen Verhältnisse, wie oben bei den dreipolig isolierten Wandlern geschildert, auf. Entsprechend den Spannungen führt der Kernschenkel der kranken Phase dann keinen Fluß, während die Flüsse in den beiden gesunden Phasen den $\sqrt{3}$-fachen Wert annehmen und wie die verketteten Spannungen nur 60° gegeneinander versetzt sind. Die Summe dieser beiden Flüsse ist demnach nicht Null. Die Differenz gleicht sich über die beiden Außenschenkel aus, so daß durch die Wicklungen auf diesen Schenkeln die Verlagerungsspannung erfaßt wird.

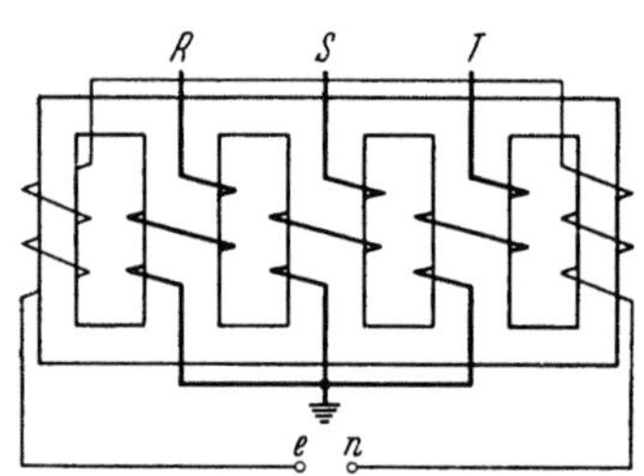

Abb. 112. Anordnung der Hilfswicklungen für Erdschlußerfassung bei Fünfschenkelwandlern.

Es erhebt sich nun die Frage, welche Genauigkeit von den Meßwicklungen und den Wicklungen für Erdschlußerfassungen im Erdschlußfalle noch erwartet werden kann. Gemäß den VDE-Regeln braucht ein Spannungswandler die vorgeschriebenen Klassengrenzen nur in einem Bereich von $0,8 \cdots 1,2\ U_n$ einzuhalten. Im Falle des satten Erdschlusses haben die zwei Wandler der gesunden Phasen jedoch die $\sqrt{3}$-fache, also die 1,73-fache Nennspannung. Für diesen Fall schreiben die Regeln keine Genauigkeit mehr vor. Es wäre natürlich möglich, Wandler zu bauen, die auch in diesem Zustand, der rund 45 % über der 1,2-fachen Nennspannung liegt, die VDE-mäßige Klassengrenze einhalten. Bei einem solchen Wandler müßte die Nenninduktion im Verhältnis 1,45:1 gesenkt werden. Dies könnte beispielsweise durch Erhöhen des Eisenquerschnittes um 45 % erfolgen. Mit der Vergrößerung des Eisenquerschnittes wachsen aber auch alle übrigen Abmessungen des Wandlers, so daß größenordnungsmäßig mit einem Mehrgewicht von $50 \cdots 100\,\%$ gerechnet werden muß. Offensichtlich ist aber der Wunsch, auch bei der verketteten Nennspannung die Klassengrenzen einzuhalten, bisher nicht so groß, daß man bereit wäre, einen entsprechenden Mehraufwand an Gewicht und natürlich auch an Preis zu tragen.

Heute sind die einpolig isolierten Wandler so ausgelegt, daß sie bei verketteter Nennspannung eine Induktion in der Größenordnung von $13\,000\cdots15\,000$ Gauß im Eisenkern haben. Diese Induktion liegt bereits so hoch, daß mit beträchtlichem Leerlaufstrom und damit auch mit beträchtlichem Leerlauffehler gerechnet werden muß. Es stellen sich je nach Bauart Spannungsfehler zwischen -2 und -5% und Fehlwinkel zwischen $+60$ und $+200$ Minuten ein. Gemäß den Normblättern für Wandler ist die Leistung der Wicklungen nur als thermische Grenzleistung für den Wandlersatz anzugeben.

h) Theorie von Sonderausführungen.

1. Kaskadenspannungswandler. Bei Spannungswandlern ist das Isolierproblem schwieriger als bei Stromwandlern, da neben der Isolierung zwischen der Primärwicklung und den an Erdpotential liegenden übrigen Wandlerteilen längs der Primärwicklung nochmal die gleiche Spannung zu isolieren ist. Es ist daher verständlich, daß bei Spannungswandlern das Kaskadenprinzip mehr Bedeutung gewonnen hat als bei Stromwandlern.

Es wurden Kaskadenspannungswandler bis zu 6 Gliedern gebaut, die in 220-kV-Netzen heute noch in Betrieb sind.

Abb. 113 zeigt die grundsätzliche Schaltung von Kaskadenspannungswandlern. Die einzelnen Glieder der Kaskade sind durch Verbindung der Primärwicklungen galvanisch und durch Anwendung von Koppelwicklungen zusätzlich magnetisch gekoppelt. Wäre die magnetische Kopplung nicht vorhanden, so würde sich die Gesamtspannung auf die einzelnen Glieder im Verhältnis ihrer auf die Primärseite bezogenen Scheinwiderstände verteilen. Wenn angenommen wird, daß der Eingangswiderstand der leerlaufenden Glieder völlig gleich ist, dann würde zwar eine gleichmäßige

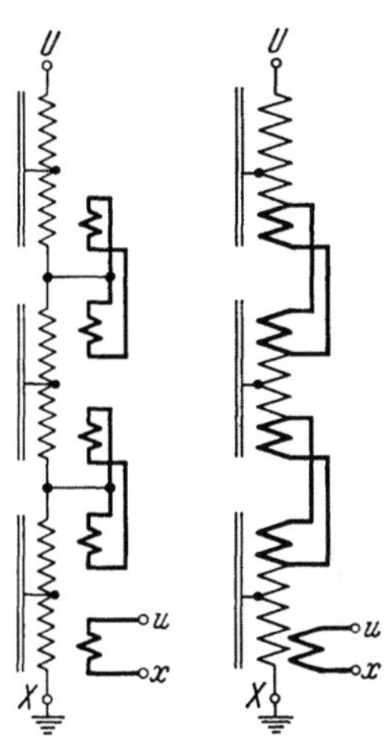

Abb. 113. Schaltung von Kaskaden-Spannungswandlern.

Aufteilung der Spannung bei leerlaufender Kaskade erreicht. Bei Belastung des unteren Gliedes durch Meßgeräte aber sinkt der auf die Primärseite bezogene Gesamtwiderstand desselben, so daß sich an den oberen Gliedern ein größerer Spannungsanteil einstellen würde als an dem belasteten unteren Glied. Die Folge wäre also eine starke Bürdenabhängigkeit des Wandlers.

Die Koppelwicklungen wirken diesem Effekt dadurch entgegen, daß sie versuchen, in den verschiedenen Kernen gleiche Induktion aufrecht zu erhalten. Wird nun das untere Glied belastet, so fließen durch die

Koppelwicklungen Ausgleichströme, deren Höhe der vorgenommenen
Belastung des unteren Gliedes porportional ist. Sie übertragen beispiels-

Abb. 114.
Kaskaden-Spannungswandler
(Koch & Sterzel).

weise im Fall einer zweigliedrigen Kaskade
(Abb. 114) die Hälfte der im unteren Glied entnommenen Amperewindungen, so daß die Last
auf beide Glieder gleichmäßig verteilt wird
und somit wieder gleiche Eingangswider-
stände und damit gleiche Teilspannungen an
den Wandlergliedern entstehen. Wegen der unvermeidlichen inneren ohmschen und induktiven Widerstände der Ausgleichswicklungen
wird der Ausgleichvorgang in der beschriebenen idealen Form allerdings nicht vollständig
erreicht. Trotz dieser kleinen Ungenauigkeiten
kann das Fehlerverhalten einer Spannungs-
wandlerkaskade genügend genau aus demjenigen der Einzelglieder erhalten werden,
so daß sich ein weiteres Eingehen erübrigt.

**2. C-Messung und kapazitive Spannungs-
wandler.** Wünscht man in Hochspannungsanlagen nur die ungefähre Höhe der Spannung zu ermitteln und scheut die Anschaffung
eines Spannungswandlersatzes, so bietet
die Messung des Ladestromes von vorhandenen Kondensatordurchführungen eine billige Meßmöglichkeit. Der erdseitige Belag der Durch-

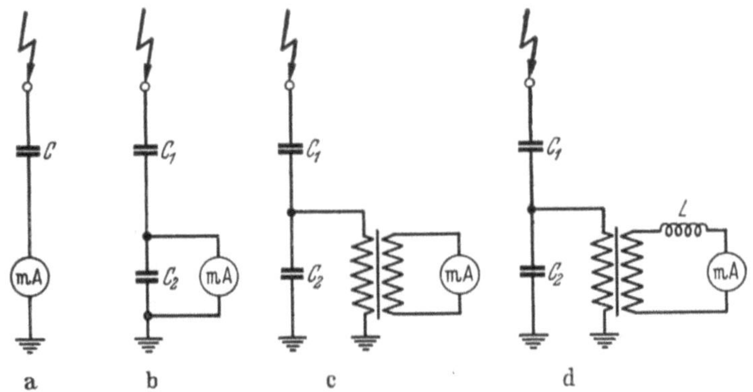

Abb. 115. Schaltungen für C-Messung.

führung wird dann nicht unmittelbar, sondern über einen Strommesser
geerdet (Abb. 115a). Der Ladestrom folgt dem Gesetz (33)

$$J_c = U \cdot \omega \cdot C.$$

Bei gegebener Kapazität ist der gemessene Strom ein Maß für die Spannung. Ist jedoch die Spannungskurve nicht sinusförmig, so treten die Oberwellen im Strom entsprechend ihrer Ordnungszahl vergrößert auf. Der Anteil der dritten Harmonischen in der Spannung wird im Strom mit dreifacher, derjenige der fünften mit fünffacher Höhe erscheinen.

Schließt man den Meßkreis jedoch an einen kapazitiven Spannungsteiler an (Abb. 115b), so wird die Oberwellenübertragung günstiger gestaltet. Zweckmäßig wird gemäß Abb. 115c zwischen Teiler und Meßgerät ein Anpassungsstromwandler geschaltet. Eine weitere wesentliche Verbesserung ergibt die Einschaltung einer Drosselspule gemäß Abb. 115d. Diese Schaltung — üblicherweise als „C-Messung" bezeichnet — hat sich seit mehr als drei Jahrzehnten bestens bewährt. Sie ergibt bereits eine solche Meßleistung und Meßgenauigkeit, daß sie neben der Spannungsmessung zum Anzeigen eines entstehenden Erdschlusses und zur Synchronisierung verwendet werden kann.

Durch weitere Verbesserungen, die besonders in der Dimensionierung begründet sind, gelang es, aus der geschilderten sogenannten „C-Messung" einen kapazitiven Spannungswandler zu entwickeln, der heute bereits in einigen Ländern eine gleichberechtigte Stellung neben dem induktiven Spannungswandler einnimmt.

Der kapazitive Wandler hat gegenüber dem induktiven den Vorteil, daß er gleichzeitig als Kondensator für die Zwecke der leitungsgerichteten Hochfrequenztelephonie verwendet werden kann, so daß sich die zusätzliche Anschaffung von Koppelkondensatoren erübrigt.

Ein weiterer Vorzug des kapazitiven Wandlers ist darin zu sehen, daß die Spannungsverteilung bei Stoßspannung derjenigen bei Betriebsfrequenz entspricht (s. Abschn. C I).

Im folgenden soll die Theorie dieser Schaltungen auf möglichst allgemein verständliche Art entwickelt werden.

In Abb. 116 sind einige in diesem Zusammenhang interessierende Teilerschaltungen gezeigt. Abb. 116a zeigt einen unbelasteten kapazitiven Teiler sowie das Diagramm und die Formeln für das Übersetzungsverhältnis $ü$ und den Fehlwinkel δ. Ein solcher Teiler könnte durch Anlegen eines elektrostatischen Spannungsmessers an die Sekundärspannung U_2 bereits zur Spannungsmessung dienen. Bei der Berechnung des Übersetzungsverhältnisses ist die Kapazität dieses Spannungsmessers dem Wert C_2 des unteren Teilkondensators hinzuzufügen. Wie die Formel für das Übersetzungsverhältnis erkennen läßt, ist eine Frequenzabhängigkeit nicht vorhanden.

In Abb. 116b ist ein komplexer Teiler, bestehend aus dem Hochspannungskondensator C_1 und dem ohmschen Widerstand R mit Vektordiagramm und grundlegenden Gleichungen gezeigt. Diese Schaltung entspricht der Anordnung a der Abb. 115. Sowohl das Übersetzungs-verhältnis als auch der Fehlwinkel sind bei dieser Schaltung etwa linear von der Frequenz abhängig. Bei höheren Frequenzen sind Übersetzungs-

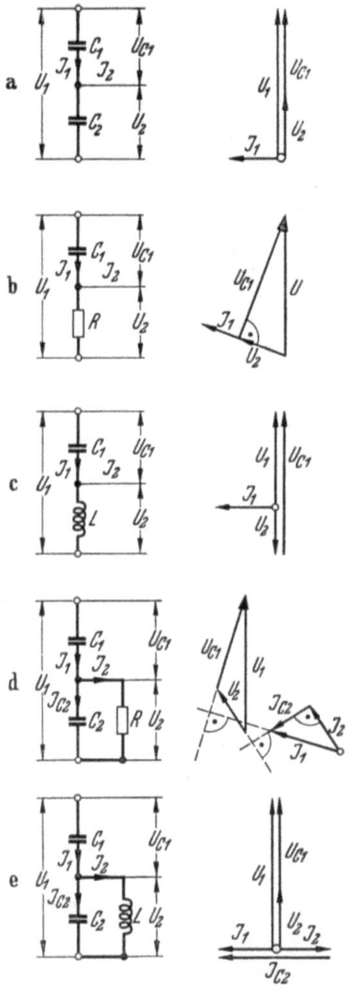

a
$$\ddot{u} = \frac{U_1}{U_2} = \frac{C_1 + C_2}{C_1} = 1 + \frac{C_2}{C_1} \; ; \qquad (89)$$
$$\delta = 0 ;$$
$$\frac{J_2}{J_1} = 0 ;$$

b
$$\ddot{u} = \frac{U_1}{U_2} = \sqrt{1 + \left(\frac{1}{R \, \omega \, C_1} \right)^2} \; ; \qquad (90)$$
$$\operatorname{tg} \delta = \frac{1}{R \, \omega \, C_1} \; ; \qquad (91)$$
$$\frac{J_2}{J_1} = 0 ;$$

c
$$\ddot{u} = \frac{U_1}{U_2} = \left(\frac{1}{\omega^2 \, L \, C_1} - 1 \right) \; ; \qquad (92)$$
$$\delta = 180° ;$$
$$\frac{J_2}{J_1} = 0 ;$$

d
$$\ddot{u} = \frac{U_1}{U_2} = \sqrt{\left(1 + \frac{C_2}{C_1} \right)^2 + \frac{1}{R \, \omega \, C_1}} \; ; \qquad (93)$$
$$\sin \delta = \frac{1}{\sqrt{[R \, \omega \, (C_1 + C_2)]^2 + 1}} \; ; \qquad (94)$$
$$\frac{J_2}{J_1} = \frac{1}{\sqrt{1 + (R \, \omega \, C_2)^2}} \; ; \qquad (95)$$

e
$$\ddot{u} = \frac{U_1}{U_2} = \left(1 + \frac{C_2}{C_1} \right) - \frac{1}{\omega^2 \, L \, C_1} \; ; \qquad (96)$$
$$\delta = 0° \text{ oder } 180° ;$$
$$\frac{J_2}{J_1} = \frac{1}{\omega^2 \, L \, C_2 - 1} \; ; \qquad (97)$$

Abb. 116. Teilerschaltungen mit Vektordiagramm und Formeln.

verhältnis und Fehlwinkel kleiner, d. h. die Oberwellen werden mit proportional vergrößerten Amplituden und einer stärkeren Winkel-verschiebung wiedergegeben.

Schließlich vermittelt Abb. 116c die Verhältnisse bei einem Teiler aus Hochspannungskondensator und in Reihe geschalteter Drossel. Der

Winkel zwischen der Primär- und der Sekundärspannung ist bei dieser Schaltung unabhängig von der Frequenz und der Bemessung der beiden Glieder — wenn diese verlustlos angenommen werden — und beträgt stets 180°. Das Übersetzungsverhältnis hingegen ist sehr stark frequenzabhängig. Für den Fall, daß die Drossel und der Kondensator so bemessen sind, daß sich Resonanz einstellt ($\omega^2 \cdot L \cdot C = 1$), nimmt das Übersetzungsverhältnis $\ddot{u}$ unter der praktisch nicht realisierbaren Voraussetzung völliger Verlustfreiheit der Schaltungsglieder den Wert Null und damit die Spannung U_2 am Kondensator C_2 den Wert ∞ an.

Die bisher betrachteten Teilerschaltungen a bis c bestehen nur aus je 2 Widerstandsgliedern. Mit den Untersuchungen von Teilerschaltungen gemäß Abb. 116d und e soll nun ein weiterer Schritt zu den betriebsmäßigen Schaltungen getan werden, wie sie bei der C-Messung und beim kapazitiven Spannungswandler verwendet werden. Beiden Anordnungen ist der kapazitive Teiler C_1, C_2 gemeinsam, dessen Diagramm und Grundgleichungen unter a bereits betrachtet wurden. Dem unteren Kondensator ist in Schaltung d zusätzlich ein ohmscher und in Schaltung e ein induktiver Widerstand parallel geschaltet. Die Gleichungen für das Übersetzungsverhältnis enthalten 2 Glieder, wobei das erste Glied mit dem Übersetzungsverhältnis des Teilers nach a identisch ist. Die zweiten Glieder der beiden Gleichungen geben damit offensichtlich die Abweichung des Übersetzungsverhältnisses der Teiler d und e von der Teilerschaltung nach a an. Belastet man also den Teiler nach a durch einen ohmschen oder induktiven Widerstand, so gibt das erste Glied der beiden Gleichungen das Leerlaufübersetzungsverhältnis und das zweite Glied die Abweichung des Übersetzungsverhältnisses bei Last an.

Die Schaltungen nach a und b können als die Grenzfälle der Schaltung nach d aufgefaßt werden, je nachdem, ob in Schaltung d der ohmsche Widerstandswert R oder der kapazitive Widerstand $1/\omega C_2$ für den Strom bestimmend ist. Demzufolge wird die allgemeine Schaltung nach d auch eine Frequenzabhängigkeit haben, die sich zwischen derjenigen der Schaltungen a und b bewegt. Wie oben ausgeführt, ist die Schaltung a frequenzunabhängig, während die Schaltung b in erster Annäherung eine lineare reziproke Abhängigkeit von der Frequenz aufweist. Die Frequenzabhängigkeit wird um so kleiner, je mehr sich die Schaltung d der Anordnung a nähert.

Die Meßgeräte der Sekundärseite werden bei Schaltungen nach d und e in dem Zweig angeordnet, der den Sekundärstrom J_2 führt. Es besteht nun natürlich der Wunsch, bei gegebenem Primärstrom J einen möglichst hohen Sekundärstrom J_2 zu erhalten. Die rechts von den Schaltbildern angeschriebenen Formeln zeigen das Verhältnis des Sekundärstromes zum Primärstrom. Das Stromverhältnis wird bei der

Schaltung nach d auch wieder zwischen denen der Schaltung a und b liegen. Bei Schaltung a war die Anwendung eines elektrostatischen Spannungsmessers vorausgesetzt, der dem Teiler praktisch keinen Strom entnimmt. In der Schaltung b hingegen, bei der das Meßgerät in Reihe mit dem Kondensator angeordnet ist, ergibt sich das Stromverhältnis eins.

Der aus der Schaltung d entnehmbare Sekundärstrom nähert sich also um so mehr dem Primärstrom, je kleiner der Widerstandswert von R gegenüber demjenigen des Kondensators C_2 wird. Wie ausgeführt, wird aber gerade in diesem Fall die Frequenzabhängigkeit am ungünstig-

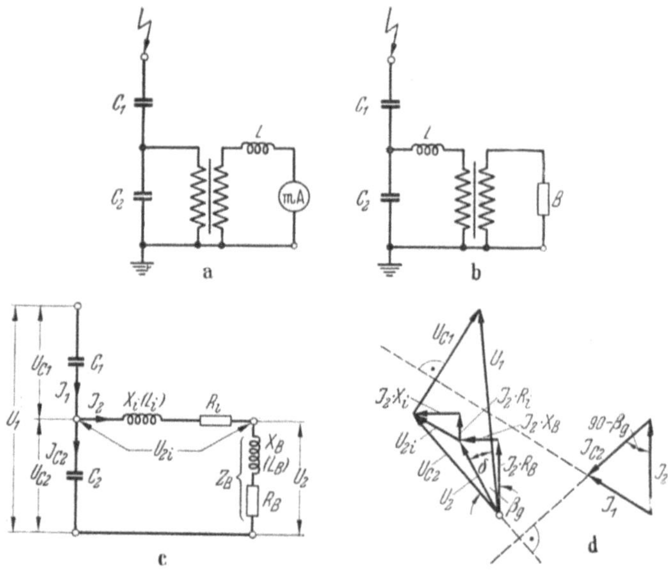

Abb. 117. Schaltbilder, Ersatzschaltbild und Diagramm für C-Messung und kapazitiven Spannungswandler.

sten. Bei der Verwendung der Schaltung d muß demzufolge ein Kompromiß zwischen der Höhe der entnehmbaren sekundären Leistung und der Frequenzabhängigkeit geschlossen werden.

In den Formeln für das Spannungs- und das Stromverhältnis der Schaltung nach e tritt, wie schon bei Schaltung c, der allgemeine Ausdruck $\omega^2 LC$ auf, der, wie bereits oben dargelegt, zeigt, daß Resonanzbedingungen vorliegen. Am meisten interessiert die Abhängigkeit des Stromverhältnisses. Dieses nimmt für den Fall, daß die Induktivität und der ihr parallelgeschaltete Kondensator C_2 in Resonanz sind, den Wert ∞ an. Es muß besonders betont werden, daß hier zunächst noch eine Schaltung besprochen wird, die sich aus verlustfreien Gliedern zusammensetzt. In Wirklichkeit haben sowohl die Kondensatoren als auch die Drossel Wirkverluste, die die Resonanzspitzen dämpfen, so daß das Stromverhältnis wohl einen großen, aber endlichen Wert annimmt.

In Abb. 117 sind die gebräuchlichen Grundschaltungen für die C-Messung (a) und für den kapazitiven Spannungswandler (b), sowie das für beide gemeinsame Ersatzschaltbild (c) aufgezeichnet. Im Ersatzschaltbild sind in der Induktivität L_i neben dem Induktivitätswert der in den Schaltungen a und b vorgesehenen Drossel zusätzlich die Induktivitäten des induktiven Wandlers zusammengefaßt. In gleicher Weise umfassen die ohmschen Widerstände R_i sämtliche in den Schaltungsgliedern (Kondensatoren, Drossel und induktivem Wandler) vorhandenen Verlustanteile. Der Widerstand Z_B stellt die sekundär angeschlossene Bürde dar.

Zunächst soll nur für diese allgemeine Ersatzschaltung das für die C-Messung besonders interessierende Stromverhältnis errechnet werden. Abb. 117d zeigt das Vektordiagramm der Ersatzschaltung. Aus dem Stromdreieck kann unter Benutzung des Cosinussatzes die Beziehung zwischen den Strömen gewonnen werden.

$$J_1^2 = J_{C2}^2 + J_2^2 - 2 \cdot J_{C2} \cdot J_2 \cdot \cos(90 - \beta_g). \qquad (98)$$

Mit β_g ist auch hier der Winkel bezeichnet, der sich aus den Induktivitäten $L_g = L_i + L_B$ und den ohmschen Widerständen $R_g = R_i + R_B$ ergibt:

$$\sin \beta_g = \frac{\omega \cdot L_g}{\sqrt{R_g^2 + \omega^2 \cdot L_g^2}}. \qquad (99)$$

Nach einigen Umformungen ergibt sich das reziproke Stromverhältnis zu

$$\frac{J_2}{J_1} = \frac{1}{\sqrt{(1 - \omega^2 L_g\, C_2)^2 + (R_g\, \omega\, C_2)^2}}. \qquad (100)$$

Für den Fall, daß die Gesamtinduktivität L_g und der ihr parallelgeschaltete Kondensator C_2 für die Grundwellen in Resonanz sind, ergibt sich

$$\left(\frac{J_2}{J_1}\right)_{\text{res}} = \frac{1}{R_g \cdot \omega \cdot C_2}. \qquad (101)$$

Für die Nennfrequenz $\omega_n = \omega_{\text{res}}$ wäre damit eine recht beträchtliche Stromerhöhung erreicht. Dies gilt jedoch nicht für die Oberwellen, so daß für die Schaltungsanordnung bei einer derartigen Abstimmung, wie sie wohl zuerst BROOCKS gezeigt hat, ein außerordentlich ungünstiges Oberwellenverhalten in Kauf genommen werden muß.

In der Praxis werden daher, wie u. a. G. KEINATH und A. OHLHANS bewiesen haben, wesentlich bessere Verhältnisse erreicht, wenn die

Bemessung so erfolgt, daß sich als Resonanzfrequenz etwa die in der Praxis nicht vorkommende zweite Harmonische ergibt. Abb. 118 zeigt das Stromverhältnis bei einer derartigen Abstimmung. Bei der Grundwelle und der am meisten interessierenden dritten Oberwelle ergibt sich dann ein etwa gleiches Stromverhältnis. Bei den höheren Harmonischen, die in der Spannungskurve im allgemeinen mit viel geringeren Prozentsätzen vorhanden sind, sinkt das Stromverhältnis langsam weiter ab. Auf diese Weise wird bei der C-Messung erreicht, daß die dritte Oberwelle praktisch einwandfrei und die höheren Oberwellen noch einigermaßen gut übertragen werden.

Die Höhe und Schärfe der Stromspitzen bei Resonanz wird, wie die Formel (101) erkennen läßt, um so größer sein, je kleiner der ohmsche Widerstand R_g im Vergleich zu $1/\omega C_2$ bzw. ωL_g ist. Bei den heute üblichen C-Meßschaltungen liegt dieses Widerstandsverhältnis bei etwa 1:6.

Bei *kapazitiven Wandlern* dagegen liegen die Verhältnisse gerade umgekehrt. Der ohmsche Widerstand — im wesentlichen durch die Höhe der Bürde bestimmt — ist für die Nennfrequenz größenordnungsmäßig mindestens zehn- bis zwanzig-

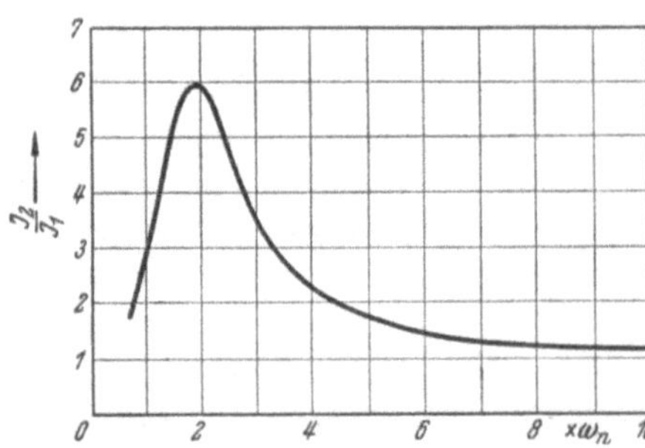

Abb. 118.
Frequenzabhängigkeit der C-Meßanordnung.

mal größer als der Blindwiderstand der Drossel. Daraus ergibt sich einerseits, daß beim kapazitiven Wandler die Resonanzspitze kaum ausgeprägt ist, so daß ein weitaus besseres Frequenzverhalten erwartet werden kann als bei der C-Messung. Andererseits ist die Spannungsteilung im Sekundärkreis zwischen den Gliedern des inneren Widerstandes ($\omega \cdot L_i$ und R_i) und denen der Bürde ($\omega \cdot L_B$ und R_B) infolge der Bemessungsbedingungen so, daß der Spannungsverlust ($J_2 \cdot Z_i$) nur einen vergleichsweise kleinen negativen Übersetzungsfehler bewirkt. Dieser wird zu $^9/_{10}$ oder mehr dadurch wettgemacht, daß der Sekundärkreis den kapazitiven Spannungsteiler (C_1 und C_2) induktiv belastet, was gemäß den Formeln der Abb. 116e zu einer etwa gleichgroßen sekundären Spannungserhöhung führt.

So wie ein Stromwandler als praktisch kurzgeschlossener und ein induktiver Spannungswandler als nahezu sekundär unbelasteter Transformator anzusehen ist, kann die C-Messung als fast kurzgeschlossener und der kapazitive Spannungswandler als praktisch offener Teilerwandler angesehen werden. Die C-Messung ist daher ihrem Wesen nach eine Strommessung. Soll also vom Stromwert auf die Spannung geschlossen werden, so ist ein konstanter Widerstand der Gesamtschaltung Voraussetzung. Die C-Messung ist deshalb an einen Abgleich auf feste Bürde gebunden.

Der kapazitive Spannungswandler hingegen ist als echter Spannungswandler anzusehen. Er erfüllt ebenso wie der induktive Wandler alle in den VDE-Regeln festgelegten Genauigkeitsbedingungen bezüglich des Bürdenbereiches und des von der Technischen Eichoberbehörde für die Beglaubigung geforderten Leistungsfaktorbereiches der Bürde.

Es wurde bereits erwähnt, daß durch die völlig andere Bemessung des kapazitiven Spannungswandlers gegenüber der C-Messung eine ausgeprägte Resonanzspitze praktisch nicht zustande kommt. Man braucht deshalb auch nicht zu befürchten, daß das Oberwellenverhalten besonders ungünstig wird, wenn die bei der C-Messung als ungünstig nachgewiesene Grundwellenresonanz hergestellt wird.

Die Formeln des Spannungsverhältnisses und des Fehlwinkels für die im Ersatzschaltbild (Abb. 117 c) gezeigten allgemeinen Verhältnisse sind sehr umfangreich und zudem auch außerordentlich unübersichtlich. Sie zeigen, daß sich ein günstiges Verhalten, besonders hinsichtlich des Fehlwinkels ergibt, wenn die Induktivität L_g mit der Summe der beiden Teilkapazitäten (C_1 und C_2) für die Grundwelle in Resonanz gebracht wird. Dies ist leicht aus rein physikalischen Betrachtungen zu erkennen. Für die Grundfrequenz zeigt dann nämlich die Schaltung das Verhalten eines ohmschen Widerstandes. Wäre jedoch, worauf die für den kapazitiven Spannungswandler verhältnismäßig unwichtigen Stromgleichungen hinzuweisen scheinen, eine Resonanz für die Grundwelle zwischen Induktivität L_g und dem ihr parallelgeschalteten Teilkondensator C_2 vorhanden, dann würde die Parallelschaltung das Verhalten eines ohmschen Widerstandes zeigen, während der Kondensator C_1 einen kapazitiven Charakter hätte, so daß sich eine Ersatzschaltung gemäß Abb. 116 b ergibt. Die dort angeführte Formel für den Fehlwinkel zeigt, daß sich dann sehr große Fehlwinkel ergeben. Dies ist der Grund, warum auch beim kapazitiven Spannungswandler die Abstimmung nicht mit L und C_2, sondern mit L und ($C_1 + C_2$) vorgenommen wird.

Für diesen besonderen Fall sollen nun die beim kapazitiven Spannungswandler besonders interessierenden Gleichungen für das Spannungsübersetzungsverhältnis entwickelt werden. Für eine ohmsche Bürde beträgt der Fehlwinkel bei der vorausgesetzten Resonanzabstimmung

$$\omega L_i = \frac{1}{\omega \cdot (C_1 + C_2)} \tag{102}$$

grundsätzlich Null. Demzufolge nimmt das Vektordiagramm, das in Abb. 119 gezeichnet ist, eine besonders einfache Form an, da die Sekundärspannung U_2 am Widerstand R_B und die Primärspannung U_1 genau in Phase sind. Das Spannungsübersetzungsverhältnis läßt sich damit als skalare Gleichung schreiben

$$\ddot{u} = \frac{U_1}{U_2} \approx \frac{U_{C1} + U_{Ri} + U_2}{U_2}. \tag{103}$$

Bei der Bildung der Primärspannung U_1 müßte eigentlich an Stelle von U_{C1} die Projektion dieser Größe auf die U_1-Richtung eingesetzt werden. Da aber der Spannungsabfall an der Drossel um $2\cdots3$ Zehnerpotenzen kleiner ist als der Spannungsabfall U_{C1} am Kondensator C_1, ist diese Vernachlässigung bei der Bildung des Spannungsübersetzungsverhältnisses ohne weiteres zulässig. Sie gestattet außerdem eine verhältnismäßig einfache Weiterbildung der Formeln für das Übersetzungsverhältnis. Ersetzt man die Spannungsgrößen der Gleichung durch die Widerstandswerte, so ergibt sich für das Spannungsübersetzungsverhältnis:

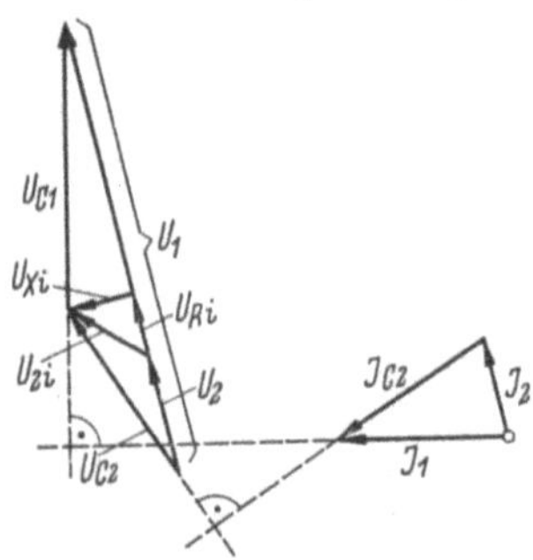

Abb. 119. Vektordiagramm des auf Resonanz abgestimmten kapazitiven Spannungswandlers bei ohmscher Bürde.

$$\ddot{u} = \sqrt{\frac{(1 - \omega^2 \cdot L_i\, C_2)^2 + (R_g \cdot \omega \cdot C_2)^2}{(R_B \cdot \omega \cdot C_1)^2}} + \frac{R_g}{R_g}. \tag{104}$$

Fügt man entsprechend der vorausgesetzten Resonanzabstimmung die Formel (102) in diese Gleichung ein, dann nimmt sie folgende Form an:

$$\ddot{u} = \sqrt{\left(\frac{\dfrac{C_1}{C_1 + C_2}}{R_g \cdot \omega \cdot C_1}\right)^2 + \left(\frac{R_g \cdot C_2}{R_B \cdot C_1}\right)^2} + \frac{R_g}{R_B}. \tag{105}$$

Bei der heute üblichen Bemessung von kapazitiven Spannungswandlern ist das erste Glied der Wurzel größenordnungsmäßig um $2\cdots4$ Zehnerpotenzen kleiner als das zweite Glied unter der Wurzel. Es kann daher ohne weiteres vernachlässigt werden, so daß sich folgende sehr einfache Formel für das Spannungsübersetzungsverhältnis ergibt:

$$\ddot{u} = \frac{U_1}{U_2} = \left(1 + \frac{R_i}{R_B}\right) \cdot \left(1 + \frac{C_2}{C_1}\right). \tag{106}$$

Der zweite Klammerausdruck stellt, wie Abb. 116a zeigt, das Übersetzungsverhältnis des unbelasteten kapazitiven Teilers dar, also damit auch etwa das Leerlaufübersetzungsverhältnis des kapazitiven Spannungswandlers. Ein gewisser Leerlauffehler kommt durch den Leerlaufstrom des induktiven Wandlers herein, der in den bisherigen Betrachtungen nicht berücksichtigt wurde. Dieser wird aber im allgemeinen klein gegenüber dem Strom J_2 bleiben, so daß mit recht guter Annäherung geschrieben werden kann:

$$\ddot{u}_l = \left(1 + \frac{R_i}{R_B}\right) \cdot \ddot{u}_0,\qquad(107)$$

wenn mit $\ddot{u}_0$ das Leerlauf- und mit $\ddot{u}_l$ das Lastübersetzungsverhältnis des kapazitiven Spannungswandlers bezeichnet ist. $\ddot{u}_0$ ist an sich, wie bereits erwähnt, eine nicht mehr ganz konstante Größe, sie enthält den Leerlauffehler des induktiven Spannungswandlerteiles.

Der prozentuale Lastspannungsfehler F_l des mit ohmscher Bürde belasteten kapazitiven Spannungswandlers kann wie folgt angegeben werden:

$$F_l = \frac{\dfrac{U_1}{\ddot{u}_l} - \dfrac{U_1}{\ddot{u}_0}}{\dfrac{U_1}{\ddot{u}_0}} \cdot 100 \,.\qquad(108)$$

Fügt man die Beziehung (107) ein, so ergibt sich nach einigen Umformungen die sehr einfache Fehlergleichung für den mit rein ohmscher Bürde belasteten Spannungswandler zu:

$$F_l = \frac{R_i}{R_i + R_B} \cdot 100 \,.\qquad(109)$$

Der Lastfehler des kapazitiven Spannungswandlers wird demnach allein durch die Gesamtheit der inneren Verluste verursacht, die im Ersatzschaltbild und in den bisherigen Gleichungen in R_i zusammengefaßt waren. Diese setzen sich zusammen aus den dielektrischen Verlusten der Kondensatoren C_1 und C_2, den Kupferverlusten der Drossel und des induktiven Wandlers und den Wattverlusten der Eisenkerne von Drossel und induktivem Spannungswandlerteil.

Die Gleichung (109) beschreibt das Verhalten eines Spannungsteilers aus den ohmschen Widerständen R_i und R_B. Damit liegen beim kapazitiven Spannungswandler hinsichtlich des Lastfehlers völlig gleiche Verhältnisse wie beim induktiven Spannungswandler vor. Aus den Fehlerwerten bei ohmscher Bürde kann in üblicher Weise aus dem MÖLLINGER-Diagramm auf die Fehler bei einer anderen Größe der Bürde und bei anderem Bürdenleistungsfaktor geschlossen werden.

Es muß nochmals darauf hingewiesen werden, daß die vereinfachte Fehlerbeziehung (109) nur unter der Voraussetzung gilt, daß eine Resonanzabstimmung gemäß Gleichung (104) vorliegt und der Wert des ohmschen Widerstandes R_g groß gegenüber dem Blindwiderstand $\omega \cdot L_g$ der Induktivität ist.

Es mag verwunderlich erscheinen, daß in der Fehlergleichung die Größe der Kapazitäten nicht erscheint. Dies ist durch die beiden oben erwähnten Vereinfachungen bedingt, da dann auch der Wert des Widerstandes R_B groß gegen die Widerstandswerte der Kapazitäten wird, so daß letztere in erster Annäherung vernachlässigt werden können.

Wie beim induktiven Wandler läßt sich auch für den kapazitiven Wandler eine Leistungsgleichung aufstellen. Die vom Wandler primärseitig aufgenommene Leistung ist:

$$N_{1n} = U_{1n}^2 \cdot \omega \cdot \frac{C_2}{\ddot{u}_0}. \tag{110}$$

Dies ist die Leerlaufleistung. Sie kann aber ohne großen Fehler auch als Gesamtleistung angesehen werden, da die vernachlässigte abgegebene Leistung:

$$N_{2n} = \left(\frac{U_{1n}}{\ddot{u}_0}\right)^2 \cdot \frac{1}{Z_g} \tag{111}$$

nur höchstens $1 \cdots 1{,}5\%$ von N_{1n} beträgt und ihr vektoriell zugesetzt werden muß. Beide Gleichungen ergeben unter Berücksichtigung der Beziehungen (106) und (109):

$$N_{2n} = N_{1n} \cdot \frac{C_1}{C_2} \cdot \frac{\omega L_i}{R_i} \cdot \frac{F_l/100}{1 - F_l/100}. \tag{112}$$

Für kapazitive Spannungswandler, die für die Klassen 0,2, 0,5 oder 1 ausgelegt sind, liegt der Ausdruck $(1 - F_l/100)$ zwischen 0,99 und 1,00, so daß er vernachlässigt werden kann. Damit ergibt sich als Leistungsgleichung

$$N_{2n} = N_{1n} \cdot \frac{C_1}{C_2} \cdot \frac{F_l}{100} \cdot g, \tag{113}$$

wobei mit

$$g = \frac{\omega L_i}{R_i} \tag{114}$$

der Gütefaktor der gesamten Schaltung bezeichnet ist. Der in der Gleichung aufgeführte Lastfehler F_l berücksichtigt nicht den Fehler, der durch die Lastspannungsabfälle am induktiven Spannungswandler entsteht. Dieser Fehler muß, wie in den früheren Abschnitten gezeigt, besonders errechnet und zu dem hier angeführten Lastfehler der Schaltung hinzugefügt werden. In erster Annäherung ist es gestattet, in der Leistungsgleichung die Summe dieser Fehler anzuführen, womit dann eine Leistungsgleichung für den gesamten kapazitiven Wandler Gültigkeit erhält.

Bei den heute ausgeführten kapazitiven Spannungswandlern wird ein Gütefaktor in der Größenordnung von 15 und 25 erreicht, woraus geschlossen werden kann, daß durch die Anwendung der Resonanzabstimmung mit Hilfe der Drossel L eine gleichwertige Leistungserhöhung erzielt wird.

Will man das Oberwellenverhalten des kapazitiven Spannungswandlers ermitteln, so sind die bisherigen Gleichungen nicht brauchbar, da die ihnen zugrunde gelegte Resonanzabstimmung und die vorausgesetzten Vereinfachungen nicht mehr zutreffen. Das Fehlerverhalten des kapazitiven Spannungswandlers in der Nähe der Nennfrequenz zeigt Formel (115), die sich aus der allgemeinen Fehlergleichung dann ergibt, wenn der Wandler bei Ohmscher Bürde auf Grundwellenresonanz abgestimmt ist. Der Fehlwinkel δ (min) wird:

$$\delta = - 3440 \cdot \frac{\varDelta\omega/\omega_n\,(2 + \varDelta\omega/\omega_n)}{1 + \varDelta\omega/\omega_n} \cdot g_g \approx - 6880 \cdot \varDelta\omega/\omega_n \cdot g_g. \tag{115}$$

Es bedeuten:

ω_n = Nennfrequenz (Hz).

$\varDelta\omega$ = Abweichung von der Nennfrequenz (Hz).

$g_g = \omega L_i/R_g$ = Gütefaktor der Gesamtanordnung einschließlich des Ohmschen Bürdenanteils.

L_i = Gesamtinduktivität der Schaltung (H).

$R_g = R_i + R_B$ = Summe aus den Ersatzwiderständen der Einzelteile (R_i) und der Bürde (R_B).

Formel (115) läßt unschwer erkennen, daß die frequenzbedingte Änderung des Fehlwinkels etwa der Nennleistung proportional ist.

Die Fähigkeit des kapazitiven Spannungswandlers im Gegensatz zu der C-Meßanordnung, Oberwellen in der Spannungskurve gut zu übertragen, wurde bereits erwähnt. Abb. 120 vermittelt die Verhältnisse bei einem besonders ungünstigen Fall (Reihe 380 E). Die Werte gelten für cos β — auf 50 Hz bezogen — zwischen 0,5 und 1 praktisch unverändert. Die Oberwellenfehlwinkel betragen selbst bei der 9. Harmonischen und Nennleistung $N_2 = 300$ VA

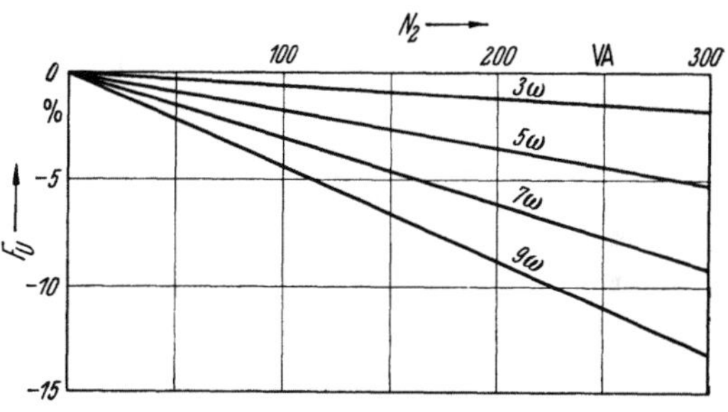

Abb. 120. Fehler bei der Oberwellenübertragung eines kapazitiven Spannungswandlers.

nur $3\cdots4°$ bei dem genannten Bereich des Leistungsfaktors der Bürde.

Bei induktiven Spannungswandlern wird der Oberwellenfehler im wesentlichen durch die Kapazitätsströme hervorgerufen. Beim kapazitiven Wandler dagegen sind die Abweichungen der auf die Nennfrequenz bezogenen Sekundärleistung N_2 proportional. Es bietet sich also die Möglichkeit, besonders gute Oberwellenübertragung durch kleine Belastung zu erzielen, ein Vorteil, der beim induktiven Wandler nicht gegeben ist. Die absolute Größe der Fehler in der Oberwellenübertragung liegen bei einem induktiven Wandler der Reihe 380 E in der gleichen Größenordnung — es kommt dabei sehr auf dessen Bauweise an —, so daß der kapazitive Wandler auch in diesem Punkt keineswegs einen Vergleich mit dem induktiven zu scheuen braucht.

Im allgemeinen wird hinsichtlich der Oberwellenübertragung nur verlangt, daß der Effektivwert genau auf die sekundäre Seite übermittelt wird. Aus den Werten gemäß Abb. 120 ergibt sich, daß bei einer Belastung von 300 VA — auf Nennfrequenz bezogen — und einer Spannungskurve, die neben der Grundwelle noch 30 % 3., 15 % 5., 10 % 7. und 5 % 9. Harmonische enthält, ein Fehler hinsichtlich des Effektivwertes von weniger als 1 % auftritt.

Im Vorstehenden wurde erwähnt, daß die vom kapazitiven Wandler aufgenommene Primärleistung 50···100mal größer als seine Nutzleistung ist. Es hat also den Anschein, als ob er ein Verbraucher mit außerordentlich ungünstigem Wirkungsgrad sei. Dazu muß jedoch bemerkt werden, daß die aufgenommene Leistung nahezu rein kapazitiv ist. Das Einschalten eines kapazitiven Wandlers ist damit nur gleichbedeutend mit einer Verlängerung der Freileitung um 500 bis 600 m oder des Kabels um rund 30···50 m.

Wie der induktive Wandler wird auch der kapazitive Wandler durch Kurzschluß der Sekundärseite gefährdet. Bei beiden Wandlerarten tritt eine thermische Überlastung ein, die zur Zerstörung führt. Beim kapazitiven Wandler wird mit dem sekundären Kurzschluß aber zugleich der die Resonanzspitze dämpfende ohmsche Widerstand fast Null, so daß am unteren Teilkondensator C_2 und dem Zwischenkreis sehr hohe Spannungen auftreten. Man bekämpft diese durch Parallelschalten einer Funkenstrecke oder eines Ableiters.

Neuerdings ist eine andere Art der Spannungsmessung mit kapazitivem Teiler bekannt geworden. Als Teiler wird meistens ein Stromwandler mit C-Belag benutzt. An den Teiler ist unterspannungsseitig ein Meßverstärker angeschlossen, aus dem die Geräte für Messung und Schutz gespeist werden. Der Verstärker entnimmt dem Teiler, unabhängig von der Bürde des Wandlers, praktisch keinen Strcm, so daß das Teilerverhältnis bürdenunabhängig ist. Die Forderungen hinsichtlich Spannungsfehler, Fehlwinkel, Frequenz und Bürdenbereich sowie zeitliche Konstanz, die sonst vom Wandler erfüllt werden müssen, gehen hier auf den Verstärker über. Für den Verstärker muß eine eigene Stromversorgung vorgesehen werden, um das Gerät im Falle eines Ausfalls des Versorgungsnetzes arbeitsfähig zu halten. Die Alterung der Verstärkerröhren und eine Auswechslung derselben dürfen auf die Eigenschaften des Verstärkers nur einen untergeordnelen Einfluß ausüben. Um die Oberwellen richtig zu übertragen, muß der Verstärker für ein breites Frequenzband bemessen sein. Wichtig ist schließlich, daß der Verstärker so ausgelegt ist, daß er durch Wanderwellen keinen Schaden nimmt.

C. Hochspannungsfestigkeit.

Störungen im Netzbetrieb werden meistens durch Versagen der Isolation von Geräten oder Anlageteilen (Über- und Durchschläge) hervorgerufen. Es liegt im Interesse einer möglichst ungestörten Versorgung, derartige Störstellen schnell und eng begrenzt (selektiv) aus dem gesunden Netz herauszuschalten. Diese Aufgabe fällt heute den sehr hoch entwickelten Schutzeinrichtungen und den durch sie gesteuerten Leistungsschaltern zu. Die Geräte des Schutzes werden nun aber auch mittels der Strom- und Spannungswandler (Abb. 121) an das Hochspannungsnetz angekoppelt. Ein Versagen der Isolation der Wandler wäre gleichbedeutend mit dem Ausfallen des Schutzes an dieser Stelle. Der Hochspannungsfestigkeit der Meßwandler kommt daher eine besonders große Bedeutung zu.

Abb. 121. Freiluftanlage mit Spannungswandlern (Brown, Boveri & C.).

I. Beanspruchung im Netzbetrieb.

Ehe auf die Maßnahmen zur Beherrschung der dielektrischen Beanspruchungen eingegangen wird, sollen diese zunächst kritisch untersucht werden.

a) Ungestörter Betrieb.

Während des ungestörten Netzbetriebes liegt an den Primärwicklungen der Strom- und Spannungswandler die Betriebsspannung, wobei höchstens Schwankungen um $\pm 20\%$ vorkommen. Die Spannung zwischen den Wicklungsenden der Primärwicklung von Stromwandlern beträgt nur mV bis V, so daß Störungen innerhalb dieser Wicklungen nicht zu befürchten sind. Bei Spannungswandlern hingegen liegt längs der Primärwicklung die volle Betriebsspannung, so daß eine sorgfältige Isolierung innerhalb der Primärwicklung notwendig ist. Bei allen Wandlern ist überdies zwischen der Primärwicklung und den übrigen Teilen des Wandlers die gegen Erde anstehende Betriebsspannung dauerhaft und sicher zu isolieren.

b) Langwährende Überspannungen von Betriebsfrequenz.

Bildet sich im dreiphasigen, nicht starr geerdeten Netz ein einphasiger Erdschluß aus, so wird die Spannung zwischen den gesunden Leitern und Erde bis zu Werten ansteigen, die der verketteten Spannung entsprechen. Dieser Zustand kann eintreten, wenn sich beispielsweise durch Einwirkung von kurzzeitigen Überspannungen ein stehender Lichtbogen nach Erde bildet. Da die Netze, besonders bei den höheren Reihen, mit Maßnahmen zur Erdschlußlöschung ausgerüstet sind, hält dieser Zustand jedoch nicht lange an. Ist der einphasige Erdschluß jedoch durch Leiterbruch oder Durchschlag eines Gerätes oder Isolators bedingt, dann ist ein Herbeiführen des normalen Netzzustandes erst nach Auswechseln des beschädigten Teiles möglich.

Nicht starr geerdete Netze, wie sie zur Zeit in Deutschland vorwiegend vorhanden sind, bieten den Vorteil, daß der Netzbetrieb auch bei einem derartigen Störungsfall über lange Zeit aufrecht erhalten werden kann und somit die Möglichkeit besteht, durch Inbetriebnahme von Umgehungsleitungen und ähnlichen Maßnahmen eine Unterbrechung der Energieversorgung zu vermeiden.

Wie alle Geräte der gesunden Phasen haben auch die dort eingeschalteten Strom- und Spannungswandler meistens stundenlang die erhöhte Spannung auszuhalten und dürfen dabei keineswegs Schaden nehmen. An den Stromwandler und den zweipolig isolierten Spannungswandler stellt dieser Betrieb keine besondere Anforderung, da, wie im nächsten Abschnitt gezeigt wird, eine gute Isolationsbemessung durch Festlegung entsprechend hoher Prüfspannungen gewährleistet ist. Die Spannung längs der Wicklungen des zweipolig isolierten Spannungswandlers ist die gleiche wie im normalen Netzbetrieb. Die Primärwicklung wird nur gegen Erde auf das $\sqrt{3}$-fache der üblichen Spannung gehoben.

Beachtenswerter ist die Beanspruchung, die solche Spannungswandler erfahren, die zwischen Leiter und Erde geschaltet werden, also ein- und dreipolig isolierte Wandler mit starr geerdetem Primärsternpunkt. Längs der Wicklungen derjenigen Wandler, die an die gesunden Phasen angeschlossen sind, tritt dann die $\sqrt{3}$-fache Spannung auf. Damit ist nicht nur die Isolation innerhalb der Primärwicklung mit dieser erhöhten Spannung beansprucht, sondern es stellt sich auch eine Induktion ein, die $\sqrt{3}$-mal höher ist. Die dadurch bedingten stark erhöhten Wattverluste im Kern und in der Primärwicklung dürfen nicht zu einer thermischen Überbeanspruchung der Isolation führen.

c) Überspannungen mit Frequenz der ungeradzahligen Oberwellen.

Bei Spannungswandlern, die zwischen Leiter und Erde geschaltet werden, heben sich bekanntlich bei symmetrischen Verhältnissen die Grundwellen der Magnetisierungsströme eines Drehstromsatzes auf, so daß diese in der Verbindung des Wandlersternpunktes zum Trans-

formator- oder Maschinen-sternpunkt (Abb. 122a) nicht erscheinen. Dies gilt nicht für die Oberwellen. So fließt beispielsweise in der Sternpunktleitung die arithmetische Summe der dritten Harmonischen der Magnetisierungsströme.

Bei den meisten Mittel-spannungsnetzen wird eine Erdung des Sternpunktes von Maschine oder Trans-formator nicht durchge-führt, so daß die Ober-

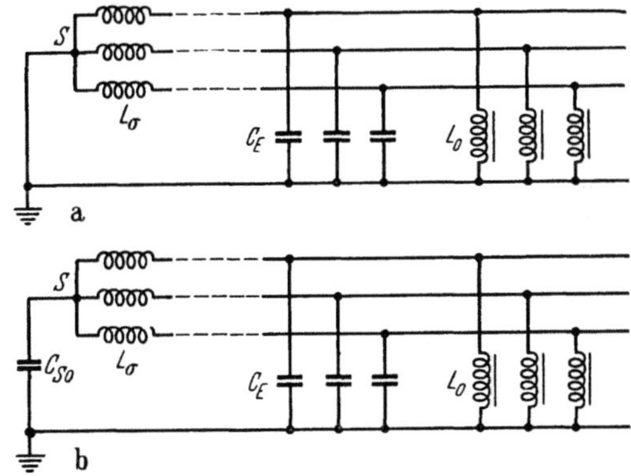

Abb. 122. Vereinfachte Ersatzschaltbilder von Drehstromnetzen.

wellen der Leerlaufströme sich nicht ausbilden können. Dann stellen sich, dem naturgegebenen Zusammenhang in der Hysteresisschleife entsprechend, Oberwellen in der Spannungskurve ein. Das Spannungsdreieck bleibt starr und damit die verketteten Spannungen unverzerrt. In den Leiter-Erdspannungen dagegen tritt eine starke 3. Oberwelle auf. Infolgedessen zeigen Spannungsmesser für die Phasenspannung höhere Werte als das $1/\sqrt{3}$-fache der verketteten Spannung.

Die Kapazitäten zwischen den Sammelschienen oder Leitungen nach Erde (C_E gemäß Abb. 122) hemmen die Ausbildung der Oberwellen in der Spannungskurve. Sie bewirken eine Symmetrierung der Sternspannungen, die um so wirksamer ist, je größer C_E und je höher die Ordnungszahl der Harmonischen ist. Die Verzerrung wird demnach praktisch nur für die dritte Harmonische und dann wirksam, wenn C_E klein ist. Dies ist der Fall, wenn am Transformator nur kurze Leitungslängen, also beispielsweise lediglich die Sammelschienen einschließlich der Spannungswandler angeschaltet sind.

Andererseits bewirkt die Sternerdkapazität des Transformators (C_{S0} in Abb. 122b) eine erhöhte Verzerrung der Spannungskurve, die am ungünstigsten wird, wenn C_{S0} in Resonanz mit den Leerlaufinduktivitäten L_0 der Wandler für eine der Oberwellen, bevorzugt der dritten, kommt. Derartige Überspannungen sind durchaus nicht selten und überschreiten schon in der Nähe des Resonanzfalls leicht die Überschlagspannung der Netzgeräte.

Eine wirksame Abhilfe ist dadurch gegeben, daß man der dritten Harmonischen des Leerlaufstroms einen bequemen Weg öffnet. Ein bewährtes Mittel ist die Anwendung einer geschlossenen Dreieckswicklung auf der Sekundärseite der drei einphasigen Spannungswandler, da sich die dritten Oberwellen bekanntlich in einer Dreieckswicklung aufheben bzw. totlaufen. Um der Gefahr zu begegnen, daß die Dreieckswicklung und damit die Wandler bei einem einphasigen Netzerdschluß überlastet werden und verbrennen, muß im Dreieck ein Schalter mit Schnellauslösung vorgesehen werden. Bei Wandlern, die neben den Meßwicklungen besondere Hilfswicklungen zur Erdschlußerfassung besitzen, können diese zur Bildung des Dreiecks herangezogen werden. Sind an den Wandlern keine Sekundärwicklungen zur Dreiecksbildung

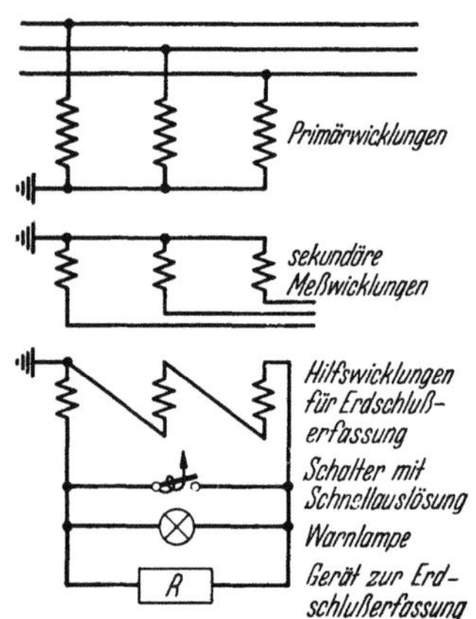

Abb. 123. Schutzschaltung gegen Oberwellen-Resonanz und Kippschwingungen.

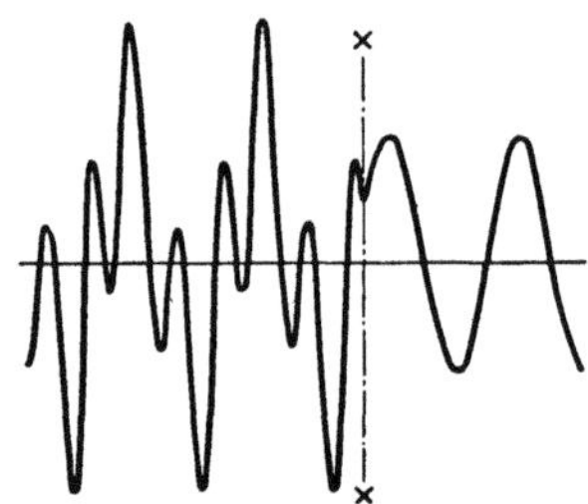

Abb. 124. Leiter-Erdspannung bei Oberwellenresonanz vor und nach Schließen des Dreiecks.

frei, so kann ein in Stern/Dreieck geschalteter Zwischenwandler verwendet werden, der primärseitig an die Meßwicklungen angeschlossen wird.

Zweckmäßig ordnet man gemäß Abb. 123 parallel zu den Schalterkontakten eine optische oder akustische Warnvorrichtung an. Löst der Schalter im Falle eines Dauererdschlusses aus, so spricht die Warnvorrichtung an. Lag dagegen nur ein Erdschlußwischer vor, der die Auslösung des Schalters bewirkte, so spricht die Warnvorrichtung nur an, wenn Überspannungen durch die höheren Harmonischen in der Leiter-Erdspannung vorhanden sind. Das Wiedereinlegen des Schalters gelingt nur im letzteren Fall, nicht jedoch bei noch bestehendem Erdschluß.

Abb. 124 zeigt im linken Teil das Auftreten der dritten Harmonischen in der Leiter-Erdspannung. Im Zeitpunkt ($\times - \times$) wird das Dreieck der Hilfswicklungen geschlossen. Die Verzerrung in der Spannungskurve verschwindet schlagartig, so daß dann die normale sinusförmige Spannungskurve vorhanden ist.

d) Wanderwellen.

Wird eine Leitung an das Netz angeschaltet, dann nimmt sie nicht auf ihrer ganzen Länge sofort die Netzspannung an, da die Ladungswelle sich zwar mit sehr großer, aber doch nur mit endlicher Geschwindigkeit fortpflanzt. Vom Einschaltort aus beginnend, nehmen daher nach und nach die entfernt liegenden Teile der Leitung Spannung an. Die Folge ist, daß während der Übergangszeit verhältnismäßig eng benachbarte Teile des Leitungszuges das volle Potential gegeneinander haben. Diese Grenzstelle bewegt sich bei Freileitungen etwa mit Lichtgeschwindigkeit vom Einschaltort weg. So entsteht eine von der Schaltstelle ausgehende Wanderwelle, deren zeitlicher Spannungsanstieg (Stirnsteilheit) zunächst von der Art des Schaltorganes zwischen Spannungsquelle und Leitung abhängig ist. Derselbe Vorgang tritt auch bei Überschlägen und der direkten oder indirekten Einwirkung des Blitzes auf. Ähnliche Vorgängs spielen sich beim Abschalten und Erden einer Leitung ab. Über diese Erscheinungen und die Folgen existiert eine große Anzahl von Veröffentlichungen. Besonders eingehend hat sich hiermit R. RÜDENBERG befaßt. Es ist hier nicht der Platz, um die Probleme mathematisch vollständig darzustellen. Für eine qualitative Betrachtung der Einwirkung dieser Vorgänge auf die Meßwandler genügt es, die Grundgedanken und so weit nötig, die Endformeln der Theorie zu kennen. Die Fortpflanzungsgeschwindigkeit v [km/sec] ergibt sich exakt durch die Formel

$$v = \frac{1}{\sqrt{l \cdot c}}. \tag{116}$$

l und c sind die Selbstinduktion [H] bzw. die Kapazität [F] der Leiterschleife je Längeneinheit. Für die Freileitungen ergibt die Formel Werte, die etwa der Lichtgeschwindigkeit entsprechen, bei Kabeln beträgt die Fortpflanzungsgeschwindigkeit nur etwa die Hälfte.

Den Begriff

$$z = \sqrt{\frac{l}{c}} \tag{117}$$

bezeichnet man als Wellenwiderstand [Ohm] der Leitung. Er gibt entsprechend der Gleichung

$$e = z \cdot i, \tag{118}$$

dem Ohmschen Gesetz, den Zusammenhang zwischen den Augenblicks-
werten von Strom und Spannung an. Für eine Freileitung kann im
Mittel eine Induktivität von 1,67 mH/km und eine Kapazität von
6,7 nF/km angenommen werden. Die entsprechenden mittleren Werte
für ein Kabel betragen $l = 0,33$ mH/km und $c = 133$ nF/km. Damit
ergibt sich für die Freileitung ein Wellenwiderstand von $z = 500$ Ohm
und für das Kabel ein solcher von $z = 50$ Ohm. Diese Mittelwerte
gelten für einen Leiter mit Erdrückleitung. Für x parallele Leiter gilt
ein Gesamtwellenwiderstand

$$z_{xg} \approx \frac{z_{LE} + (x-1) \cdot z_{LL}}{x} . \tag{119}$$

In dieser Formel bedeuten:

$z_{LE} =$ Wellenwiderstand des Leiters mit Erdrückleitung (bei Freileitung wie oben
errechnet ca 500 Ohm).

$z_{LL} =$ Wellenwiderstand zweier Leiter gegeneinander (bei Freileitungen größenordnungsmäßig 125 Ohm).

Will man nun beispielsweise den Wellenwiderstand einer Drehstromleitung ermitteln, so ist für x der Wert 3 einzusetzen, so daß sich ein
Gesamtwellenwiderstand der Drehstromleitung mit Erdrückleitung zu
etwa 250 Ohm ergibt.

Nimmt man zunächst an, daß die Freileitung keinerlei ohmsche
Widerstände besitze und auch keine Verluste durch Glimmen oder
Sprühen (Korona) eintreten, dann bleibt die Höhe der Welle und die
Wellenform, also die Steilheit und Spannung der Wanderwellenstirn,
unverändert. In der Praxis jedoch ist die Voraussetzung verlustloser
Leitungen niemals gegeben.

Der für Wanderwellen wirksame Widerstand entspricht nicht dem
ohmschen Widerstand der Leitung. Bei steiler Wanderwellenstirn
werden die Stromfäden mehr oder weniger durch die inneren Wirbelströme an die Außenhaut des Leiters verdrängt. Dies ist gleichbedeutend
mit einer Erhöhung des ohmschen Widerstandes, die um so größer ist,
je größer die Stirnsteilheit ist. Die Längswiderstände bewirken deshalb
eine allmähliche Verkleinerung der Stirnsteilheit.

Die Koronaerscheinungen dagegen bewirken infolge des Energie-
verlustes im wesentlichen eine Senkung des Spannungswertes der
Wanderwelle, ohne wesentliche Verzerrung der Stirnsteilheit.

Trifft die Wanderwelle auf einen Punkt, an dem der Wellenwiderstand eine Änderung erfährt, also beispielsweise auf den Übergang
zwischen Freileitung und Kabel oder umgekehrt, so teilt sich die Wanderwelle in zwei auf, nämlich einmal eine solche, die in der gleichen Richtung weiterwandert und eine zweite rückläufige Welle. Da an einem
Punkt eines Leitungssystemes nur eine Spannung herrschen kann,
muß der Spannungswert der ursprünglichen Welle gleich der Summe

der Spannungswerte der neu entstandenen beiden Wellen sein. Das gleiche gilt für die Stromwerte. Unter Zugrundelegen des Ohmschen Gesetzes läßt sich aus diesen Bedingungen die Höhe der Strom- und Spannungswerte der neu entstandenen Wellen errechnen oder durch graphische Verfahren gewinnen. Für die hier anzustellenden Betrachtungen genügt es, die Spannungswerte zu ermitteln. Bezeichnet man den Spannungswert der ursprünglichen Welle mit e_0, denjenigen der in gleicher Richtung weiterlaufenden Welle mit e_W, und den Spannungswert der rücklaufenden neuen Welle mit e_R, so ergibt sich

$$\frac{e_W}{e_0} = \frac{2 \cdot z_W}{z_R + z_W} \tag{120}$$

und

$$\frac{e_R}{e_0} = \frac{z_W - z_R}{z_W + z_R}. \tag{121}$$

In diesen Formeln ist mit z_R der Wellenwiderstand desjenigen Leitungsstückes bezeichnet, aus dem die ursprüngliche Welle kommt, mit z_W dasjenige, in dem sich die neue in gleicher Richtung laufende Welle fortsetzt. Für den Übergang einer einphasigen Freileitung auf ein einphasiges Kabel ergeben sich damit folgende Werte.

$$\frac{e_W}{e_0} = \frac{2}{11} \; ; \quad \frac{e_R}{e_0} = -\frac{9}{11}.$$

Für den umgekehrten Fall, also Übergang vom Kabel zur Freileitung, ergeben sich als Spannungsverhältnisse

$$\frac{e_W}{e_7} = \frac{20}{11} : \quad \frac{e_R}{e_0} = \frac{9}{11}$$

Im ersteren Falle — Übergang Freiluftleitung zum Kabel —, also bei Übergang auf ein Leitungsstück mit kleinerem Wellenwiderstand, werden sowohl die vorwärts laufende als auch die rücklaufende Welle gegenüber der ursprünglichen in ihren Spannungswerten geschwächt. Im umgekehrten Fall — Übergang auf einen Leiter mit höherem Wanderwellenwiderstand — findet eine Überhöhung der fortlaufenden Welle statt, wohingegen die rücklaufende Welle geschwächt wird.

Für den Grenzfall, daß die Wanderwelle an das offene Ende der Leitung gelangt ($z_R = 500$; $z_W = \infty$), versagen die obengenannten einfachen Formeln. da sich Ausdrücke ∞/∞ ergeben. Grenzbetrachtungen führen dazu, daß die rücklaufende Welle den doppelten Spannungswert der ursprünglichen Welle annimmt.

Trifft nun die Wanderwelle im Zuge der Leitung auf die Primärwicklung eines Stromwandlers, so werden für die rückwandernde und weiterlaufende Wanderwelle Spannungsunterschiede im oben beschriebenen Sinne vorhanden sein, da dessen Induktivität und die parallel zu der Primärwicklung liegende innere Kapazität im allgemeinen einen anderen Wellenwiderstand als die Leitung ergibt. Längs der Primärwicklung tritt also eine beträchtliche Spannung auf. Der Betrag dieser Spannung kann besonders dann unangenehm groß werden, wenn der Stromwandler an der Übergangsstelle von Freileitung zum Kabel angeordnet ist.

Die Primärwicklungen der Spannungswandler liegen im Gegensatz zu denen der Stromwandler nicht im Zuge der Leitungen, sondern parallel dazu. Die Primärwicklung des Spannungswandlers kann nun ebenfalls als eine Leitung mit einem dem Spannungswandler eigentümlichen Wellenwiderstand aufgefaßt werden. Die ankommende Welle findet die Parallelschaltung von zwei Wanderwellenwiderständen vor. Für den Fall, daß die Leitung vor und nach dem Spannungswandler den gleichen Wanderwellenwiderstand hat (beiderseits Freileitung oder beiderseits Kabel), hat die Parallelschaltung aus Wandler und abgehender Leitung den kleineren Wanderwellenwiderstand. Damit ergibt sich gemäß dem oben Gesagten, daß die von diesem Knotenpunkt ausgehenden vor- und rücklaufenden Wanderwellen kleinere Spannungswerte aufweisen als die ankommende Welle.

Nimmt man zunächst an, daß das Einlaufen einer Wanderwelle in die Primärwicklung eines Spannungswandlers in gleicher Weise vor sich geht wie bei der bisher behandelten gestreckten Leitung, daß also die Welle längs der Windungen eindringt. Im Gegensatz zur gestreckten Leitung stände dann der räumlichen Spannungsdifferenz, die der Länge einer Windung entspricht, bei der Wicklung nur die zwischen zwei benachbarten Windungen vorhandene — vergleichsweise sehr viel kleinere — Isolierung entgegen. Da sich die Stirnsteilheit der Welle im Laufe des Eindringens abschleift, erscheinen damit besonders die beiderseitigen Eingangswindungen und Eingangslagen gefährdet. Dies gilt nicht nur für Spannungswandler, die zwischen die Leiter, sondern auch für solche, die zwischen Leiter und Erde geschaltet werden, da die Wanderwelle sowohl auf der Leiterseite, als auch erdseitig einläuft. Um der Gefahr eines Windungs- oder Lagendurchschlages zu begegnen, stattet man die beiderseitigen Eingangswindungen und -lagen mit verstärkter Isolation aus. Die Beanspruchung dieser Isolation ist um so höher, je steiler die Wellenstirn ist. Für den ungünstigsten Fall, daß die Wanderwelle beispielsweise durch Überschlag einer am Wandler angebrachten Schutzfunkenstrecke die in der Praxis beobachtete kürzeste Aufbauzeit von etwa 10^{-8} Sekunden hat, entspricht der vollen Spannungsdifferenz nur eine Laufstrecke von wenigen Metern. Bei Wandlern für hohe Reihenspannungen würde diese Potentialdifferenz damit zwischen drei bis fünf Windungen auftreten. Eine zuverlässige Isolierung für derartige Windungsspannungen wäre praktisch unmöglich.

Die obige einfache Annahme, daß die Wanderwelle den Windungen folgt, ist jedoch nicht zulässig, da die zwischen zwei benachbarten

Windungen und Wicklungslagen vorhandene Kapazität eine schnellere Aufladung der benachbarten Teile bewirkt. Die Spannungsdifferenz zwischen benachbarten Windungen oder Lagen wird damit um so kleiner, je höher die gegenseitige Kapazität ist. Diese Tatsache hat eine wesentliche Milderung der nach obiger Voraussetzung für die Eingangswindungen und -lagen ermittelten Beanspruchungen zur Folge.

Bisher wurde die Beanspruchung untersucht, die der Wandler durch den Stirnverlauf, also den zeitlichen Spannungsanstieg der Welle, erfährt. Der Rücken der Wanderwelle zeigt, wie die Scheitelspannung der Welle abgebaut wird. Je langsamer die Spannung sinkt, desto länger ist die Beanspruchung der Isolation. Die Gefahren, die hierdurch der Wicklung erwachsen, treten jedoch bei weitem gegenüber Reso-

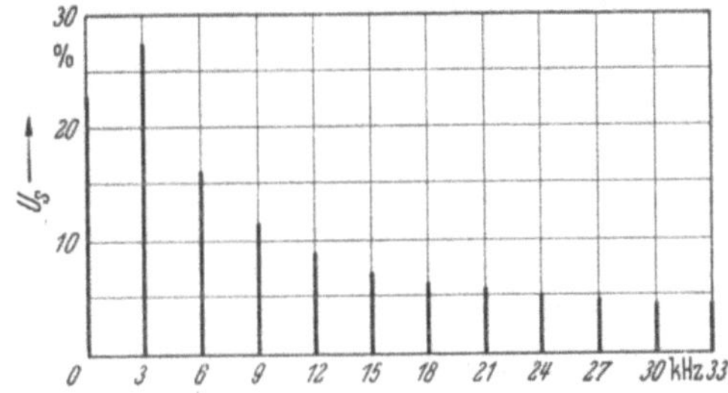

Abb. 125. Fourier-Spektrum der Stoßwelle 1/50 μs.

nanzvorgängen zurück, die im Wandler selbst begründet sind.

Nach FOURIER kann jede Kurve, also auch die Stoßwelle, als die Summe aus Sinusschwingungen verschiedener Frequenz und Phasenlage gebildet werden, wobei gegebenenfalls zusätzlich ein konstantes (Gleichstrom-) Glied auftritt. Abb. 125 gibt das Fourierspektrum für die genormte VDE-Welle $^1/_{50}$ μs (Abb. 126) wieder. Mit U_S = 100 % ist der Scheitelwert U_P der Stoßwelle bezeichnet. Neben einer — hier nicht interessierenden — Gleichspannungskomponente von etwa 23 % und der „Grundwelle" (3 kHz) mit 28 % des Scheitelwertes der Stoßwelle treten

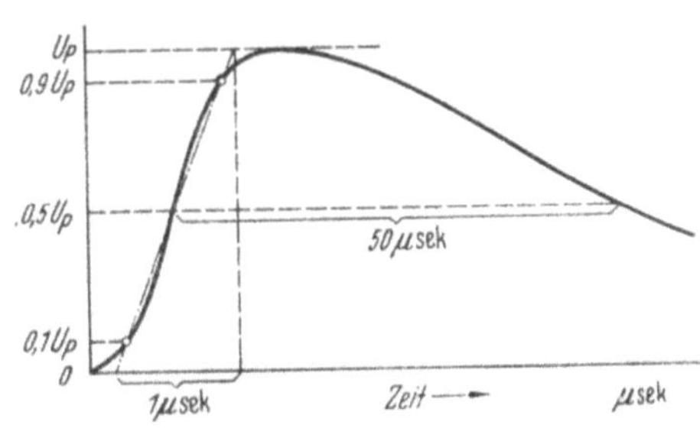

Abb. 126. Genormte Stoßspannungswelle nach VDE 0450.

alle höheren Harmonischen auf, wobei deren Amplituden mit zunehmender Ordnungszahl abnehmen.

Wie jedes Gerät, das Wicklungen enthält, hat natürlich auch der Spannungswandler eine bestimmte Eigenfrequenz. Je nach Wicklungsaufbau liegt diese zwischen etwa 10 und 40 kHz.

Es wurde bereits erwähnt, daß an dem Punkt, an dem der Spannungswandler an die Leitung angeschlossen ist, eine Stromverzweigung stattfindet. Der Wandler wird daher dann ein Maximum der Energie der ankommenden Welle aufnehmen, wenn die Grundwelle des Fourierspektrums mit der Eigenfrequenz des Wandlers übereinstimmt.

Wie das Fourierspektrum zeigt, ergibt sich als Grundfrequenz, welche die maximale Amplitude bildet, die etwaige Länge des Rückens der Stoßwelle entsprechend der sechs- bis achtfachen Halbwertsdauer. Besonders kritisch sind danach im Hinblick auf die obengenannten Resonanzfrequenzen der Wandler Stoßwellen mit einer Halbwertszeit von $4 \cdots 15\,\mu$s.

e) Wanderwellenschwingungen.

Bei den bisherigen Betrachtungen war der Fall vorausgesetzt, daß nur eine Wanderwelle den Wandler trifft. Nun können sich aber auch auf den Leitungen selbst Wanderwellenschwingungen ergeben, beispielsweise dadurch, daß die einzuschaltende Leitung aus einer Kombination von Teilen mit verschiedenen Wellenwiderständen zusammengesetzt und am Ende offen ist. Zwischen der Stoßstelle und dem Ende der Leitung pendeln dann Wanderwellen hin und her, so daß es zu einer Wanderwellenschwingung kommt, deren Frequenz durch die Länge des hin- und zurücklaufenden Leitungsweges gegeben ist. Der Einfluß derartiger Wanderwellenschwingungen auf die Wandler ist grundsätzlich der gleiche wie der einer einfachen Wanderwelle. Besonders unangenehm kann sich eine solche Wanderwellenschwingung auf die dielektrische Festigkeit von Spannungswandlerprimärwicklungen dann auswirken, wenn die Frequenz der Wanderwellenschwingung mit derjenigen von Wicklungsteilen des Wandlers übereinstimmt. Wie später an einem Beispiel gezeigt wird, können in solchen Fällen innere Überspannungen vom 100fachen Wert und mehr auftreten. Da diese Resonanz die größte Gefährdung für den Spannungswandler darstellt, erscheint es unbedingt geraten, das Leitungsnetz dahin zu untersuchen, ob solche Längen vorhanden sind, die diesen Resonanzfall bewirken. Wanderwellenschwingungen mit der für Spannungswandler gefährlichen Resonanzfrequenz von $40 \cdots 10$ kHz kommen bei Freileitungen mit einfacher Länge von $3,75 \cdots 15$ km und bei Kabeln von $1,8 \cdots 7,5$ km Länge vor.

f) Kipperscheinungen.

Legt man einen Kondensator in Reihe mit einer eisengeschlossenen Drossel an eine variable Wechselspannung, so tritt bei geeigneter Bemessung ein Kippvorgang ein. Abb. 127 mag dieses näher erläutern. Als Abszisse ist die Stromstärke und als Ordinate die Spannung aufgetragen. Dabei sei der ohmsche Widerstand des Kreises vernachlässigt. Die induktive Komponente der Spannung sei nach oben, die kapazitive Komponente nach unten aufgetragen. Die eingezeichnete Kurve U_D stellt den Stromspannungsverlauf an der Drossel, die mit U_C bezeichnete denjenigen des Kondensators dar. Bei Reihenschaltung muß die Vektorsumme der zwei Spannungen stets der angelegten Spannung entsprechen. Die angelegte Spannung ist bei verlustfreien Schaltungselementen gleich der arithmetischen Differenz der Teilspannungen.

Steigert man nun die aufgedrückte Spannung U — vom Wert Null beginnend bis zum Wert U_{kr} —, so entspricht dieser Steigerung ein entsprechendes Anwachsen von U_D, U_C und J. Bei Werten zwischen J_{kr} und J_{kr}^{*} bedarf es einer kleineren angelegten Spannung U, um das Gleichgewicht zwischen U_D und U_C herzustellen. Erhöht man demnach U über den Wert von U_{kr}, so stellt sich erst wieder ein Gleichgewicht bei Stromwerten über J_{kr}^{*} ein. Das Gebiet

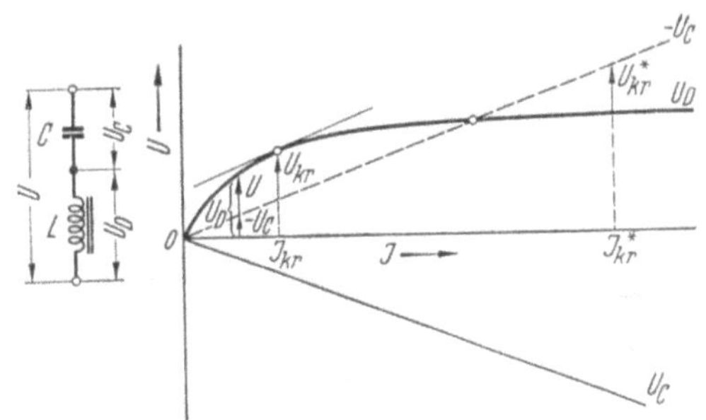

Abb. 127. Reihenkippkreis.

zwischen diesen beiden Stromwerten ist als labil anzusehen. Bei Erhöhung von U über U_{kr} findet ein Sprung bis zu einem Wert etwas über U_{kr}^{*} statt, oberhalb dessen wieder stabile Verhältnisse herrschen, d. h., daß zu einer Steigerung von J, U_D und U_C eine solche von U gehört. Gleichzeitig ändert der Strom seine Richtung um 180° entsprechend einer gleichartigen Änderung der Phasenlage der Teilspannungen.

Verkleinert man nun die Speisespannung von dem Punkt U_{kr}^{*} ausgehend, so gerät man wieder in das labile Gebiet, der Vorgang wiederholt sich umgekehrt. Es stellt sich sprungartig ein Strom ein, der etwas unterhalb von J_{kr} liegt.

Genau so kann für eine Parallelschaltung aus Kondensator und eisengeschlossener Drossel ein gleichartiger Vorgang eintreten, nur daß Strom und Spannung ihre Rolle vertauscht haben.

Jeder Spannungswandler stellt eine solche eisengeschlossene Induktivität dar. Zusammen mit den Leitungskapazitäten kann dann bei entsprechendem Übereinstimmen der Größenordnung von Kapazität und Induktivität die Kippmöglichkeit gegeben sein. Von besonderem Interesse sind dabei Parallelkippkreise, bei deren Kippen beträchtliche Überspannungen entstehen, die Netz und Wandler gefährden können. Das Kippen wird aber im allgemeinen nur als Folge eines Einschaltvorganges oder einer sonstigen Unstabilität des Netzes entstehen, wobei es vorübergehend zu einer Spannungsüberhöhung kommt. Wenn die Überspannung abgeklungen ist, hat meist auch bereits das Zurückkippen stattgefunden, so daß eine länger dauernde Überspannungsbeanspruchung von Wandler und Netz nicht eintritt.

g) Kippschwingungen.

Wenn aber gemäß Abb. 128a zwei Kondensatoren mit einer eisengeschlossenen Drossel zusammengeschaltet sind, so sind ganz offensichtlich zwei Kippkreise miteinander vereinigt. Drossel L und Kondensator C_1 stellen einen Parallelkippkreis, Drossel und Kondensator C_2 einen Reihenkippkreis dar. Ein Doppelkippkreis ist auch dann gegeben, wenn einem Parallelkippkreis Abb. 128b aus eisengeschlossener

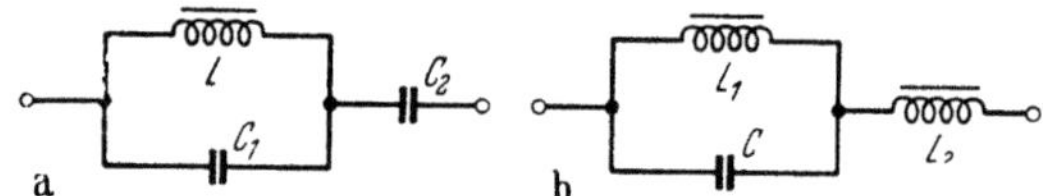

Abb. 128. Kippschwingungskreise.

Drossel L_1 und Kondensator C eine weitere Drossel L_2 in Reihe geschaltet wird. In beiden Fällen kann bei geeigneter Bemessung der Glieder zunächst ein Kippen des einen und als Folge davon ein Kippen des anderen Kreises eintreten. Derartige Anordnungen sind deshalb als Kreise für periodische Kippschwingungen anzusehen. Die Dauer eines Doppelkippens ist nur abhängig von der Bemessung der Glieder der Kreise und nicht von der anregenden Frequenz.

Untersucht man nun das Netz auf die Möglichkeit des Vorhandenseins von derartigen Kippschwingungskreisen, so ergeben sich zwei Fälle (Abb. 122b). Die Streuinduktivität L_σ des speisenden Transformators oder Generators, die Leerlaufinduktivität L_0 von einpoligen Spannnngswandlern und die Erdkapazität des Netzes C_E bilden einen Doppelkippkreis nach Abb. 128a. Andererseits kann bei Netzen, deren Sternpunkt nicht geerdet ist, aus der Sternpunktkapazität C_0 des Transformators oder Generators, den Leitungserdkapazitäten C_E und der Leerlaufinduktivität L_0 der einpoligen Spannungswandler ein Doppelkippkreis nach Abb. 128b entstehen. Die Voraussetzung für Kippschwingungen ist dann gegeben, wenn bei Kreisen nach Abb. 128a die Induktivitäten und bei Kreisen nach Abb. 128b die Kapazitäten in der gleichen Größenordnung liegen.

In der Praxis ist die Streuinduktivität der Transformatoren und Maschinen immer sehr viel kleiner als die Leerlaufinduktivität der Spannungswandler. Hier ist also das Einsetzen von Kippschwingungen kaum zu erwarten. Die Schaltung gemäß Abb. 122b hingegen ist insofern kippschwingungsverdächtig, da die Netzerdkapazität von kurzen Leitungsstücken, beispielsweise den Sammelschienen, in der Größenordnung der Sternpunkt-Erdkapazität des Transformators oder Generators liegt. Dem Verfasser sind eine Reihe von Fällen bekannt, bei denen diese Anordnungen zu Kippschwingungen Anlaß gegeben haben. In der Praxis wurden Frequenzen der Kippschwingungen zwischen etwa 0,5 und 25 Hz beobachtet.

Untersuchungen haben gezeigt, daß für das Entstehen von Kippschwingungen im allgemeinen ein Schaltvorgang, für die Aufrechterhaltung derselben dagegen die dritte Oberwelle des Magnetisierungsstromes verantwortlich ist. Es müssen also Verhältnisse und Bedingungen vorliegen, wie sie im Abschn. C I c eingehend behandelt wurden. Natürlich sind Abhilfemaßnahmen ebenfalls die gleichen (Abb. 123).

Da Kippschwingungen immer mit Überspannungen verbunden sind, die außerdem kleinere Frequenz als die Netzfrequenz haben, werden die Eisenkerne der Wandler übersättigt, so daß die Wandler stärker brummen als bei normalem Betrieb. Dem geübten Ohr des Schaltwärters wird dies nicht entgehen, wenn er einmal darauf hingewiesen worden ist. Infolge der Sättigungserscheinungen treten in den Primärwicklungen und besonders in den Eisenkernen erhöhte Wattverluste auf, die dazu führen, daß die Wandler höhere Temperaturen annehmen als im normalen Netzbetrieb.

Besteht Verdacht auf Vorhandensein von Kippschwingungen, so kann man sich auf sehr einfache Weise durch Spannungsmessung auf der Sekundärseite der Wandler Gewißheit verschaffen. Die Spannungen zwischen den Leitern sind gegenüber dem normalen Netzbetrieb unverändert. Die Leiterspannungen gegen Erde sind jedoch größer als im schwingungsfreien Netzbetrieb, da die Oberwellenanteile mitgemessen werden. Bei kleiner Kippschwingungsfrequenz können die Zeiger der Spannungsmesser den Kippvorgängen folgen, so daß eine periodische Änderung der Spannung angezeigt wird. Auch an der offenen Dreieckswicklung werden dann derartig pendelnde Spannungen beobachtet. Legt man an die Phasenspannung oder an die offene Dreieckswicklung einen Oszillographen, so können zwei Fälle beobachtet werden: In dem seltenen Fall, daß die Frequenz der Kippschwingungen zur Netzfrequenz in einem ganzzahligen Verhältnis steht, zeigt das Oszillogramm ein stehendes Bild mit stark verzerrten Spannungskurven (Abb. 124). Stehen die beiden Frequenzen jedoch nicht in einem ganzzahligen Verhältnis, so zeigt der Oszillograph eine ständige zeitliche Veränderung der Spannungskurve. Man gewinnt den Eindruck, daß über die Grundwelle Oberwellen mit abweichender Frequenz hinweglaufen. Abb. 129 zeigt einen derartigen Vorgang über eine volle Kipperiode, wobei die Kippfrequenz etwa 0,45 Hz beträgt.

Das Auftreten von Kippschwingungen stellt nicht nur eine Gefahr für die Meßwandler, sondern für den ganzen Netzteil dar. Die Höhe

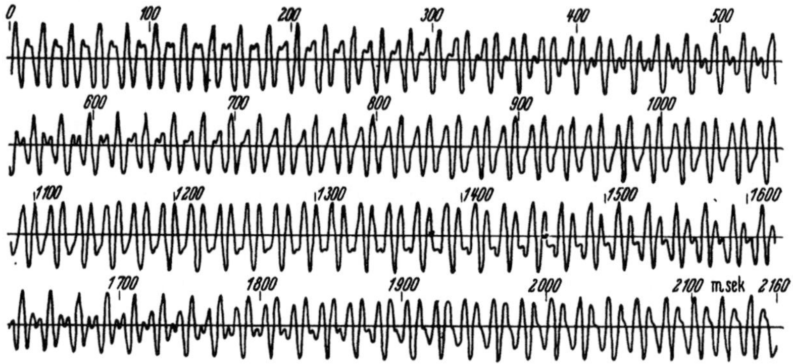

Abb. 129. Spannung an der offenen Dreieckswicklung über eine volle Kippschwingungs-Periode.

der dabei auftretenden Überspannungen ist abhängig von den energetischen Verhältnissen im Kippschwingungskreis und kann leicht Werte annehmen, die die Überschlagspannung der Geräte übersteigt.

II. Vorschriften für Spannungsfestigkeit.

Die VDE-Kommission 0111 hat neue „Leitsätze für die Bemessung und Prüfung der Isolation elektrischer Anlagen von 1 kV und darüber" zur Zeit als Entwurf veröffentlicht. Diese Leitsätze gelten für die Isolationsbemessung und Prüfung von allen Teilen, aus denen die Anlage besteht, also auch für Meßwandler. Gegenüber den in den Regeln für Wandler VDE 0414 bisher geltenden Bestimmungen für die Spannungsprüfungen werden sich — soweit die Leitsätze 0111 in dieser Fassung Gültigkeit erlangen — gewisse Veränderungen ergeben. Dies gilt besonders für die Windungsprüfung der Reihen 1 bis 10 einschließlich. Bisher wurde die Windungsprüfung durch Multiplikation der Nennspannung mit einem festgelegten Faktor bestimmt. Die Leitsätze 0111 bauen die Isolationsbemessung und Prüfung aber auf der Reihenspannung auf. War bisher die Spannung für die Windungsprüfung eines Wandlers Reihe 10 mit 6 kV Nennspannung ($U_p = 15$ kV) und eines solchen der gleichen Reihe mit 10 kV Nennspannung ($U_p = 25$ kV) unterschiedlich, so soll künftig für beide Wandler die neue Windungsprüfspannung der Reihe 10 angewandt werden. Da außerdem bei den Wandlern bis Reihe 10 einschließlich eine gewisse Erhöhung des Prüfspannungsfaktors ($3\,U_r$ für Reihe 10 gegen bisher $2{,}5\,U_n$) vorgesehen ist, bedeuten diese verschärften Vorschriften für die Wandlerhersteller eine Erschwernis, so daß sich die beiden VDE-Kommissionen erst nach eingehenden Untersuchungen entscheiden werden. Obgleich die Angelegenheit noch in der Schwebe ist, sollen diese für die Wandlerbemessung wichtigen Probleme nachfolgend mitbehandelt werden.

a) Wicklungsprüfung.

Für die Prüfung der Isolation der Primärwicklung gegen die mit dem metallenen Gehäuse und dem Kern verbundene Sekundärwicklung gelten für Strom- und Spannungswandler, die in Netzen mit freiem bzw. nicht starr geerdetem Sternpunkt verwendet werden, die Werte der Spalte 5 in Tab. 14.

Tabelle 14. *Schlagweiten und Prüfwechselspannungen für Wandler nach VDE 0414/I. 42, ergänzt gemäß Entwurf VDE 0111.*

1	2	3	4	5	6	7
Spannungswerte in kV	Schlagweite in mm			Prüfspannungen U_p		
Reihenspannung U_r	Wandler für		Parallelfunkenstrecke an Freiluftwandlern	Isolations und Wicklungsprüfung kV	Windungsprüfung bei Spannungswandlern	
	Innenraum	Freiluft			nach VDE 0414	nach VDE 0111 (Entwurf)
0,5	10	—	—	3		—
1	40	—	—	10		$3,5\ U_r$
3	75	—	—	27	$2,5\ U_n$	$3,33\ U_r$
6	100	—	—	33		$3,33\ U_r$
10	125	180	110	42		$3,0\ U_r$
20	180	260	170	64		$2,5\ U_r$
30	260	360	235	86	$2,3\ U_n$	$2,3\ U_r$
45	360	470	330	119	$2,2\ U_n$	$2,0\ U_r$
60	470	580	420	152	$2,1\ U_n$	$2,0\ U_r$
110	800	1000	750	262		
150	—	1450	1000	350	$2,0\ U_n$	$2,0\ U_r$
220	—	2200	1450	504		

Es ist geplant, auch in Deutschland bei hohen Spannungen auf starr geerdete Netze überzugehen. Aus diesem Grunde hat die VDE-Kommission 0111 auch für diese Netze bereits Prüfspannungen festgelegt. Zum Unterschied von den normalen Reihen wird bei Geräten, die für starr geerdete Netze bestimmt sind, hinter die Reihenspannung ein E gesetzt. Für Wandler ergeben sich gemäß dem veröffentlichten Entwurf Prüfwechselspannungen nach Tab. 15.

Die Prüfdauer für die Wicklungsprüfung beträgt eine Minute, von dem Moment des Erreichens der vollen Prüfspannung ab gerechnet.

Bauer, Meßwandler.   **11**

Bei Wandlern mit angebauten Parallelfunkenstrecken sind diese vor der Prüfung zu entfernen oder so einzustellen, daß die verlangten Prüfspannungswerte erreicht werden.

Tabelle 15. *Prüfwechselspannungen für Wandler in Netzen mit starr geerdetem Sternpunkt nach VDE 0111 (Entwurf).*

1	2	3
Reihenspannung kV	Prüfwechselspannung für Isolator- und Wicklungsprüfung kV	Prüfwechselspannung für Windungsprüfung kV
110 E	210	175
150 E	280	240
220 E	405	355
300 E	545	480
380 E	750	640

Die Sekundärwicklung ist gegen die übrigen Teile mit 2 kV während 1 Minute zu prüfen.

Bei Spannungswandlern, die nur zwischen Leiter und Erde geschaltet werden dürfen und bei denen die erdseitige Klemme der Primärwicklung nur für die Sekundärspannung isoliert ist, wird die Wicklungsprüfung der Primärwicklung mit 2 kV ausgeführt.

Zur Prüfung der Isolierung von einzelnen Teilen der Primär- oder Sekundärwicklung gegeneinander, die betriebsmäßig zur Änderung der Nennübersetzung umschaltbar sind, ist jeder dieser Wicklungsteile gegen die übrigen mit dem Gehäuse verbundenen Teile mit 2 kV zu prüfen.

Mit Ausnahme der Reihen 0,5 und 1 ist die Prüfspannung für die Wicklungsprüfung bei Wandlern für nicht starr geerdete Netze nach der Formel $U_r = 2{,}2\,U_n + 20\ \text{kV}$ bestimmt.

Im Ausland sind zum Teil andere Prüfspannungen vorgeschrieben. So errechnet sich beispielsweise die Prüfspannung nach den französischen Regeln NF—C 29 nach der Formel $U_p = 2\,U_n + 1\ \text{kV}$.

Die britischen Regeln BSS Nr. 81—1936 unterscheiden zwei Isolationsgruppen. Die eine wird mit L bezeichnet und stellt den Normalfall des im Sternpunkt geerdeten oder nicht geerdeten Drehstromnetzes dar, die andere mit H bezeichnete Isolationsgruppe gilt für Drehstromnetze, bei denen ein Außenleiter geerdet ist, sowie für Einphasen- und Zweiphasennetze mit Erdung eines Außenleiters. Interessant im Vergleich zu den deutschen Regeln ist nur die Bemessung nach der Isolationsgruppe L. Für Wandler dieser Isolationsgruppen gilt für Nennspannungen bis 440 V eine Prüfspannung von 2 kV, für Wandler mit Nennspannungen zwischen 440 und 660 V die Formel $U_p = 2{,}25\,U_n + 1\ \text{kV}$; für Wandler über 660 V die Formel $U_p = 2{,}25\,U_n + 2\ \text{kV}$.

In den italienischen Regeln wird ein Trennungsstrich bei der Betriebsspannung 5 kV gezogen. Für Wandler bis 5 kV gilt: $U_p = 3{,}2 \cdot U_n + 1{,}1\ \text{kV}$, für Wandler über 5 kV gilt dagegen: $U_p = 2{,}2 \cdot U_n + 6{,}1\ \text{kV}$. Außerdem ist als Typenprüfung eine Wicklungsprüfung während einer Stunde mit einer Spannung $U_p = 1,5\,U_n$ vorgeschrieben.

Die Schweizer Vollziehungsverordnung fordert eine Wicklungsprüfung für die Dauer von einer Minute mit $U_p = 2\,U_n + 1\,\mathrm{kV}$, mindestens aber 3 kV.

Das Electrical Standards Committee der USA legt für Wandler der Isolationsklassen U_i — etwa der verketteten Nennspannung entsprechend — $25\cdots345\,\mathrm{kV}$ eine Prüfspannung von $U_p = 2\,U_i$ fest. Für die niedrigeren Isolationsklassen gelten die Werte der folgenden Tabelle.

Tabelle 16. *Prüfwechselspannungen nach ASA C 57.13—1948.*

Isolationsklasse kV	Nennspannung kV	Prüfspannung kV
1,2	$0,208\cdots1,04$	10
2,5	2,4	15
5,0	4,8	19
8,7	8,32	26
15	14,56	34

Die Prüfspannung der Sekundärwicklung gegen die übrigen Teile beträgt 2,5 kV.

Tabelle 17. *Prüf-Wechselspannungen für die Wicklungs- und Isolatorenprüfung nach SEN 30.*

Reihe	Prüfspannung (kV) für innere Isolation		Prüfspannungen (kV) für äußere Isolation	Freiluft	
	Öltyp	Lufttyp	Innenraum	Trockenprüfung	Regenprüfung
0,8	13	15	22	30	24
3	18	20	28	36	29
6	24	28	35	44	35
10	33	38	42	52	42
15	44	50	52	63	51
20	55	62	62	74	59
30	77	88	88	102	81
40	99	112	112	124	99
50	121	138	138	151	121
60	143	162	162	179	143
70	165	188	188	206	165
80	187	212	212	243	187
100	231	262	262	289	231
120	275	312	312	344	275
150	341	388	388	426	341
200	451	512	512	564	451

In Schweden erfolgt die Isolationsbemessung der Wandler gemäß den „*Allmanna Isolationsnormer*" SEN 30—1944. Das System der verschiedenen Prüfungen ist in Schweden anders aufgezogen als in den übrigen Ländern. SEN 30 geht von der Stoßprüfung aus. Aus den dort für die einzelnen Isolationsklassen fest-

gelegten Stoßprüfspannungen werden mittels feststehender Faktoren die Wechselprüfspannungen für die Wicklungsprüfung errechnet, wobei verschiedene Werte
vorgeschrieben sind, je nachdem, ob es sich um einen Öltyp oder einen luftisolierten Typ und je nachdem, ob es sich um Innenraum- oder Freiluftanlagen
handelt.

Für die innere Isolation des Öltyps ergibt sich — in die Sprache der deutschen
Regeln umgeformt — eine Prüfspannung $U_p = 2{,}2\,U_n + 11\,kV$ für alle Reihen,
für die innere Isolierung eines luftisolierten Wandlers eine solche von $U_p = 2{,}5\,U_n$
$+\,12{,}5\,kV$.

Die Prüfspannungen für die äußere Isolation (Isolatoren) sind, wie Tafel 17
zeigt, zum Teil höher als die der inneren Isolierung. Dies wird mit Min-
derung des Isoliervermögens durch Verschmutzung und Tiere begründet.

b) Windungsprüfung.

Die Prüfung der Isolation der Windungen und Lagen gegeneinander
erfolgt gemäß VDE 0414 beim Stromwandler in der Form, daß dieser
bei offener Sekundärwicklung eine Minute lang mit primärem Nennstrom bei Nennfrequenz gespeist wird. Ist diese Prüfung nicht möglich,
so darf die Windungsprüfung von der Sekundärseite aus mit Nennstrom
erfolgen. In beiden Fällen soll die dem Wandler zugeführte Spannung
praktisch sinusförmig sein. Wird eine Spannung von 1000 V effektiv
an der Sekundärwicklung schon bei einer geringeren als der Nennstromstärke erreicht, so ist die Prüfung bei dieser Stromstärke auszuführen.
Da die Prüfspannung für die Isolation der Sekundärwicklung gegen
die übrigen Teile mit 2 kV festgelegt ist, wird die Wandlerkommission
VDE 0414 voraussichtlich die Begrenzung der Spannung bei der Windungsprüfung von 1000 auf 2000 V_{eff} heraufsetzen. Sind in dem Wandler auf der Sekundärseite Durchschlagsicherungen oder dergl. eingebaut,
so müssen diese während der Windungsprüfung entfernt sein.

Stromwandler, die in schlagwetter- oder explosionsgefährdeten
Betrieben verwendet werden sollen, müssen gemäß VDE 0170 bzw.
VDE 0171 dauernd mit offener Sekundärwicklung betrieben werden
können. Die Begrenzung der Prüfspannung auf 1000 bzw. 2000 V ist
bei derartigen Wandlern nicht vorgesehen.

Die Prüfung der Isolation der Windungen gegeneinander erfolgt
beim Spannungswandler nach VDE 0414 dadurch, daß an die Primärwicklung bei offenen Sekundärklemmen, während der Dauer von
5 Minuten die Prüfspannungen entsprechend den Spalten 6 bzw. 7 der
Tab. 14 angelegt werden. Hierbei darf die Frequenz erhöht werden, um
eine unzulässig hohe Stromaufnahme zu vermeiden. Für Wandler, die
in Netzen mit starr geerdetem Sternpunkt verwendet werden sollen,
sieht der Entwurf von VDE 0111 Prüfspannungen gemäß Spalte 3 der
Tab. 15 vor. Ist die Windungsprüfung von der Primärseite aus nicht
möglich, so ist sie durch entsprechende Erregung von der Sekundär-

seite aus bei offener Primärseite durchzuführen. Bei Spannungswandlern mit primärer Umschaltung ist die Windungsprüfung für beide Schaltungen je $2^1/_2$ Minuten lang durchzuführen. Bei Fünfschenkelwandlern kann die Windungsprüfung für jeden Schenkel getrennt ausgeführt werden. Die Wicklungen der beiden anderen Schenkel sind hierbei kurzzuschließen.

In Frankreich wird die Windungsprüfung mit der gleichen Spannung durchgeführt wie die Wicklungsprüfung. Dies gilt auch für die britischen und italienischen Regeln, sowie in USA.

c) Stoßspannungsprüfung.

In den deutschen Wandlerregeln VDE 0414 sind keine Vorschriften über Stoßspannungsprüfungen enthalten. Dafür gelten aber bisher die übergeordneten Vorschriften VDE 0670 „Regeln für Wechselstromhochspannungsgeräte". Diese Regeln legen die sogenannte 50%-Überschlag-Stoßspannung fest. Diese gibt an, bei welcher Mindestspannung 50% der auf das Gerät gegebenen Spannungsstöße zum Außenüberschlag führen dürfen.

Die VDE-Kommission 0111 nimmt zur Zeit in ihren „Leitsätzen für die Bemessung und Prüfung der Isolation elektrischer Anlagen von 1 kV und darüber" eine Neuordnung der Stoßspannungsvorschriften vor. Der Schutz der Anlagen gegen das Einlaufen von zu hohen Stoßspannungen wird dem Ventilableiter übertragen. Er bestimmt den unteren Isolationspegel (Schutzpegel). Die Geräte sollen so bemessen sein, daß sie bei den durch den Ableiter begrenzten Spannungen noch nicht überschlagen. Ihnen wird daher eine Stehstoßspannung[1] zugeordnet, die über diesem Schutzpegel liegt. Bei 5 Spannungsstößen in dieser Höhe darf bei der Prüfung keiner zum Überschlag führen. Ist dies doch der Fall, so ist die Prüfung einmal zu wiederholen. Die 50%-Überschlag-Stoßspannung liegt im allgemeinen rund 10% über den Werten der Stehstoßspannung. VDE 0111 berücksichtigt die Forderung, daß der Wandler bei Außenüberschlägen keinesfalls einen inneren Schaden erleiden darf, durch die Einführung des „oberen Isolationspegels". Dieser liegt wieder rund 10% über dem Spannungswert der 50%-Überschlag-Stoßspannung. Bei dieser Prüfung darf die evtl. am Gerät angebrachte Schutzfunkenstrecke oder auch das Gerät ohne Schutzfunkenstrecke überschlagen, so daß es sich um Prüfungen mit abgeschnittener Welle handelt. Die Tatsache, daß das Gerät keinen inneren Defekt erleidet, ist mit zwei Stößen dieser Spannung negativer Polarität nachzuweisen.

---

[1] Stehstoßspannung ist die Stoßspannung, bei der das Gerät noch nicht überschlägt.

Bei diesen Prüfungen handelt es sich — das sei ausdrücklich erwähnt — nicht um Stückprüfungen, sondern um Typenprüfungen.

Die Art der Prüfung bestimmt VDE 0450 „Leitsätze für die Erzeugung und Verwendung von Stoßspannungen für Prüfzwecke". In Deutschland ist die Normalwelle $^1/_{50}$ vorgeschrieben. Die erste Ziffer bestimmt gemäß Abb. 126 die stilisierte Dauer des Spannungsanstiegs, die zweite Ziffer die Halbwertzeit in μs.

Tabelle 18. *Prüf-Stoßspannungen für Wandler nach VDE 0111 (Entwurf).*

Reihen-spannung	Schutzpegel der Ventil-ableiter	Unterer Isolations-pegel	Oberer Isolations-pegel	Schutz-funken-strecke
		Stehstoß-spannung	Stehstoß-spannung bei ab-geschnittener Welle	Schlag-weite
kV	kV	kV	kV	mm
1	5	20	25	—
3	13	40	50	—
6	26	60	75	60
10	44	80	100	95
20	80	125	155	155
30	125	170	215	220
45	185	235	295	305
60	245	300	375	400
110	415	505	630	750
150	570	650	810	1000
220	850	910	1140	1450
110 E	370	430	540	620
150 E	485	550	690	830
220 E	725	780	980	1210
300 E	930	1000	1250	1600
380 E	1280	1600	2000	2350

Von den Vorschriften des Auslandes sind die schwedischen Isolationsnormen SEN 30—1944 die interessantesten. Auch hier ist die Stoßwelle $^1/_{50}$ zugrunde gelegt. Die Stoßprüfung wird bei Innenraumgeräten als Trockenprüfung, bei Freiluftgeräten als Regenprüfung ausgeführt. Bei den angegebenen Prüfspannungen handelt es sich grundsätzlich um sogenannte Stehstoßspannungen, die also nicht zum Überschlag führen dürfen. Es ist vorgeschrieben, daß bei Umspannern, zu denen ja auch die Wandler gerechnet werden müssen, Oszillogramme aufgenommen werden, um zu entscheiden, ob das Gerät die Prüfung bestanden hat oder nicht. Dann wird mit einem einzigen Stoß geprüft. Bei den anderen Geräten kann die Stoßprüfung ohne Oszillogramm erfolgen. Für diese Prüfungen ist dann mehr als ein Stoß erforderlich. Die Stoßprüfungen in trockenem Zustande der Geräte sollen bei größeren und wichtigeren Geräten als Stückprüfungen ausgeführt werden. Nur bei kleineren Geräten, die in größerer Stückzahl vorkommen, gilt die Stoßprüfung als Typenprüfung. Die Prüfungen bei Regen sollen in der Regel ebenfalls Typenprüfungen sein.

Tabelle 19. *Isolationsklassen und Stehstoßprüfspannungen nach SEN 30—1944.*

Nenn-spannung kV	Isolations-klasse K_s	Innere Isolation kV_s	Äußere Isolation	
			Innenraum Eyt kV_s	Freiluft Eyr kV_s
0,8	30	30	45	55
3	40	40	55	65
6	55	55	70	80
10	75	75	85	95
15	100	100	105	115
20	125	125	125	135
30	175	175	175	185
40	225	225	175	225
50	275	275	225	275
60	325	325	275	325
70	375	375	325	375
80	425	425	375	425
100	525	525	425	525
120	625	625	525	625
150	775	775	625	775
200	1025	1025	775	1025
380	1775	1775	1025	1775

Tabelle 20. *Stoßprüfspannungen nach ASA C 57.13—1948.*

Isolations-klasse kV	Primär-spannung kV	Vollwelle kV_s	Abgeschnittene Welle	
			kV_s	Einwirkdauer-mindestens μ_s
1,2	... 1,04	30	36	1,0
2,5	2,4	45	54	1,25
5,0	4,8	60	69	1,5
8,7	8,32	75	88	1,6
15	14,56	95	110	1,8
25	25	150	175	3,0
34,5	34,5	200	230	3,0
46	46	250	290	3,0
69	69	350	400	3,0
92	92	450	520	3,0
115	115	550	630	3,0
138	138	650	750	3,0
161	161	750	865	3,0
196	196	900	1035	3,0
230	230	1050	1210	3,0
287	287	1300	1500	3,0
345	345	1550	1785	3,0

Die schwedischen Regeln ordnen der Nennspannung nicht, wie in Deutschland, eine Reihenspannung, sondern eine „Isolationsklasse" zu und bezeichnen diese mit K_s. Diese auf Stoßspannung gegründete Isolationsklasse ist in erster Linie für die Isolation bestimmend. Aus ihr werden die Stehstoß-Spannungen und die Wechselprüfspannungen abgeleitet.

Die Stoß-Prüfspannung E_i für die innere Isolation der Geräte entspricht den Zahlenwerten der Isolationsklasse K_s. Für die äußere Isolation der Geräte sind bei den kleineren Isolationsklassen Zuschläge vorgesehen. Dies soll aber keineswegs bedeuten, daß die innere Isolation schwächer sein soll als die äußere Isolierung. Diese Zuschläge werden für nötig gehalten, da die äußere Isolierung einer gelegentlichen Verschlechterung durch Feuchtigkeit, Verschmutzung oder fremde Gegenstände wie Mäuse und Vögel ausgesetzt ist. Für die äußere Isolierung wird unterschieden, ob die Geräte für Aufstellung im Innenraum oder im Freien bestimmt sind. Die einzelnen vorgeschriebenen Spannungen sind aus der Tab. 19 zu·entnehmen.

Für Umspanner bis höchstens 100 kVA und Meßwandler darf bis einschließlich einer Nennspannung von 20 kV die nächst niedrige Isolationsklasse gewählt werden, wenn sie in ungefährdeter Lage aufgestellt sind.

Die Regeln der USA: ASA C 57.13—1948 sehen Stoßspannungsprüfungen mit Vollwellen 1,5/40 μs und mit abgeschnittenen Wellen gemäß der Tabelle 20 vor.

d) Sprungwellenprüfung.

Gemäß VDE 0532 „Regeln für Transformatoren" ist für Umspanner eine Sprungwellenprüfung vorgeschrieben, die dazu dient, festzustellen, daß die Windungsisolation gegenüber den im Betrieb auftretenden Sprungwellen ausreicht.

Für Meßwandler jedoch sind derartige Prüfungen weder in Deutschland noch im Ausland vorgeschrieben.

III. Beherrschung der dielektrischen Beanspruchungen.

Der Abschnitt Meßgenauigkeit zeigte, daß das Meßverhalten von Wandlern um so günstiger ist, je enger und kleiner die Meßwandler gebaut werden. Daraus folgt der Wunsch nach hoher Ausnützung aller Stoffe, insbesondere der Isoliermaterialien. Dem steht andererseits die Forderung entgegen, daß die Wandler dielektrisch keinesfalls versagen sollen. Das Bestreben, beide Forderungen zu erfüllen, führt dazu, daß im Wandlerbau nur die jeweils besten Isoliermaterialen Verwendung finden.

a) Isolierstoffe.

Für die Isolation der Primärwicklung von Stromwandlern der mittleren Reihen gegen die an Erde liegenden Teile ist die früher viel verwendete Ölisolierung seit mehr als zwei Jahrzehnten durch Porzellan abgelöst worden. Es handelt sich dabei entweder um sogenannte Gieß- oder um Drehporzellane. Bei dem Ausdruck Gießen denkt man unwillkürlich an Vorgänge, wie sie sich bei der Verarbeitung von Metallen abspielen, wo der geschmolzene Werkstoff in eine Form gegossen wird und dort formgerecht erstarrt. Bei der Herstellung von Gießporzellan ist der Vorgang dagegen ein anderer.

Die festen Grundbestandteile der Porzellanmasse werden feinstens zermahlen und in Spezialmaschinen innigst vermischt und schließlich mit Wasser und gegebenenfalls weiteren Beimengungen zu einem dünnflüssigen Brei, dem sogenannten Schlicker, aufgeschwemmt. Dieser wird in Gipsformen eingegossen, die unter Berücksichtigung der Schwindung beim späteren Brennen innen die Form der Außenkontur des Porzellankörpers haben. Die gefüllten Formen bleiben nun einige Stunden stehen, wobei sorgfältig darauf zu achten ist, daß sie vor Erschütterungen jeder Art bewahrt bleiben. Ganz allmählich entzieht nun die Gipsform dem Schlicker das Wasser, so daß es zu einer Anlagerung der Grundmasse kommt, deren Stärke annähernd proportional mit der Zeit wächst. Ist unter Berücksichtigung der späteren Schwindung die vorgesehene Wandstärke erreicht, so wird der übrige Schlicker aus der Gipsform abgezogen oder abgegossen und in mäßig temperierten Räumen eine Lufttrocknung des Körpers in der Gipsform vorgenommen. Die Entformung des Rohlings erfolgt nach einigen Tagen oder Wochen. Anschließend wird dann die Glasur aufgebracht und längere Zeit bei reduzierender Atmosphäre in Porzellanöfen gebrannt.

Die Herstellung solcher Gießporzellane setzt große Erfahrungen voraus. Sie haben aber infolge der allmählichen Bildung der Wandstärke ein sehr dichtes und völlig lunkerfreies Gefüge und hervorragende dielektrische Eigenschaften.

Bei dem geschilderten Gießverfahren wird die Anlagerung des Schlickers nicht an allen Stellen der Gießform gleichmäßig erfolgen. Die sich bildende Wandstärke ist vielmehr abhängig von der Form des Gipskörpers. Ist die Innenkontur desselben konkav, dann bildet sich an dieser Stelle eine größere Wandstärke als bei konvexer Innenkontur, da im ersteren Falle mehr absaugendes Gipsvolumen zur Verfügung steht. Abb. 130a zeigt, wie sich die Wandstärken an einem Querlochporzellan bei der Anwendung dieses einfachen Gießverfahrens ausbilden. Beim Übergang vom Schlagweiten- zum Querlochteil stellt sich eine Verjüngung der Wandstärke ein. Die Innenkontur des Schlagweitenteiles ist gewissermaßen — natürlich etwas abgeschliffen — das Abbild der äußeren. Um zu erreichen, daß nur der Porzellankörper als Träger der Spannungsbeanspruchung herangezogen wird, versieht man den Porzellankörper innen und außen im allgemeinen mit einer elektrisch leitenden Schicht. Es ergibt sich dann ein Feldbild gemäß Abb. 130a.

Die Spannungsverteilung an dem Schlagweitenteil ist sehr ungleichmäßig und damit ungünstig. Am unteren Wulst wird bei Steigerung der Spannung bald die Durchschlagfeldstärke der Luft überschritten werden, so daß es zu Glimm- und Gleitentladungen kommt. Die Gleit-

funken bewirken, daß der untere Teil der Schlagweite kurzgeschlossen
wird und es dann vorzeitig zu Überschlägen kommt.

Bildet man jedoch den Porzellankörper gemäß Abb. 130b aus, so
zeigt das Feldbild, daß sich die Spannungsbeanspruchung über die ganze
Schlagweite viel gleichmäßiger verteilt. Bei richtiger Dimensionierung
zeigt ein solcher Porzellankörper keine Vorentladungen, sondern schlägt
beinahe mit der Präzision einer Meßfunkenstrecke immer bei der
gleichen Spannung über.

Für jeden Wandler besteht der Grundsatz, daß die innere dielektrische Festigkeit größer sein soll als die äußere. Treten dann Spannungen auf, die dem äußeren Überschlagswert entsprechen, so führen
diese zu einem Außenüberschlag, aber nicht zu einem Durchschlag.
Der Überschlag stellt demnach einen Schutz gegen einen inneren
Defekt dar. Es leuchtet ein, daß ein solcher Schutz bei einem Porzellankörper gemäß Abb. 130a infolge der durch die Vorentladungen
bedingten stark streuenden Überschlagsspannung wesentlich weniger
gewährleistet ist als bei einem Körper gemäß Abb. 130b.

Drehporzellane, wie sie beispielsweise bei Porzellanstabwandlern
und als Isolatoren für Spannungswandler der mittleren Reihen
Verwendung finden, werden nach

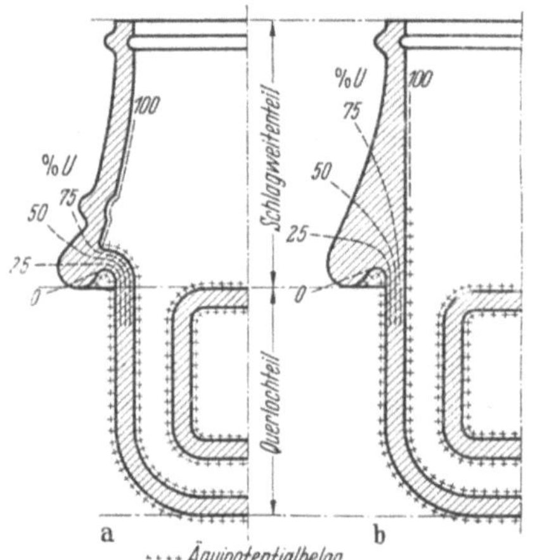

Abb. 130. Feldlinienbilder bei
Querlochstromwandlerporzellanen.

einem anderen Verfahren hergestellt. Die Porzellangrundmasse wird
ebenfalls zerkleinert und in besonderen Mischmühlen innig vermengt
und soweit angefeuchtet, daß ein steifer Brei entsteht. Dieser wird nun
durch eine Vakuumstrangpresse geschleust, wobei ihm Luftreste und
ein Teil der Feuchtigkeit entzogen werden. Auf diese Weise wird erreicht,
daß auch solche Porzellankörper ein dichtes lunkerfreies Gefüge haben.
Die Formgestaltung geschieht dann zumeist mittels Spezialmaschinen
nach dem Drehverfahren, bei deren Konstruktion die alte Töpfer-
scheibe als Vorbild gedient hat. Nach Lufttrocknen und Aufbringen
der Glasur folgt dann, wie beim Gießporzellan, das Brennen.

Für die Schlagweitenteile muß damit gerechnet werden, daß sich an
ihnen Überschläge und Lichtbögen bilden. Das Porzellan ist eines der
wenigen Materialien, die die höchste Lichtbogenfestigkeit gemäß
VDE 0303 § 27 aufweisen, woraus sich erklärt, daß Schlagweitenteile
bevorzugt aus diesem Material hergestellt werden.

Ein anderer Isolierstoff, der auch für die Gestaltung des Schlagweitenteiles herangezogen wird, ist das Hartpapier. Meist handelt es sich um Hartpapierdurchführungen mit feldsteuernden Einlagen. Letztere bewirken, daß die Spannungsverteilung am Schlagweitenteil praktisch gleichmäßig ist. Das Hartpapier besteht aus einzelnen Papierschichten, die durch Phenolharze unter Anwendung von Druck und Wärme zusammengefügt werden. Gegenüber dem Porzellan ist insofern ein Vorteil vorhanden, als derartige Isolierkörper eine weit geringere Sprödigkeit aufweisen. Dagegen ist aber dieses Material hinsichtlich der Lichtbogenfestigkeit dem Porzellan unterlegen. Bei ungünstigen klimatischen Verhältnissen kann Hartpapier im Laufe der Jahre Feuchtigkeit aufnehmen, so daß die dielektrischen Verluste größer werden. Es ist deshalb empfehlenswert, bei Vorliegen derartiger klimatischer Verhältnisse in größeren Abständen durch Verlustwinkelmessungen zu kontrollieren, ob eine Feuchtigkeitsaufnahme stattgefunden hat.

Isolierpreßstoffe werden bei Wandlern für Niederspannung häufig verwendet, bei Wandlern für höhere Reihen hingegen ist ihre Anwendung selten. Der Grund ist ebenfalls in mangelnder Lichtbogenfestigkeit zu suchen.

Für die Isolation innerhalb der Wandler finden neben Porzellan noch Transformatorenöl, ölimprägniertes Papier, Compoundmassen und die neu in Erscheinung getretenen härtbaren Isolierstoffe Verwendung.

Bei Wandlern der ganz hohen Spannungsreihen beherrscht das ölimprägnierte Papier heute nach wie vor fast ausschließlich das Feld. Die hervorragende Durchschlagsfestigkeit des unter Vakuum mit bestem Transformatorenöl imprägnierten geschichteten Papiers wird zur Zeit noch von keinem anderen Isolierstoff übertroffen. Sie liegt größenordnungsmäßig bei 1 000 000 V/cm. In der Praxis wird man diese hohen Feldstärken natürlich nie ausnützen, da auch ölimprägniertes Papier, ähnlich wie die meisten anderen Isolierstoffe, eine gewisse Alterungsneigung aufweist. Die isolationstechnische Dimensionierung der Wandler muß so erfolgen, daß eine unbedingte Sicherheit auf Jahrzehnte hinaus gewährleistet ist. Man wird deshalb zweckmäßig den Isolierstoff nicht nach der Durchschlagfestigkeit beurteilen und einsetzen, die bei Kurzversuchen erzielbar ist. Der Wandlerkonstrukteur wird vielmehr der Bemessung die Werte des gealterten Isolierstoffes zugrunde legen.

Die hohe Durchschlagfestigkeit des ölimprägnierten geschichteten Papiers erklärt sich vor allem daraus, daß zwischen den einzelnen dünnwandigen völlig durchimprägnierten Papierbahnen jeweils sehr dünne Ölschichten vorhanden sind. Bei jedem Isoliermaterial steigt die Durchschlagfestigkeit mit abnehmender Isolierstärke stark an.

Der hohen Durchschlagfestigkeit steht auch beim ölimprägnierten Schichtpapier eine um etwa eine bis eineinhalb Zehnerpotenzen kleinere

Kriechwegfestigkeit in Schichtrichtung gegenüber. Die Ausnützung der hohen Durchschlagfestigkeit quer zur Schichtung ist also nur möglich, wenn die Konstruktion so durchgebildet ist, daß die Papierbahnen weitgehend Äquipotential-Flächen darstellen, so daß Längsbeanspruchungen in den zulässigen Grenzen bleiben. Diese Forderung wird am ehesten durch die Anwendung von Papierbandagen erfüllt, die aus schmalen Papierstreifen dieser Forderung entsprechend, gebildet werden. Es handelt sich dabei um eine Technik, die im Großtransformatorenbau nur wenig eingeführt und spezifisch für den Bau von Strom- und Spannungswandlern der hohen Reihen ist. Lediglich bei der Herstellung der Spannungserzeugeraggregate für Röntgengeräte findet diese Technik noch Anwendung.

Es wurde bereits in der Einleitung zu diesem Abschnitt erwähnt, daß zwecks Erfüllung der hohen Genauigkeitsanforderungen im Meßwandlerbau eine hohe Ausnützung der Isolierstoffe notwendig ist. In der Tat liegt der Meßwandler hinsichtlich der Höhe der dielektrischen Beanspruchung an der Spitze aller artverwandten Geräte der Starkstromtechnik, wenn man von den Kondensatoren absieht. Auch in der modernsten Literatur wird ein Transformatorenöl als erstklassig bezeichnet, das eine Durchschlagfestigkeit von 125 kV/cm aufweist. Im Meßwandlerbau finden heute Isolieröle Verwendung, deren dielektrische Festigkeit zwischen 200 und 300 kV/cm liegt. Es handelt sich bei diesen Ölen um ausgesuchte Spitzenerzeugnisse, die durch besonders hochwertige Aufbereitungsverfahren auf die erwähnte hohe dielektrische Qualität gebracht werden.

Es ist wohl selbstverständlich, daß es für die Dauerbewährung der Meßwandler erforderlich ist, ein Nachlassen der guten Eigenschaften im Lauf der Zeit weitgehend zu verhindern. An sich sind die Bedingungen hierfür beim Wandler denkbar günstig. Im Gegensatz zum Leistungstransformator kommt das Öl im Meßwandler nur auf mäßige Übertemperatur. Wie VIDMAR nachgewiesen hat, verdoppelt sich die Alterungsgeschwindigkeit des Öles bei Vorhandensein von Sauerstoff mit je 10 °C Dauertemperaturerhöhung oberhalb 80 °C. Gerade in diesem Punkt ist der Meßwandler dem Leistungstrafo gegenüber sehr im Vorteil. Die Öltemperatur des Wandlers geht auch in ungünstigen Fällen kaum über 40···60 °C hinaus. Demzufolge ist ein Abschluß des Öls gegen den Sauerstoff der Luft nicht unbedingt erforderlich.

Wesentlich aber ist es, bei Wandlern der hohen Reihenspannungen die Luftfeuchtigkeit vom Öl fernzuhalten. Das beim Hersteller sorgfältigst getrocknete Öl saugt begierig Feuchtigkeit aus der Umgebung auf, was mit einem starken Sinken der Durchschlagfestigkeit und einem erheblichen Anstieg der dielektrischen Verluste verbunden ist. Letztere bewirken eine erhöhte Öltemperatur und damit eine verstärkte

Alterungsneigung. Das Fernhalten der Feuchtigkeit erfolgt zweckmäßig durch Zwischenschaltung einer Silica-Gel-Schicht zwischen Ölausdehnungsraum und Umgebungsluft.

Wie die Untersuchungen von vielen Spezialisten, u. a. F. EVERS, TH. RUMMEL und neuerdings TH. WÖRNER gezeigt haben, neigt das Isolieröl im starken dielektrischen Feld, das ja gerade beim Wandler vorliegt, dazu, Wasserstoff abzuspalten. Dem wirkt das chemische Wasserstoffaufnahmevermögen des Islieröles entgegen. Danach sind solche Öle, die ein negatives Wasserstoffverhalten, also stets überwiegendes Wasserstoffaufnahmevermögen bei hohen dielektrischen Beanspruchungen zeigen, für den Wandlerbau besonders geeignet, ja unbedingt erforderlich.

Dem Öl wird vielfach vorgeworfen, daß es eine brandausweitende und verrußende Wirkung hat. Für Freiluftanlagen ist dies weniger von Bedeutung; für Innenraumanlagen dagegen kommt diesem Gesichtspunkt wesentliche Bedeutung zu. Bei Stromwandlern der mittleren Reihen hat das Porzellan das Öl heute völlig verdrängt. Diese Wandler werden heute grundsätzlich als sogenannte Trockenstromwandler mit Porzellanisolation ausgeführt.

Beim Spannungswandler ist neben der Isolierung zwischen Primärwicklung und den übrigen Wandlerteilen noch die Isolierung innerhalb der Primärwicklung von Wichtigkeit. Es liegt also eine doppelte Isolieraufgabe vor, für deren zweiter Teil — der Isolation innerhalb der Primärwicklung — von Hause aus Isolierstoffe wie Porzellan ungeeignet sind. Die dünndrähtige Primärwicklung der Spannungswandler wird zumeist unter Anwendung von Papierzwischenlagen als Lagenisolation hergestellt und einer nachträglichen Imprägnierung mit einem flüssigen, erstarrenden oder härtbaren Isolierstoff unterzogen. Diese Imprägnierung hat die Aufgabe, die Zwischenräume völlig, also lunker- und blasenfrei, auszufüllen, und die Lagenisolation sowie die Drahtisolation — soweit Faserstoffe verwendet werden — zu durchdringen.

Würden innerhalb des Wicklungspaketes oder ganz allgemein im elektrischen Feld Luftblasen oder Lunker bestehen bleiben, so wird die Spannungsverteilung infolge der Verschiedenheit der Dielektrizitätskonstanten zuungunsten der Luftschichten verschoben. Je nach Größe der Lunker wird bei mehr oder weniger niedrigerer Spannung bereits ein Glimmen innerhalb der Isolierung auftreten, das diese im Lauf der Zeit zerstören kann.

In dem Bestreben, öllose Wandler zu bauen, griff man vor etwa zwei Jahrzehnten zu Imprägniermassen als Isoliermaterial, die sich in der Kabeltechnik bewährt hatten. Diese werden bei höheren Temperaturen ($100 \cdots 150^\circ$ C) mehr oder weniger dünnflüssig und können in diesem Zustand unter Vakuum in den Wandler hineinimprägniert werden. Diese

Massen haben als Grundsubstanz entweder ausgesucht reine Vaseline mit Zusatz von Colophonium oder Harz oder sie enthalten Teerprodukte (Bitumen) als Grundbestandteil. Unangenehm ist bei diesen Massen der von den übrigen Materialien abweichende Koeffizient der Wärmedehnung. Während Öl den Volumenänderungen durch wechselnde Wärmebeanspruchungen ohne weiteres folgen kann, ist dies bei den Imprägniermassen nur im warmen Zustand der Fall, wo diese im allgemeinen noch einen teigigen Zustand aufweisen. Bei tieferen Temperaturen jedoch besteht die Gefahr des Auftretens von Lunkern und Rissen. Mit diesen Massen gelang es zwar, Spannungswandler zu bauen, die bei den üblichen Betriebstemperaturen noch als „Trockenwandler" gelten können. Im Falle eines Brandes jedoch werden diese Massen praktisch ebenso dünnflüssig wie Öl. Da sie ebenfalls der Gruppe der Kohlenwasserstoffe angehören, sind sie praktisch in gleichem Maße brennbar und wirken bei einem Brand ebenso brandausweitend und verrußend wie Transformatorenöl.

In Amerika haben sich besonders im Großtransformatorenbau synthetische flüssige Isolierstoffe (Clophen, Pyranol) eingeführt. In Deutschland jedoch finden diese im Wandlerbau keine Anwendung. Diese synthetischen Isolierstoffe sind ihrer chemischen Struktur nach chlorierte Kohlenwasserstoffe mit flüssiger Konsistenz. Sie sind nicht oder schwer brennbar.

Eine weitere Möglichkeit zum Bau von Trockenspannungswandlern ergibt sich durch Verwendung von Isolierlacken. Diese haben aber die unangenehme Eigenschaft, daß die Lösungsmittel beim Aushärten nur schwer vollständig entfernbar sind und besonders bei dickeren Schichten Anlaß zu Lunkerbildungen geben. Man war deshalb gezwungen, dickere Isolierschichten zu vermeiden und erreichte dies dadurch, daß die Wicklung weitgehend unterteilt wurde. Als Träger wird ein Spulenkörper aus Porzellan verwendet, der entsprechend der Aufteilung der Wicklung eine verhältnismäßig komplizierte Form hat. Ein derartiger Wandler kann noch am ehesten als echter Trockenspannungswandler angesprochen werden, da eine Verflüssigung des Isolierlackes auch bei höheren Temperaturen nicht eintritt. Der weitergehende Wunsch nach Unbrennbarkeit ist jedoch mit diesem Imprägniermittel ebenfalls nicht zu erfüllen.

In neuerer Zeit hat die Isolierstoffchemie dem Wandlerkonstrukteur mit den härtbaren Isolierstoffen zur Herstellung eines echten Trockenspannungswandlers neue Wege ermöglicht. Es handelt sich dabei um Materialien, die im Ausgangszustand entweder dünn- bis zähflüssig sind oder aber nur einmal geschmolzen werden können. Mit Hilfe einer länger dauernden Temperaturbehandlung können diese Stoffe dann unter Makromolekülbildung dauerhaft ausgehärtet werden. Sie scheiden bei diesem Härteprozeß keinerlei flüssige oder gasförmige

Bestandteile aus, so daß sie es ermöglichen, eine wirklich lunkerfreie Isolation herzustellen. Um das Primärspulenpaket des Spannungswandlers gut durchzuimprägnieren, wird man den dünnflüssigen Stoffen dieser Art den Vorzug geben. Sie werden unter Vakuum nach vorheriger Vakuumtrocknung des Wandlers ähnlich wie Transformatorenöl einimprägniert. Im ausgehärteten Zustand besitzen diese Materialien eine hohe Beständigkeit im elektrischen Feld. Unangenehm ist bei manchen dieser Stoffe ebenfalls der von den übrigen Materialien unterschiedliche Wärmeausdehnungskoeffizient.

Soweit sich die bisherige Entwicklung heute bereits übersehen läßt, gibt es zwei Wege für die Herstellung von Trockenspannungswandlern mit diesen Materialien. Der eine Weg besteht darin, solche Stoffe auszusuchen, deren Wärmeausdehnungskoeffizient sich möglichst demjenigen der übrigen Materialien anpaßt, wobei gesagt werden muß, daß die Entwicklung in dieser Richtung wahrscheinlich noch nicht abgeschlossen ist. Diese Isolierstoffe sind bei allen Betriebstemperaturen fest. Wegen des noch wesentlichen Unterschiedes im Ausdehnungskoeffizienten gegenüber Porzellan werden die Schlagweitenteile der Wandler ebenfalls aus diesen Stoffen gebildet.

Der zweite Weg ist die Verwendung von thermoelastischen Isolierstoffen, die auch nach erfolgter Polymerisation einen bestimmten Grad von Thermoelastizität behalten. Diese Eigenschaft gestattet das wegen seiner Lichtbogenfestigkeit bewährte Porzellan als Schlagweitenteil zu verwenden, wobei die Schäfte der Isolatoren in die elastische Masse mit eingebettet werden.

Die polymerisierten Isolierstoffe werden auch bei Anwendung von hohen Temperaturen nicht wieder flüssig. Bei Temperaturen in der Größenordnung von $250\cdots300°$ zerfallen die Makro-Moleküle, so daß eine Verdampfung einsetzt.

Grundsätzlich sind alle diese Materialien Kohlenwasserstoffe und somit brennbar. Bei einigen von ihnen ist es möglich, die Brennbarkeit durch Zusätze beträchtlich herabzusetzen. Damit ist es zum ersten Male gelungen, auch den letzten Wunsch, den nach Unbrennbarkeit, bis zu einem genügenden Grade zu erfüllen.

b) Wicklungsaufbau.

Bei Stromwandlern werden hinsichtlich der dielektrischen Festigkeit an den Wickelaufbau besondere Forderungen nicht gestellt, da für die längs der Wicklungen auftretenden kleinen Spannungen keine besonderen Maßnahmen notwendig sind, wenn man von dem Schutz der Primärwicklung gegen Wanderwellen durch spannungsabhängige Schutzwiderstände (Abschn. C III d) zunächst absieht. Bei den Spannungswandlern hingegen ist die Wahl und die Ausgestaltung des Wicklungsaufbaues der Primärwicklung von außerordentlicher Bedeutung. Es geht dabei weniger um die Beherrschung der während eines Erdschlusses auftretenden dielektrischen Beanspruchungen als vielmehr um diejenigen, die mit dem Einlaufen von Wanderwellen und Wanderwellenschwingungen verbunden sind.

Bei den Wanderwellen handelt es sich um Vorgänge stoßspannungsartigen Charakters (Abb. 126), wie sie bereits im Abschn. C I c behandelt wurden. Den Beanspruchungen durch die große Spannungssteigerung während der Stirn begegnet man durch entsprechend hohe Windungsund Lagenisolation der beiderseitigen Eingangswindungen und -lagen. Besteht die Primärwicklung aus mehreren Teilen, so ist es zweckmäßig, jeden der Teile beiderseits mit verstärkter Eingangsisolation auszurüsten, da ·beim Übergang von einem zum anderen Wicklungsteil gegebenenfalls Unstetigkeiten des Wanderwellenwiderstands vorhanden sein können.

Um der Gefahr zu begegnen, daß die Stoßwellen oder Wanderwellenschwingungen die Primärwicklung zu Schwingungen anregen, ist es notwendig, die Wicklung besonders zu gestalten. Die in den Wandler einlaufenden Wellen sollen möglichst nicht den Windungen folgen, sondern auf kapazitivem Wege durch die Wicklung — besser gesagt: quer zur Wicklung — geführt werden. Maßgebend für die Lösung dieser Aufgabe ist die Wahl eines zweckentsprechenden Wicklungsaufbaus, wobei flächige Metalleinlagen als Kondensatorbeläge vorgesehen werden können. Durch derartige Maßnahmen gelingt es, die Induktivität der Wicklung praktisch auszuschalten. Die Spannungsverteilung bei Stoß wird dann nahezu nur von den Längs- und Querkapazitäten der Wicklung bestimmt (Abb. 217). Es ist wünschenswert, bei Stoß die gleiche Spannungsverteilung zu erhalten wie bei Betriebsfrequenz. Dadurch wird erreicht, daß sich auch bei Stoßbeanspruchung eine überall fast gleichmäßige Beanspruchung einstellt. Der Kapazitätsverteilung innerhalb des Wandlers und besonders der Wicklung ist daher besondere Aufmerksamkeit zu schenken. Vorteilhaft ist es, die Kapazitäten innerhalb der Wicklung möglichst groß gegenüber denen zwischen Wicklung und den übrigen Wandlerteilen zu wählen.

c) Schutzfunkenstrecken.

Grundsätzlich wäre es möglich, Strom- und Spannungswandler zu bauen, die jede gewünschte Spannungsbeanspruchung ohne Schaden vertragen. Der dazu notwendige wirtschaftliche Aufwand würde jedoch das Maß des Tragbaren überschreiten. Da derartige Überlegungen nicht nur für Meßwandler, sondern für alle Teile des Netzes Geltung haben, hat sich die VDE-Kommission 0111 zum Ziel gesetzt, Richtlinien für die Bemessung der Isolation des gesamten Netzes auszuarbeiten. Man geht dabei davon aus, daß der Schutz des Netzes gegen zu hohe Überspannungen dem Überspannungsableiter zugeordnet wird. Dieser schneidet höhere Spannungsspitzen ab, so daß in einem Netzgebilde, welches durch derartige Überspannungsableiter geschützt ist, nur Spannungsspitzen einer definierten Höhe auftreten können. Um den Gefahren einer Beschädigung der Geräte durch Lichtbogen entgegenzutreten, soll die Stehspannung, also diejenige Spannung, bei der noch keine Außenüberschläge erfolgen, 10 % über der Begrenzungsspannung des Ableiters liegen. Für die Isolation im Innern der Geräte, also auch der Meßwandler, wird eine noch um 20 % höher liegende Stehspannung vorgeschrieben.

In solchen Netzen oder Netzteilen, in denen keine Überspannungsableiter vorhanden sind, kann die Begrenzung der Überspannungshöhe durch Schutzfunkenstrecken erfolgen. Während im Überspannungsableiter Dämpfungsglieder eingebaut sind, die dafür sorgen, daß die durch das Ansprechen des Überspannungsableiters auftretenden Wanderwellen eine in tragbaren Grenzen bleibende Steilheit nicht überschreiten, tritt beim Überschlag einer Schutzfunkenstrecke eine Wanderwelle auf, deren Stirn um ein bis zwei Zehnerpotenzen steiler sein kann als die der genormten Stoßwelle. AESCHLIMANN (s. Lit.) hat nachgewiesen, daß die Amplitude der Abschneidewelle bei Funkenstrecken außerdem höher ist als die der ankommenden Welle, so daß die Anwendung von Funkenstrecken statt Überspannungsableiter sehr unzweckmäßig ist.

Man sollte deshalb vermeiden, Schutzfunkenstrecken mit Rücksicht auf das im Abschn. C I c Gesagte am Wandler oder in dessen unmittelbarer Nähe anzuordnen. Derartig hohe Überspannungen kommen — im allgemeinen durch atmosphärische Vorgänge bedingt — auf den Freileitungen an. Es ist deshalb zweckmäßig, die Schutzfunkenstrecke oder den Ventilableiter am Stationseingang anzuordnen. Dadurch wird verhindert, daß die überhöhten Spannungen in die Station einlaufen und dort Schaden anrichten können.

Dem Ableiter als Stationsschutz gebührt der Vorzug, da dieser neben einem kleineren Zündverzug eine niedrigere Ansprechwelle mit einer um 1···2 Zehnerpotenzen kleineren Steilheit erzeugt.

d) Spannungsabhängige Schutzwiderstände.

Spannungsabhängige Schutzwiderstände werden den Primärwicklungen von Stromwandlern parallelgeschaltet, um zu verhindern, daß zwischen den Anschlußklemmen der Primärwicklung beim Durchlaufen von Wanderwellen zu hohe Spannungen entstehen. Die spannungsabhängigen Schutzwiderstände verändern ihren Widerstand fast zeitlos mit der Spannung. Der Widerstand geht zwischen der Spannung Null und einer Spannung von $1000\cdots2000$ V bei geeigneter Bemessung um $3\cdots5$ Zehnerpotenzen zurück, wie dies Abb. 131 zeigt.

Schaltet man parallel zu der Primärwicklung eines Stromwandlers einen Widerstand, so wird dieser einen Teil des Primärstromes am Wandler vorbeileiten und eine Verschiebung des Stromfehlers ins Negative verursachen. Von dem spannungsabhängigen Schutzwiderstand ist deshalb zu fordern, daß sein Widerstand im Vergleich zu dem primären Scheinwiderstand des belasteten Wandlers groß ist.

Die Eichanweisung sieht vor, daß die Ermittlung der meßtechnischen Daten des Wandlers einschließich primärem Schutzwiderstand zu erfolgen hat. Es sollen nun die Bedingungen untersucht werden, bei denen ein Zusammeneichen des Wandlers mit Schutzwiderstand nicht nötig wäre.

Es sei angenommen, daß ein Stromwandler mit einem Übersetzungsverhältnis 5/5/5 A geschützt werden soll, dessen Meßkern für 60 VA in Klasse 0,2 und dessen Relaiskern für 120 VA in Klasse 1 bei einer Überstromziffer $n = 10$ haben soll. Die gewählten

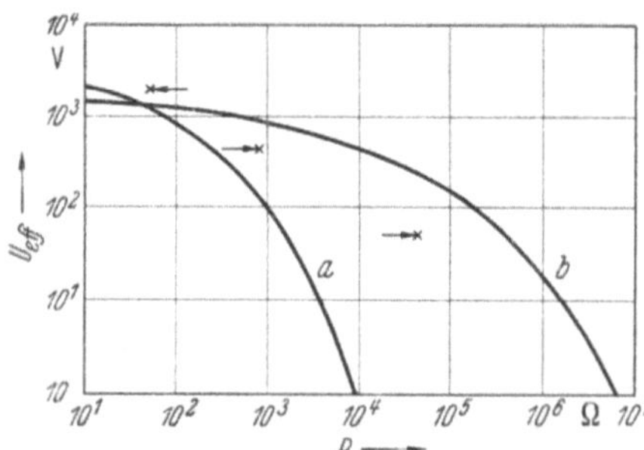

Abb. 131. Charakteristik von spannungsabhängigen Schutzwiderständen.

Daten sind bewußt in jeder Weise hinsichtlich der Höhe der primären Spannungen ungünstig gewählt. Bei Nennstrom und Vollast tritt zwischen den Klemmen der Primärwicklung eine Spannung von 42 V auf, wenn angenommen wird, daß der gesamte Eigenverbrauch 30 VA beträgt. Da der Wandler die Klassengrenze bis zum 1,2-fachen Nennstrom einhalten muß, ist zu fordern, daß der Widerstand bei $1,2 \cdot 42 = 50$ Volt mit Rücksicht auf den Kern der Klasse 0,2 höchstens 0,02 % des Primärstromes, also 1,2 mA, führt. Daraus ergibt sich der Widerstand für 50 V zu

$$R_{50} \geqq 42\ \mathrm{k}\Omega.$$

Für den Fall der Überstromziffer sei festgelegt, daß der Widerstand 1 % des Primärstromes, also $0,05 \cdot 10 = 0,5$ A am Wandler vorbeileiten darf. Da die Spannung an den Primärklemmen dann 420 V beträgt, ergibt sich ein Widerstand bei 420 V von

$$R_{420} \geqq 840\ \Omega.$$

Schließlich sei als letzte Bedingung gefordert, daß der Widerstand den Wert 50 Ohm, den Wanderwellenwiderstand des Kabels, bei einem

Effektivwert von 2000 V möglichst unterschreiten soll.

$$R_{2000} \leq 50\,\Omega.$$

Abb. 131 zeigt die Kennlinie von derartigen Schutzwiderständen. Derjenige nach Kurve b erfüllt die oben dargelegten Sonderforderungen.

Es ist vorgeschlagen worden, den Primärwicklungen von Spannungswandlern Schutzwiderstände vorzuschalten, um die Stirnsteilheit von anlaufenden Wanderwellen abzuflachen.

Rechnet man ein solches Beispiel daraufhin durch, welchen Widerstandswert ein solcher Schutzwiderstand haben müßte, dann ergeben sich Zahlen, die in der Größenordnung des ohmschen Widerstandes der Primärwicklung liegen. Sowohl der Leerlauf-, als auch der Belastungsstrom des Spannungswandlers ruft an diesem Schutzwiderstand demnach Spannungsabfälle hervor, die die Genauigkeit wesentlich beeinflussen. Hinzu kommt, daß der Widerstand mindestens für die Stoßspannung des Wandlers bemessen sein muß, da an ihm im Moment des Einlaufens einer steilen Welle zunächst die volle Stoßspannung liegt. Dies sind die Gründe, warum primäre Vorwiderstände beim Spannungswandler im allgemeinen nicht angewendet werden.

e) Schmelzsicherungen.

Die Spannungswandler werden häufig durch sekundärseitig angeordnete Schmelzsicherungen vor Kurzschluß im Sekundärkreis geschützt. Die Schmelzsicherungen haben nun aber einen nicht unbeträchtlichen ohmschen Widerstand, so daß der Laststrom an der Sicherung einen Spannungsabfall hervorruft. Man müßte sich also, wenn man schon Sicherungen anwendet, in jedem Fall vergewissern, ob dieser Spannungsabfall nicht die Genauigkeit des Spannungswandlers stark beeinträchtigt. Die Eichordnung gestattet für Zählkreise als zulässigen Spannungsabfall an den sekundären Verbindungsleitungen höchstens 0,05 %. Für Sicherungen ist kein besonderer Wert festgelegt.

Tabelle 21. *Widerstandswerte von Schmelzsicherungen bei 20°C.*

Nenn-strom A	„flinke" Sicherungen $R\,[m\Omega]$	„träge" Sicherungen $R\,[m\Omega]$
6	etwa 80	etwa 40
10	„ 30	„ 15
15	„ 15	„ 10
20	„ 10	„ 6,5
25	„ 7	„ 4,5
35	etwa 5	etwa 3
50	„ 3	„ 2
60	„ 2,2	„ 1,5

Es muß deshalb gefordert werden, daß Zuleitungen einschließlich evtl. vorhandener Sicherungen zusammen höchstens einen Spannungsabfall von 0,05 % hervorrufen.

Zur Orientierung gibt Tab. 21 eine Aufstellung über die Größenordnung des Widerstandes von Schmelzsicherungen im kalten Zustand.

Es ist auch daran gedacht worden, die Spannungswandler mittels Hochspannungssicherungen auf der Primärseite zu sichern. Man möchte auf diese Weise verhindern, daß ein Spannungswandler in der Schaltstation Schaden oder Brand verursacht, wenn aus irgendeinem Grunde ein Windungsschluß auftritt. Der normale Leerlaufstrom eines Wandlers liegt zwischen 5 und 10 mA. Ein Wandler, der für eine Leistung von 180 VA in Klasse 1 (2 % Abfall) ausgelegt ist, sei direkt an seinen sekundären Anschlußklemmen kurzgeschlossen. Es ergibt sich dann ein Kurzschlußstrom vom etwa 50fachen des Nennstromes; beim Übersetzungsverhältnis 10 000/100 V also ein Primärstrom von 0,9 A.

Die kleinste Hochspannungssicherung, die zur Verfügung steht, ist 2 A. Selbst bei einem satten Kurzschluß auf der Sekundärseite ist der primäre Kurzschlußstrom des Wandlers noch weit von der Schmelzstromstärke der Sicherung entfernt. Tritt z. B. an Stelle des sekundären Kurzschlusses ein Lagenschluß in der Primärwicklung ein, so ist dieser bereits geeignet, gefährliche Zerstörungen im Wandler hervorzurufen, obgleich der sich einstellende primäre Kurzschlußstrom erheblich kleiner ist als der vorher für einen satten sekundären Kurzschluß errechnete. Demnach kann gesagt werden, daß ein Schutz von Spannungswandlern durch primäre Sicherungen unwirksam ist.

Zusätzlich mag noch erwähnt werden, daß der Widerstand einer primär angeordneten Sicherung entsprechend der kleinen Nennstromstärke derselben und der hohen abzuschaltenden Spannung beträchtlich größer ist als der einer gewöhnlichen Niederspannungssicherung, so daß auch hier eine Beeinträchtigung der Genauigkeit des Wandlers vorliegen kann.

Trotzdem finden sich hier und da — meist in älteren Anlagen — primärseitige Schmelzsicherungen. Diese sollen nicht dazu dienen, Spannungswandler zu schützen, sondern lediglich verhindern, daß das Abschalten eines defekten Spannungswandlers das Ziehen des Leistungsschalters erforderlich macht, was einer Betriebsstörung gleichkommt.

Die Stromwandler halten bei richtiger Bestellung und Bemessung die auftretenden Kurzschlußströme aus. Sie bedürfen daher keines Schutzes gegen Überströme.

Es ist grundsätzlich unzulässig, die an den Stromwandler angeschlossenen Kreise durch Sicherungen schützen zu wollen. Denn ein Durchbrennen einer solchen Sicherung in einem Überstromfall würde Netzschutz und Zählung außer Betrieb setzen. Außerdem wäre der Stromwandler dann sekundär offen. Die Sekundärkreise sind so auszubilden, daß sie den dort auftretenden Überströmen gewachsen sind. Über die Möglichkeit, den Stromwandler zum Schutz der angeschlossenen Kreise heranzuziehen, wurde bereits im Abschn. B I a 8 berichtet.

D. Erwärmung.

Hinsichtlich der Erwärmung können bei Meßwandlern zwei grundsätzliche Fälle unterschieden werden: Der normale Netzbetrieb und der Fall von Netzstörungen.

I. Normaler Netzbetrieb.

Während des ungestörten Netzbetriebes liegen die Spannungswandler dauernd an einer Spannung, die im allgemeinen nur $\pm 10\%$ von der Nennspannung abweicht. Die Stromwandler hingegen werden von Strömen durchflossen, die im Laufe des Tages mehr oder weniger regelmäßigen Schwankungen unterliegen, das 1,2-fache des Nennstromes jedoch normalerweise nicht überschreiten. Demzufolge stellen sich bei den Spannungswandlern etwa gleichbleibende Übertemperaturen ein, während die Temperatur der Stromwandler mit Verzögerung langsam den Stromschwankungen folgt.

a) Erwärmungsvorgänge.

Die Änderung der Temperatur ϑ [°C] eines Körpers je Zeiteinheit [sec] ist bedingt durch die in der Zeiteinheit erzeugte Wärmemenge Q_e [W] und abgegebene Wärmemenge Q_v [W] sowie die Wärmekapazität C_ϑ [W · sec/°C]:

$$\frac{d\vartheta}{dt} = \frac{Q_e - Q_v}{C_\vartheta}. \tag{122}$$

Die abgegebene Wärmemenge Q_v ergibt sich aus dem Wärmeabgabevermögen A_ϑ [W/°C] und der Übertemperatur $\vartheta_{\ddot{u}}$ [°C] zu:

$$Q_v = A_\vartheta \cdot \vartheta_{\ddot{u}}, \tag{123}$$

womit die Formel (122) folgende **Form** annimmt:

$$\frac{d\vartheta}{dt} = \frac{Q_e - A_\vartheta \cdot \vartheta_{\ddot{u}}}{C_\vartheta}. \tag{124}$$

Die Lösung dieser Differentialgleichung ist

$$t - t_0 = -\frac{C_\vartheta}{A_\vartheta} \cdot \ln (Q_e - A_\vartheta \cdot \vartheta_{\ddot{u}}). \tag{125}$$

Macht man für t_0 folgenden Ansatz:

$$t_0 = \frac{C_\vartheta}{A_\vartheta} \cdot \ln (Q_e - A_\vartheta \cdot \vartheta_0), \tag{126}$$

so ergibt sich:

$$t = \frac{C_\vartheta}{A_\vartheta} \cdot \ln \frac{Q_e - A_\vartheta \cdot \vartheta_0}{Q_e - A_\vartheta \cdot \vartheta_{\ddot{u}}}. \tag{127}$$

In den Formeln (126) und (127) bedeutet ϑ_0 die Übertemperatur zur Zeit t_0. Setzt man diese Übertemperatur gleich Null, so verschwindet der Ausdruck $A_\vartheta \cdot \vartheta_0$ in Formel (127). Es ergibt sich dann nach einigen Umformungen:

$$\vartheta = \frac{Q_e}{A_\vartheta} \cdot \left(1 - e^{-\frac{A_\vartheta \cdot t}{C_\vartheta}}\right). \tag{128}$$

Führt man entsprechend der Gleichung

$$T_\vartheta = \frac{Q_\vartheta}{A_\vartheta} \tag{129}$$

die Wärmezeitkonstante T_ϑ [sec] ein, so ergibt sich die allgemein bekannte Temperaturgleichung für den Wärmeanstieg:

$$\vartheta = \frac{Q_\vartheta}{A_\vartheta} \cdot \left(1 - e^{-\frac{t}{T_\vartheta}}\right). \tag{130}$$

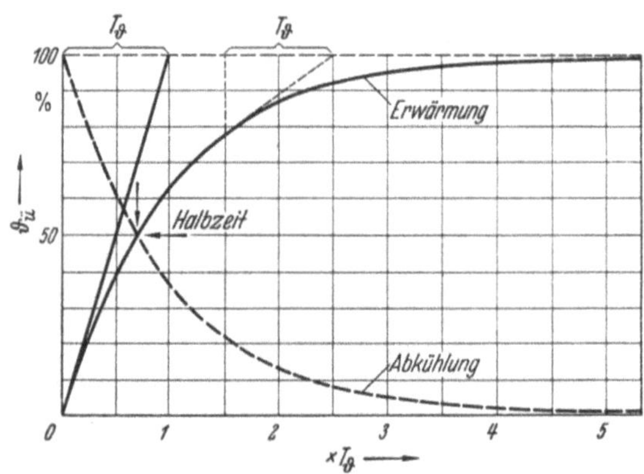

Abb. 132. Erwärmungskurve bei konstanter Belastung.

Sie läßt erkennen, daß die Wärmekapazität C_ϑ ohne Einfluß auf die sich einstellende höchste Temperatur ϑ_{max} ist:

$$\vartheta_{max} = \frac{Q_\vartheta}{A_\vartheta}. \tag{131}$$

Diese ist nur abhängig von der erzeugten Wärmemenge und von dem Wärmeabgabevermögen. Unter Einbeziehung der Gleichung (131) vereinfacht sich die Formel (130) zu:

$$\vartheta = \vartheta_{max} \cdot \left(1 - e^{-\frac{t}{T_\vartheta}}\right). \tag{132}$$

Abb. 132 zeigt den zeitlichen Verlauf des Temperaturanstieges. Nach drei Zeitkonstanten ist die Endtemperatur bis auf 5 %, nach vier Zeitkonstanten ist sie bis auf 2 % und nach fünf Zeitkonstanten bis auf weniger als 1 % erreicht.

Die Subtangente in jedem beliebigen Punkt der Kurve ergibt auf der Linie der Maximaltemperatur die Zeitkonstante T_ϑ.

In entsprechender Weise gilt für die Abkühlungskurve — in Abb. 132 gestrichelt eingezeichnet — die Formel

$$\vartheta = \vartheta_{max} \cdot e^{-\frac{t}{T_\vartheta}}. \tag{133}$$

Die in den vorstehenden Formeln benutzte Wärmekapazität C_ϑ ergibt sich zu:

$$C_\vartheta = c_\vartheta \cdot G. \tag{134}$$

Mit c_ϑ ist die spezifische Wärme [W · sec/kg °C] bezeichnet. c_ϑ gibt an, welche Wärmemenge in Wattsekunden benötigt wird, um 1 kg des Stoffes um 1 °C zu erwärmen. Mit G [kg] ist das Gewicht bezeichnet. Hat man es mit einem Körper aus verschiedenartigen Stoffen zu tun, so ist die Wärmekapazität C_ϑ der einzelnen Stoffe für sich getrennt zu errechnen und dann zur Gesamtwärmekapazität zu addieren.

Das Wärmeabgabevermögen A_ϑ setzt sich zusammen aus dem Wärmeabgabevermögen durch Strahlung A_S und demjenigen durch Konvektion A_K. Unter Konvektion versteht man die Mitführung von Wärme durch bewegte Teile des kühlenden Stoffes, beispielsweise Transformatorenöl oder Umgebungsluft.

Das Wärmeabgabevermögen durch Strahlung A_S ergibt sich nach dem STEFAN-BOLTZMANNschen Gesetz zu

$$A_S = c_S \cdot k_A \cdot \left(\frac{\Theta}{100}\right)^4. \tag{135}$$

Es bedeuten:

Θ = absolute Temperatur der abstrahlenden Fläche in °K.

c_S = Strahlbeiwert in W/m² · (°K)⁴.

k_A = Absorptionszahl der Fläche. (Für den genormten grauen Anstrich etwa 0,67.)

Die Wärmeabgabe durch Konvektion errechnet sich zu

$$A_K = c_K \cdot \vartheta_{ü}. \tag{136}$$

Hierin bedeuten:

$\vartheta_{ü}$ = Übertemperatur der wärmeabgebenden Fläche gegen die Umgebungsluft in °C und

$$c_K = 0{,}744 \cdot c_L \cdot \sqrt[4]{p^2 \cdot \vartheta_{ü}}, \tag{137}$$

das spezifische Wärmeabgabevermögen in W/m² · °C,

c_L = Konvektionsbeiwert für Luft (etwa 3,4 für $\vartheta = 20 \cdots 70$ °C),

p = Druck der Umgebungsluft in kg/cm².

In Abb. 133 ist die Gesamtwärmeabgabefähigkeit als Funktion der absoluten und der Übertemperatur in dem für Meßwandler üblichen Bereich aufgetragen.

Für die Berechnung der Temperaturverteilung im Wandler ist weiter die Kenntnis des Temperaturgefälles infolge der nicht unendlich guten Wärmeleitfähigkeit λ_ϑ notwendig. Die Berechnung gestaltet sich am einfachsten, wenn man das Ohmsche Gesetz für diesen speziellen Fall abwandelt. Als die treibende Spannung ist hier das Temperaturgefälle $\Delta\vartheta$ [°C] anzusehen. Der Widerstand, der sich der Ausbildung des Wärmestromes ($J_\vartheta = Q_\vartheta/t$) entgegensetzt, ist

$$R_\vartheta = \frac{l}{q \cdot \lambda_\vartheta}, \qquad (138)$$

so daß sich dann für den Wärmestrom folgende Formel ergibt:

$$J_\vartheta = \frac{Q_\vartheta}{t} = \frac{\Delta\vartheta}{R_\vartheta} = \frac{\Delta\vartheta \cdot q \cdot \lambda_\vartheta}{l}. \qquad (139)$$

Die spezifische Wärmeleitfähigkeit λ_ϑ [W/cm · °C] beträgt somit:

$$\lambda_\vartheta = \frac{Q_\vartheta \cdot l}{q \cdot \Delta\vartheta \cdot t}, \qquad (140)$$

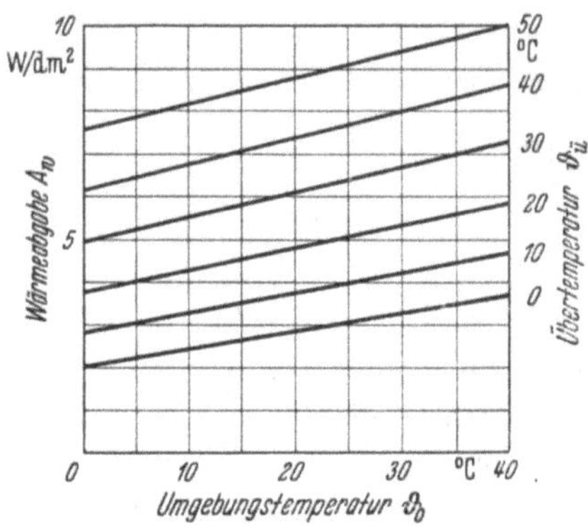

Abb. 133. Wärmeabgabefähigkeit.

so daß sich als Formel für das Wärmegefälle ergibt:

$$\Delta\vartheta = \frac{\dfrac{Q_\vartheta}{t} \cdot l}{\lambda_\vartheta \cdot q} = \frac{N_\vartheta \cdot l}{\lambda_\vartheta \cdot q}. \qquad (141)$$

In diesen Formeln bedeuten:

$\Delta\vartheta$ = Temperaturgefälle in °C,
Q_ϑ = Wärmemenge in Wattsekunden,
t = Zeit in sec,
N_ϑ = Wärmedurchgangsleistung in Watt,
l = Länge der Transportstrecke in cm,
q = Durchgangsquerschnitt in cm²,
λ_ϑ = Wärmeleitzahl in Watt/cm · °C.

Üblicherweise werden in den einschlägigen Handbüchern die hier verwendeten Größen nicht in elektrischen, sondern in Wärmeeinheiten angegeben. Dem Elektrotechniker liegt es aber näher, in elektrotechnischen Einheiten zu rechnen. Aus diesem Grunde sind die vorstehenden Formeln auf die elektrotechnischen Einheiten umgerechnet und in Tab. 22 die Materialkonstanten in diesen Einheiten zusammengestellt.

b) Wärmequellen.

Als Wärmequellen sind alle Stellen anzusehen, in denen Verluste auftreten. Dies sind die ohmschen und Wirbelstromverluste in den Wicklungen, die Hysteresis- und die Wirbelstromverluste im Eisenkern, die Hysteresis- und Wirbelstromverluste, die das Streufeld in Konstruktionsteilen und Kesselwand hervorruft und dielektrische Verluste im Isolierstoff.

Tabelle 22. *Spezifische Wärme (c_ϑ) und Wärmeleitzahl einiger Materialien für 20°C.*

Material	c_ϑ $\left[\dfrac{\text{W}\cdot\text{sec}}{\text{kg}\cdot°\text{C}}\right]$	λ_ϑ $\left[\dfrac{\text{W}}{\text{cm}\cdot°\text{C}}\right]$
Aluminium	910	2,0 $\cdots$2,2
Blei.	130	ca 0,35
Bronze	ca 350	1,0 $\cdots$1,7
Eisen	460	0,6 $\cdots$0,7
Glas	600$\cdots$ 800	0,005$\cdots$0,010
Hartpapier.	ca 2000	0,002$\cdots$0,005
Holz	2000$\cdots$3000	0,001$\cdots$0,003
Konstantan	ca 400	ca 0,25
Kupfer	ca 400	3,6 $\cdots$3,9
Lötzinn	ca 170	ca 0,45
Messing	ca 380	ca 1,1
Nickel.	ca 450	0,6 $\cdots$0,8
Nickeleisen (78% Ni) . .	ca 450	ca 0,63
Ölimprägn. Papier . . .	ca 2000	0,004$\cdots$0,005
Porzellan	800$\cdots$ 900	0,008$\cdots$0,019
Preßspan	1500$\cdots$2000	0,002$\cdots$0,004
Silit	ca 800	ca 0,012
Trafoöl	ca 1800	ca 0,0013
Trolitul	1100$\cdots$1400	0,001$\cdots$0,002
Wasser	ca 4180	ca 0,006
Zink.	ca 390	ca 1,1
Zinn.	ca 230	ca 0,6

1. Wicklungen. Die Kupferverluste in den Wicklungen des Spannungswandlers und in der Sekundärwicklung des Stromwandlers lassen sich leicht als Produkt aus dem Gleichstromwiderstand und dem Quadrat des Stromes ermitteln. Für die Kupferverluste W_{Cu} gilt bei der Temperatur ϑ [°C]:

$$W_{\text{Cu}} = S^2 \cdot G_{\text{Cu}} \cdot (1,83 + 0,008\,\vartheta), \qquad (142)$$

wobei mit S die Stromdichte [A/mm²] und mit G_{Cu} das Kupfergewicht [kg] bezeichnet wird.

Bei den Kupferverlusten der Primärwicklung des Stromwandlers führt dies nur dann zu richtigen Werten, wenn verhältnismäßig kleine Profile verwendet werden, also bei Wandlern mit kleiner Primärnennstromstärke. Werden größere Kupferprofile verwendet, so können innerhalb des Leiters durch das Streufeld zusätzliche Wirbelstromverluste auftreten, so daß die Wechselstromkupferverluste größer sind als die Gleichstromverluste.

Für elektrische Maschinen und Transformatoren hat man für die Berechnung der scheinbaren Widerstandserhöhung bei Wechselstrom Näherungsformeln entwickelt, die im folgenden angeführt werden sollen. Gemäß Abb. 134, die die Verhältnisse bei einer Zylinderwicklung darstellt, ist

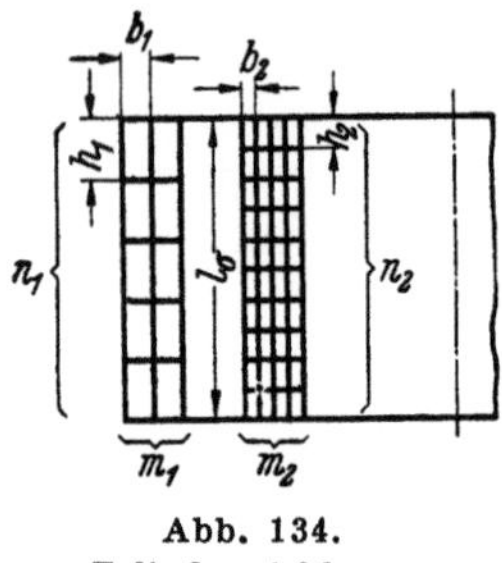

Abb. 134.
Zylinderwicklung.

h die axiale Höhe eines Leiters in mm,
b die radiale Breite eines Leiters in cm,
m die Zahl der radial aufeinanderliegenden Leiter,
n die Zahl der axial nebeneinanderliegenden Leiter,
f die Frequenz,
l_σ die Länge der Streulinien in mm,
ϱ der spezifische Widerstand des Leiters in Ohm mm²/m.

Der Faktor k, mit dem der Gleichstromwiderstand multipliziert werden muß, um den Wechselstromwiderstand zu erhalten, ergibt sich zu

$$k_\square = 1 + \frac{m^2 - 0{,}2}{9} \cdot \xi^4 \quad \text{(für Profildraht)} \tag{143}$$

$$k_\bigcirc = 1 + \frac{m^2 - 0{,}2}{15{,}25} \cdot \xi^4 \quad \text{(für Runddraht).} \tag{144}$$

In diesen Gleichungen ist

$$\xi = 2\,\pi\,b \cdot \sqrt{\frac{n \cdot h \cdot f}{l_\sigma \cdot \varrho \cdot 10^5}}. \tag{145}$$

2. Eisenkern. Für die Wärmebildung im Eisenkern sind die Wirbelstrom- und die Hysteresisverluste maßgebend. Beim Stromwandler sind diese gegenüber den Kupferverlusten für den normalen Betrieb völlig vernachlässigbar, da dieser bei kleinen Induktionen arbeitet. Bei Stromwandlern mit Zusatzmagnetisierung dagegen müssen sie evtl. berücksichtigt werden, insbesondere dann, wenn ein gesättigter Hilfskern vorhanden ist.

Bei Spannungswandlern können die Verluste im Eisenkern aus den entsprechenden Kurven des gewählten Materials entnommen werden. Im Normalfall wird für Spannungswandlerkerne entweder Dyn. Bl. III 0,5 mm ($V_{10}{}^1 = 2{,}3$ W/kg) oder Dyn. Bl. IV 0,5 bzw. 0,35 mm ($V_{10} = 1{,}7$ bzw. 1,3 W/kg) verwendet. Soll die Erwärmung bei der 1,2fachen Nennspannung, die der Wandler dauernd aushalten muß, ermittelt werden, so kann überschlägig mit den vorstehend angegebenen Verlusten je kg

---

^{1} $V_{10} = $ Verluste bei 10000 Gauß.

gerechnet werden, da die Induktion der Spannungswandler bei $1,2\, U_n$ zwischen 9500 und 10500 Gauß liegt. Genaue Daten geben die Kurven der Abb. 135. Die Berechnungen werden naturgemäß nur dann richtig, wenn durch Isolierung der Kernbleche dafür gesorgt ist, daß keine zusätzlichen Wirbelstromverluste infolge Blechschlusses auftreten können.

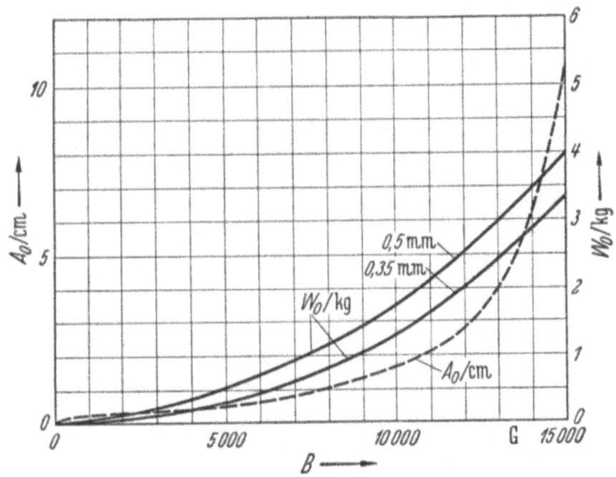

Abb. 135. Magnetisierungskurve und spezifische Wattverluste von Dyn. Bl. IV.

3. Dielektrikum. Legt man an einen Kondensator eine Wechselspannung an, so fließt neben dem reinen Kapazitätsstrom (33)

$$J_C = U \cdot \omega \cdot C$$

ein Verluststrom

$$J_w = U \cdot \omega \cdot C \cdot \operatorname{tg} \delta. \tag{146}$$

Dieser Verluststrom ist bedingt durch die ohmsche Ableitung und die Elektrisierungsverluste, deren Entstehung man sich sinngemäß etwa wie die der Hysteresisverluste beim Eisen vorstellen kann. Unter $\operatorname{tg} \delta$ wird das Verhältnis des Wirk- zum Blindstrom verstanden, der Winkel δ stellt damit die Abweichung des Gesamtstromes von 90° dar (Abb. 136). Die Verluste im Dielektrikum betragen demnach

$$W_d = U^2 \cdot \omega \cdot C \cdot \operatorname{tg} \delta. \tag{147}$$

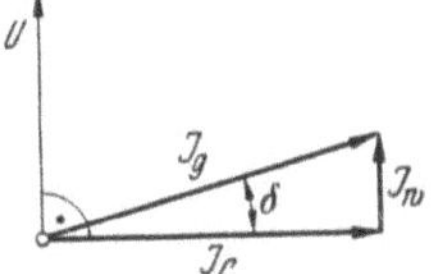

Abb. 136. Vektordiagramm des Kondensators.

Aus dieser Formel ist bereits zu ersehen, daß dielektrische Verluste bei Wandlern für 50 Hz nur für die hohen Reihenspannungen eine maßgebende Bedeutung erlangen können. Nur bei Wandlern für höhere Frequenzen stellt sich ein merkbarer Anteil an dielektrischen Verlusten schon bei kleineren Spannungen ein.

Eine wesentliche Rolle spielt die Größe des Verlustfaktors tg δ. Dieser beträgt bei 20°C und 50 Hz:

$$
\begin{aligned}
&\text{für Ölpapier} &&\dots\dots\dots &&0{,}25\dots 0{,}75 \cdot 10^{-2}\\
&\text{für Porzellan} &&\dots\dots\dots &&1{,}8\ \dots 3\quad \cdot 10^{-2}\\
&\text{für trockenes Hartpapier} &&\dots &&0{,}7\ \dots 1{,}5\ \cdot 10^{-2}\\
&\text{für Isoliermasse} &&\dots\dots &&0{,}8\ \dots 3\quad \cdot 10^{-2}.
\end{aligned}
$$

Für einen Stromwandler der Reihe 220 mit Ölpapier-Dielektrikum ergibt sich bei Ausführung als Topfwandler eine Kapazität von etwa 500 pF. Bei der Nennspannung $220/\sqrt{3}$ kV errechnet sich damit eine kapazitive Blindleistung von etwa 2,6 kVA, für den Erdschlußfall (220 kV) eine solche von etwa 7,8 kVA. Beträgt der Verlustwinkel des Dielektrikums bei 20°C 0,5 %, so betragen die Wattverluste im Normalfall 13 W und im Erdschlußfall 39 Watt. Hat der Stromwandler jedoch seine höchst zulässige Betriebswärme, so muß angenommen werden, daß der Verlustwinkel auf das 2 $\dots$ 3fache gestiegen ist. Bei tg $\delta = 1,5\%$ betragen die dielektrischen Verluste im Normalfall 39 Watt und im Erdschlußfall 117 Watt, sind also durchaus nicht mehr vernachlässigbar.

4. Sonstige Verluste. Der Streufluß erzeugt im Eisenkessel und den Eisenteilen der Spannkonstruktion zusätzliche Eisenverluste, die bei Großtransformatoren unbedingt beachtet werden müssen. Bei Strom- und Spannungswandlern hingegen bleiben diese Verluste in mäßigen Grenzen. Lediglich bei Wandlern, die mit höheren Frequenzen betrieben werden, sind sie hinsichtlich der Wärmeentwicklung zu beachten. Diese Fälle sind jedoch so selten, daß im Rahmen dieses Buches nicht näher darauf eingegangen werden soll. Für diese Sonderfälle wird auf die Literatur[1] verwiesen.

c) Vorschriften für Grenzerwärmung im stationären Betrieb.

Die Vorschriften für die Erwärmung im stationären Betrieb finden sich in den „Regeln für Wandler" VDE 0414 §§ 15 bis 18.

Für Wandler, die in schlagwetter- und explosionsgefährdeten Betrieben verwendet werden sollen, gelten die von den Wandlerregeln teilweise abweichenden Vorschriften VDE 0170 § 32.

Die Wandlerregeln definieren als „Erwärmung" eines Wandlerteiles den Unterschied zwischen seiner Temperatur und derjenigen der Umgebungsluft, also die Übertemperatur.

Die Erwärmung von Stromwandlern ist bei Nennbürde und 1,2-fachem Nennstrom, die Erwärmung von Spannungswandlern bei dem der Nennleistung entsprechenden Belastungswiderstand und 1,2-facher

---

[1] Z. B. Heiles, Über zusätzliche Verluste in Transformatoren. VDE-Fachber. 1929, S. 71.

Nennspannung festzustellen. Bei Einphasenspannungswandlern, die nur zwischen Leiter und Erde geschaltet werden dürfen, ist unmittelbar nach dieser Dauerprüfung die Erwärmung festzustellen, die nach zweistündigem Betrieb mit 1,2-facher verketteter Nennspannung bei unverändert gelassenem Belastungswiderstand auftritt. Zusätzlich ist bei Spannungswandlern die Erwärmung bei Grenzleistung und Nennspannung festzustellen. Grenzleistung ist diejenige Scheinleistung, bei der der Spannungswandler bei Nennspannung im Dauerbetrieb die Erwärmungsgrenzen nicht überschreitet.

In keinem Falle darf die Erwärmung die in Tab. 23 festgelegten Grenzerwärmungen überschreiten. Die Grenzerwärmungen gelten unter der Voraussetzung, daß die Temperatur der Umgebungsluft 35°C nicht überschreitet. Die zulässigen Grenztemperaturen liegen demnach 35°C über den in der Tabelle angegebenen Werten der Grenzerwärmung.

Tabelle 23. *Grenzerwärmung nach VDE 0414.*

Wandlerteil		Isolierung nach Klasse	Grenzerwärmung in °C
Wicklungen	einlagige	A	65
	blanke	A_0	75
	dauernd kurzgeschlossene .	B	85
		C	1
	alle anderen	A	60
		A_0	70
		B	80
		C	1
Eisenkern	Wandler ohne Öl	—	60
Öl	an der wärmsten Stelle .	—	60
alle anderen Teile	—	—	1

Die Definition für die in Tab. 23 aufgeführten Isolationsklassen gibt nachfolgende Tab. 24 (S. 190).

Ungetränkte Isolierstoffe sollen im allgemeinen nicht verwendet werden. Wenn in Ausnahmefällen davon Gebrauch gemacht wird, so sind die Grenzerwärmungen hierfür um 15°C gegenüber den für die Isolationsklasse A zulässigen Werte zu erniedrigen.

Die nachfolgende Tab. 25 gibt die für schlagwetter- und explosionssicheren Wandler nach VDE 0170/171 zugelassenen Grenztemperaturen und Grenzerwärmungen an.

---

[1] Nur beschränkt durch den Einfluß auf benachbarte Isolierteile.

Tabelle 24. *Wärmebeständigkeitsklassen nach VDE 0414.*

Klasse	Isolierstoff	Behandlung
A	Baumwolle, Seide, Papier und ähnliche Faser-stoffe	Getränkt oder in Füllmasse
A_0	Baumwolle, Seide, Papier und ähnliche Faser-stoffe sowie Lackdraht	Unter Öl
B	Glimmer und Asbest-Präparate und ähnliche mineralische Stoffe	Mit Bindemitteln
	Lackdraht	—
C	Glimmer	Ohne Bindemittel
	Porzellan, Glas, Quarz und ähnliche feuer-feste Stoffe	—

Tabelle 25. *Grenztemperatur und Grenzerwärmung*
von Meßwandlern mit erhöhter Sicherheit nach VDE 0170/171.

Wicklungen mit Isolierung aus	Grenz-temperatur °C	Grenz-erwärmung °C
Baumwolle, Seide, Kunstseide, Papier und ähnliche Stoffe getränkt	85	50
Lack		
1. Zelluloselack	70	35
2. Öl-Harz-Lack		
a) schwarzer Asbestlack	80	45
b) farbloser (roter) Lack	95	60
Lackschlauch und Schaltdraht umflochten, lackiert mit:		
a) Zelluloselack	70	35
b) Öl-Harz-Lack	85	50

Die Erwärmungen und Temperaturen dürfen nach VDE 0170/1 bei Belastung gemäß den „Regeln für Wandler" VDE 0414, bei Stromwandlern außerdem bei offenem Sekundärkreis beziehungsweise Belastung mit Nennstrom, an keiner Stelle die in Tab. 25 angegebenen Werte überschreiten.

Die französischen Wandlerregeln NF—C 29 lassen für die Grenzerwärmung von Wicklungen etwa 10° niedrigere Werte, jedoch für den Eisenkern 10° höhere Werte zu. Die Grenztemperatur der Wicklungen liegt nur um etwa 5° niedriger als in Deutschland. Dies erklärt sich daraus, daß die deutschen Regeln 35°C, die französischen dagegen 40°C als höchste Umgebungstemperatur voraussetzen.

Die britischen Wandlerregeln unterscheiden nur zwei Isolationsklassen, und zwar:

Klasse A: Baumwolle, Seide, Papier und organische Isoliermaterialien imprägniert oder unter Öl sowie Lackdraht.

Klasse B: Glimmer, Asbest, anorganische Isoliermaterialien mit Bindemitteln.

Tabelle 26. *Grenzerwärmung nach BSS Nr. 83—1936.*

Transformatortyp	Wicklungen (Widerstandsmessung)		Öl (Thermometermessung)	Eisenkern, wenn erreichbar (Thermometermessung)
	Klasse A	Klasse B		
luftgekühlt . .	55°C	75°C		Die Temperaturerhöhung soll die der benachbarten Wicklungen nicht überschreiten.
ölgekühlt . . .	60°C	60°C	50°C	
Masse gefüllt .	50°C			

Die schwedischen Vorschriften über die Erwärmung von Wandlern finden sich in den Regeln für Transformatoren SEN 4. Inhaltlich und hinsichtlich der zugelassenen Werte für die Grenzerwärmung entsprechen die schwedischen Vorschriften etwa den britischen. Wie in Deutschland wird als höchste Umgebungstemperatur 35°C vorausgesetzt.

II. Nicht stationäre thermische Vorgänge.

Bei einem Kurzschluß im Netz werden die Wicklungen der Stromwandler für kurze Zeit von sehr großen Strömen durchflossen. Die Zeitdauer richtet sich nach der Auslösezeit des Schalters einschließlich der Schutzeinrichtungen. Diese Zeiten liegen heute zwischen 0,1 und 6 Sekunden. Es ist nun sehr wichtig, daß der Stromwandler, der das Netzgeschehen dem Schutzsystem weitervermittelt, durch derartige Beanspruchungen nicht Schaden leidet oder defekt wird. Er muß also so bemessen sein, daß er den in ungünstigsten Fällen auftretenden Kurzschlußströmen gewachsen ist. Es ist also bei Auswahl eines Wandlers notwendig, die Netzverhältnisse an dem vorgesehenen Einbauort des Wandlers auf die Kurzschlußströme bezüglich ihrer maximalen Höhe und Dauer hin zu überprüfen und diese bei Bestellung anzugeben.

a) Erwärmungsvorgänge.

Es kann in erster Näherung angenommen werden, daß während der kurzen Zeit, in der der Überstrom fließt, die in den Wicklungen auftretende Stromwärme keine Möglichkeit zum Abfließen hat. Für diesen Fall errechnet sich die Temperaturzunahme in °C je Sekunde aus dem Quadrat der Stromdichte S [A/mm²], dem spezifischen Widerstand ϱ [$\Omega \cdot$ mm²/m], der spezifischen Wärme c_ϑ [kcal/kg $\cdot$ °C] und dem spezifischen Gewicht γ [kg/dm³] des Leitermaterials nach der Formel

$$\frac{\varDelta\vartheta}{\varDelta t} = \frac{0,24 \cdot \varrho}{\gamma \cdot c_\vartheta} \cdot S^2 = \text{const} \cdot S^2. \tag{148}$$

Normalerweise werden die Wicklungen entweder aus Kupfer oder in Sonderfällen aus Aluminium hergestellt. Trotzdem sollen die Konstanten für die obige Gleichung in der nachfolgenden Tab. 27 noch für weitere Materialien angegeben werden, die vielleicht einmal im Primär- oder Sekundärkreis des Wandlers vorhanden sein können.

Tabelle 27. *Konstanten für Kurzzeiterwärmung, bezogen auf 20°C.*

Material	const	Material	const
Aluminium	$12 \cdot 10^{-3}$	Nickel.	$25 \cdot 10^{-3}$
Blei	$142 \cdot 10^{-3}$	Nickelin	$85 \cdot 10^{-3}$
Bronze	$56 \cdot 10^{-3}$	Phosphorbronze . .	$25 \cdot 10^{-3}$
Chromnickel	$325 \cdot 10^{-3}$	Platin.	$39 \cdot 10^{-3}$
Eisen	$36 \cdot 10^{-3}$	Quecksilber	$510 \cdot 10^{-3}$
Konstantan	$134 \cdot 10^{-3}$	Silber.	$6,5 \cdot 10^{-3}$
Kupfer	$5 \cdot 10^{-3}$	Wasser (100 μS/cm).	$24 \cdot 10^{-6}$
Manganin	$123 \cdot 10^{-3}$	Zink	$21 \cdot 10^{-3}$
Messing	$24 \cdot 10^{-3}$	Zinn	$76 \cdot 10^{-3}$

Die zeitliche Temperaturzunahme $\Delta\vartheta/\Delta t$ in °C/sec kann noch auf eine andere Weise errechnet werden, wenn die spezifischen Verluste in W/kg und die spezifische Wärme c_ϑ des betreffenden Stoffes (Gewicht G in kg) bekannt sind. Dann gilt die Formel:

$$\frac{\Delta\vartheta}{\Delta t} = \frac{0,24}{c_\vartheta} \cdot 10^{-3} \cdot \frac{W}{G} = \text{Const} \cdot \frac{W}{G}. \tag{149}$$

Tab. 28 gibt für die verschiedenen in Frage kommenden Materialien die Höhe der Konstanten an. Nach diesen Rechenverfahren ist es möglich, beispielsweise auch den Temperaturanstieg, der durch die Eisenverluste im Kern hervorgerufen wird oder den Temperaturanstieg

Tabelle 28. *Konstanten für Kurzzeiterwärmung, bezogen auf 20°C.*

Material	Const.	Material	Const.
Aluminium	$1,1 \cdot 10^{-3}$	Nickelin	$2,5 \cdot 10^{-3}$
Blei	$7,7 \cdot 10^{-3}$	Papier	$0,65 \cdot 10^{-3}$
Bronze	$2,8 \cdot 10^{-3}$	Paraffin	$0,5 \cdot 10^{-3}$
Chromnickel	$2,5 \cdot 10^{-3}$	Phosphorbronze . .	$2,75 \cdot 10^{-3}$
Kerneisen	$2,2 \cdot 10^{-3}$	Platin.	$7,5 \cdot 10^{-3}$
Gußeisen	$1,6 \cdot 10^{-3}$	Petroleum	$0,5 \cdot 10^{-3}$
Graphit	$1,5 \cdot 10^{-3}$	Porzellan	ca. 1 $\cdot 10^{-3}$
Hartpapier	ca. $0,6 \cdot 10^{-3}$	Preßspan	ca. $0,6 \cdot 10^{-3}$
Konstantan	$2,4 \cdot 10^{-3}$	Quecksilber	$7,3 \cdot 10^{-3}$
Kupfer	$2,53 \cdot 10^{-3}$	Silber.	$4,3 \cdot 10^{-3}$
Manganin	$2,4 \cdot 10^{-3}$	Silicium	ca. $1,3 \cdot 10^{-3}$
Messing	$2,8 \cdot 10^{-3}$	Wasser	$0,24 \cdot 10^{-3}$
Mineralöl	$0,56 \cdot 10^{-3}$	Zink	$2,45 \cdot 10^{-3}$
Nickel.	$2,2 \cdot 10^{-3}$	Zinn	$4,3 \cdot 10^{-3}$

im Isolierstoff infolge der dielektrischen Verluste unter der Voraussetzung
zu bestimmen, daß keine Wärme nach außen abgegeben wird.

b) Thermische Festigkeit, Vorschriften.

Die Regeln für Wandler VDE 0414 setzen fest, daß die Kurzschlußfestigkeit eines Stromwandlers durch den thermischen und dynamischen
Grenzstrom ausgedrückt wird. Der thermische Grenzstrom J_{therm} ist
der auf dem Leistungsschild des Wandlers angegebene höchste Effektivwert des Primärstromes in kA, dessen Wärmewirkung der Stromwandler
bei kurzgeschlossener Sekundärwicklung 1 Sekunde lang aushalten kann,
ohne Schaden zu nehmen.

Für diese kurzzeitigen Beanspruchungen werden höhere Temperaturen zugelassen als bei Dauerbetrieb, da in verhältnismäßig kurzer
Zeit durch Abfließen der Wärme aus den Wicklungen in die übrigen
Teile des Wandlers eine Absenkung der Temperatur erfolgt. Die VDE-
Regeln bestimmen deshalb, daß der Querschnitt Q [mm²] des Primärleiters nach der Gleichung

$$Q = \frac{J_{\text{therm}} \cdot 1000}{S} \tag{150}$$

zu bemessen ist.

Der Faktor S dieser Gleichung ist wie folgt zu wählen:

für Kupfer:	$S = 180 \text{ A/mm}^2$,
für Aluminium:	$S = 118 \text{ A/mm}^2$.

Setzt man diese Werte in die Temperaturgleichung (148) ein, so ergibt
sich nach einer Sekunde eine Übertemperatur in der Größenordnung
von 160 °C.

Der Drahtquerschnitt der Sekundärwicklung soll dem nach obiger
Gleichung errechneten Querschnitt des Primärleiters unter Berücksichtigung der Nennübersetzung entsprechen. Sofern bei kurzgeschlossener Sekundärwicklung und einem Primärstrom von 0,3 J_{therm} ein
Stromfehler von mehr als 20 % vorhanden ist, kann dieser Fehler bei der
Bemessung des sekundären Drahtquerschnittes berücksichtigt werden.

Soll der zulässige Grenzstrom J_{therm} eines Wandlers für eine andere
Zeit t [sec] als eine Sekunde berechnet werden, so gilt folgende Gleichung:

$$J_t = \frac{J_{\text{therm}}}{\sqrt{t}} . \tag{151}$$

Für Wandler, die in schlagwetter- und explosionsgefährdeten
Betrieben verwendet werden sollen, gilt die Bemessungsregel (150)
nach VDE 0414 nicht. Für solche Wandler schreiben die Schlagwetter-
und Explosionsvorschriften VDE 0170/1 im § 46 eine andere Bemessung

vor. Hiernach müssen Stromwandler bei kurzgeschlossener Sekundärwicklung den 100-fachen primären Nennstrom 1 Sekunde lang aushalten. Dabei dürfen die Wicklungen die in Tab. 25 angegebenen Grenztemperaturen und Grenzerwärmungen an keiner Stelle überschreiten.

Tabelle 29. *Grenztemperaturen und Grenzerwärmung in °C bei Schutzart erhöhte Sicherheit. VDE 0170.*

Betriebsmittel		vorübergehend nicht länger als 10 sec	
		Grenz-temperatur	Grenz-erwärmung
schlagwettergeschützt		1	1
explosions-geschützt für Zünd-gruppe:	A	300	265
	B	220	185
	C	140	105
	D	100	65

Diese Temperaturbedingung gilt als erfüllt, wenn die Stromdichte S (A/mm²) in den Wicklungen beim 100-fachen primären Nennstrom folgende Werte nicht überschreitet:

$$S = x - \frac{\vartheta_{max}}{y}. \qquad (152)$$

Hierin bedeuten:

ϑ_{max} = Wicklungstemperatur in °C bei Dauerbetrieb mit 1,2-fachem primären Nennstrom und 35°C Umgebungstemperatur,

x, y = Konstanten gemäß nachstehender Tab. 30.

Tabelle 30. *Konstanten zur Errechnung der zulässigen Stromdichte S nach VDE 0170/1.*

Betriebsmittel		Kupfer		Aluminium	
		x	y	x	y
schlagwettergeschützt		200	2,2	130	3,6
explosionsgeschützt nach Zündgruppe:	A	200	2,2	130	3,6
	B	180	1,8	120	2,5
	C	150	1,3	100	2,0
	D	130	1,0	90	1,3

Vergleicht man die nach diesen Forderungen sich ergebenden Stromdichten mit derjenigen, die gemäß VDE 0414 zulässig wäre, so ist festzustellen, daß für schlagwetter- und besonders für explosionssichere

---

[1] Die Temperatur von 200°C darf vorübergehend bis 250°C überschritten werden. Die Gesamtdauer der Überschreitung darf jedoch nicht mehr als 3 Minuten betragen.

Wandler wesentlich niedrigere Stromdichten zugelassen sind. Dies erklärt sich aus den Zündtemperaturen der explosiblen Gasgemische. In der Zündgruppe D beispielsweise darf die Stromdichte für den Sekunden-Strom für eine papierisolierte Kupferwicklung höchstens 45 A/mm² betragen. Vom betriebswarmen Zustand aus (85 °C) ergibt sich dann eine Übertemperatur von 10 °C, so daß die vorgeschriebene Grenztemperatur von 100 °C nach Tab. 28 eingehalten wird.

Stromwandler, die in oder an Schaltgeräten mit Auslösern elektrisch zusammengeschlossen sind, sind thermisch so zu bemessen, daß sie mindestens den Ausschaltstrom des Schalters während des zugehörigen Schaltverzuges t aushalten. Für die Berechnung auf diese Verzugszeit t gilt die oben angegebene Gleichung (151).

Abweichend von VDE 0414 darf von der dort zugelassenen Möglichkeit der Schwächung des Drahtquerschnittes der Sekundärwicklung nicht Gebrauch gemacht werden.

Die ausländischen Regeln lassen ähnliche Stromdichten wie VDE 0414 zu, so z. B. Italien 180 A/mm², Großbritannien 165 A/mm² für Kupfer. Die schwedischen Regeln SEN 9 gehen anders vor. Sie legen die höchst zulässige Temperatur bei Überströmen kurzer Dauer fest, wobei die Ermittlung der Temperatur unmittelbar nach einer Erwärmungsprüfung mit Nennstrom und eingeschalteter Bürde bei einer Umgebungstemperatur von 35 °C vorzunehmen ist. Je nach der Art der Isolation sind als höchste Temperaturen 160 ··· 350° C bei Ermittlung mittels Thermoelement bzw. 145 ··· 325 °C bei Messung der Temperatur durch Widerstandsmessung zugelassen.

E. Mechanische Festigkeit.

I. Statische Kräfte.

Die im normalen Betrieb auftretenden Stromkräfte sind gering und vernachlässigbar. Sie können mit den Formeln berechnet werden, die im folgenden Abschn. E II aufgeführt sind. Dagegen treten bei Stromwandlern durch die teilweise schweren primären Anschlußleitungen statische Beanspruchungen auf. Außerdem muß der Stromwandler bei hängendem oder liegendem Einbau sein eigenes Gewicht tragen. Die Wandler in Freiluftanlagen müssen weiter in der Lage sein, der durch Wind und Eislast vergrößerten Kraftwirkung der primären Anschlußleitung standzuhalten.

Demzufolge schreiben DIN 48100 ··· 48106 für Stromwandler eine sogen. „Umbruchfestigkeit" vor. Diese ist gegeben durch die am Anschluß in ungünstigster Richtung wirkende Kraft P (kg), die den normal befestigten Wandler noch nicht mechanisch zerstört.

Im allgemeinen genügt es, die Stromwandler für eine Umbruchkraft von 375 kg (Klasse A) zu bemessen. In Sonderfällen werden sie für 750 kg (Klasse B) oder 1250 kg (Klasse C) ausgeführt.

II. Dynamische Kräfte.

Bei Netzkurzschlüssen und beim Einschalten von Geräten, wie Transformatoren, Motoren usw., treten kurzzeitig große Ströme auf, die die Wicklungen der Stromwandler durchfließen. Bei Spannungswandlern stellen sich beim Anlegen an Spannung ebenfalls erhebliche Stromstöße in der Primärwicklung ein. Im allgemeinen ist neben der hohen Wechselstromkomponente noch eine verhältnismäßig rasch abklingende Gleichstromkomponente vorhanden. Die größte Stromamplitude ergibt sich dann bereits in der ersten Halbwelle. Die Kraftwirkungen, die in den Wicklungen der Wandler auftreten, werden daher in dem Moment des ersten Stromscheitelwertes am größten.

a) Kraftwirkungen.

Durch die hohen Ströme im Fall eines Netzkurzschlusses treten in den Wandlern Kräfte auf, die sie zu zerstören versuchen. Eine Leiterschleife erfährt eine Beanspruchung, die sie zu einem Kreis deformieren möchte. So tritt beispielsweise an Sammelschienen oder an den parallel geführten Zuführungen der Primärwicklung von Stromwandlern mit der Länge l [cm] und dem mittleren Abstand a [cm] eine dem Quadrat des Augenblickswertes i [A] des Stromes proportionale Kraft P [kg]

$$P = \frac{2 \cdot i^2 \cdot l \cdot 10^{-8}}{a} \tag{153}$$

auf, die die Leiter auseinander zu drücken versucht. Bei Wandlern, deren Primärwicklungen sich der Kreisform nähern, besteht daher die geringste Gefahr einer Verformung. Die Kräfte wirken dann nur so, daß sie den Kreis zu erweitern versuchen. Im Leitermaterial treten also Zug-Beanspruchungen auf, denen Kupfer ohne weiteres gewachsen ist, so daß diese Kraftwirkungen nicht berücksichtigt zu werden brauchen. Bei Aluminiumlegierungen ist insofern etwas Vorsicht geboten, als die Zugfestigkeit dieses Materials bei hohen Temperaturen, wie sie infolge der thermischen Wirkung des Kurzschlusses zugleich vorkommen können, stark abfällt. Erfreulicherweise bedarf es zur Bildung höherer Temperatur einer gewissen Zeit, während der das Gleichstromglied abgeklungen ist und demzufolge auch die Kraftwirkungen kleiner geworden sind.

Besteht der Wandler gemäß Abb. 137 aus zwei konzentrisch angeordneten Spulen gleicher Länge l, so erfährt die außenliegende Wicklung durch die gegenseitigen Kräfte eine aufweitende, die innenliegende Wicklung eine verengende Wirkung. Die Größe dieser Kräfte P_r [kg] ergibt sich zu

$$P_r = 0{,}064 \cdot \frac{\pi \cdot D_m}{l} \cdot \left(\frac{i \cdot w}{1000}\right)^2 . \tag{154}$$

Es bedeuten:

$\pi \cdot D_m =$ mittlerer Windungsumfang in cm,
　$l =$ Spulenlänge in cm,
　$i =$ Augenblickswert des Stromes in Ampere,
　$w =$ Windungszahl.

Neben diesen radialen Kräften treten noch axiale Kräfte auf, wie dies ebenfalls Abb. 137 zeigt. Bei gleicher axialer Länge der Spulen betragen diese Kräfte

$$P_{a\,1} = P_{a\,2} = \frac{b + \dfrac{b_1 + b_2}{3}}{2 \cdot l} \cdot P_r. \tag{155}$$

a_1; a_2; b; l = geometrische Abmessungen in cm gemäß Abb. 137a. Die axialen Kräfte versuchen, die Wicklungen in sich zusammenzudrücken, also die Länge l zu verkleinern.

Sind bei einer Zylinderspulenanordnung die beiden Spulen axial gegeneinander verschoben, wie dies beispielsweise Abb. 137b zeigt, dann treten Kräfte P_a auf, die die axiale Verschiebung der Spulen vergrößern wollen:

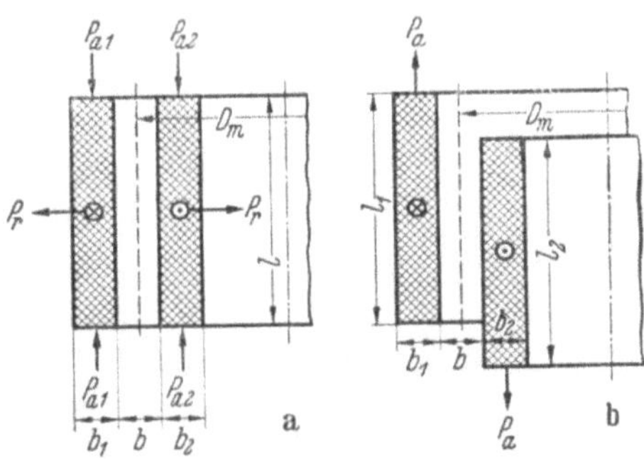

Abb. 137.
Stromkräfte bei Zylinderwicklungen.

$$P_a \approx 0{,}37 \cdot k \cdot \ln (k^2 + c^2) \cdot P_r \tag{156}$$

k und c sind geometrische Größen folgender Bedeutung:

$$\left.\begin{aligned} k &= \frac{l_1 - l_2}{l_1} = 1 - \frac{l_2}{l_1} \\[2ex] c &= \frac{b + \dfrac{b_1 + b_2}{3}}{l_1}. \end{aligned}\right\} \tag{157}$$

Sind die Spulen bei einer Zylinderspulenanordnung nicht konzentrisch, sondern exzentrisch angeordnet, so sind die radialen Kräfte längs des Umfangs ungleich, und zwar an der Stelle größter Näherung der Spulen am höchsten. Sie versuchen, die Exzentrizität zu beseitigen.

Bei verschachtelten Scheibenwicklungen ergeben sich axiale Stromkräfte gemäß Abb. 138.

$$P_a = 0{,}032 \cdot \frac{\pi \cdot D_m}{q^2 \cdot l} \cdot \left(\frac{i \cdot w}{1000}\right)^2. \tag{158}$$

$q =$ Zahl der Spulenpaare, wobei ein Spulenpaar sich aus einer Primär- und einer Sekundärspule zusammensetzt. An Stelle einer Ganzspule können zwei Halbspulen treten. Für Abb. 138 ist der Einfachheit halber $q = 1$ gewählt. Diese Kräfte wirken in der Weise, daß sie die Spulen der Primär- und Sekundärseite voneinander entfernen wollen. Ihnen muß durch entsprechende Verspannung der Spulenpakete entgegengetreten werden. Gleichzeitig wirken sich diese Kräfte so aus, daß jede Spule für sich zusammengedrückt wird. In axialer Richtung wirken ebenfalls Kräfte, die jede Spule in sich zusammendrücken wollen.

$$P_{r1} = P_{r2} = \frac{P_r}{2q} = \frac{a + \dfrac{a_1 + a_2}{3}}{2 \cdot q \cdot b} \cdot P_a. \tag{159}$$

Die Kräfte, die eine Verkleinerung des Spulenquerschnittes bewirken wollen, werden von der Isolation der Spulen und dem Leitermaterial im allgemeinen genügend abgefangen, so daß es keiner zusätzlichen Abstützungen oder Verfestigungen bedarf.

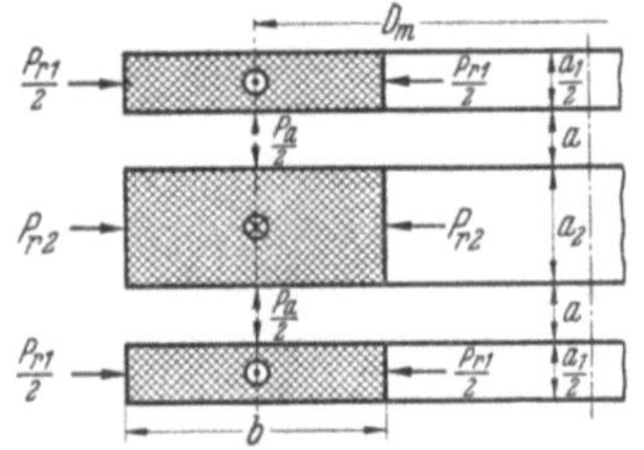

Abb. 138. Stromkräfte bei Scheibenwicklungen.

Soweit die Spulen kreisförmig ausgebildet sind, treten durch gewisse Unsymmetrien nur kleine nach außen wirkende Kräfte auf, so daß es besonderer Abstützungsmaßnahmen nicht bedarf. Weicht dagegen die Spulenform vom Kreis ab, so sind den Kräften, die Kreisform der Spulen erzwingen wollen, entsprechende Abstützungen entgegenzusetzen. Tritt ein Kurzschlußstrom auf, so stellen sich Kräfte ein, die den Isolierkörper auf Druck und Biegung beanspruchen.

b) Dynamische Festigkeit, Vorschriften.

Der Stromwandler muß so gebaut sein, daß er durch die geschilderten Kräftewirkungen nicht beschädigt oder zerstört wird. Die Regeln für Wandler, VDE 0414, definieren die Kurzschlußfestigkeit von Stromwandlern hinsichtlich der dynamischen Beanspruchungen durch den „dynamischen Grenzstrom" J_{dyn}. Dies ist der höchste Wert der ersten Stromamplitude in kA, dessen Kraftwirkung ein Stromwandler bei kurzgeschlossener Sekundärwicklung aushalten kann, ohne Schaden zu nehmen. Der Scheitelwert der ersten Stromamplitude beträgt höchstens $1,8 \cdot \sqrt{2} = 2,5 \times$ Effektivwert. Der Faktor 1,8 kommt unter der der Praxis entsprechenden Voraussetzung zustande, daß zwar das Gleichstromglied im Höchstfalle eine Stromverdoppelung verursachen kann, der Stromhöchstwert jedoch infolge Abklingens des Gleichstromgliedes zur Zeit der ersten Wechselstromamplitude den Wert von 1,8 nicht überschreitet. Die Wandlerregeln bestimmen, daß der dynamische Grenzstrom auf dem Leistungsschild nur angegeben zu werden braucht, wenn er den Wert $J_{\mathrm{dyn}} = 2,5 \cdot J_{\mathrm{therm}}$ unterschreitet. Das ist beispielsweise dann der Fall, wenn der Wandler für einen besonders hohen Wert von J_{therm} ausgelegt ist, weil die thermische Beanspruchung länger als eine Sekunde andauert.

Die oben angegebenen Formeln des letzten Abschnittes erlauben zwar die Größe der auftretenden Kräfte exakt zu ermitteln, die genaue Berechnung des Stehvermögens des Stromwandlers ist jedoch praktisch nicht möglich, da es sich um periodische Stoßbeanspruchungen und im allgemeinen um der Rechnung schlecht zugängliche Anordnungen handelt. Es ist deshalb notwendig, den dynamischen Grenzstrom durch eine Typenprüfung zu ermitteln, bzw. zu bestätigen.

Die Formeln lassen erkennen, daß die Wicklungen dann von gleichen Stromkräften beansprucht werden, wenn das Produkt aus Windungszahl und Stoßstromstärke erhalten bleibt. Die höchste „Stoßamperewindungszahl", die noch nicht zu einer Zerstörung des Wandlers führt, ist eine Eigenschaft des Wandlertyps. Für Wickelstromwandler der Reihen $10\cdots30$ sind Stoßamperewindungszahlen in der Größenordnung von $300\,000\cdots400\,000$ als üblich anzusehen. Soll nun ein Wandler für eine bestimmte Stoßamplitude ausgelegt werden, so ergibt sich unter Berücksichtigung der Stoßamperewindungszahl als Typeneigenschaft eine höchste Windungszahl der Wicklungen. Es soll beispielsweise ein Stromwandler Reihe 10 für 100 A Primärnennstrom ausgelegt werden. Der vorgesehene Wandlertyp habe eine Stoßamperewindungszahl von $300\,000$. Üblicherweise (siehe auch DIN 42 600) wird ein solcher Wandler für $J_{\text{dyn}} = 250 \cdot J_n$, also im Beispiel für eine Stoßstromamplitude von 25 kA ausgelegt. Die Primärwindungszahl darf dann höchstens $300\,000 : 25\,000 = 12$ Windungen betragen, so daß sich eine Nennamperewindungszahl 1200 ergibt. Soll nun aber dieser Wandler für höhere als die genormte dynamische Festigkeit ausgebildet werden, beispielsweise für $J_{\text{dyn}} = 75$ kA, so errechnet sich als höchste Primärwindungszahl 4 Windungen, so daß der Wandler nur für 400 Nennamperewindungen ausgelegt werden kann. Im allgemeinen wird man in einem solchen Falle den zur Verfügung stehenden Wickelraum voll ausnutzen und den Kupferquerschnitt — dem Beispiel folgend — verdreifachen, so daß auch die thermische Festigkeit J_{therm} auf den dreifachen Wert des normalen Wandlers steigt. Liegen jedoch für die thermische Festigkeit keine erhöhten Forderungen vor, so kann der Kupferquerschnitt des genormten Wandlers $(J_{\text{therm}} = 100 \times J_n)$ beibehalten werden. Dieser Fall liegt vor, wenn der Wandler hinter einem Schalter liegt, der nach weniger als $1/_9$ Sekunde abschaltet. Es ist dann allerdings notwendig, zu prüfen, ob die Beanspruchung des Leitermaterials durch die dynamischen Kraftwirkungen noch genügend weit von der Fließgrenze entfernt liegt.

Besondere Beachtung verdienen die Verbindungen zwischen der Primärwicklung und dem primären Anschluß. Diese können in erster

Annäherung als zwei parallele Schienen betrachtet werden. Eine solche Anordnung erfährt ebenfalls Stromkräfte, die bereits aus Formel (153) bekannt sind. Die Anschlußenden der Primärwicklung eines Wickelstromwandlers versuchen deshalb bei Stoßstrombeanspruchung nach außen zu schlagen. Man begegnet diesen Kräften durch konstruktive Maßnahmen, die eine Bewegung in dieser Richtung nicht zulassen und abfangen. In einfachster Weise kann dies z. B. dadurch geschehen, daß das Innere des Wandlers mit Quarzsand oder einem ähnlichen Material ausgefüllt wird. Bei anderen Konstruktionen werden die Enden der Primärwicklung durch Bandagen zusammengehalten oder aber gemeinsam in einem kräftigen Schutzrohr verlegt.

Die Ausführungsenden der Primärwicklung können für sich allein als eine Wicklung mit der Windungszahl 1 angesehen werden. Gemäß Formel (153) sind die Stromkräfte vom Quadrat der Stoßstromstärke abhängig, so daß jeder Stromwandlerbauart als Typeneigenschaft neben der Stoßamperewindungszahl, die für die Wicklung gilt, eine höchste Stromamplitude hinsichtlich der Ausführungsenden zugeordnet ist. In den Firmenlisten ist deshalb meist folgende Formulierung zu finden:

$$J_{\mathrm{dyn}} = \ldots \times J_n; \; \max \ldots \mathrm{kA}.$$

Bei den heutigen Wickelstromwandlern der Reihe $10 \cdots 30$ kann eine maximale Stromamplitude von etwa 100 kA als üblich angesehen werden.

Wird eine höhere dynamische Festigkeit benötigt, dann muß auf einen Einleiterwandler übergegangen werden. Der Primärleiter dieses Wandlers und die benachbarten Sammelschienen stellen dann wieder eine Wicklung mit der Windungszahl 1 dar, so daß auch hier die auftretenden Kräfte dem Quadrat des Stoßstromes proportional sind. Die Festigkeit der Anordnung gegen dynamische Beanspruchungen hängt also nicht vom Wandler allein, sondern von der Festigkeit der Gesamtanordnung ab, die leicht durch Anbringen von entsprechend bemessenen und entsprechend eng angeordneten Stützisolatoren bis zu dem gewünschten Wert erhöht werden kann. Dem Einleiterwandler für sich allein kann deshalb keine definierte dynamische Festigkeit zugeordnet werden, so daß es üblich ist, auf dem Leistungsschild keine Angaben über den dynamischen Grenzstrom zu machen.

In den deutschen „Regeln für Wandler VDE 0414" sind bestimmte Werte für die dynamische Festigkeit nicht festgelegt.

In DIN 42600 und DIN 42601 sind nur für Stromwandler folgende Mindestwerte vorgeschrieben:

$$
\begin{array}{ll}
\mathrm{R}\ 0{,}5 \cdots\ 6 & J_{\mathrm{dyn}} = 200 \times J_n, \\
\mathrm{R}\ 10\ \cdots\ 30 & J_{\mathrm{dyn}} = 250 \times J_n, \\
\mathrm{R}\ 60\ \cdots 220 & J_{\mathrm{dyn}} = 300 \times J_n.
\end{array}
$$

Die ausländischen Regeln schreiben Werte für die dynamische Festigkeit nicht vor.

F. Bauarten.

Die Zahl der Ausführungsmöglichkeiten ist besonders bei Stromwandlern sehr groß. In diesem Abschnitt soll eine Übersicht besonders charakteristischer Beispiele von zur Zeit auf dem Markt befindlichen Bauarten gegeben werden.

I. Stromwandler für Schaltanlagen.

Die meßtechnischen Eigenschaften der Stromwandler sind im wesentlichen durch die Nennamperewindungszahl gegeben. Man unterscheidet 2 Gruppen von Stromwandlerbauarten, wobei die eine solche Stromwandler umfaßt, deren Primärwicklung grundsätzlich nur aus einer gestreckten Windung besteht, während bei der zweiten Gruppe eine Primärwicklung mit einer oder mehreren Windungen vorhanden ist. Für die erste Gruppe hat sich der Begriff „Einleiter-Stromwandler", für die zweite der Ausdruck „Wickelstromwandler" herausgebildet.

a) Einleiter-Stromwandler.

Bei den Einleiterstromwandlern ist die Nennamperewindungszahl gleich der Nennstromstärke. Der Primärleiter wird entweder konstruktiv mit dem Wandler vereinigt oder von der Sammelschiene beziehungsweise einem Einleiterkabel gebildet. Der Querschnitt des Primärleiters wird entsprechend der Nennstromstärke gewählt, so daß die Außenabmessungen der Einleiterstromwandler im Gegensatz zu denen der Wickelstromwandler von der Nennstromstärke abhängen.

1. Durchsteck- und Umbaustromwandler. Bei diesen Wandlern stellt grundsätzlich die Sammelschiene oder ein Kabel den Primärleiter dar. Der Durchsteckwandler besitzt eine freie Öffnung, die der Größe des Primärleiters angepaßt ist. Er wird bei der Montage der Sammelschienen auf diese geschoben und befestigt.

Abb. 139 zeigt derartige Wandler für große Nennstromstärken, Abb. 140 den zur Zeit kleinsten Durchsteckwandler, dessen geringer Platzbedarf es gestattet, ihn beispielsweise auch zwischen die Verbindung von zwei Stromleitern anzuordnen, wobei dann die Verbindungsschraube den Primärleiter darstellt.

Unter Umbaustromwandlern versteht man Konstruktionen, bei denen der Kern zum Zwecke des nachträglichen Aufbringens auf die bereits verlegte Sammelschiene beziehungsweise das Kabel geöffnet werden kann. Der Kern ist dann so ausgebildet, daß das abnehmbare Kernstück entweder stumpf aufgesetzt oder durch Schachteln mit dem übrigen Teil verbunden wird.

In Niederspannungsanlagen wird die Befestigung des Wandlers auf der Sammelschiene häufig durch schraubbare metallische Klemmstücke vorgenommen, die am Kernrahmen angeordnet sind, so daß der Eisenkern und die metallischen Gehäuseteile galvanisch mit der Sammel-

Abb. 139. Durchsteckstromwandler (Siemens & Halske).

schiene verbunden werden und das Potential der Sammelschiene annehmen. Die sonst übliche Erdung von Kern und metallischen Gehäuseteilen kommt dann selbstverständlich in Fortfall.

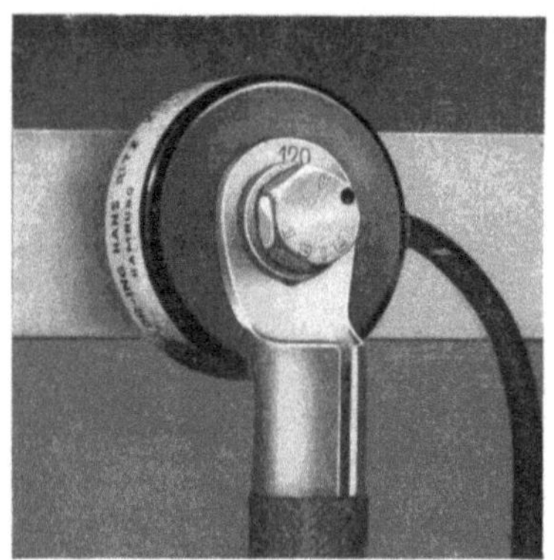

Abb. 140. Lochscheibenstromwandler (Ritz).

Durchsteck- und Umbaustromwandler werden im allgemeinen nur für Anlagen bis höchstens 6 kV Nennspannung verwendet. Bei diesen Spannungen wird die Isolierung zwischen dem Primärleiter und den übrigen Teilen entweder durch entsprechend groß gewählte Luftabstände oder durch auf den Sammelschienen zusätzlich angeordnete Isolierhülsen gebildet.

Eine besondere Ausführungsform stellt der sogenannte Kabelumbauwandler dar, dessen Primärleiter das hinsichtlich Isolationsfehler zu überwachende Drehstromkabel bildet. Die Wirkungsweise dieser Anordnung ist eingehend im Abschnitt H II beschrieben.

2. Stab- und Schienenstromwandler. Die Stab- und Schienenstromwandler (Abb. 141) sind dadurch gekennzeichnet, daß der Primärleiter ein fester Bestandteil des Wandlers ist. Je nach der Höhe des Nennstroms besteht derselbe aus einem Rohr, einem Rundbolzen oder aus einer oder mehreren Schienen. Um den Einbau in die Sammelschiene zu ermöglichen, werden Rundleiter entweder an den Anschlußenden flach gequetscht oder mit einem flachen Schienenstück abgeschlossen.

Eine weitere Möglichkeit bietet die Anwendung von besonderen Zwischenstücken, die auf den Rundleiter aufgespannt werden und in einem flachen Schienenstück enden.

Stab- und Schienenstromwandler werden für Nennspannungen bis 110 kV ausgeführt. Die Isolierung besteht entweder aus Hartpapier, aus Porzellan oder aus einer Kombination von beiden. Im allgemeinen ist die Hartpapierisolation mit spannungssteuernden Einlagen versehen, um eine günstige Spannungsverteilung längs der Oberfläche der Hartpapierdurchführung zu erzielen.

Bei Wandlern der kleineren Reihen bis einschließlich Reihe 30 wird mehr und mehr Porzellanisolierung bevorzugt. Eine gute Feldgestaltung wird in diesem Falle durch entsprechende Formgebung des Isolatorteiles erreicht. Im Gegensatz zu den Hartpapierdurchführungen hat

Abb. 141. Stab- und Schienenstromwandler Reihe 10 (Siemens & Halske).

deshalb bei den Porzellandurchführungen der Schlagweitenteil einen größeren Durchmesser als der die übrigen Wandlerteile tragende Innenteil. Verwendet man einen Bandkern, so muß der Innendurchmesser des mit der Sekundärwicklung versehenen Kernes so groß gewählt werden, daß das Aufbringen über den Schlagweitenteil möglich ist. Bei dieser Lösung ergibt sich dann ein verhältnismäßig großer mittlerer Eisenweg, was sich auf die meßtechnischen Eigenschaften des Wandlers ungünstig auswirkt, es sei denn, daß der Eisenquerschnitt entsprechend vergrößert wird. Dieser Nachteil des Porzellanstabwandlers kann durch verschiedene Maßnahmen vermieden werden. Ein Weg bietet sich durch Anwendung von geschachtelten oder teilbaren Kernen. Ferner ist es möglich, den Bandkern um den Mittelteil der Porzellandurchführung herumzuwickeln und nachträglich die Sekundärwicklung aufzubringen. Schließlich könnte auch der Bandkern in den Sekundärspulenkörper eingewickelt werden.

Eine andere Möglichkeit zur Behebung des genannten Nachteils bietet die Anwendung von geteilten Porzellanen, wobei die Aufgabe zu

lösen ist, die beiden Teile nach Einbringen von Kern mit Wicklung
dielektrisch einwandfrei wieder zusammenzusetzen. Weitere Wege er-
öffnen die neuerdings bekanntgewordenen härtbaren Isolierstoffe. Sie
ermöglichen es, wenigstens den einen Schlagweitenteil nachträglich an-
zugießen.

Die Wandlerkonstruktionen, die als Isolierung zwischen dem Primärleiter und den übrigen Wandlerteilen Hartpapierdurchführungen verwenden, deren Schlagweitenteile dann nachträglich mit Porzellanüber-
würfen versehen werden, vermei-
den ebenfalls die obengenannten
Nachteile. Diese Wandler haben
gegenüber denen mit reiner Hartpapierisolation den Vorteil, daß
bei Außenüberschlägen die hohe
Lichtbogenfestigkeit des Porzel-
lans zur Verfügung steht. Der
Hohlraum zwischen Hartpapierdurchführung und Porzellanüber-
würfen wird häufig mit einer
Isoliermasse ausgegossen.

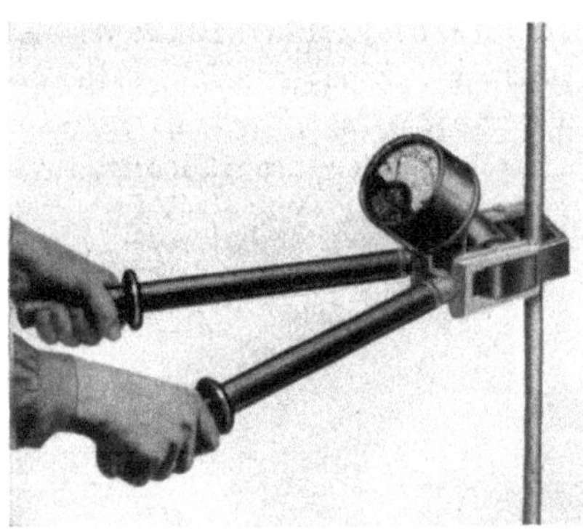

Abb. 142. Zangenwandler (Dietze-Anleger)
(Hartmann & Braun).

3. Anlegestromwandler. Oft
tritt der Fall auf, daß man den
Strom an einer Stelle zu
messen wünscht, an der
kein Stromwandler vor-
handen ist. Für diesen
Zweck sind Spezialstrom-
wandler entwickelt worden,
bei denen der Eisenkern
nach Art einer Zange ge-
öffnet werden kann, so daß
der Wandler ohne Strom-
unterbrechung um die Sam-
melschiene gelegt werden
kann. Das Meßinstrument

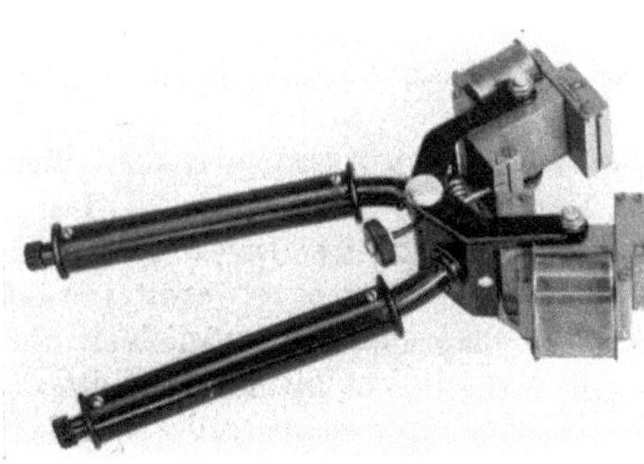

Abb. 143. Gleichstrom-Zangenwandler
(Siemens & Halske).

ist bei einigen Wandlertypen dieser Art konstruktiv mit dem Zangenwandler vereinigt. Abb. 142 zeigt einen Anlegestromwandler für Wechselstrom, Abb. 143 einen Gleichstromzangenwandler.

b) Wickelstromwandler.

Bei jedem Typ des Wickelstromwandlers ist für die Primärwicklung
ein ganz bestimmter Platz vorgesehen. Deshalb kann der Wickelstrom-

wandler unabhängig vom Nennstrom stets mit der gleichen Nennamperewindungszahl ausgestattet werden. Gewisse Abweichungen ergeben sich
lediglich dann, wenn der Quotient aus Nennamperewindungszahl und
Nennstrom keine ganze Zahl ergibt.

Im Gegensatz zu den Einleiterstromwandlern sind die meßtechnischen Eigenschaften des Wickelstromwandlers
demnach praktisch unabhängig von
der primären Nennstromstärke, wenn
die thermische und dynamische Festigkeit — im Vielfachen der Nennstromstärke gesehen — die gleiche ist.

1. Stromwandler für Niederspannung. In den letzten Jahren hat
sich das äußere Bild der Wickelstromwandler für Niederspannung,
auch Kleinstromwandler genannt, dadurch geändert, daß Wicklung und

Abb. 144. Kleinstromwandler
Reihe 0,5 (Hartmann & Braun).

Kern in geteilten Preßstoffgehäusen angeordnet werden. Diese übernehmen nicht nur den mechanischen Schutz, sondern schließen auch

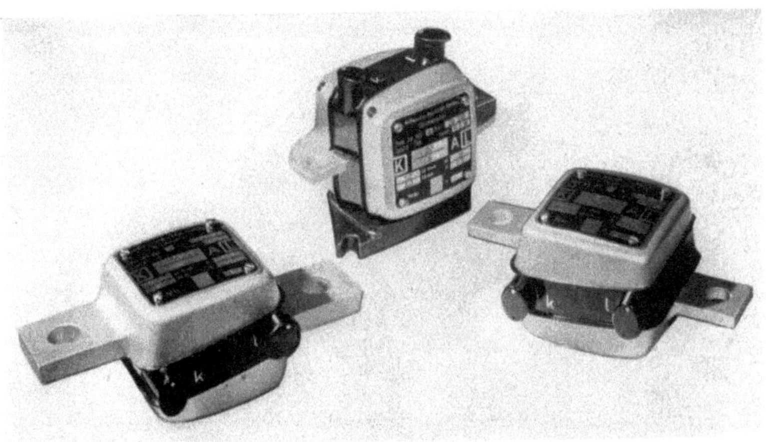

Abb. 145. Kleinstromwandler Reihe 0,5 (Meßwandlerbau Bamberg).

vielfach die Möglichkeit der plombierbaren Abdeckung der Sekundärklemmen mit ein. Die Abb. 144 und 145 zeigen einige Ausführungsformen.

2. Stromwandler mit Porzellanisolierung. Für die kleineren Reihen
wird als Isolierkörper eine Porzellanspule mit Flanschen verwendet, wie

dies Abb. 146 zeigt. Diese Ausführungsform bietet den Vorteil, daß die Primärwicklung frei aufgebracht werden kann.

Bei höheren Spannungen wird für die Stützerkonstruktionen eine Porzellanwanne mit Querdurchgang vorgesehen (Abb. 147). Bei diesen Typen muß die Primärwicklung eingefädelt werden. Bei beiden Aus-

Abb. 146. Stromwandler Reihe 1 mit allseitig offenem Porzellanspulenkörper (Siemens & Halske).

führungsformen weist der Porzellankörper zusätzliche Rippen auf, die eine erhöhte Sicherheit gegen Überschlag bezwecken.

Für die mittleren Spannungen bis Reihe 30 einschließlich wird der mit Querdurchgang versehene Porzellanisolierkörper mit einem beson-

Abb. 147. Stromwandler Reihe 6 mit Porzellan-Querlochwanne (Siemens & Halske).

deren Schlagweitenteil versehen. Der älteste Vertreter dieser Gattung ist der Querlochwandler, der von den Firmen K & St und S & H gebaut wird, wie ihn Abb. 148 in der Ausführung als Stützerwandler und als Durchführungswandler darstellt. Abb. 149 zeigt die Anwendung von Querlochwandlern und Spannungswandlern in einer Schalteinheit.

Zur gleichen Art gehört auch der Kreuzrohrwandler der AEG gemäß den Abb. 150 und 151.

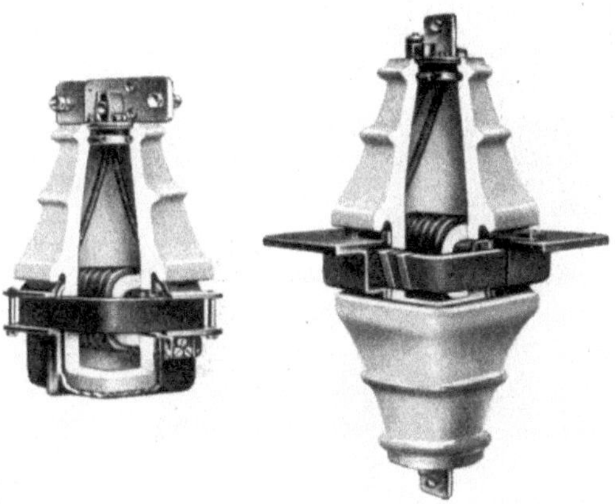

Abb. 148. Querlochstromwandler Reihe 30 (Siemens & Halske).

Abb. 149. Geschottete Schalteinheit mit Querlochwandlern (Siemens).

Abb. 150. Kreuzrohrstromwandler Reihe 30 (AEG).

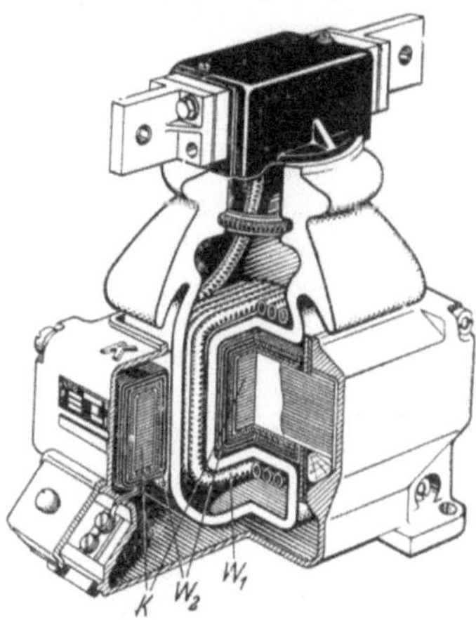

Abb. 151. Kreuzrohrstromwandler Reihe 10, Schnitt (AEG).

Der Stützerstromwandler der Firma Meßwandlerbau-G. m. b. H. (Abb. 152 und 153) unterscheidet sich von den besprochenen Typen dadurch, daß der Schlagweitenteil auf zwei Seiten bis unter den Querdurchgang heruntergezogen ist.

Abb. 152. Porzellanisolierter Stützerstromwandler Reihe 20
(Meßwandlerbau Bamberg).

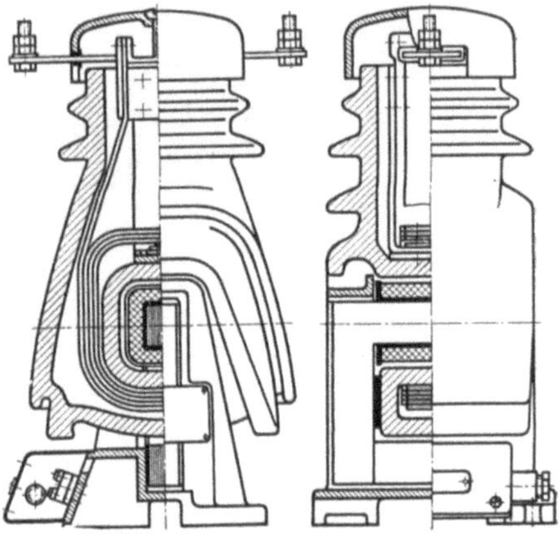

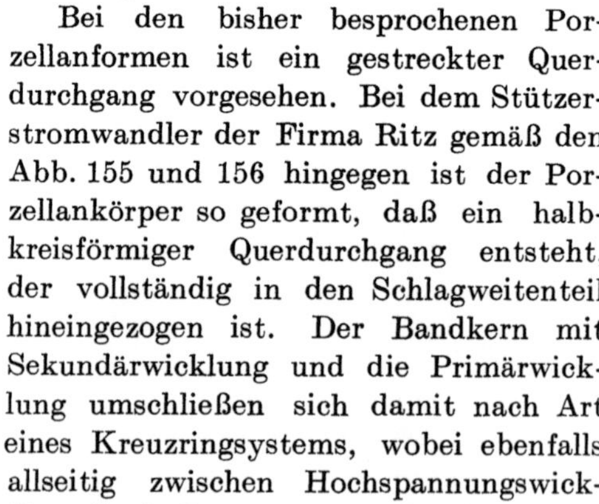

Abb. 153. Porzellanisolierter Stützerstromwandler Reihe 20, Schnitt
(Meßwandlerbau Bamberg).

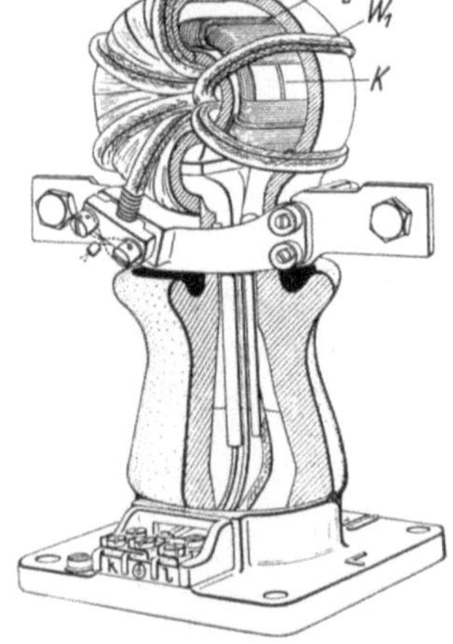

Abb. 154. Stützerkopfwandler,
Reihe 10, Schnitt
(Siemens-Schuckert).

Eine Art Umkehrung des Querlochwandlerprinzips stellt der Stützerkopfwandler von SSW (Abb. 154) dar, bei dem im Porzellan Kern mit Sekundärwicklung angeordnet ist, während die Primärwicklung das Porzellan außen umschließt.

Bei den bisher besprochenen Porzellanformen ist ein gestreckter Querdurchgang vorgesehen. Bei dem Stützerstromwandler der Firma Ritz gemäß den Abb. 155 und 156 hingegen ist der Porzellankörper so geformt, daß ein halbkreisförmiger Querdurchgang entsteht, der vollständig in den Schlagweitenteil hineingezogen ist. Der Bandkern mit Sekundärwicklung und die Primärwicklung umschließen sich damit nach Art eines Kreuzringsystems, wobei ebenfalls allseitig zwischen Hochspannungswicklung und den übrigen Teilen Porzellanisolierung vorhanden ist.

Auf andere Art ist das Isolierproblem bei dem U-Rohrwandler der AEG und bei dem Reifenwandler der Firma Sachsenwerk gelöst. Der

Isolierkörper entspricht dem eines Stabwandlers, der Mittelteil ist jedoch in dem einen Fall zu einem U und in dem anderen Fall zu einem Reifen gebogen.

Die vorstehend beschriebenen Typen werden im allgemeinen nur bis zur Reihe 30 einschließlich gebaut. K & St haben jedoch durch konstruktive Vereinigung von zwei oder mehr Querlochstromwandlern

Abb. 155. Porzellanisolierter Kreuzringstromwandler, Reihe 10 (Ritz).

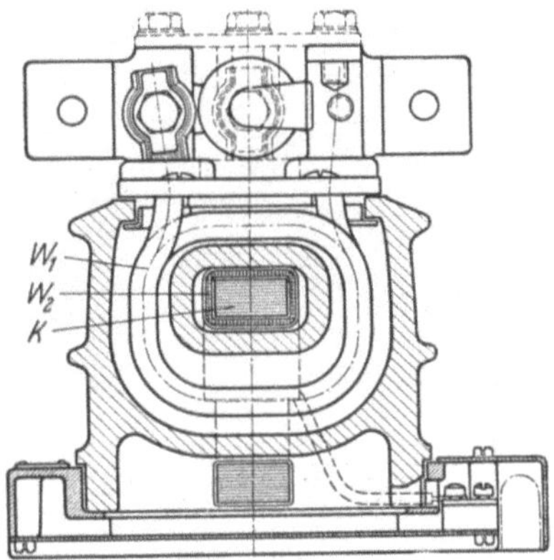

Abb. 156. Porzellanisolierter Kreuzringstromwandler, Reihe 10, Schnitt (Ritz).

Stromwandlerkaskaden in Trockenbauweise für höhere Reihen entwickelt (Abb. 80).

3. Stromwandler mit Hartpapierisolierung. Durch Anwendung von zwei Hartpapierdurchführungen, die parallel nebeneinander angeordnet sind, entstand die Konstruktion des Schleifenwandlers. Die Primär-

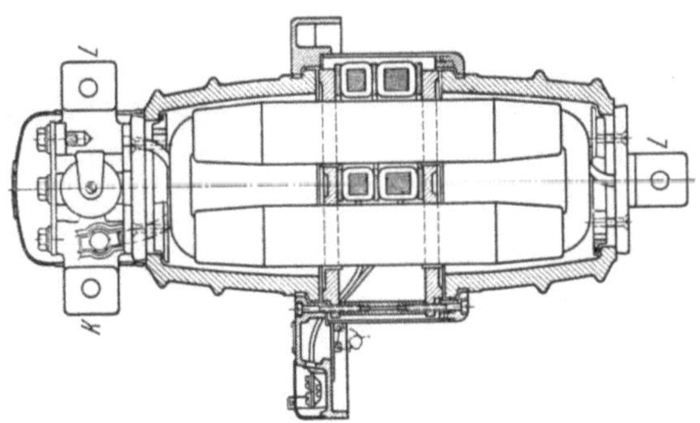

Abb. 157. Durchführungs-Schleifenstromwandler mit Porzellan-Überwurf,
Reihe 10, Schnitt (Ritz).

wicklung wird durch das Innere der beiden Hartpapier- oder Porzellandurchführungen hindurchgefädelt. Die primären Anschlüsse befinden

sich auf den einander gegenüberliegenden Seiten der Durchführungs-
enden. Kerne mit Wicklungen sind in der Mitte einer oder beider Durchführungen angeordnet.

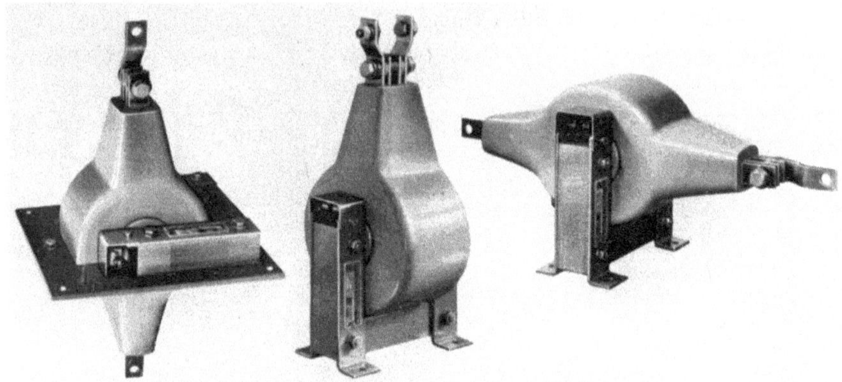

Abb. 158. Stromwandler mit Kunstharzisolierung, Reihe 10 (Oerlikon)
links: Durchführungstyp, Mitte: Stützertyp, rechts: Linientyp

Abb. 159. Freiluft-Kunstharzstrom-
wandler, Reihe 30 (Oerlikon).

Abb. 160. Kunstharzstrom-
wandler, Reihe 60 (Moser-Glaser).

Der Durchführungswickelstromwandler der Firma Ritz gemäß Abb.
157 ist ebenfalls ein Schleifenwandler, dessen innere Isolierung aus Hartpapier gebildet wird. Porzellanüberwürfe schützen die Hartpapierteile
vor dem Einfluß eines eventuell auftretenden Überschlaglichtbogens.

4. Stromwandler mit Kunststoffisolierung. Die neuen durch Polymerisation aushärtenden Kunststoffe bieten dem Konstrukteur neue Möglichkeiten für die Ausgestaltung von Stromwandlern. Die Abb. 158, 159 und 160 zeigen einige Ausführungsbeispiele der Firmen Oerlikon und Moser-Glaser. Der Schlagweitenteil kann entweder ebenfalls aus härtbarem Kunststoff bestehen oder es kann das wegen seiner hohen Lichtbogenfestigkeit bewährte Porzellan beibehalten werden.

Auf einer anderen Basis ist der sogenannte Butyl-Stromwandler der Firma General Electric Co. aufgebaut. Als Isolierstoff wird eine kautschukähnliche Masse verwendet, mit der der Wandler umspritzt wird. Dieser Kunststoff wird durch Vulkanisieren ausgehärtet.

5. Stromwandler mit Ölisolierung. Die ölisolierten Wandler gehören zu den bewährtesten Bauformen. Bei den kleinen und mittleren Reihen

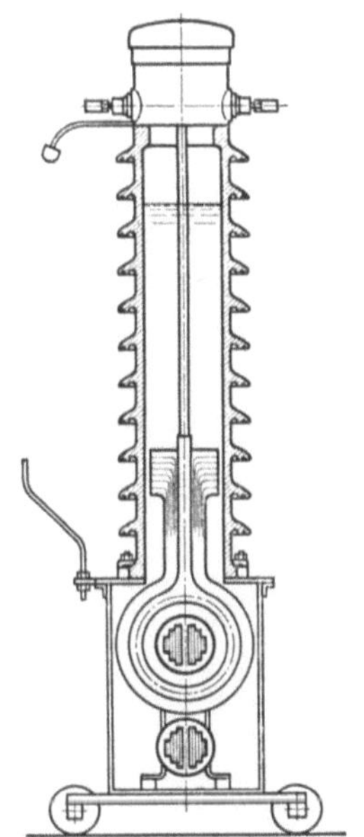

Abb. 161. Oeltopfstromwandler,
Reihe 110, Schnitt
(Brown, Boveri & Cie).

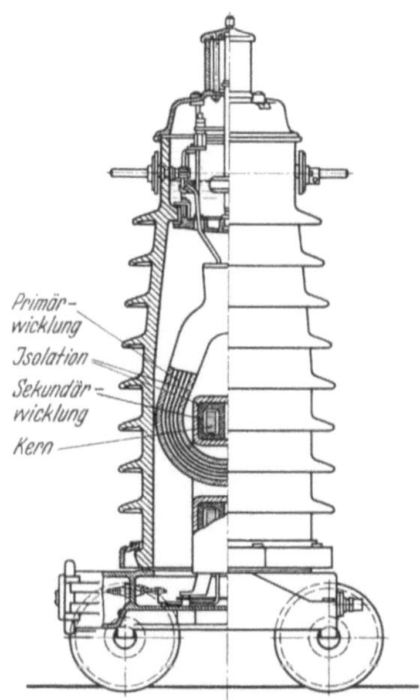

Abb. 162. Ölisolierter Kreuzring-
Stützerstromwandler, Reihe 110, Schnitt
(Siemens & Halske).

haben die festen Isolierstoffe, besonders Porzellan, die Ölisolierung völlig verdrängt. Bei den Wandlern von Reihe 60 aufwärts hingegen beherrscht das Öl heute noch das Feld.

Es lassen sich zwei Bauarten von Ölstromwandlern unterscheiden, der Öltopfwandler (Abb. 161) und der Ölstützerwandler. Bei dem Ölstützerwandler (Abb. 162) ist das Wandlersystem nach oben geschoben und innerhalb des Porzellanüberwurfes angeordnet, um Bauhöhe zu sparen. Primärwicklung einerseits und die mit Sekundärwicklung versehenen Bandkerne durchsetzen sich wie zwei Kettenglieder (Kreuzringsystem).

II. Spannungswandler für Schaltanlagen.

Bei den Spannungswandlern kann zwischen den ein-, zwei und dreipolig isolierten Wandlern unterschieden werden. Hinsichtlich der Isolation sind beim Spannungswandler zwei Aufgaben zu lösen, nämlich die Isolierung zwischen der Primärwicklung und den übrigen Wandlerteilen wie beim Stromwandler und die Isolierung innerhalb der Primärwicklung, längs der die zu messende Spannung auftritt. Man verwendet häufig für diese beiden Aufgaben zweierlei Isoliermittel. Für die Einteilung dieses Kapitels soll die innere Isolation, also diejenige der Primärwicklung in sich, maßgebend sein.

a) Induktive Spannungswandler.

1. Spannungswandler für Niederspannung. Bei den Spannungswandlern der Reihe 0,5 wird eine besondere Isolation nicht benötigt. Diese Wandler gleichen in ihrem Aussehen einem Kleintransformator.

2. Spannungswandler mit Ölisolierung. Die ersten Spannungswandler für höhere Spannungen hatten in Anlehnung an die Transformatoren Ölisolierung. Während bei den Stromwandlern bis einschließlich

Abb. 163. Zweipolig isolierter ölarmer Topfspannungswandler, Reihe 30 (Allgemeine Elektricitäts-Gesellschaft).

Abb. 164. Einpolig isolierter ölarmer Topfspannungswandler in Freiluftausführung, Reihe 30 (Siemens & Halske).

Abb. 165. Einpolig isolierter Öltopfspan-
nungswandler, Reihe 110 (Allgemeine
Elektricitäts-Gesellschaft).

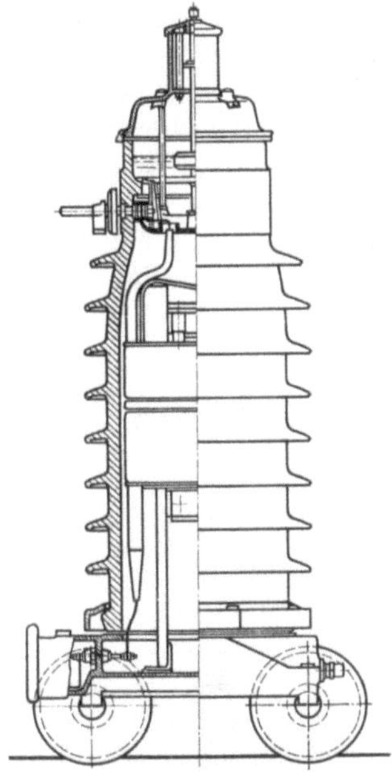

Abb. 166. Ölisolierter Stützerspannungswandler, Reihe 110,
Schnitt (Siemens & Halske).

Abb. 167. Umspannstation mit Stützerwandlern. Reihe 60 (Siemens)

Reihe 30 das Öl von den festen Isolierstoffen ganz verdrängt worden ist,
hat sich die Ölisolierung bei den Spannungswandlern der mittleren
Reihen bis heute gehalten. Die meisten Konstruktionen dieser Art sind
zu ölarmen Wandlern ausgebildet worden, indem man die Form des
Kessels Kern und Wicklung angepaßt hat (Abb. 163 und 164). Häufig
werden die noch bestehenden Zwischenräume mit festen Füllkörpern,
wie z. B. Quarzsand, ausgefüllt, um die Ölmenge weiter zu reduzieren.
Für die äußere Isolation, also für den Schlagweitenteil, wird im all-

Abb. 168. Ölisolierter Stützerspannungswandler, Reihe 110,
Innenaufbau (Ritz).

Abb. 169. Stützerspannungswandler mit offenem,
unterteiltem Eisenkern, Reihe 110 (Allgemeine
Elektricitäts-Gesellschaft), links: Innenaufbau,
rechts: Außenansicht.

gemeinen Porzellan verwendet, neuerdings kommen auch Glasisolatoren
zur Anwendung, die den Vorteil haben, daß der Ölstand unmittelbar
erkennbar ist.

Wie bei den Stromwandlern sind auch die Spannungswandler der
höheren Reihen von Reihe 60 aufwärts, heute noch fast durchgehend
ölisoliert. Auch bei den Spannungswandlern kann das Wandlersystem
entweder in einem Kessel untergebracht werden, der eine Durchführung
trägt (Abb. 165), oder es wird in das Innere des Isolators verlegt (Abb.
166, 167 und 168). Wie bei den Stromwandlern kann demnach zwischen
Öltopfwandlern und Stützerwandlern unterschieden werden.

Eine andere Lösung des inneren Aufbaues zeigt Abb. 169. Der
Eisenkern dieses Spannungswandlers nach BIERMANNS und KÜCHLER
besteht aus einer Reihe von Kernstümpfen. Die Wicklung ist in ebenso-

viel Teile unterteilt. Je ein Wicklungs- und Kernteil bilden eine Einheit und sind galvanisch miteinander verbunden. Die Einheiten sind mit Zwischenlagen entsprechenden Isoliermaterials zu einer Säule übereinandergeschichtet. Diese Art des Aufbaues erleichtert das Isolationsproblem insofern, als jede Einheit — bestehend aus Wicklungsteil und Kernstumpf — nur für eine entsprechend kleine Teilspannung zu isolieren ist.

3. Spannungswandler mit Masse- und Lackisolierung. Der einfachste Schritt vom Öl- zum Massewandler besteht darin, die Konstruktion des Öltopfwandlers beizubehalten und lediglich das Öl durch Isoliermasse zu ersetzen. Auf diese Weise entstanden die masseisolierten Topfwandler. Andere Lösungen ergeben sich dadurch, daß als Isolierung zwischen Primärwicklung und den übrigen Wandlerteilen Porzellan verwendet wird. Die Primärwicklung wird bei den zweipolig isolierten Wandlern allseitig und bei den einpolig isolierten Wandlern auf drei der vier Seiten vom Porzellan umschlossen. Als Imprägniermittel für die Isolierung innerhalb der Primärwicklung werden die früher bereits erwähnten Isoliermassen, -pasten oder -lacke verwendet.

Um die Menge an brennbaren Materialien möglichst klein zu halten, werden teilweise die Hohlräume zwischen dem Porzellankörper und der Primärwicklung mit anorganischen Stoffen, wie z. B. Quarzsand, ausgefüllt. Bei Verwendung von Isoliermassen kann die Imprägnierung in der Form erfolgen, daß die auf hohe Temperatur gebrachte, nunmehr flüssige Masse unter Anwendung von hohem Vakuum in die Wicklung eingebracht wird. Bei Isolierpasten ist die Anwendung dieses Verfahrens nicht möglich. Im allgemeinen wird dann das Isoliermittel nach Fertigstellen jeder Lage aufgetragen, wobei gegebenenfalls der Draht zusätzlich während des Wickelns durch ein Bad mit der heißgemachten Paste geführt wird.

Für diese Art von Wandlern hat sich die Bezeichnung ,,Trockenwandler'' eingeführt. In der Tat hat ja auch bei den normalen Betriebstemperaturen der Isolierstoff feste oder nahezu feste Konsistenz. Bei Temperaturen jedoch, wie sie bei einem Brand auftreten, werden die Isoliermassen und die Isolierpasten fast ebenso flüssig wie das Öl, so daß der gewünschte Schutz gegen Brandausweitung und Verrußung dann praktisch nicht mehr vorhanden ist.

Die besprochenen Wandler werden im allgemeinen für die Reihen 10···30 gebaut. Für die höheren Reihen wird Masseisolierung zum Teil bei den sogenannten ,,Kaskadenspannungswandlern'' angewendet. Derartige Wandler wurden für Spannungen bis $220/\sqrt{3}$ kV gebaut, wobei für je $110/\sqrt{3}$ kV Nennspannung drei Kaskadenglieder vorgesehen waren. Jedes dieser Glieder ist nur für die entsprechende

Teilspannung zu isolieren, womit die Isolationsaufgabe wesentlich erleichtert ist.

4. Spannungswandler mit Kunststoffisolierung. In den letzten Jahren sind neue Spannungswandlerkonstruktionen auf dem Markt erschienen,

Abb. 170. Trockenspannungswandler, Reihe 10 (Siemens & Halske)
Links: Einpolig isolierte Ausführung, rechts: Zweipolig isolierte Ausführung.

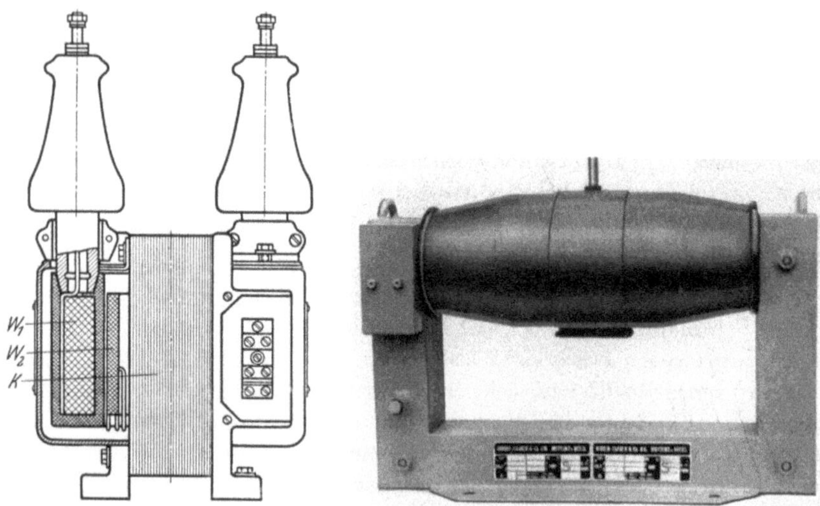

Abb. 171. Trockenspannungswandler, Reihe 10, Schnitt
(Siemens & Halske).

Abb. 172. Einpolig isolierter Kunstharz-Spannungs-
wandler, Reihe 20 (Moser-Glaser).

die die durch Polymerisation unter Makromolekülbildung aushärtenden Kunststoffe als Isolierstoff verwenden. Diese haben gegenüber den Isoliermassen den Vorteil, nach erfolgter Aushärtung auch bei höheren

Temperaturen nicht wieder flüssig zu werden. Es ist also mit ihnen möglich, echte Trockenspannungswandler zu bauen.

Dem Konstrukteur öffnen sich durch diese Isolierstoffe auch in der Gestaltung von Spannungswandlern eine Reihe von neuen Wegen, wenn er sich den Vorteil der neuen Materialien, formbeständig zu sein, zunutze macht. Entweder wird nur die Hochspannungswicklung mit dem Kunststoff imprägniert und umgossen, oder beide Wicklungen werden in den Isolierstoffblock einbezogen. Soweit die konstruktive Gestaltung es vorteilhaft erscheinen läßt, können auch die übrigen Wandlerteile mit eingegossen werden, wobei der Kunststoff die Spann- und Haltekonstruktion sowie gegebenenfalls das Gehäuse ersetzen kann. Schließlich besteht die Möglichkeit, auch die Isolatoren bzw. die Schlagweitenteile aus einem härtbaren Kunststoff herzustellen.

Abb. 173. Einpolig isolierter Kunstharz-Stützerspannungswandler, Reihe 20 (Moser-Glaser).

Abb. 170 zeigt Trockenspannungswandler, bei denen — wie der Schnitt Abb. 171 erkennen läßt — nur die Primärwicklung mit einem härtbaren Kunststoff imprägniert und umgeben ist. Für die Isolatoren ist das als lichtbogenfest be-

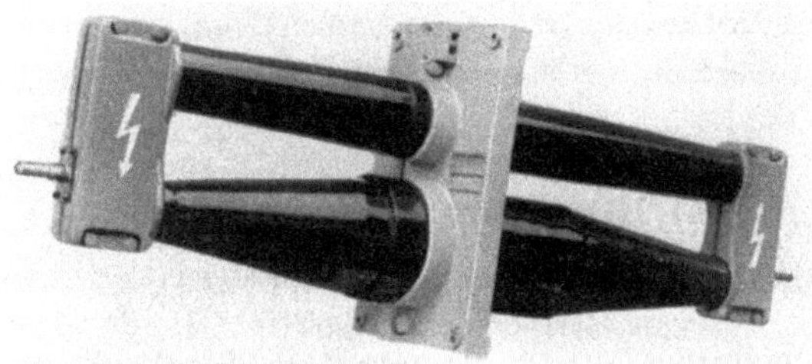

Abb. 174. Kunstharz-Durchführungsspannungswandler, Reihe 60 (Moser-Glaser)

währte Porzellan beibehalten worden. Die Isolatorschäfte sind mit eingegossen.

Die Abb. 172, 173 und 174 zeigen drei Ausführungsformen, bei denen auch der Schlagweitenteil aus Kunststoff besteht.

5. Spannungswandler mit Druckluftisolierung. Bei Spannungswandlern gemäß Abb. 175 macht sich der Konstrukteur die Tatsache zunutze, daß die Durchschlagfestigkeit von Gasen etwa proportional mit dem Druck zunimmt. Das gesamte Spannungswandlersystem wird in einen druckfesten Kessel gesetzt, der mit Luft von einigen atü gefüllt ist. Da Druckluft zur Betätigung der Leistung- und Trennschalter ohnehin

Abb. 175. Druckluftisolierter Spannungswandler, Reihe 30 (Brown, Boveri & Cie.).

in der Anlage vorhanden ist, können die Wandler an dieses Druckluftsystem mit angeschlossen werden, so daß selbst kleine Undichtigkeiten unschädlich sind.

b) Kapazitive Spannungswandler.

Der kapazitive Spannungswandler besteht aus dem kapazitiven Teiler und dem induktiven Mittelspannungsteil. Beide können entweder getrennt aufgestellt oder zu einer konstruktiven Einheit zusammengezogen werden. In Schweden gibt es Konstruktionen, bei denen auch der kapazitive Teiler aus einzelnen in sich abgeschlossenen Teilkondensatoren aufgebaut wird. Häufig wird dort und neuerdings auch in Deutschland sekundär ein Verstärker vorgesehen.

III. Kombinierte Strom- und Spannungswandler für Schaltanlagen.

Die Meinung der Fachwelt darüber, ob die Vorteile des aus je einem Stromwandler- und Spannungswandlersystem zusammengesetzten sogenannten „kombinierten Strom- und Spannungswandler" die damit verbundenen Nachteile übertreffen, ist geteilt. Als Vorteil ist der kleinere Platzbedarf zu werten, als Nachteil die geringere betriebliche Beweglichkeit; ebenso die Tatsache, daß bei Ausfall des einen Systems durch Isolationsschaden

Abb. 176. Kombinierter Strom-Spannungswandler in Öltopfbauweise, Freiluftausführung, Reihe 110 (Allgemeine Elektricitäts-Gesellschaft).

Abb. 177. Kombinierter Strom-Spannungswandler in Stützerbauweise, Innenraumausführung, Reihe 110 (Siemens & Halske).

auch der andere Wandlerteil außer Betrieb genommen werden muß. Allgemein kann gesagt werden, daß kombinierte Strom-Spannungswandler nur für die hohen Reihenspannungen Bedeutung gewonnen haben.

Der Zusammenbau eines Strom- und eines Spannungswandlersystems kann auf die verschiedenste Weise erfolgen. In einfachster Form derart, daß die beiden Wandlersysteme nebeneinander aufgestellt und von einem gemeinsamen Eisenkessel (Abb. 176) oder bei Stützerkonstruktionen von einem gemeinsamen Überwurf umschlossen werden, wie dies Abb. 177 zeigt.

Für Sonderkonstruktionen ist eine Reihe von Patenten erteilt worden. Alle sind mehr oder weniger aus dem Wunsch nach raumsparender Konstruktion entstanden. Das Strom- und das Spannungs-

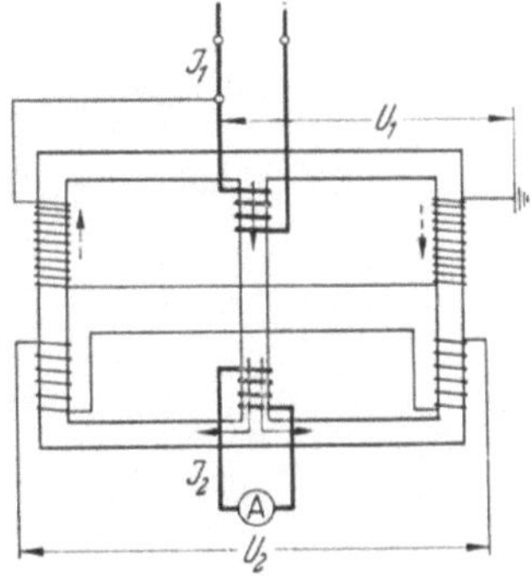

Abb. 178. Kombinierter Strom-Spannungswandler mit gemeinsamem Kern nach SCARPA, Prinzipschaltbild.

wandlersystem werden so ineinander geschachtelt, daß beide sich möglichst wenig gegenseitig beeinflussen. Ein Beispiel zeigt Abb. 178.

IV. Meßwandler für Prüffelder und Laboratorien.

Sowohl in Prüffeldern als auch in Laboratorien werden Meßwandler benötigt, die eine möglichst große Zahl von Übersetzungsverhältnissen haben. Dies gilt vor allem für Meßwandlerprüfeinrichtungen, die nach der Differentialmethode arbeiten.

Abb. 179. Normalstromwandler (Siemens & Halske), links: Wandler mit fester Primärwicklung für primäre Nennströme von 5 · · · 2500 A,   rechts: Wandler ohne eingebauten Primärleiter für primäre Nennströme bis 6000 A.

Abb. 179 zeigt links einen derartigen Stromwandler in der Ausführung als Normalstromwandler mit einer Genauigkeit von $\pm 0{,}02\,\%$ und $\pm 0{,}5$ min bei einem Bürdenbereich von $0 \cdots 10$ VA.   Grundsätzlich werden derartige Wandler nur für Niederspannung gebaut. Soll in

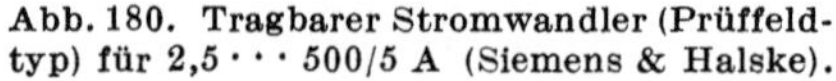

Abb. 180. Tragbarer Stromwandler (Prüffeldtyp) für 2,5 · · · 500/5 A (Siemens & Halske).

Abb. 181. Präzisionsstromwandler Klasse 0,1; 0,1 · · · 100/5 A (Siemens & Halske).

Hochspannungskreisen gemessen werden, so ist es zweckmäßig, eine Kaskadenschaltung anzuwenden, wobei der vielfach angezapfte Stromwandler auf Hochspannungspotential gebracht wird und ein auf der Sekundärseite angeschlossener, natürlich auch sehr genauer Stromwandler, mit nur einem Übersetzungsverhältnis die Isolation übernimmt.

In Abb. 179 rechts ist ein Normalstromwandler gezeigt, der als Ein-

Abb. 182. Wandler für Zählerprüfeinrichtungen (Siemens & Halske).
Links: Stromwandler,   rechts: Spannungswandler.

leiterwandler für primäre Nennstromstärken zwischen 2000 und 6000 A ausgelegt ist. Der Wandler hat eine besondere Wicklungsanordnung, die seine Genauigkeit praktisch unabhängig von der Lage des Primärleiters und von äußeren Störfeldern macht. Wird als Primärleiter ein Kabel verwendet, das mehrfach durch die Öffnung hindurchgeführt wird, so ergibt sich je nach der Windungszahl der Primärwicklung eine sehr große Zahl von Übersetzungsverhältnissen.

Abb. 180 zeigt einen kleinen Experimentierwandler für Laboratoriumsgebrauch, bei dem die Primärwicklung für

Abb. 183. Normalspannungswandler für primäre
Nennspannungen von $5/\sqrt{3}$ bis 35 kV
(Siemens & Halske).

einige Meßbereiche fest eingebaut ist und eine Reihe weiterer Meßbereiche durch Einfädeln einer besonderen Primärwicklung erzielt werden kann.

Eine andere Ausführungsart eines Präzisionsstromwandlers für Labor- und Prüffeldgebrauch zeigt Abb. 181, bei dem die verschiedenen primären Nennstromstärken zwischen 0,1 und 100 A durch einen Stöpsel gewählt werden können.

Weiter zeigt Abb. 182 links einen Stromwandler zum Einbau in Zählerprüfeinrichtungen.

Abb. 183 zeigt einen Normalspannungswandler mit einer Genauigkeit von $\pm 0,03\%$ und ± 1 min im Bürdenbereich $0 \cdots 6$ VA für den primären Nennspannungsbereich $5 \cdots 35$ kV und deren Wurzelwerte.

Die Primärwicklung ist in vier gleiche Teile unterteilt, so daß durch Parallel-, Gruppen- oder Reihenschaltung eine Veränderung der primären Nennspannungen im Verhältnis 1:2:4 möglich ist. Für jede primäre Schaltart ist eine besondere Schaltplatte vorgesehen. Der dazwischenliegende Bereich wird mittels sekundärer Anzapfungen überstrichen.

Schließlich ist in Abb. 182 rechts ein vielfach angezapfter Normalspannungswandler für Zählerprüfeinrichtungen dargestellt.

G. Messungen und Prüfungen an Wandlern.

Die zwei grundlegenden Eigenschaften, die die Meßwandler kennzeichnen, sind die Genauigkeit und Widerstandsfähigkeit gegen alle im Netz auftretenden elektrischen und mechanischen Beanspruchungen. Bei der Bedeutung, die den Wandlern zukommt, ist es selbstverständlich, die Güte durch Messungen und Prüfungen nachzuweisen. Es kann dabei zwischen Typenprüfungen und Stückprüfungen unterschieden werden. Zu den Typenprüfungen gehört in Deutschland der Nachweis der Stoßspannungsfestigkeit, der Stoßstromfestigkeit, der Umbruchkraft und der Einhaltung der Erwärmungsgrenzen. Durch Stückprüfungen ist die Einhaltung der Meßgenauigkeit, die Überstromziffer und das Bestehen der vorgeschriebenen Wechselspannungsprüfungen nachzuweisen. *Die Durchführung der Prüfungen und Messungen erfolgt nach den Regeln für Wandler VDE 0414. Bei Wandlern, die Verrechnungszwecken dienen, sind außerdem die Bestimmungen der Eichanweisung Abschn. XV der Technischen Eichoberbehörde* — z. Z. im Entwurf vorliegend — zu beachten.

I. Polarität.

Wenn an Strom- oder Spannungswandler wattmetrische Geräte und Zähler angeschlossen werden, ist die Polarität der Wicklungen von entscheidender Bedeutung. Gemäß VDE 0414 ist die Strom- bzw. Spannungsrichtung in beiden Wicklungen so vorausgesetzt, daß sich bei Fehlerfreiheit der Wandler eine Verschiebung zwischen Primär- und Sekundärgröße von Null und nicht um 180° ergibt.

Die Überprüfung der richtigen Polung bzw. der richtigen Klemmenbezeichnung von Wandlern geschieht, außer mit den Prüfeinrichtungen, die im Abschn. G II beschrieben werden, am einfachsten gemäß Abb. 184 in der Weise, daß eine Seite des Wandlers in einen Gleichstromkreis eingeschaltet wird, wohingegen an der anderen Seite ein Gleichstromgalvanometer angeschlossen ist. Beim Einschalten und Ausschalten des Gleichstromes zeigt das Galvanometer auf der Sekundärseite je einen Stromstoß an, dessen Richtung verschieden ist. Da der Ausschaltstromstoß größer ist als der Einschaltstromstoß, wird im allgemeinen

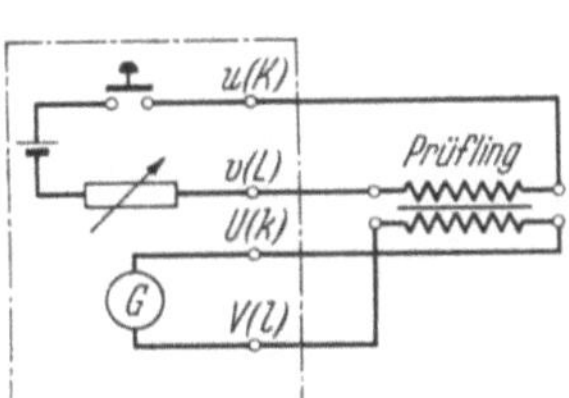

Abb. 184. Schaltung eines
Polaritätsprüfers.

Abb. 185. Polaritätsprüfer (Siemens & Halske).

der Ausschaltstoß für die Beurteilung der Polarität herangezogen. Abb. 185 zeigt ein Gerät dieser Art, bei dem das Galvanometer durch einen doppelt wirkenden Druckknopf während des Einschaltens des Gleichstromes von der Wicklung getrennt wird, so daß nur der Ausschaltstoß einen Ausschlag hervorruft.

II. Strom- bzw. Spannungsfehler und Fehlwinkel.

Die ersten Strom- und Spannungswandler hatten nur eine verhältnismäßig geringe Genauigkeit. Man begnügte sich deshalb damit, die Fehler der Wandler durch Überprüfen mittels vergleichsweise genaueren Instrumenten auf der Primär- und Sekundärseite der Wandler zu bestimmen. Bereits im Jahre 1909 erschien als Mitteilung aus der Physikalisch-Technischen Reichsanstalt eine Veröffentlichung von E. ORLICH über die Anwendung des Quadrantenelektrometers zu Wechselstrommessungen. Damit war das erste Prüfverfahren aufgezeigt, welches es gestattet, nicht nur die Abweichung des Übersetzungsverhältnisses, sondern auch gleichzeitig die Phasenabweichung zwischen der sekundären und der primären Größe zu ermitteln. 5 Jahre später übergaben SCHERING und ALBERTI ein auch in der PTR entwickeltes Kompensationsverfahren der Öffentlichkeit. Dieses hat bis heute seine grundsätzliche Bedeutung beibehalten. Im Laufe der Zeit wurden weitere Methoden entwickelt, vor allem das ebenfalls in der PTR ausgearbeitete Differentialverfahren nach W. HOHLE, das keinerlei Rechnung erfordert, jedoch voraussetzt, daß Normalwandler und Prüfling das gleiche Übersetzungsverhältnis haben. Beide Verfahren benutzen als Nullindikator das grundwellenselektive Vibrations-Galvanometer, so daß bei beiden nur die Grundwellenkomponente der Fehler ermittelt wird. Das Differentialverfahren zur Messung von Wandlern hat insofern eine vorteilhafte Vervollständigung erfahren, als es gelungen ist, die Einregelung der Abgleichglieder zu automatisieren. Bei viel schnellerem Ablauf der Messung werden die Fehlerkurven nicht nur punktweise, sondern stetig aufgeschrieben.

a) Punktweise Messung der Fehler.

1. Kompensationsverfahren. Abb. 186 zeigt das Prinzipschaltbild der Stromwandlerprüfeinrichtung nach SCHERING-ALBERTI unter Benut-

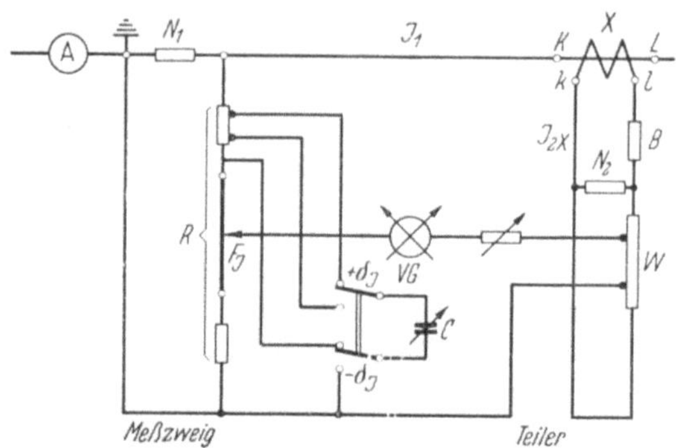

Abb. 186. Stromwandler-Prüfschaltung nach SCHERING-ALBERTI mit Widerstandsnormal.

zung eines Normalwiderstandes. Der Strom J_1 durchfließt die Primärwicklung des zu prüfenden Wandlers, das Widerstandsnormal N_1 und einen Strommesser. Der Sekundärstromkreis ist über die Bürde B und das Widerstandsnormal N_2 geschlossen. Parallel zu N_1 liegt der „Meßzweig" R, ein ohmscher Spannungsteiler von genau 200 Ohm. Parallel zu N_2 liegt der „Teiler" W, ein ohmscher Widerstand von insgesamt 100 Ohm, an dem Ohmwerte von 0,5 zu 0,5 Ohm abgegriffen werden können. Der Meßzweig R besteht aus zwei Festwiderständen, zwischen denen ein Schleifdraht von ungefähr 4 Ohm angeordnet ist. Die Wider-

stände sind so gewählt, daß der Mittelpunkt des Schleifdrahtes (Nullpunkt) den Widerstand R im Verhältnis 50 zu 200 Ohm teilt. Entsprechend dem Sollübersetzungsverhältnis des Prüflings und unter
Berücksichtigung der beiden Normalwiderstände N_1 und N_2 wird die
Stellung am Teiler W so gewählt, daß die Brücke im Gleichgewicht
wäre, wenn der Stromwandler keinen Fehler hätte. Am Schleifdraht
des Meßzweiges und mittels eines verstellbaren Kondensators C, der an
dem Meßzweig angeschlossen ist, wird die Brücke abgestimmt. Am

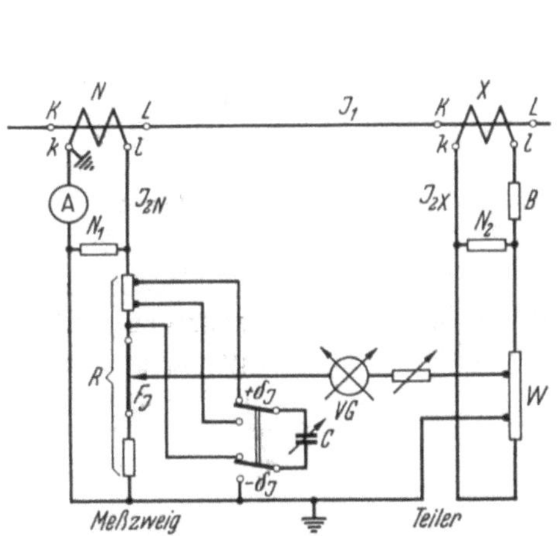

Abb. 187. Stromwandler-Prüfschaltung nach
Schering-Alberti mit Normalwandler.

Abb. 188. Hochspannungsteiler
für 25 kV (Hartmann & Braun).

geeichten Schleifdraht und am Kondensator können dann Stromfehler
und Fehlwinkel unmittelbar in % und Minuten abgelesen werden.

Abb. 187 zeigt die gleiche Schaltung bei Benützung eines Normal-
stromwandlers N. N_1 liegt dann nicht mehr unmittelbar im Primärkreis des zu prüfenden Wandlers, sondern auf der Sekundärseite des
Normalwandlers.

Für Spannungswandlermessungen wird eine ähnliche Schaltung verwendet. Der Normalwiderstandsteiler N_1 (Abb. 188) wird mit der
Primärwicklung des Prüflings X parallelgeschaltet (Abb. 189). Der Meßzweig R hat in diesem Falle 500 Ohm mit dem Mittelabgriff des
Schleifdrahtes bei 100 Ohm. An der Sekundärseite des Prüflings liegt
parallel zur Bürde B wieder ein Teiler W, an dem das Sollübersetzungsverhältnis des Prüflings eingestellt wird. Dieser Teiler ist für einen
Nennstrom von 10 mA ausgelegt; es ergibt sich demnach für eine
gewählte Nennspannung der 100fache Widerstandsbetrag.

Bauer, Meßwandler. 15

Abb. 190 zeigt die gleiche Schaltung unter Benutzung eines Normal-spannungswandlers N.

Die Schaltung nach SCHERING-ALBERTI bietet den Vorteil, daß als Normalien ohmsche Widerstände verwendet werden. Da diese hinsicht-

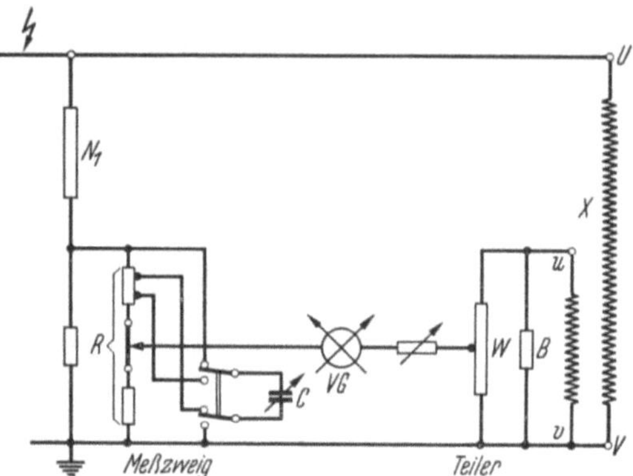

Abb. 189. Spannungswandler-Prüfschaltung nach SCHERING-ALBERTI
mit Widerstandsnormal.

lich ihres ohmschen Wertes mit Gleichstrom sehr genau durchgemessen und der Fehlwinkel mittels des Wechselstromkompensators ermittelt werden kann, ergibt sich die Möglichkeit einer sehr genauen Messung.

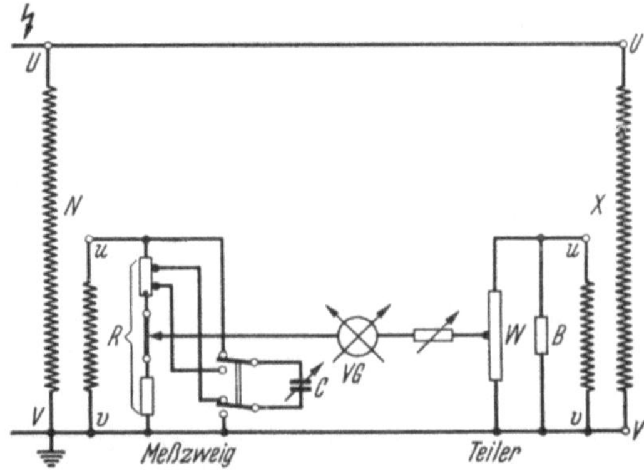

Abb. 190. Spannungswandler-Prüfschaltung nach SCHERING-ALBERTI mit Normalwandler.

Ein weiterer Vorteil besteht darin, daß im Falle der Verwendung von Normalwandlern, Prüfling und Normalwandler nicht das gleiche Über-setzungsverhältnis zu haben brauchen, da eine Angleichung mittels des Teilers W erfolgen kann.

Die Eichanweisung läßt Normalwiderstände nur bis 30 A bzw. 5000 V zu. Über diese Werte hinaus ist es sehr schwer, verläßliche Widerstände zu bauen, da die in den Widerständen entstehende Wärme ein Weglaufen des Widerstandswertes zur Folge hat.

2. Differentialverfahren. SILSBEE hat in Amerika ein Differentialverfahren entwickelt, bei dem die Fehler unmittelbar an Instrumenten abgelesen werden können. In Deutschland wurde ein ähnliches Verfahren in den Jahren 1929 und 1930 bei Siemens & Halske von O. SIEBER inAnlehnung an die Differentialschutz-Schaltung bei Transformatoren durchgebildet und zu einem Gerät der Praxis entwickelt. Abb. 191 zeigt das Prinzip der Schaltung. Prüfling X und Normalwandler N, die beide gleiches Übersetzungsverhältnis haben müssen, werden primärseitig vom gleichen Strom durchflossen. Die Sekundärwicklungen werden so

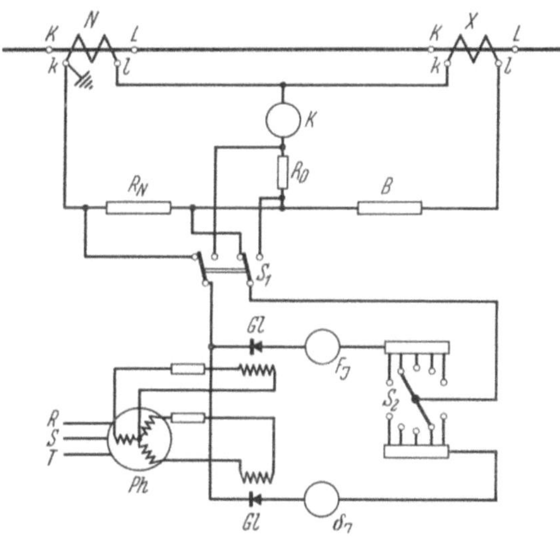

Abb. 191. Stromwandler-Prüfschaltung nach O. SIEBER.

geschaltet, daß über einen Widerstand R_D ihr Differenzstrom fließt. Falsche Polung und größere Abweichung der Übersetzungsverhältnisse der zu vergleichenden Wandler zeigt das Instrument K. Wenn beide Wandler gleiche Fehler zeigen, ist der Diagonalwiderstand R_D stromlos. Ist dies nicht der Fall, so tritt am Diagonalwiderstand ein Spannungsabfall auf, der der Fehlerdifferenz beider Wandler entspricht. Wird der Normalwandler als völlig fehlerfrei angesehen, so ist der Spannungsabfall an R_D dem Fehler des Prüflings proportional. Mittels Schwingkontaktgleichrichter[1] und Galvanometer wird dieser Spannungsabfall nach Stromfehler und Fehlwinkel getrennt ausgemessen, wobei die Fehler an den Instrumenten F_J und δ_J abgelesen werden können. Mittels des Umschalters S_1 wird der Meßkreis zunächst an den Normalwiderstand R_N gelegt, der im Sekundärkreis des Normalwandlers liegt.

---

[1] Magnetisch erregter mechanischer Gleichrichter, dessen Kontakte während 180 elektrischer Grade geschlossen und die folgenden 180° geöffnet werden.

15*

Im Meßzweig ist ein Vorwähler S_2 für das Vielfache des Nennstromes
vorhanden. Dieser Wahlschalter ändert die Empfindlichkeit des Meßkreises in der Weise, daß das F_J-Instrunemt den Vollausschlag zeigt,
wenn der mittels S_2 vorgewählte Anteil des Primärstromes, z. B. 0,1,
0,2, 0,5, 1,0 oder 1,2 J_n im Normalwandlerkreis fließt. Die Schwingkontaktgleichrichter Gl, deren Schaltphase um 90° versetzt ist, werden über einen Phasenschieber Ph betrieben, der es gestattet, die
Schaltphasen zu ändern. Bei der Einstellung des Stromes mit
Hilfe des Instrumentes F_J muß die Stellung des Phasenschiebers so
gewählt werden, daß das Instrument für δ_J keinen Ausschlag zeigt.
Die Gleichrichter sind dann so erregt, daß das Instrument F_J nur Komponenten in Richtung des Sekundärstromes und das Instrument δ_J

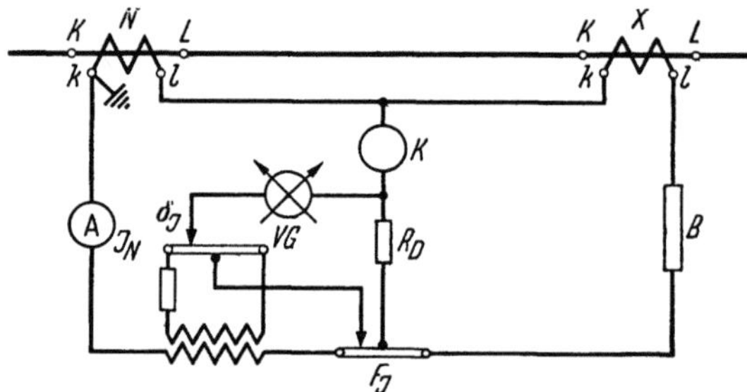

Abb. 192. Stromwandler-Prüfschaltung nach W. HOHLE.

nur solche senkrecht zum Sekundärstrom des Normals erfaßt. Nunmehr wird der Meßkreis mittels des Umschalters S_1 an den Diagonalwiderstand R_D gelegt, der zum Zwecke der Meßbereichwahl Anzapfungen
hat. An den beiden Instrumenten können dann Stromfehler und Fehlwinkel unmittelbar abgelesen werden.

Das Meßverfahren für Spannungswandler entspricht der Stromwandlerprüfeinrichtung sinngemäß.

Die Schaltung hat gegenüber dem Kompensationsverfahren von
SCHERING und ALBERTI den Vorteil, daß ein recht schnelles Messen
möglich ist. Sie hat andererseits den Nachteil, daß nicht die Grundwelle, sondern der arithmetische Mittelwert des Fehlers gemessen wird.
Es wäre natürlich ohne weiteres möglich, das Meßverfahren durch
Anwendung von Filtern grundwellenselektiv zu machen, doch wurde es
durch das nachfolgend geschilderte abgelöst.

1933 hat W. HOHLE in der PTR ein Differentialverfahren mit
Wechselstromkompensator entwickelt. Abb. 192 zeigt die grundsätz-
liche Schaltung für Stromwandler. Die Schaltung entspricht derjenigen
von SILSBEE-SIEBER. Als Nullinstrument wird, wie bei SCHERING-
ALBERTI, das Vibrations-Galvanometer VG verwendet, so daß dieses
Verfahren die Grundwellenkomponente der Fehler anzeigt.

Abb. 193 zeigt die Schaltung für die Messung von Spannungswandlern. Die Sekundärseiten von Normalwandler N und Prüfling X werden über einen Spannungsteiler T gegeneinander geschaltet, an dem

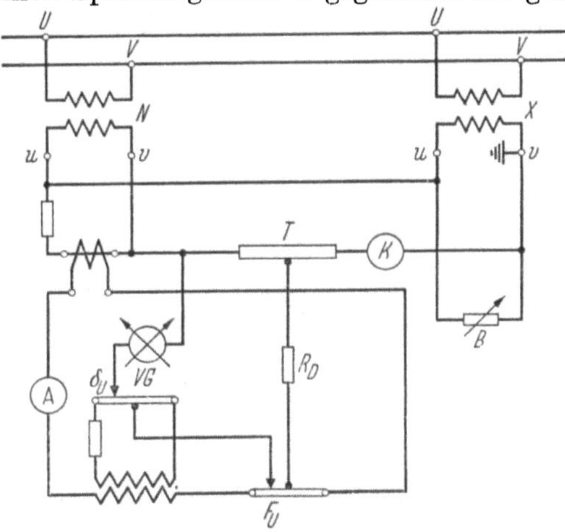

Abb. 193. Spannungswandler-Prüfschaltung nach W. HOHLE.

bei fehlerfreiem Normalwandler ein Spannungsabfall auftritt, der dem Fehler des Prüflings entspricht. Ein Teil dieses Spannungsabfalles wird mittels eines komplexen Kompensators unter Zuhilfenahme eines Vibra-

Abb. 194. Prüfeinrichtung für Strom- und Spannungswandler nach W. HOHLE
(Allgemeine Elektricitäts-Gesellschaft).

tions-Galvanometers VG als Nullinstrument ausgemessen, wobei Spannungsfehler F_U und Fehlwinkel δ_U an den Schleifdrähten abgelesen werden.

Bei der praktischen Ausführung dieser Geräte ist das Meßverfahren für Strom- und für Spannungswandler in einem Gerät vereinigt

(Abb. 194). Der komplexe Kompensator, wird für beide Meßschaltungen gemeinsam benutzt.

Das Verfahren läßt sich in Abwandlung für die Messung von Spannungswandlern auch dann benutzen, wenn Spannungsteiler als

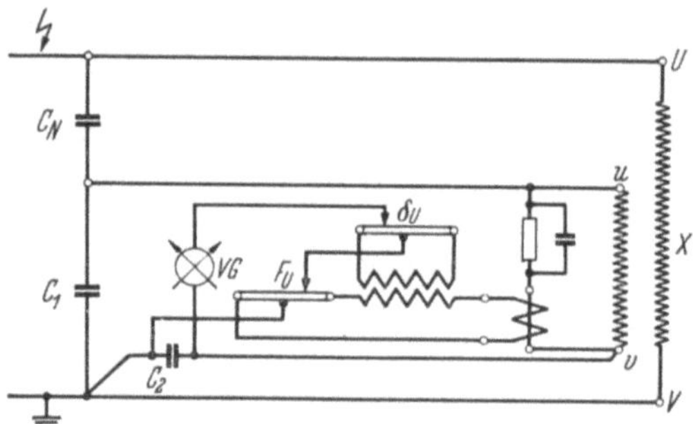

Abb. 195. Spannungswandler-Prüfschaltung mit Normalkondensator

Abb. 196. Prüfung eines Spannungswandlers mit Normalkondensator (Hartmann & Braun).

Normalien verwendet werden sollen, wie dies Abb. 195 für eine Meßschaltung mit kapazitivem Teiler zeigt. Die Schaltung ist so gewählt, daß im abgeglichenen Zustand dem Spannungsteiler praktisch kein Strom entzogen wird. Die Leistung für den Kompensator wird dem

Prüfling entnommen, der dadurch etwa mit 2 VA belastet wird. Es ist dabei gleichgültig, ob ohmsche, induktive oder kapazitive Teiler verwendet werden. Kapazitive Teiler (Abb. 196) werden für hohe Spannungen bevorzugt, da bei ihnen im Gegensatz zu den Widerstandsteilern keine zur störenden Erwärmung führende Wirkleistung auftritt. Die Technische Eichoberbehörde hat sich vorbehalten, die Benutzung von kapazitiven Spannungsteilern als Normalien von Fall zu Fall für Reihenspannung zuzulassen, die höher als 30 kV sind.

b) Schreibende Meßverfahren.

Bereits 1912 wurden in Amerika selbsttätig abgleichende Gleichstromkompensationsapparate durch Leeds & Northrup, Philadelphia, bekannt. Diese Geräte hatten Einstellzeiten zwischen 10 und 100 sec.

In den Jahren 1932 und 1933 wurde bei Siemens & Halske das bereits beschriebene Meßverfahren mit Schwingkontaktgleichrichtern durch Anwendung eines Lichtstrahlkoordinatenschreibers zu einem registrierenden Verfahren weitergebildet. Störend war hierbei, daß die durch den Lichtstrahl auf lichtempfindlichem Papier geschriebenen Kurven erst nach dem Entwicklungs- und Fixiervorgang erhalten werden. Es hat sich deshalb nicht in die Praxis eingeführt und wurde durch das nachfolgend beschriebene, mit Tintenschrift arbeitende Meßverfahren verdrängt.

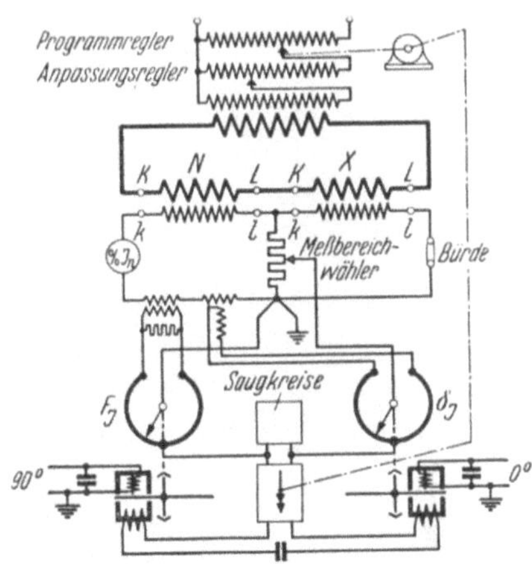

Abb. 197. Schaltung der schreibenden Stromwandler-Prüfeinrichtung nach Geyger-Bauer.

W. Geyger entwickelte bei S & H 1935 eine Schaltung zur Prüfung von Meßwandlern mittels Null-Motor-Schreibern, die dann von W. Geyger und dem Verfasser als betriebsfähiges Gerät ausgebaut und vervollkommnet wurde. Die Schaltung dieses Gerätes zeigt Abb. 197. Es handelt sich ebenfalls um eine Differentialschaltung eines Normalwandlers N mit dem Prüfling X, wobei beide gleiches Übersetzungsverhältnis haben müssen. Die Ausmessung des den Fehlern proportionalen Spannungsabfalles an einem als Meßbereichwähler ausgelegten Diagonalwiderstand erfolgt, ähnlich wie bei der Schaltung nach W. Hohle, mittels eines komplexen Kompensators. Der Abgleich wird jedoch nicht von Hand, sondern mittels schreibender Zählersysteme vorgenommen. Die Stromeisen dieser beiden Zählersysteme sind in den Ausgang eines Verstärkers geschaltet, dessen Eingang im Abgleichkreis liegt. Die Spannungseisen der beiden Triebwerke sind — um 90° versetzt erregt — an einen Phasenschieber angeschlossen. Dieser wird nun so eingestellt, daß dasjenige Triebwerk, welches den Abgriff des F_J-Schleifdrahtes betätigt, das volle Drehmoment bekommt, wenn die Brücke hinsichtlich des Stromfehlers noch nicht abgeglichen ist. Das Triebwerk des δ_J-Abgleichs hat dann das Drehmoment Null. In diesem Falle wird das Zählersystem den Schleifer für F_J so lange verstellen, bis im Abgleichkreis Gleichgewicht herrscht. Analog erfolgt

Abb. 198. Schreibende Stromwandler-Prüfeinrichtung nach GEYGER-BAUER, Gesamtansicht (Siemens & Halske).

der Abgleich, wenn der Abgriff des δ_J-Schleifdrahtes oder die Abgriffe der beiden Schleifdrähte noch nicht dem Abgleichzustand entsprechen. Das Gerät benötigt zur Einstellung nur $1 \cdots 1^1/_2$ Sekunden, also etwa die gleiche Zeit wie ein normaler Tintenschreiber. Die Einstellung der Zeiger geht in einem weiten Strombereich praktisch ohne Überschwingung vor sich, da das Drehmoment der Triebwerke mit zunehmender Annäherung an den Abgleichpunkt abnimmt. Die Eigenschaften des Verstärkers gehen in die Meßgenauigkeit nicht ein, da es sich um ein Nullverfahren handelt.

Den zeitproportionalen Papiervorschub der Schreiber besorgt ein Synchronmotor, der von der Apparatur automatisch ein- und ausgeschaltet wird. Durch eine besondere Schaltung im Regelkreis wird erreicht, daß der Strom vom Wert $1,2\,J_n$ beginnend, ebenfalls zeitproportional sinkt. Bei Erreichen von $0,1\,J_n$ schaltet sich die Apparatur und der Papiervorschub automatisch aus. Der Regler läuft, ohne Spannung abzugeben, in die Ausgangsstellung $1{,}2\,J_n$ zurück, so daß das Gerät in kurzer Zeit zur Aufnahme weiterer Fehlerkurven, beispielsweise bei anderer Bürde, betriebsbereit ist.

Abb. 198 zeigt die ausgeführte Stromwandlermeßeinrichtung. Mittels eingehängter Schablonen können die VDE-Fehlergrenzen auf dem Diagramm eingezeichnet werden, so daß ein vollständig von subjektiven

Abb. 199. Bedienungsteil der schreibenden Stromwandler-Prüfeinrichtung
nach GEYGER-BAUER (Siemens & Halske).

Fehlern freies Dokument erhalten wird. Abb. 199 zeigt den Bedienungsteil. In der Mitte befindet sich der Hauptschalter mit abnehmbarem Griff, rechts unten der Knopf, mit dem die Kurvenaufnahme ausgelöst wird. Die übrigen Bedienungsknöpfe gestatten es, die Meßbereiche des Normalwandlers und der Schreiber zu wählen. Die Grundwellenselektivität der Einrichtung ist durch das Prinzip der Zählertriebwerke gewährleistet und wird außerdem unterstützt durch ein- und ausgangsseitiges Abstimmen des Verstärkers auf die Meßfrequenz und die Anordnung von Saugkreisen für die höheren Harmonischen am Verstärkereingang.

Anläßlich der VDE-Hauptversammlung 1937 berichtete O. E. NÖLKE über eine von ihm bei Koch & Sterzel entwickelte schreibende Stromwandlermeßeinrichtung. Das Grundprinzip zeigt Abb. 200. Prüfling X

und Normalwandler N werden auf der Sekundärseite wie beim Differentialverfahren üblich geschaltet, die Diagonale bildet ein Vibrationsgalvanometer VG besonderer Art. Der Lichtstrahl des Vibrationsgalvanometers wird über einen besonders ausgebildeten Spiegel einer lichtelektrischen Zelle L zugeführt, die im Eingang eines Verstärkers V liegt. Der von der Photozelle abgegebene sinusförmige Strom wird nach Verstärkung einer Hilfswicklung H des Normalwandlers N zugeführt,

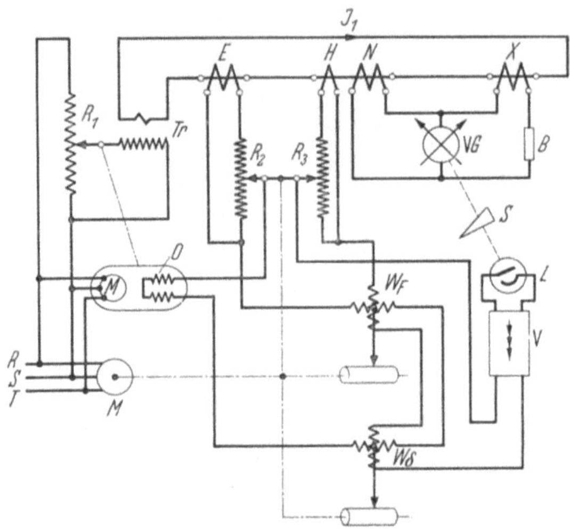

Abb. 200. Schaltung der schreibenden Stromwandler-Prüfeinrichtung nach O. E. NÖLKE.

so daß der Normalwandler so weit künstlich verschlechtert wird, bis sein Fehler dem des Prüflings entspricht.

Der in der Hilfswicklung H fließende Strom ist dann ein Maß für die Fehler des Prüflings und wird mittels zweier schreibender Wattmeter W_F und W_δ in Stromfehler und Fehlwinkelkomponente aufgeteilt. Das eine dieser Wattmeter ist zu diesem Zweck als Wirkleistungs-, das andere als Blindleistungsmesser ausgeführt. Diese zeigen dann bei konstanter Erregung ihrer Rähmchen die Fehler in Prozent und Minuten an, wenn der in der Hilfswicklung H des Normalwandlers N fließende Fehlerstrom den Wattmeterstromspulen im Verhältnis Nennstrom zu eingestelltem Strom zugeführt wird, was mittels eines feinstufigen Reglers R_3 geschieht. Die Erregung wird über einen Erregerwandler E dem Primärkreis entnommen und den Rähmchen über einen sehr feinstufig ausgebildeten Hilfsregeltransformator R_2 zugeführt, der die Aufgabe hat, diesen Strom konstant zu halten. Im Sekundärkreis des Reglers R_2 liegt die Erregerspule O eines Öldruckschnellreglers, dessen Regelorgan den Hauptregeltransformator R_1 betätigt und damit den Primärstrom J_1 einstellt.

Der Papiervorschub der registrierenden Leistungsmesser wird über ein Schneckengetriebe von der Antriebswelle der Kohlerolle des Hilfsregeltransformators R_2 gesteuert. Auf diese Weise wird erreicht, daß der Papiervorschub dem Primärstrom proportional ist.

c) Vorschriften für Wandlerprüfeinrichtungen.

Die Wandlerprüfeinrichtungen setzen sich zusammen aus:

Erzeugungsanlage einschl. Regeleinrichtung,
Wandlermeßgerät,
Normalien,
Bürden,
Meßgeräten für Strom, Spannung und Frequenz,
Meßgeräten zum Prüfen der Isolation.

Für die Ausgestaltung der Erzeugungsanlage einschließlich der Regeleinrichtungen gelten die „Leitsätze für die Ausführung von Hochspannungsprüfungen mit Wechselspannungen" VDE 0442, sowie die §§ 153 bis 154 des Entwurfs der „Eichanweisung" Teil XV.

Als Strom- bzw. Spannungsquelle kann entweder das Netz oder ein besonderer Prüfgenerator verwendet werden. Spannungskonstanthalteeinrichtungen sind in der Regel nicht erforderlich. Das Einstellen der Prüfströme bzw. -spannungen kann entweder durch Regeln im Erregerkreis des Prüfgenerators oder mittels eines zusätzlichen induktiven Reglers erfolgen. Die Regeleinrichtungen müssen ein praktisch stetiges Regeln gestatten, jedenfalls so feinstufig sein, daß die vorgeschriebenen Ströme bzw. Spannungen auf mindestens 0,2 % des bei der Prüfung vorgeschriebenen Endwertes eingestellt werden können. Bei der Prüfung der Isolierfestigkeit müssen die Regeleinrichtungen so ausgelegt sein, daß die Prüfspannung von 75 % ihres Sollwertes an um nicht mehr als 5 % in einer Sekunde gesteigert wird.

Die primären und sekundären Wicklungen des Prüftransformators müssen voneinander isoliert sein, so daß Erdung auf der Sekundärseite möglich ist. Die Abweichung von der Sinuskurve darf bei Belastung nicht mehr als ± 5 % betragen. Die Frequenz der Spannungsquelle muß auf mindestens ± 2 % des beim Messen vorhandenen Mittelwertes konstant sein. Prüfgenerator, Regeleinrichtung und Prüftransformator müssen hinsichtlich der Erwärmung ausreichend bemessen sein. In der Regel ist hierfür kurzzeitiger Betrieb mit einer Stunde Einschaltdauer als ausreichend anzusehen.

Aus den Bestimmungen über die Wandlermeßeinrichtungen § 155 des Entwurfs der Eichanweisung, Teil XV, sind folgende Einzelheiten von Wichtigkeit:
Werden bei der Meßeinrichtung zum Fehlerermitteln Schleifdrähte mit Ableseskalen verwendet, so dürfen in dem für die Messung von eichfähigen Wandlern

vorgesehenen Meßbereich nachstehende Abweichungen F des Strom- bzw. Spannungsfehlers und δ des Fehlwinkels vom Sollwert nicht überschritten werden:

beim Prüfen des Nullpunktes $\qquad F = \pm 0{,}01\%$,
$$\delta = \pm 0{,}3 \ \text{min},$$

beim Erregen des F-Schleifdrahtes $\qquad F = \pm 0{,}015\%$,
$$\delta = \pm 0{,}5 \ \text{min},$$

beim Erregen des δ-Schleifdrahtes $\qquad F = \pm 0{,}015\%$,
$$\delta = \pm 1 \ \text{min}.$$

Diese Abweichungen gelten für die ganze Skala der Stromwandlermeßeinrichtung bei Stromstärken zwischen dem 0,1- und 1,2-fachen der für die Einrichtung vorgesehenen sekundären Nennströme, bei Spannungswandler-Meßeinrichtungen zwischen 0,8 und 1,2 U_n der vorgesehenen Nennspannungen. Bei Meßeinrichtungen, die Zeigermeßgeräte zur Fehlerermittlung verwenden, gelten die oben genannten Toleranzen sinngemäß.

Widerstandsteiler und solche Widerstände, deren Fehler voll in das Meßergebnis eingehen, dürfen nicht mehr als $\pm 0{,}03\%$ von ihrem Sollwert abweichen. Für solche Widerstände und Widerstandsteiler, deren Fehler erst in zweiter Ordnung eingehen, ist eine größte Abweichung von $\pm 0{,}1\%$ vom Sollwert zugelassen. Für Kondensatoren zur Ermittlung des Fehlwinkels gelten folgende Abweichungen des Kapazitätswertes vom Sollwert:

$$\text{In den Stufen von } 0{,}1 \quad \mu\text{F}: \ \pm 1\%,$$
$$\text{in den Stufen von } 0{,}01 \quad \mu\text{F}: \ \pm 3\%,$$
$$\text{in den Stufen von } 0{,}001 \ \mu\text{F}: \ \pm 5\%.$$

Die Empfindlichkeit der als Nullinstrument dienenden Vibrationsgalvanometer muß so groß sein, daß bei dem 0,1-fachen der für die Einrichtung vorgesehenen kleinsten Nennstromstärke ein deutlich erkennbarer Galvanometerausschlag bei einer Verstimmung der Meßeinrichtung um

$$F = 0{,}02\% \ \text{bzw.}$$
$$\delta = 0{,}7 \ \text{min}$$

auftritt.

Gemäß § 156 des Entwurfs der Eichanweisung Teil XV sind als Normalgeräte zum Prüfen von Wandlern Normalstromwandler bzw. Normalspannungswandler sowie Normalwiderstände bis zu 30 A bzw. 5000 V zugelassen. Für die Verwendung von kapazitiven Spannungsteilern als Normalgerät bei Spannungswandlerprüfungen mit Reihenspannungen über 30 kV ist die Zustimmung der Technischen Oberbehörde erforderlich.

Für Normalstromwandler sind bei Betriebsbürde und Nennfrequenz im Bereich vom 0,1- bis 1,2-fachen Nennstrom Fehler von höchstens $\pm 0{,}05\%$ und Fehlwinkel von weniger als ± 3 min zugelassen. Innerhalb dieser Fehlergrenzen darf der Gang der Fehler mit dem Strom zwischen dem 0,1- und 1,2-fachen Nennstrom nicht größer als $0{,}05\%$ für den Stromfehler und 3 min für den Fehlwinkel sein. Bei der doppelten Betriebsbürde darf zwischen dem 0,1- und 1,2-fachen Nennstrom der Stromfehler nicht mehr als $0{,}05\%$, der Fehlwinkel nicht mehr als 3 min von den bei einfacher Betriebsbürde vorhandenen Fehlern abweichen, wobei die zuerstgenannten absoluten Fehlergrenzen nicht eingehalten zu werden brauchen. Nach einstündigem Einschalten bei Betriebsbürde mit dem 1,2-fachen Nennstrom darf sich der Stromfehler bei Nennströmen bis 1000 A um nicht mehr als $0{,}02\%$, der Fehlwinkel um nicht mehr als 1 Minute gegenüber dem Anfangswert geändert haben. Die Erwärmung des Normalwandlers darf hierbei die in den VDE-Regeln vorgeschriebenen Erwärmungsgrenzen nicht überschreiten.

Bei Wandlern mit Nennströmen über 1000 A ist eine Betriebszeit von weniger als 1 Stunde bei $1,2\,J_n$, mindestens jedoch 15 min, zulässig, wenn diese auf dem Leistungsschild angegeben ist.

Für Normalspannungswandler gelten bei Betriebsbürde und Nennfrequenz im Bereich der 0,4- bis 1,2-fachen Nennspannung Fehlergrenzen von $\pm 0,1\%$ bzw. ± 5 min. Der Gang der Fehler in dem genannten Spannungsbereich darf nicht größer als 0,1% bzw. 5 min sein. Bei der doppelten und bei der halben Betriebsbürde dürfen die Fehler im genannten Spannungsbereich um nicht mehr als 0,1% bzw. 5 min von denen bei der einfachen Betriebsbürde abweichen, wobei die absoluten Fehlergrenzen nicht eingehalten zu werden brauchen. Bei einstündigem Betrieb mit Nennbürde und der 1,2-fachen Nennspannung darf sich der Spannungsfehler um nicht mehr als 0,02%, der Fehlwinkel nicht mehr als 1 min gegenüber dem Anfangswert ändern. Die von VDE 0414 vorgeschriebenen Temperaturgrenzen dürfen hierbei nicht überschritten werden.

Die vorstehenden Vorschriften gelten laut dem Entwurf der Eichanweisung bei Normalwandlern mit mehreren Meßbereichen für sämtliche Bereiche.

Für Normalwandler, die nur im Rahmen der oben beschriebenen Prüfeinrichtungen, nicht jedoch im Netz eingesetzt werden sollen, werden seitens der Technischen Oberbehörde zur Zeit ermäßigte Prüfspannungen festgelegt. Für derartige Normalstromwandler wird voraussichtlich eine Sicherheit entsprechend Reihe 0,5 verlangt. Die Prüfspannung für Normalspannungswandler dieser Art wird wahrscheinlich $40\cdots50\%$ über der höchsten Nennspannung festgelegt. Normalwandler, die zur Prüfung am Betriebsort verwendet werden sollen, müssen für Dauerbetrieb mit 1,2-fachem Nennstrom und für eine Prüfspannung ausgelegt sein, die gemäß den Regeln für Wandler „VDE 0414" für die betreffende Reihe vorgeschrieben ist.

Soll ein Meßsatz, bestehend aus Wandlern, Zählern und Zusatzeinrichtungen, in betriebsmäßiger Schaltung im Netz überprüft werden, so schreibt der Entwurf der Eichanweisung hierfür einen Vergleichs-Meßsatz vor. Die Wandler eines solchen Vergleichs-Meßsatzes müssen den Regeln für Wandler VDE 0414 entsprechen und damit für eine Prüfspannung ausgelegt werden, die für die betreffende Reihe vorgeschrieben ist. Solche „Vergleichs-Wandler" müssen mindestens eine Genauigkeit der Klasse 0,2 haben; bleiben jedoch ihre Fehler innerhalb der für die Klasse 0,1 festgesetzten Eichfehlergrenzen, so brauchen ihre Fehler bei den Messungen nicht berücksichtigt zu werden.

Der Widerstand der Zuleitungen zwischen Normalwandler und Meßeinrichtungen soll so klein sein, daß die Spannung an den Klemmen des Normalwandlers um nicht mehr als 0,01% von der Spannung an den Klemmen der Meßeinrichtung abweicht.

Normalwiderstände und Widerstandsteiler für Strom- bzw. Spannungswandlermessungen dürfen keinen größeren Fehler als $\pm 0,03\%$ bzw. $\pm 0,3$ min aufweisen. Der Gang der Fehler darf zwischen dem 0,1- und 1,2-fachen Nennwert des Stromes bzw. der Spannung nicht mehr als 0,03% des Nennwertes betragen.

Für Kapazitätsspannungsteiler darf das Teilerverhältnis um nicht mehr als $\pm 0,2\%$ vom Sollwert abweichen, der Fehlwinkel darf nicht größer als ± 10 min sein. Diese Grenzen gelten bei einer Raumtemperatur von 20°C. Die Temperaturabhängigkeit des kapazitiven Teilers darf je °C nicht mehr als 0,02% bzw. 0,1 min betragen.

Im § 158 des Entwurfs der Eichanweisung Teil XV ist festgelegt, daß Bürden für Strom- und Spannungswandlermessungen als richtig gelten, wenn bei Strombürden im Bereich von 0,1- bis 1,2-fachem Nennstrom, bei Spannungsbürden im Bereich von der $0,8\cdots1,2$-fachen Nennspannung ihre Wirk- und Blindwiderstände um nicht mehr als $\pm 3\%$ vom Sollwert abweichen. Bürden mit dem Leistungsfaktor $\cos\beta = 0{,}8$ können auch so ausgeführt sein, daß die Blindwiderstände um nicht mehr als $\pm 5\%$ von ihrem Sollwert abweichen, wenn die Wirkwiderstände bis auf $\pm 1\%$, bei Bürden von 3,75 und 5 VA für 5 A Nennströme bis auf $\pm 2\%$ mit ihrem Sollwert übereinstimmen. Die genannten Toleranzen schließen die Zuleitungen ein, wobei bei Stromwandlermessungen die Summe der Widerstände der sekundären Zuleitungen zwischen Prüfling, Wandlermeßeinrichtung und Bürde nicht mehr als 0,05 Ohm betragen darf.

Bei Spannungswandlermessungen soll der Widerstand der Zuleitung zwischen Prüfling und Wandlerprüfeinrichtung so klein sein, daß die Spannung an den Klemmen des Prüflings um nicht mehr als $0{,}01\%$ von der Spannung an den Klemmen der Meßeinrichtung abweicht. Es ist zweckmäßig, die Bürde und die Meßeinrichtung durch getrennte Zuleitungen an den Klemmen des zu prüfenden Spannungswandlers anzuschließen.

Für die Meßgeräte zum Einstellen von Strom und Spannung ist die Klasse 0,5 der Regeln für Meßgeräte VDE 0410 vorgeschrieben. Für Frequenzmesser ist eine Meßunsicherheit von höchstens $\pm 1\%$ zugelassen.

III. Spannungsfestigkeit.

Das Stehvermögen gegenüber den vorgeschriebenen Prüfspannungen ist durch Stück- oder Typenprüfungen nachzuweisen. Jeder Wandler muß der Wicklungs- und der Windungsprüfung unterzogen werden. Die Prüfung auf Stoßspannungsfestigkeit ist in Deutschland und den meisten anderen Ländern als Typenprüfung, in Schweden jedoch als Stückprüfung, vorgeschrieben. Die Meinung der Fachwelt ist in diesem Punkt geteilt. Die eine Gruppe spricht sich für die Einführung als Stückprüfung aus, da im Netz gefährliche Überspannungen vornehmlich nur in Form von Stoßspannungen auftreten. Die Gegenpartei ist der Auffassung, daß Stückprüfungen die Aufdeckung von Fabrikations- und Materialfehlern bezwecken sollen; dies sei aber durch die Wechselspannungsprüfungen in genügendem Maße gewährleistet. Die Stoßspannungsprüfung soll lediglich den Nachweis erbringen, daß der konstruktive Aufbau, besonders die Wicklungsanordnung, auch in der Lage sei, derartigen Beanspruchungen standzuhalten. Dafür genüge die Durchführung von Typenprüfungen. Weiter wird geltend gemacht, daß die Prüfung mit einer einzigen Wellenform ohnehin nicht die Skala der Gefährdungsmöglichkeiten durch Stoßbeanspruchungen abdeckt.

a) Wicklungs- und Windungsprüfung.

1. Prüfschaltung nach VDE. Abb. 201 zeigt die bei der Wicklungsprüfung von Strom- und Spannungswandlern übliche Schaltung. Mit R ist der Regeltransformator, mit HT der Hochspannungserzeuger gekennzeichnet. An Stelle des Regeltransformators kann ein Wechselstromgenerator vorgesehen werden, wobei die Spannungsregelung im Erregerkreis des Generators vorgenommen wird.

Vor dem Prüfling wird normalerweise ein Dämpfungswiderstand R_D vorgesehen (Abb. 202), der den Zweck hat, die Kurzschlußströme beim Durch- oder Überschlag des Prüflings zu begrenzen und die bei der-

artigen Vorgängen entstehenden Wanderwellen vor dem Einlaufen in den Hochspannungserzeuger zu dämpfen. Die Messung der Spannung muß gemäß Eichanweisung § 126 unbedingt auf der Hochspannungsseite am Prüfling vorgenommen werden und zwar besonders dann, wenn ein Dämpfungs-

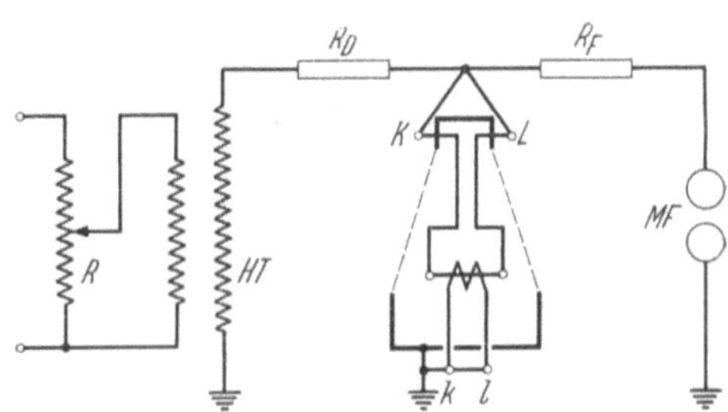

Abb. 201. Schaltung für die Wicklungsprüfung.

widerstand R_D nicht vorgesehen ist. Sie erfolgt entweder mit einer Meßfunkenstrecke MF unter Vorschalten des Funkenstreckenwiderstan-

des R_F oder einem nach der Eichanweisung zugelassenen Scheitelspannungsmeßgerät. Eine Messung auf der Niederspannungsseite des Hochspannungstransformators ist deshalb unzulässig, weil die Spannungsänderung im Transformator infolge der Belastung nicht berücksichtigt wird.

Da sowohl der Regler als auch der Hochspannungstransformator einen Leerlaufstrom aufnehmen, der infolge der naturgegebenen Zusammenhänge zwischen Leerlaufstrom und Spannung in der Magnetisierungskurve einen gewissen Anteil Oberwellen enthält, wird die Spannung auf der Hochspannungsseite des Transformators infolge der inneren

Abb. 202. Meßwandler-Freiluftprüffeld für 500 kV
(Siemens & Halske).

Spannungsabfälle desselben und am Regler eine gewisse Verzerrung aufweisen. Diese darf gemäß VDE-Regeln und Eichanweisung $\pm 5\%$ nicht überschreiten. Besonders unangenehm werden die Verhältnisse, wenn die Streuinduktivitäten von Regler und Prüftransformator bzw. Maschine und Prüftransformator mit den Kapazitäten der Anlage einschließlich des Prüflings für eine der Oberwellen Resonanz ergeben. Es kann dies dazu führen, daß bei ganz bestimmten Belastungskapazitäten die betreffenden Oberwellen infolge der Resonanzwirkung derart verstärkt werden, daß die zugelassene maximale Verzerrung der Spannungskurve von $\pm 5\%$ bei weitem überschritten wird. Die zu diesen Resonanzen führenden Belastungskapazitäten sollten bei Inbetriebnahme der Anlage ermittelt werden. Eine Vorausberechnung ist nur angenähert möglich. Würde in einem solchen Falle die Messung über einen hochspannungsseitig angeschlossenen Meßwandler mittels eines Effektivwertmeßinstrumentes erfolgen, so werden die durch die Resonanz bedingten Spannungsspitzen, die Prüfling und Anlage gefährden, nicht erfaßt.

Alle Teile der Anlage müssen ausreichend bemessen sein. Nähere Vorschriften finden sich in VDE 0442 und in der Eichanweisung. Letztere gestattet, die Anlage für kurzzeitigen Betrieb mit einer Stunde Einschaltdauer auszulegen.

Bei der Prüfung darf höchstens die Hälfte der Prüfspannung sofort eingeschaltet werden, die restlichen 50% sind möglichst stetig hoch zu regeln, wobei eine Regelgeschwindigkeit von 5% des Endwertes pro Sekunde nicht überschritten werden darf.

Die Windungsprüfung von Stromwandlern wird normalerweise in der Form durchgeführt, daß der Wandler bei offener Sekundärwicklung primärseitig während einer Minute mit Nennstrom erregt wird. Wie bereits im Abschnitt „Hochspannungsfestigkeit" dargelegt, darf die Windungsprüfung mit einem kleineren als dem Nennstrom erfolgen, wenn sich auf der Sekundärseite eine Effektivspannung einstellen würde, die höher als 1000 V (künftig wahrscheinlich 2000 V) ist. Bei Wandlern, die in schlagwetter- und explosionsgefährdeten Betrieben Aufstellung finden sollen, ist diese Begrenzung jedoch unzulässig.

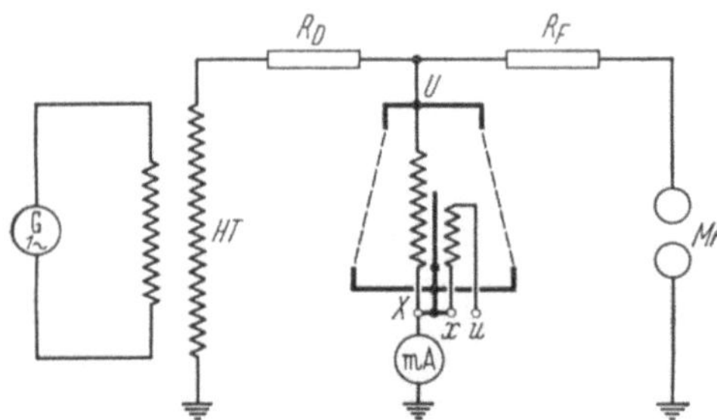

Abb. 203. Schaltung für die Windungsprüfung von einpolig isolierten Spannungswandlern.

Die Windungsprüfung von Spannungswandlern erfolgt mit einer Schaltung gemäß Abb. 203. Sie wird zur Vermeidung von Übersättigung des Kerneisens mit höheren Frequenzen — im allgemeinen 100···150 Hz — ausgeführt. Das Bild zeigt die Prüfschaltung eines einpolig isolierten Wandlers.

Bei all diesen Prüfungen ist es wichtig, einen Indikator einzuschalten, der möglichst schon kleinste Schäden zu erkennen gestattet. Die Überwachung mit Strom- und Spannungsmessern ist in diesem Sinne als eine verhältnismäßig rohe Methode anzusehen, da eine merkliche Änderung der Stromaufnahme — beispielsweise bei der Windungsprüfung von Spannungswandlern — erst erfolgt, wenn ein beträchtlicher Teilschaden, zum Beispiel mindestens Lagenschluß, eingetreten ist. Dieses Verfahren wird besonders dann schon eher als brauchbar anzusehen sein, wenn vor Prüfling und Scheitelspannungsmesser ein Dämpfungswiderstand (R_D) eingeschaltet ist. Immerhin bedarf es auch bei diesem Verfahren noch erheblicher Veränderungen im Innern des Prüflings, um die Schwelle der Erkennbarkeit zu erreichen.

Als wirkungsvoller Indikator hat sich das Einschalten einer Anordnung nach Abb. 204 in den Hochspannungskreis erwiesen. Der Indikator besteht aus einer Drossel D mit einer parallelgeschalteten Glimmlampe GL. Zum Schutz gegen Überbeanspruchung ist zumeist noch eine Schutzfunkenstrecke F vorgesehen. Die Drossel wird so bemessen, daß der normale Durchgangsstrom an ihr nur eine Spannung hervorruft, die die Glimmlampe noch nicht zum Aufleuchten bringt. Findet nun im Prüfling eine plötzliche Stromänderung statt, so wird die Drossel von einem Stoßstrom durchflossen, so daß die Glimmlampe kurzzeitig zum Aufleuchten kommt.

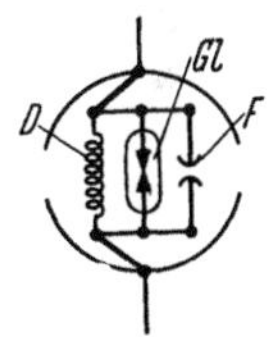
Abb. 204.
Glimmlampen-
indikator.

Mit dieser Anordnung können schon solche Teilschäden erkannt werden, die noch weit von der Hörgrenze entfernt sind.

2. Dielektrischer Verlustfaktor. Die Fehlererkennbarkeit und die Beurteilung der Güte des Dielektrikums erfuhren beträchtliche Verbesserungen durch die Überwachung der dielektrischen Verluste. Bei einem verlustlosen Prüfling eilt der aufgenommene Kapazitätsstrom J_c (Abb. 136) der Spannung um 90° vor. Bei einem mit Verlusten behafteten dagegen ist durch den Gleichstromleitwert und durch die Umelektrisierungsverluste neben der Blindkomponente J_0 des Stromes eine Wirkkomponente J_w vorhanden, so daß der Gesamtstrom J_g der Spannung um einen Winkel δ — Verlustwinkel — weniger als 90° voreilt. Als dielektrischen Verlustfaktor bezeichnet man das Verhältnis der Wirk- zur Blindkomponente des Gesamtstromes:

$$\mathrm{tg}\,\delta = \frac{J_w}{J_c}. \tag{160}$$

3. tg $\delta/\Delta C$-Meßverfahren. Die klassische Methode der Verlustwinkelmessung hat SCHERING angegeben. Er verwendet eine Brückenschaltung gemäß Abb. 205. Prüfling N und Normalkondensator X werden über die Widerstände R_N und R_X an die gleiche Spannung U gelegt. Die

Ströme erzeugen an den Widerständen Spannungsabfälle, die unter Zuhilfenahme eines Vibrationsgalvanometers als Nullinstrument miteinander verglichen werden. Als Normalkondensator wird zumeist ein Preßgaskondensator (Abb. 206) verwendet, der praktisch keine dielektrischen Verluste hat. Durch Variieren von R_X werden die Spannungsabfälle an den Widerständen, die durch den reinen Kapazitätsstrom hervorgerufen werden, einander gleichgemacht. Die Wirkkomponente, die im X-Kreis fließt, wird dadurch berücksichtigt, daß durch Parallelschalten eines verstellbaren Kondensators C im N-Kreis eine künstliche Phasenverschiebung her-

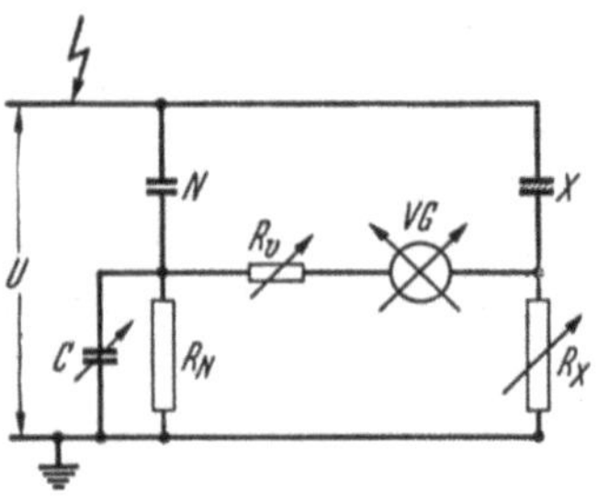

Abb. 205. Schaltung zur Verlustfaktormessung nach SCHERING.

vorgerufen wird. Die Kapazität C_X des Prüflings ergibt sich dann zu

$$C_X = C_N \cdot \frac{R_N}{R_X}. \tag{161}$$

Der Verlustfaktor tg δ beträgt

$$\mathrm{tg}\,\delta = R_N \cdot \omega \cdot C. \tag{162}$$

Eine Weiterbildung erfuhr dieses Verfahren etwa 1933 bei S & H. Durch Anwendung von Schwingkontaktgleichrichtern in Verbindung mit einem Gleichstromgalvanometer wurde eine Schaltung geschaffen, die es gestattet, den Verlustwinkel an einem Instrument direkt abzulesen. Es werden zwei Schwingkontaktgleichrichter angewendet, deren Phase so eingestellt ist, daß der eine nur die Blindkomponente und der andere nur die Wirkkomponente am Instrument zur Anzeige gelangen läßt. Die Wirkungsweise veranschaulicht Abb. 207. Mittels des Schalters S_1 wird zunächst der Gleichrichter in den Meßkreis geschaltet, der für die Erfassung der Blindkomponente bestimmt ist. Der Schalter S_2 bleibt offen. Nun wird R_X so lange geändert, bis das Instrument G den Ausschlag 0 zeigt. Die Brücke ist dann hinsichtlich der kapazitiven Komponente abgeglichen. Legt man nun den Schalter S_2 ein, so daß ein definierter Teil des Widerstandes R_N (bei-

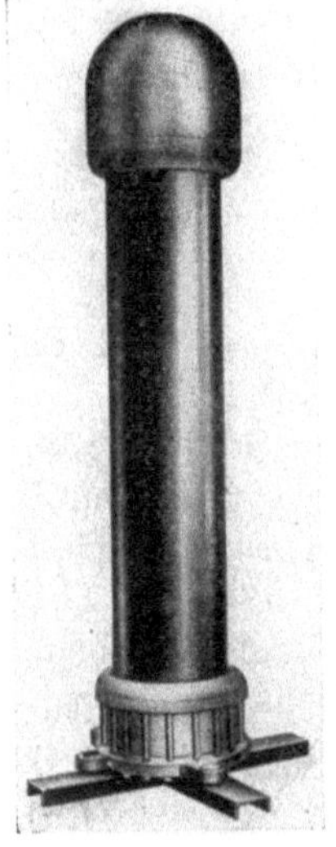

Abb. 206. Preßgaskondensator für 500 kV (Hartmann & Braun).

spielsweise 1 %) kurzgeschlossen wird, so zeigt das Instrument den Ausschlag an, der einer Verstimmung der Brücke um 1 % entspricht. Nunmehr kann mittels des Schalters S_1 der für die Erfassung der Wirkkomponente bestimmte Gleichrichter eingeschaltet und S_2 wieder geöffnet werden. Der sich jetzt ergebende Ausschlag am Instrument ergibt — durch die vorhin ermittelten Skalenteile bei 1 % Verstimmung geteilt — den Verlustfaktor unmittelbar in %. Eine besonders elegante Weiterbildung ergibt sich dadurch, daß ein hochempfindliches Instrument mit einem Vorwiderstand verwendet wird, der es gestattet,

die Empfindlichkeit des Instrumentes in der Eichstellung so anzupassen, daß bei 1 % beispielsweise 100 oder 10 Skalenteile Ausschlag vorhanden sind. Der Verlustfaktor kann dann ohne Umrechnung unmittelbar abgelesen werden.

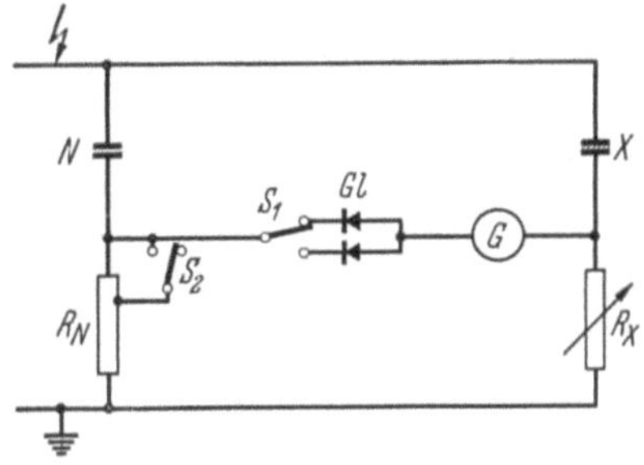

Abb. 207. Schaltung zur Verlustfaktormessung mit Schwingkontaktgleichrichter.

Die bisher geschilderten Verfahren haben den Nachteil, daß die Brücken von Hand abgeglichen werden müssen, was naturgemäß eine gewisse Zeit dauert. Nun besteht aber gerade der Wunsch, Änderungen im Dielektrikum so schnell wie möglich zu erkennen, um durch schnelles Abschalten den Teilschaden, der sich im Prüfling eingestellt hat, auf seinen Herd zu begrenzen, so daß er mit verhältnismäßig geringem Aufwand beseitigt werden kann.

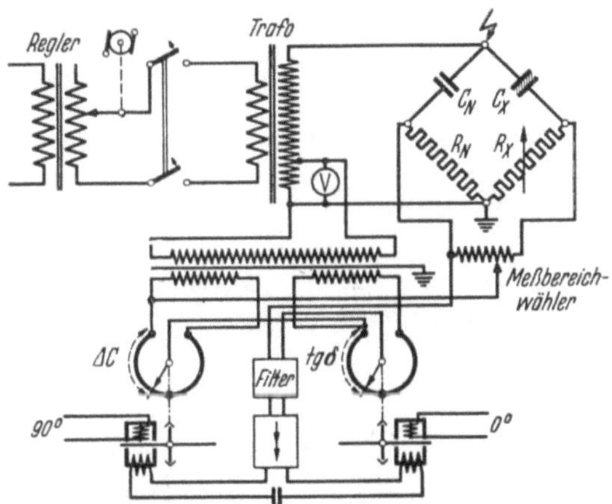

Abb. 208. Schaltung der schreibenden tg δ-ΔC-Prüfeinrichtung nach GEYGER-BAUER.

W. GEYGER hat 1935 bei Siemens & Halske das zuletzt beschriebene Verfahren durch Anwendung der sogenannten „Numographen" zu einem schreibenden Meßverfahren weitergebildet. Die Prinzipschaltung zeigt Abb. 208. Nach Abgleich der Brücke von Hand an R_X bei einer kleinen, ungefährlichen Spannung, erfolgt der Abgleich im weiteren

Verlauf der Prüfung vollautomatisch mittels zweier Zählertriebwerke, die die Schleifer der Potentiometer eines vom N-Kreis gespeisten komplexen Kompensators verstellen. Dieses Meßverfahren entspricht im Prinzip der bereits ausführlich beschriebenen schreibenden Wandlermeßeinrichtung nach Abb. 197. Auch hier erfolgt der Abgleich der Brücke innerhalb von etwa 1 Sekunde, so daß diese Art der Verlustwinkelmessung alle Ansprüche auf schnelle Erfassung von entstehenden Fehlern erfüllt.

Das Meßverfahren arbeitet grundwellenselektiv. An der Diagonale (Meßbereichwähler) bleiben die Oberwellen unabgeglichen stehen. F. LIEBSCHER hat gezeigt, daß durch Ausmessen des „Oberwellen-

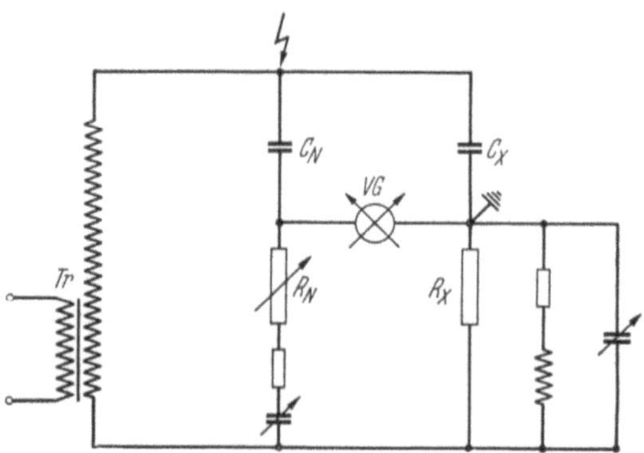

Abb. 209. Schaltung zur Verlustfaktormessung bei geerdetem Prüfling nach H. POLECK.

schlammes" mit einem Kathodenstrahloszillographen wertvolle Schlüsse hinsichtlich der Art der Verluste möglich sind.

In den bisherigen Schaltungen war vorausgesetzt, daß die erdseitige Elektrode des Prüflings für eine Spannung von 10 bis 100 V von Erde isoliert werden kann, um zwischen diese Elektrode und den Brückenerdpunkt den Widerstand R_X einschalten zu können. H. POLECK hat eine Schaltung angegeben (Abb. 209), bei der diese Voraussetzung nicht notwendig ist.

4. tg $\delta/\Delta C$-Messungen an Wandlern. Besonders das schreibende Meßverfahren eignet sich hervorragend für die Überwachung des Dielektrikums während der VDE-mäßig vorgeschriebenen Wicklungs- und Windungsprüfungen. Bei der Wicklungsprüfung von Strom- und Spannungswandlern stellt die Hochspannungswicklung — in sich kurzgeschlossen — den Hochspannungspol des Prüflingskondensators dar (Abb. 210 links), während Niederspannungswicklung, Eisenkern und Eisenkessel den erdseitigen Belag desselben bilden. Zeigt sich nun, daß während dieser Prüfung im Wandler irgendein Defekt auftritt, so ist es möglich, diesen dadurch zu lokalisieren, daß man nicht alle Teile der Niederspannungsseite an den R_X-Widerstand der Brücke anschließt, sondern nacheinander die eine oder andere Sekundärwicklung, Kern oder Kessel. Die übrigen werden direkt an Erde gelegt, so daß nur der Teil des Dielektrikums, der an R_X liegt, mittels der Brücke untersucht wird. Dies ist ein beträchtlicher Vorteil, den die Verlustwinkelmessung bietet. Man kann vor allem aus dieser Messung erkennen, ob die aufgezeigte Unregelmäßigkeit auf die hochspannungstechnische Sicherheit des Wandlers für die Dauer von Bedeutung ist.

Besonders bei Prüflingen, die eine kleine Kapazität haben, muß darauf geachtet werden, daß die Verbindungen auf der Hochspannungs-

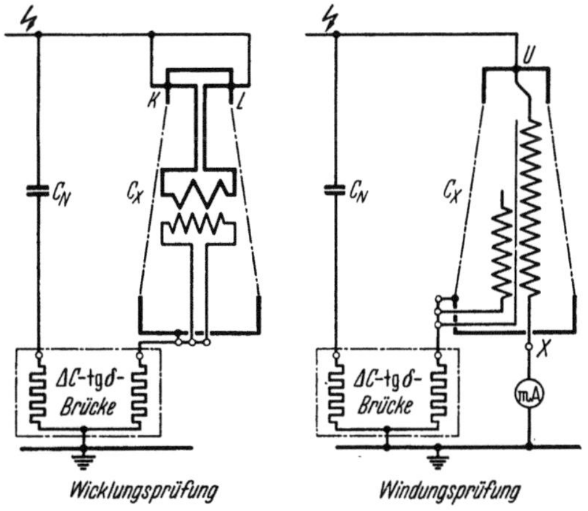

Abb. 210. Schaltung zur tg δ-ΔC-Messung an Meßwandlern.

seite völlig sprühfrei — beispielsweise durch Verwendung von Rohren entsprechenden Durchmessers ($2 \cdots 2{,}5$ cm je 100 kV) — hergestellt werden, da sonst die Sprühverluste in der Hochspannungsprüfschaltung mitgemessen werden und das Resultat fälschen. Gegebenenfalls muß diese Einstreuung durch Anbringen geerdeter Schirme beseitigt werden.

Die Prüfschaltung für einpolig isolierte Wandler zeigt Abb. 210 rechts. Die Spannungsverteilung im Prüfling entspricht der im praktischen Betrieb mit dem Unterschied, daß die Spannung entsprechend dem Verhältnis Prüfspannung zu Nennspannung erhöht ist.

Wird die Verlustfaktormessung während der VDE-mäßig vorgeschriebenen Wicklungs- und Windungsprüfung eingesetzt und zeigen die Werte für Verlustfaktor und Kapazität während des Hochfahrens und während der Dauer der Spannungsprobe keine Unregelmäßigkeiten, so ist die Gewähr gegeben, daß das Dielektrikum zwischen den Wicklungen während der Prüfung einwandfrei geblieben ist. Es besteht also dann nicht mehr die Gefahr, wie bei den üblichen VDE-Prüfungen ohne Verlustwinkelmessung, daß in den letzten Sekunden der Prüfzeit sich anbahnende Teildefekte, die später im praktischen Betrieb nach mehr oder weniger kurzer Zeit zur Zerstörung des Wandlers führen, unbemerkt bleiben.

Es wird oft die Frage aufgeworfen, ob man Windungs- und Wicklungsproben beispielsweise in Prüfämtern oder beim Kunden mit voller Spannung wiederholen soll oder nicht. Die VDE-Regeln empfehlen, Wiederholungen der Spannungsprüfungen an Wandlern nur mit 80 % der Prüfspannung vorzunehmen.

Werden nun aber die Prüflinge beim Hersteller unter Anwendung der Verlustwinkelmessung den vorgeschriebenen Prüfungen unterworfen und findet beim Abnehmer oder in Prüfämtern eine Wiederholung der Prüfung mit voller Spannung statt, ohne daß auch diese durch Verlustwinkelmessung überwacht wird, so besteht die Gefahr, daß sich während dieser zweiten Prüfung ein Defekt im Wandler anbahnt, ohne daß er bemerkt wird. Die im Herstellerwerk aufgewendete Sorgfalt durch Überwachung der Prüfungen mittels Verlustfaktormessung ist infolge der zweite Prüfung illusorisch geworden.

Allerdings darf auch die Verlustwinkelmessung nicht als unfehlbares Verfahren für die Fehlererkennung angesehen werden. Es ist zu beachten, daß der Verluststrom einer Kondensatoranordnung untersucht wird. Bei der Überwachung der Windungsprüfung eines Spannungswandlers werden ja nur diejenigen Teile des Dielektrikums kritisch überwacht, die zwischen den Außenflächen der Hochspannungswicklung und den brückenseitig liegenden Gegenelektroden vorhanden sind. Vorgänge, die sich innerhalb der Primärwicklung abspielen, unterliegen nur durch Sekundärerscheinungen einer gewissen Kontrolle. Die Verlustwinkelmessung allein bietet daher nicht die volle Gewähr, daß während der Prüfung entstehende Windungsschlüsse aufgedeckt werden. Als Ergänzung wird die gleichzeitige Anwendung des beschriebenen Drossel-Glimmlampen-Indikators empfohlen.

Ein sehr kritisches Verfahren für die Aufdeckung von Windungsschlüssen, die möglicherweise während der Windungsprüfung entstanden sind, ist der Vergleich von zwei Genauigkeitsmessungen, von denen die eine vor und die andere nach der Windungsprüfung durchgeführt wird.

5. Charakteristische tg δ-ΔC-Kurven. Zur Beurteilung des Dielektrikums kann sowohl die Größe als auch der Verlauf des Verlustwinkels als Funktion von Zeit und Temperatur herangezogen werden.

Die Größe des Verlustfaktors ist natürlich zunächst einmal von der Art des Dielektrikums abhängig. Im Abschn. D I a 3 sind bereits einige

Anhaltswerte genannt worden. Besondere Bedeutung kommt der Verlustwinkelmessung bei solchen Isolierstoffen zu, die zu Wasseraufnahme neigen. Es erscheint dann zweckmäßig, in größeren Abständen den Zustand der Isolierung durch Verlustwinkelmessungen zu überwachen, um rechtzeitig einen Trockenprozeß des Dielektrikums vornehmen zu können. Die Größe des Verlustwinkels ist weiter von besonderer Wichtigkeit bei Isoliermaterialien, die dem thermoelektrischen Durchschlaggesetz folgen. Steigert man bei der Prüfung derartiger Isoliermaterialien oder bei Wandlern, die mit solchen Isolierstoffen ausgerüstet sind, die Spannung in Stufen und beobachtet jeweils dazwischen bei konstanter Spannung den zeitlichen Verlauf des Verlustwinkels, so kann die sogenannte kritische Spannung ermittelt werden, bei der Verlustfaktor oder Kapazität abhängig von der Zeit zu wandern beginnen. Es handelt sich hierbei um einen für den thermoelektrischen Durchschlag typischen Vorgang. Infolge der durch die Verluste bedingten Wärmeentwicklung steigt die Temperatur im Innern des Dielektrikums an. Diese erhöhte Temperatur hat wiederum einen höheren Verlustfaktor und dieser wieder eine höhere Temperatur zur Folge. Es handelt sich also um ein gegenseitiges Aufschaukeln, das zeitlich schneller und schneller wird und mit dem Durchschlag des Dielektrikums endet. Besonders aufschlußreich sind derartige Untersuchungen, wenn sie an Prüflingen oder Isolierstoffen durchgeführt werden, die verschieden lange Zeit im Betrieb waren oder künstlichen Alterungsprozessen unterzogen worden sind. Im allgemeinen wird dann die sogenannte kritische Spannung um so niedriger liegen, je weiter der Alterungsprozeß fortgeschritten ist, so daß auf diese Weise ein Urteil hinsichtlich des dielektrischen Stehvermögens über lange Zeit gewonnen werden kann.

Eine Verlustfaktormessung von Isoliermaterialien, die nicht den Gesetzen des thermoelektrischen Durchschlages, sondern denen des Momentandurchbruches folgen, bringt dagegen keine Aufschlüsse über das zeitliche Verhalten dieser Stoffe. Ein typischer Vertreter dieser Gattung ist das Porzellan. Gesundes Porzellan schlägt bei den im Wandler üblicherweise vorkommenden Temperaturen durch, ohne daß der Verlauf der Verlustfaktorkurve dies ankündigt. Wohl aber können größere Lunker, Risse und schlechte Garnierstellen aufgedeckt werden. Auf jeden Fall ist es sehr zweckmäßig, sich auch bei Geräten mit derartigen Stoffen als Bauteil der Verlustwinkelmessung während der Entwicklung bzw. als Typenprüfung zu bedienen. Sie bietet die Möglichkeit einer kritischen Beurteilung der Konstruktion, da beispielsweise der Glimmeinsatz im oder am Wandler viel exakter erkannt wird als durch Abhören.

Das Auswerten der tg δ-ΔC-Kurven setzt eine große Erfahrung voraus. Es geht dem Hochspannungstechniker hier nicht anders als dem

Arzt, der auf Grund eines Elektrokardiogrammes den Gesundheitszustand seines Patienten beurteilen soll. Zunächst ist Voraussetzung, daß der innere Aufbau des zu beurteilenden Gerätes genau bekannt ist. Es ist durchaus nicht gleichgültig, ob mit dem Hauptdielektrikum noch ein zweiter Isolierstoff in Reihe geschaltet ist oder ob dafür gesorgt ist, daß beispielsweise durch das Anbringen von beiderseitigen Äquipotentialbelegen nur das Hauptdielektrikum der Spannungsbeanspruchung unterliegt. Die richtige Beurteilung eines Wandlers auf Grund von vorliegenden Verlustwinkelkurven wird also am ehesten dem Hersteller gelingen, dem alle diese Dinge bis in die Einzelheiten bekannt sind.

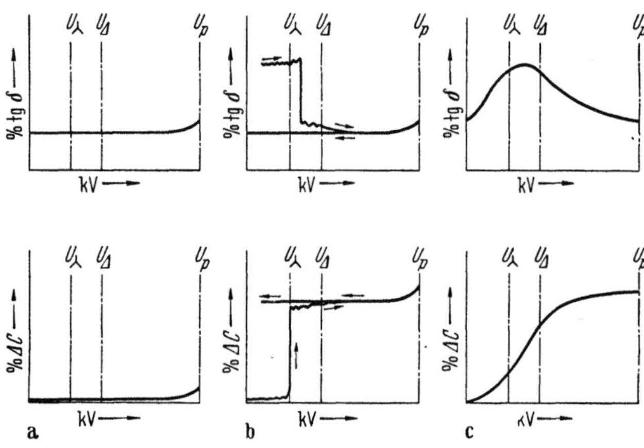

Abb. 211. Charakteristische tg δ-ΔC-Kurven (I).

Es fehlt bisher in der Literatur eine zusammenfassende allgemeine Anleitung darüber, was aus Verlustfaktorkurven herausgelesen werden kann. Dies soll nachfolgend an einigen besonders interessanten Beispielen gezeigt werden, allerdings — entsprechend dem Rahmen dieses Buches — speziell für Wandler, deren Isolierstoffe und Bauteile.

Abb. 211 zeigt drei charakteristische Beispiele a··c für das Verhalten von Meßwandlern beim Hochfahren auf Prüfspannung. Der obere Kurvenzug gibt jeweils den Verlauf des Verlustfaktors, der untere den der Kapazität, abhängig von der Spannung, an.

Beispiel a enthält Kurven für einen Wandler, der in jeder Weise als betriebssicher anzusehen ist. Sowohl bei der Phasen- als auch bei der verketteten Spannung ($U_\perp$ bzw. $U_\triangle$) und noch ein weiteres Stück darüber hinaus, behalten Verlustfaktor und Kapazität ihre Werte unverändert bei. Kurz vor Erreichen der Prüfspannung beginnen beide Kurven zu steigen. Die Kurven beim Hoch- und Herunterregeln decken sich vollständig. Der mehr oder weniger ausgeprägte Knick der Kurven wird üblicherweise als Ionisationsknick bezeichnet. Von dieser Spannung ab setzt irgendwo am oder im Wandler ein Sprühen ein, das außerhalb und innerhalb des Dielektrikums liegen kann. Durch die später beschriebene Prüfung des Verlustwinkels in Abhängigkeit von der Zeit muß dann beurteilt werden, ob dieses Sprühen für das Dielektrikum gefährlich ist oder nicht.

Im Beispiel b ist der typische Fall eines geschichteten Dielektrikums gezeichnet, dessen einer Teil bei einer bestimmten Gesamtspannung durchschlägt. Beim erstmaligen Hochregeln der Spannung tragen beide Dielektrika noch Spannung. Es handelt sich hier beispielsweise um einen porzellanisolierten Körper, in den faserstoffisolierte Drähte eingewickelt sind. Das Hauptdielektrikum Porzellan ist mit dem luftdurchsetzten Faserstoff in Reihe geschaltet. Entsprechend den Isolierstoffstärken und dem umgekehrten Verhältnis der Dielektrizitätskonstanten verteilt sich die Gesamtspannung auf die beiden Dielektrika. Im luftdurchsetzten Faserstoff stellt sich demzufolge eine wesentlich höhere Feldstärke ein, so daß schon bei kleinen Spannungen Glimmen einsetzt, was sich durch einen großen und schwankenden Verlustwinkel anzeigt. Bei weiterer Steigerung der Spannung bilden sich Entladungen, die zur Verkohlung des Faserstoffes und damit zum Kurzschluß dieses Isolierstoffes führen, so daß die gesamte Spannung nun nur am Porzellan liegt. Die Verlustwinkelkurve schnellt deshalb plötzlich herunter, wohingegen die Kapazität eine plötzliche Vergrößerung erfährt. Nunmehr entsprechen die Kurven mit Ausnahme von kleinen Unsicherheiten beim Auf- und Abregeln der Spannung dem Beispiel a. Man könnte der Meinung sein, daß dieser Wandler in dem jetzigen Zustand ungefährdet in Betrieb bleiben könnte. Dies ist jedoch nicht der Fall. Die noch vorhandenen Unsicherheiten in der Verlustwinkelkurve zeigen an, daß trotz des Durchschlages des einen Dielektrikums noch Glimmentladungen vorhanden sind, die im Laufe der Zeit die Faserstoffisolierung völlig zerstören. Würde ein solcher Wandler im späteren Betrieb einer Erschütterung, beispielsweise durch Transport oder einen Stoßstrom, ausgesetzt, so stellt sich wahrscheinlich durch die Zerstörung der Kohlebahn der ursprüngliche Zustand wieder her. Bei der Phasenspannung wird dann, dem Beispiel gemäß, ständiges Sprühen im Inneren vorhanden sein, das die Wicklungsisolation in verhältnismäßig kurzer Zeit zerstört.

Beispiel c stellt ebenfalls einen Wandler mit geschichtetem Dielektrikum dar. Entweder handelt es sich hierbei um einen Isolierstoff, der eine große Anzahl von Luftblasen enthält, jedoch in seinen festen Teilen für sich so spannungsfest ist, daß ein Durchbrechen der Spannung während der kurzen Prüfzeit nicht erfolgt. Es kann sich aber auch um Schichtung eines guten Isolierstoffes, z. B. Porzellan und eines porösen Isolierstoffes handeln. Ein solcher Fall ist auch dann gegeben, wenn

die Faserstoffisolierung des Wandlers nach Beispiel b mittels eines
Lackes getränkt wird, der beim Aushärten Blasen bildet. In beiden
Fällen ist die Verlustwinkelkurve beim Hochregeln der Spannung
zunächst durch die Eigenschaften des guten Isolierstoffes bestimmt. Bei
weiterer Steigerung beginnen dann die Luftblasen in zunehmendem
Maße zu glimmen, anfangs die größeren, später die kleineren, so daß
mehr und mehr Teile des Dielektrikums kurzgeschlossen werden. Die
Kapazitätskurve wie auch die Verlustfaktorkurve steigen demnach an.
Schließlich wird bei weiterer Spannungssteigerung das Sprühen innerhalb
der Luftblasen so stark, daß es nach und nach zu einem vollkommenen
Kurzschluß der einzelnen Luftblasen kommt, ohne daß die Zwischen-

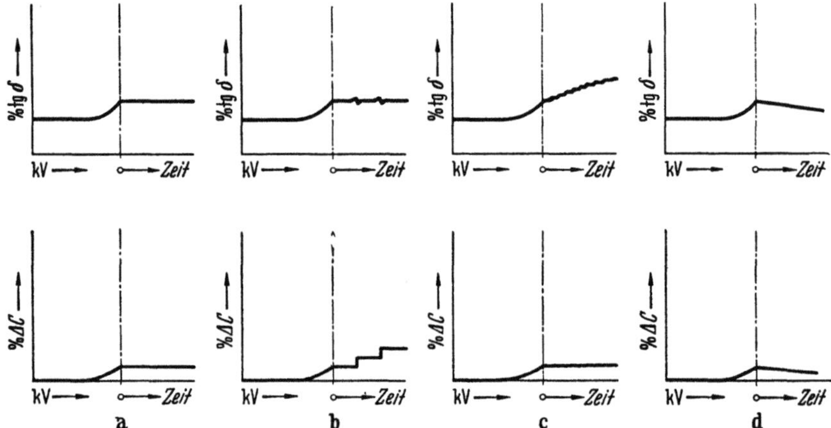

Abb. 212. Charakteristische tg δ-ΔC-Kurven (II).

wände dieses Dielektrikums durchschlagen werden. Die Verlustwinkelkurve senkt sich daher nach Überschreiten eines Maximums und strebt
dem Wert des Materials zu. Die Kapazitätskurve steigt an und zeigt
bei der Spannung, zu der das Maximum der Verlustfaktorkurve gehört,
einen Wendepunkt. Schließlich strebt sie einem Grenzwert zu, der durch
das feste Dielektrikum allein gegeben ist. Der Vorgang ist reproduzier-
bar. Ein solcher Wandler ist befähigt, über längere Zeit anstandslos
im Betrieb zu sein, doch besteht naturgemäß die Gefahr, daß beispielsweise durch dynamische Beanspruchungen ein Aufreißen des festen Dielektrikums eintritt oder doch im Laufe der Zeit — vielleicht zusammen
mit Feuchtigkeitsaufnahme — eine Gefährdung der Betriebssicherheit
entsteht.

In Abb. 212 sind mit a···d einige Beispiele gezeigt, die das Verhalten der Verlustfaktor- und Kapazitätskurve während der Prüfzeit
charakterisieren.

Im Beispiel a liegt ein Wandler vor, bei dem während der Prüfzeit beide Kurven in ihrer Höhe unverändert bleiben. Der Wandler ist als einwandfrei anzusehen.

Im Beispiel b hingegen erhöht sich die Kapazität während der Prüfzeit treppenförmig, während an der Verlustwinkelkurve kaum etwas beanstandet werden kann. Trotzdem handelt es sich hierbei um einen äußerst gefährlichen Vorgang. Es liegt ein geschichtetes Dielektrikum vor, bei dem nach und nach eine Schicht nach der anderen durchschlägt. Damit erhöht sich naturgemäß die Kapazität. Der Verlustwinkel zeigt praktisch keine Änderung, da mit dem Durchschlag ein sofortiges verlustfreies Kurzschließen der durchgeschlagenen Teile verbunden ist. Einem solchen Wandler kann keine lange Lebensdauer zugesprochen werden.

Im Beispiel c liegt ein Dielektrikum vor, das dem thermoelektrischen Durchschlag folgt. Wie bereits oben geschildert, schaukeln sich Verlustfaktor und die durch die Verluste bedingten Temperaturen gegenseitig auf. Dieser Vorgang setzt sich bis zum Durchschlag in verhältnismäßig kurzer Zeit fort.

Im Beispiel d liegt der bemerkenswerte Fall vor, daß während der Prüfzeit die Höhe von Verlustwinkel und Kapazität abnehmen. Es handelt sich hier um ein Isoliermaterial, dessen Verlustfaktor- und Kapazitätskurve — abhängig von der Temperatur — einen V-ähnlichen Charakter zeigen, d. h., bei irgendeiner Temperatur, beispielsweise 40°, haben beide Kurven ein Minimum und steigen nach kleinen und größeren Temperaturen hin an. Die Prüfung erfolgt offensichtlich bei einer Temperatur, die unterhalb derjenigen liegt, bei der die Verlustwinkel und Kapazität ein Minimum haben. Es tritt während der Prüfdauer eine Erwärmung ein, die die Verlustwinkel und Kapazität nach kleineren Werten hin verschieben. Handelt es sich bei der Prüfung nun beispielsweise um die Windungsprüfung eines Spannungswandlers, wo die Erwärmung nicht im Dielektrikum, sondern in Wicklung und Eisenkern infolge der hohen Sättigung entsteht, so liegen zunächst noch keine Bedenken vor. Es ist jedoch unbedingt nötig, sich zu vergewissern, ob die tg δ-ΔC-Werte bei der höchsten Betriebstemperatur, bei der dann das Dielektrikum im ansteigenden Ast der Verlustwinkel-Temperatur-Kurve arbeitet, stabil bleiben.

b) Stoßspannungsprüfungen.

1. Prüfschaltung nach VDE. Die Stoßspannungsprüfungen werden nach den „Leitsätzen für die Erzeugung und Verwendung von Stoßspannungen für Prüfzwecke" VDE 0450 durchgeführt. Die Erzeugung der Stoßspannung erfolgt in einer Vervielfachungsschaltung nach

MARX oder in Abarten davon. Abb. 213 zeigt die grundsätzliche
Schaltung. Die Kondensatoren C des Stoßgenerators sind über die
Ladewiderstände R_L parallelgeschaltet. Sie werden aus einer Gleich-
spannungsquelle, bestehend aus Transformator Tr und Ventilrohr V,
über einen Vorwiderstand R_V gemeinsam aufgeladen. Naturgemäß
strebt der unterste Kondensator C am schnellsten dem Spannungs-
endwert zu. Die Funkenstrecke ZF der untersten Stufe ist so eingestellt, daß sie kurz vorher anspricht, wobei die höher liegenden
Funkenstrecken infolge der entstehenden Stoßwelle ebenfalls gezündet

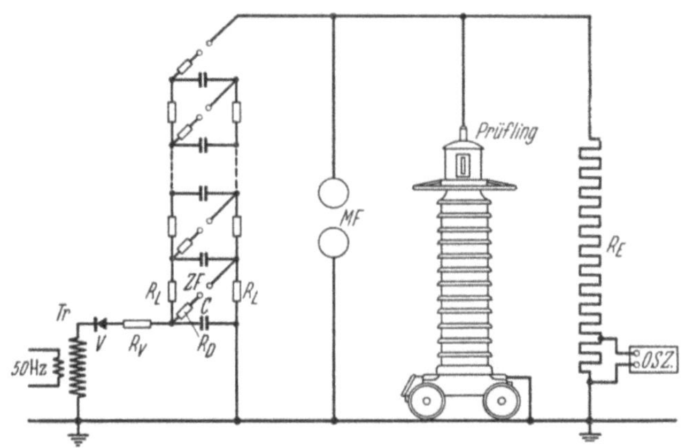

Abb. 213. Schaltung für die Stoßspannungsprüfung an Meßwandlern.

werden. Die Kondensatoren der Stoßanlage sind dann über die
Funkenstrecken in Reihe geschaltet, so daß sich ihre Spannungen
addieren. Die so vervielfachte Spannung lädt nun die Kapazitäten
des äußeren Stoßkreises mit dem Prüfling auf. Um zu erreichen,
daß der Spannungsanstieg am Prüfling mit der vorgeschriebenen
Stirnsteilheit erfolgt, sind im Stoßkreis Widerstände R_D vorgesehen.
Diese vermindern gleichzeitig die infolge von unvermeidlichen Induktivitäten vorhandene Schwingungsneigung der Anlage. Der Ent-
ladewiderstand R_E bestimmt den Verlauf des Rückens der Stoßwelle. Zur Spannungsmessung ist eine Meßfunkenstrecke MF vorhanden, der bei Stoßspannungsprüfungen kein Widerstand vorgeschaltet werden darf. Bei Stoßspannungsprüfungen an wertvollen
Objekten, wie beispielsweise Wandlern, wird der Entladewider-
stand R_E gleichzeitig dazu benutzt, um Höhe und Form der Span-
nungswelle mittels Kathoden- oder Elektronenstrahloszillographen
aufzunehmen. Die Stoßoszillogramme gestatten nach Eichung mit
der Funkenstrecke ebenfalls die Höhe der Spannung zu ermitteln.

Abb. 214 zeigt eine ausgeführte Stoßspannungsanlage; Abb. 215 einen modernen Stoßoszillographen für Beobachtung und Aufnahme.

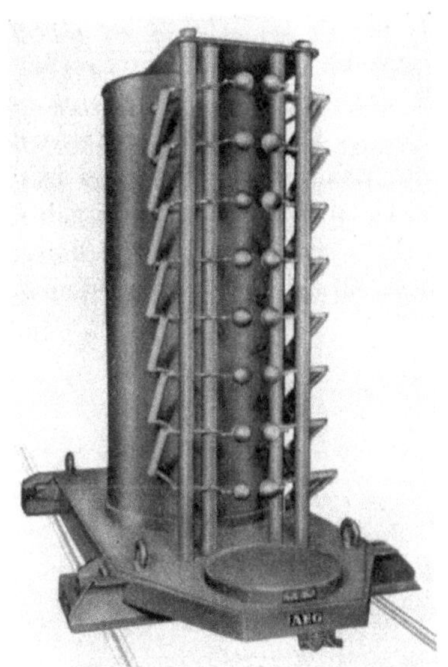

Abb. 214. Stoßspannungsgenerator für 1 MV (Allgemeine Elektricitäts-Gesellschaft).

Abb. 215. Elektronenstrahl-Oszillograph für Stoßspannungsaufnahmen (Siemens & Halske).

2. Charakteristische Stoßoszillogramme. Wenn während des Stoßvorganges in oder am Prüfling Teildurchschläge oder Teilüberschläge erfolgen, so ist dies gleichbedeutend mit einer plötzlichen Veränderung der Kapazitäts- und Widerstandsverhältnisse im Stoßkreis. Man muß also bereits aus dem Oszillogramm des Stoßspannungsverlaufes derartige Unregelmäßigkeiten erkennen können. Die Fehlererkennbarkeit ist allerdings nicht besonders gut, da der Stoßgenerator im allgemeinen eine beträchtliche Energie hat. Um eine Änderung der Spannungskurve zu erzielen, bedarf es also bereits des Entzuges einer nicht unbeträchtlichen Leistung. Es liegen damit ähnliche Verhältnisse wie bei der Wicklungs- und Windungsprüfung für den Fall vor, daß aus der Änderung der Spannung auf einen Teildefekt im Prüfling geschlossen werden soll.

In Abb. 216 sind einige charakteristische Stoßspannungsoszillogramme zusammengestellt. Die Kurve a zeigt den ungestörten Verlauf der Stoßwelle. Die Kurve b zeigt im Rücken eine kleine Zacke, die auf einen Teildurchschlag im Prüfling schließen läßt. Die im Oszillogramm erkenntliche Zacke entspricht einem Teilkurzschluß von mindestens 10···20 % der primären Windungen eines Spannungswandlers. Schon daraus ist zu ersehen, daß es unmöglich ist, einen Schaden zwischen zwei Windungen aus derartigen Oszillogrammen zu erkennen, wie es an sich wünschenswert und notwendig wäre. Werden nun weitere Spannungsstöße auf den Prüfling gegeben, so setzt im allgemeinen eine schnelle Vergrößerung des Schadens ein, bis es schließlich zu einem völligen Durchschlag kommt (Oszillogramm c). Da die Durchschlagbahn im allgemeinen noch einen verhältnismäßig großen Widerstand behält, bricht die Spannungskurve nicht sofort vollständig zusammen.

Im Gegensatz dazu ergibt ein Außenüberschlag des Prüflings bzw. ein Überschlag der Meßfunkenstrecke einen Oszillogrammverlauf nach d, bei dem die Stoßspannung sofort auf den Wert Null absinkt. Bei diesen Überschlägen fließen kurzzeitig beträchtliche Ströme, so daß an den an

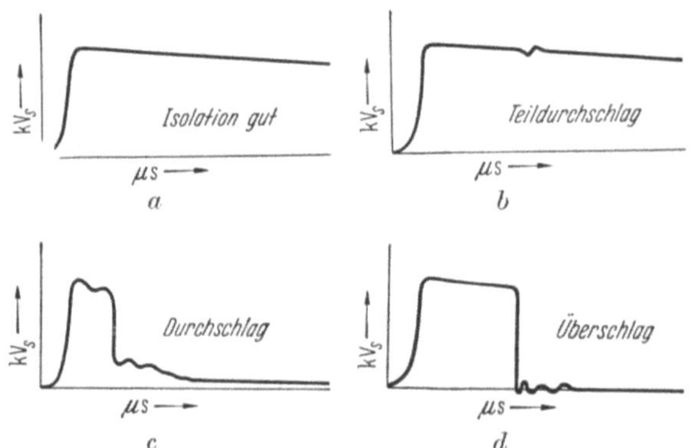

Abb. 216. Charakteristische Stoßspannungs-Oszillogramme.

sich kleinen Induktivitäten der Gesamtanordnung meist Schwingungen mit verhältnismäßig großer Amplitude zu erkennen sind.

Aus der zeitlichen Lage der ersten Schadenszacke im Oszillogramm auf Lage des Schadens in der Wicklung zu schließen, ist praktisch kaum möglich, da die Stoßwelle den Wandler je nach Bauart auf verschiedenen Wegen durchläuft, wie dies in den Abschn. C Ic und C IIIb ausführlich gezeigt wurde. Eine weitere Unsicherheit kommt noch durch den sogenannten Entladeverzug herein, der dadurch bedingt ist, daß sich ein Durch- oder Überschlagskanal ebenfalls nur mit endlicher Geschwindigkeit ausbildet.

Für Typenprüfungen kann das geschilderte Erkennungsverfahren mittels des Stoßspannungsoszillogrammes nur unter gewissen Einschränkungen als ausreichend angesehen werden. Zu einer wirklichen Beurteilung des Stehvermögens eines Wandlers bedarf es dann allerdings nicht nur der in VDE 0111 vorgeschriebenen geringen Stoßzahl, da ein entstandener kleiner Teilschaden durch eine größere Anzahl von Stößen erst bis zur Erkennbarkeit vergrößert werden muß.

Es hat nicht an Versuchen gefehlt, die Fehlererkennbarkeit zu verbessern. So hat beispielsweise HAGENGUTH die oszillographische Beobachtung des Stromes eingeführt, ohne jedoch wesentlich weiter gekommen zu sein. Etwas besser ist das Verfahren von AESCHLIMANN, der die Veränderung der Eigenfrequenz zur Beurteilung heranzieht.

Im Jahre 1950 hat sich die Cigré-Tagung in Paris eingehend mit Stoßspannungsprüfungen an Transformatoren und den dabei auftretenden Problemen beschäftigt und ist zu dem Schluß gekommen, daß die Sicherheit des Fehlererkennens noch viel zu wünschen übrig läßt. Man ist daher bei dem Vorschlag geblieben, die Stoßspannungsprüfung nach wie vor nur als Typenprüfung und nicht als Stückprüfung anzuwenden.

3. Stoßspannungsverlauf im Wandler. Aus der Gesamtheit der Teilkapazitäten, Teilinduktivitäten und der ohmschen Widerstände

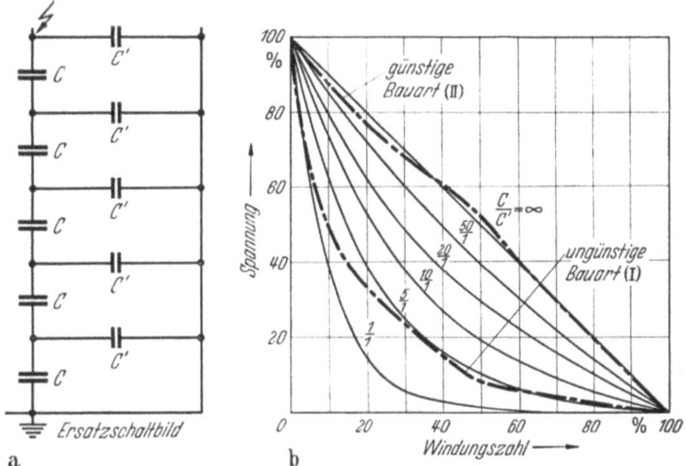

Abb. 217. Stoßspannungsverteilung an Spannungswandlern.

des Wandlers ergibt sich ein Kettenleiter. Während der Stromwandler ein verhältnismäßig einfaches Ersatzbild zuläßt, erhält man beim Spannungswandler eine recht komplizierte Nachbildung, da sich die Gliederkonstanten wegen der verschiedenen Lage der Windungen laufend innerhalb eines großen Bereiches ändern.

In erster Annäherung kann man bei hohen Frequenzen, also auch bei Stoßspannungsbeanspruchungen, davon ausgehen, daß die Spannungsverteilung nur durch die kapazitiven Glieder des Kettenleiters bestimmt sind. In einfachster Form ergibt sich dann ein Ersatzschaltbild gemäß Abb. 217a. Mit C sind die Längskapazitäten, mit C' die Querkapazitäten nach Erde bezeichnet. Der am Hochspannungspol einlaufende Hochfrequenzstrom teilt sich entsprechend dem Verhältnis der beiden Teilkapazitäten an jedem Knotenpunkt auf, so daß die oben gelegenen Kondensatoren C noch einen verhältnismäßig großen Anteil des Stromes führen, während die folgenden Kondensatoren C wegen der abzweigenden Wirkung der Kapazitäten C' nur noch von einem vergleichsweise kleinen Anteil des Stromes durchflossen werden. Demnach weicht die Spannungsverteilung um so mehr von einer linearen ab, je kleiner das Verhältnis C/C' ist.

In Abb. 217b ist diese Spannungsverteilung für die verschiedenen Verhältnisse C/C' unter der vereinfachenden Annahme aufgetragen, daß alle Kapazitäten C ebenso wie alle Kapazitäten C' unter sich gleich groß sind.

Bei Spannungswandlern wird diese Voraussetzung allerdings kaum zutreffen. Experimentell aufgenommene Kurven an Versuchsmodellen sind strichpunktiert in Abb. 217b eingetragen. Die Kurve I zeigt die Stoßspannungsverteilung an einem Wandler mit ungünstiger Kapazitätsverteilung. Die Kurve II dagegen ist an einem Versuchswandler aufgenommen, der infolge besonderer Maßnahmen ein praktisch ideales Verhalten zeigt.

Der Wandlerkonstrukteur ist bemüht, die Isolation im Wandler, besonders innerhalb der Primärwicklung so zu wählen, daß bei Betriebsfrequenz möglichst an jeder Stelle die gleiche Beanspruchung vorliegt. Dadurch wird rationellste Ausnützung bei kleinster Bauweise erreicht. Außerdem besitzt der Wandler dann nirgends eine schwache Stelle. Die Erfahrung hat gezeigt, daß eine Gefährdung des Spannungswandlers aber kaum auf die betriebsfrequenten Vorgänge, sondern fast ausschließlich auf Stoß- und Wanderwellenvorgänge zurückzuführen ist. Es ist demnach von ausschlaggebender Bedeutung, daß die gleichen Verhältnisse auch bei diesen Beanspruchungen vorliegen. Als ideal ist deshalb diejenige Spannungsverteilung bei Stoß-, Wanderwellen- und Hochfrequenzbeanspruchung anzusehen, die derjenigen bei Betriebsfrequenz gleichkommt. Dann gibt es auch bei Stoß keine schwächste Stelle im Wandler.

Für den Bau von schwingungsarmen Spannungswandlern ist die Erzielung einer linearen Stoßspannungsverteilung auch erste Voraussetzung. Weiter ist es wichtig, den Wicklungsaufbau so zu gestalten, daß die Stoßströme möglichst nur in den Längskondensatoren und nicht längs den Windungen verlaufen.

Abb. 218 zeigt das Einlaufen der Stoßspannungswelle in einen modernen schwingungsarmen Wandler. Es ist zu erkennen, daß die Amplitude der sich ausbildenden Schwingungen klein gegenüber dem jeweiligen Stoßspannungsscheitelwert bleibt.

Die Form der genormten Stoßspannungswelle wurde auf Grund von eingehenden Untersuchungen über die Häufigkeitsverteilung der Stirndauer und Halbwertsdauer bei atmosphärischen Entladungen festgelegt, und zwar so, daß für die Stirndauer annähernd die kürzeste in der Natur beobachtete Zeit und für die Halbwertsdauer die größte beobachtete Zeit gewählt wurde. Man glaubte daher, durch Wahl der Stoßwelle $^1/_{50}\,\mu$s den Wandler unter den härtesten in der Natur vorkommenden Bedingungen zu prüfen.

Nach dem im Abschn. C I c Gesagten stellt aber die genormte VDE-Stoßwelle $^1/_{50}\,\mu$s keineswegs die für Spannungswandler kritischste Stoßwelle dar. Die gefährlichsten Frequenzen sind $10\cdots50$ kHz, die im Fourierspektrum von Stoßwellen der Halbwertsdauer $4\cdots15\,\mu$s mit maximaler Amplitude auftreten.

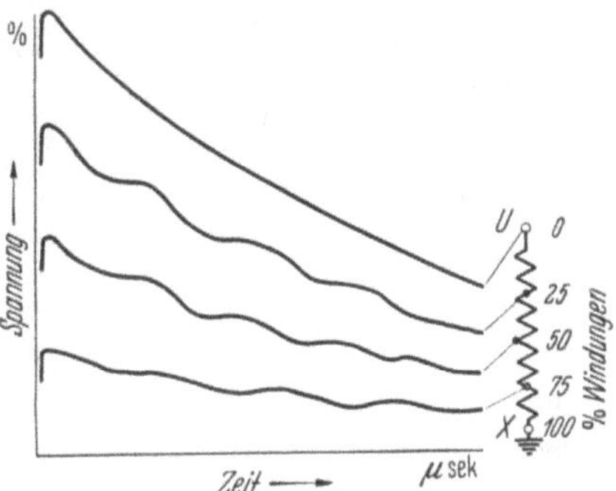

Abb. 218. Stoßspannungsverlauf in einem schwingungsarmen Spannungswandler.

c) Prüfung mit ungedämpften Schwingungen.

Um die vorstehenden Aussagen zu erhärten, wurden im Meßwandlerlaboratorium von Siemens & Halske Untersuchungen mit ungedämpften Hochfrequenzschwingungen an Spannungswandlern vorgenommen.

1. Prüfschaltung. Die gewählte Anordnung zeigt Abb. 219. Die Primärwicklung des Prüflings X wird an eine leistungsfähige Hochfrequenzquelle gelegt, deren Frequenz in weiten Grenzen verändert werden kann. Die Wicklung ist mit einer größeren Anzahl von Anzapfungen versehen, um ihre einzelnen Teile mittels Elektronenstrahloszillographen auf Spannungsverhalten zu untersuchen.

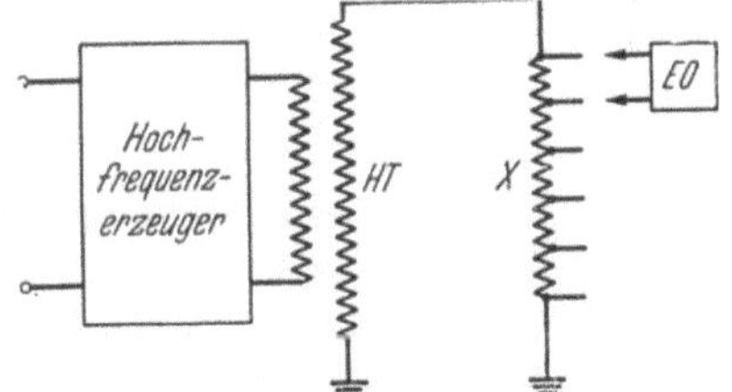

Abb. 219. Schaltung für die Untersuchung von Spannungswandlern auf Frequenzverhalten.

2. Charakteristische Kurven. Abb. 220 zeigt die Meßergebnisse an den jeweils ungünstigsten Spulen von zwei besonders charakteristischen Versuchswicklungen. Als Ordinate ist die Spannung aufgetragen, wobei mit 100% die an die Gesamtwicklung angelegte Spannung bezeichnet ist. Bei dem einen Versuchswandler — Kurve II — stellt sich bei einer Frequenz von etwa 40 kHz an einer Teilspule, die nur 2,2% aller Win-

dungen umfaßt, eine Spannung von 720 % ein. Dies ist das 327-fache
der Spannung, die dem Windungsverhältnis entspricht. Bei dem anderen
Versuchswandler — Kurve I — fand sich die ungünstigste Wicklungsgruppe zwischen zwei Anzapfungen, die 10,5 % aller Windungen ein-
schlossen. Bei einer Frequenz von etwa 11 kHz tritt eine Resonanzspannung von etwa 47 % auf, was dem 4,5-fachen des Windungsverhältnisses entspricht. Die höchste Resonanzspannung ist also bei diesem
Wandler rund 73mal kleiner als bei der zuerst beschriebenen Versuchs-
wicklung. Von einer Gefährdung dieses Wandlers durch hochfrequente
Schwingungsvorgänge kann nicht mehr die Rede sein, da eine kurz-
zeitige Beanspruchung mit der 4,5-fachen Spannung während einiger μs

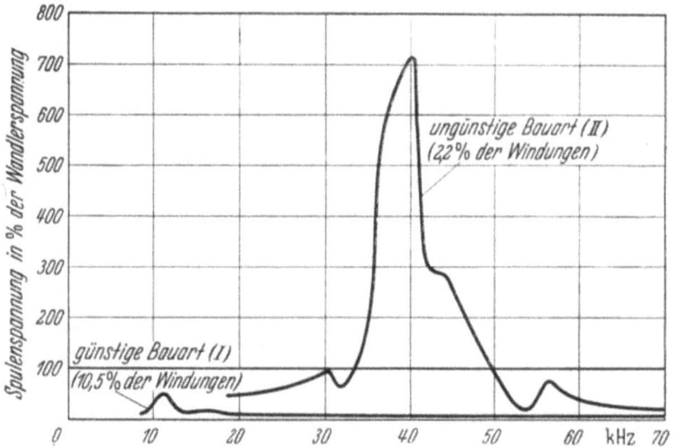

Abb. 220. Innere Überspannungen bei Spannungswandlern.

einen Wandler keinesfalls zerstören kann, der eine 5 Minuten währende
Windungsprobe mit der $2 \cdot \sqrt{3} \cdot \sqrt{2}$-fachen Scheitelspannung aushalten
muß.

Bei dem Versuchswandler gemäß Kurve II dürfte bereits ein Bruchteil der Nennspannung bei Resonanzfrequenz ausreichen, um den Teil
der Wicklung, der die 327-fache Spannung annimmt, in absehbarer Zeit
elektrisch zu zerstören. Beide Wandler haben die VDE-mäßig vorgeschriebenen Stoßspannungsprüfungen einwandfrei bestanden. Hier
wird deutlich sichtbar, daß diese Prüfung die kritischen und gefährlichen Resonanzstellen des Wandlers nicht aufzudecken vermag.

Die Stoßspannungsverteilung innerhalb der gleichen Versuchswicklungen wurde in Abb. 217b bereits gezeigt. Die dort ausgesprochene
Forderung, daß eine lineare Stoßspannungsverteilung für die Erzielung
einer schwingungsarmen Wandlerbauart erste Voraussetzung ist, wird
durch die besprochenen Hochfrequenzuntersuchungen in jeder Weise
bestätigt.

IV. Erwärmung.

Hinsichtlich der Durchführung der Erwärmungsmessungen verweisen die „Regeln für Wandler" auf § 49 der „Regeln für Transformatoren" VDE 0532. Diese bestimmen, daß die Temperatur des Öles in der obersten Ölschicht mit dem Thermometer festzustellen ist. Die Erwärmung des Eisenkernes wird an der vermutlich heißesten zugänglichen Stelle ebenfalls mit dem Thermometer gemessen.

Die Erwärmung ϑ_{ii} der Kupferwicklungen errechnet sich aus der Widerstandszunahme nach folgender Formel

$$\vartheta_{ii} = \frac{R_{\text{warm}} - R_{\text{kalt}}}{R_{\text{kalt}}} \cdot (235 + \vartheta_{\text{kalt}}). \tag{163}$$

Es bedeuten:

R_{warm} = Widerstand der warmen Wicklung,
R_{kalt} = Widerstand der kalten Wicklung,
ϑ_{kalt} = Temperatur der kalten Wicklung.

Bei den Prüfungen ist darauf zu achten, daß die Erwärmungsversuche erst begonnen werden, wenn alle Wandlerteile die Temperatur der Umgebung angenommen haben. Die Messung der Widerstandszunahme ist möglichst unmittelbar nach dem Abschalten vorzunehmen, um das Messen zu niedriger Werte zu vermeiden. Der Erwärmungsversuch ist als beendet anzusehen, wenn die Temperatur während einer Stunde um nicht mehr als 1°C ansteigt.

Bei Stromwandlern für hohe primäre Nennstromstärken ist eine Messung der Widerstandszunahme der primären Wicklung nur schwer und unzuverlässig möglich. Deshalb wird hierfür ebenfalls eine Messung mit Thermometer zugelassen. Zweckmäßig erscheint eine Kontrolle durch die Anwendung von temperaturbedingt farbumschlagenden Pasten oder dergleichen. Damit ist es vor allem auch möglich, nicht nur eine mittlere Temperatur, sondern die Temperaturverteilung zu ermitteln.

V. Überstromverhalten von Stromwandlern.

a) Ermittlung der Überstromziffer.

Für die Messung der Überstromziffer sind in den Regeln nach Wahl verschiedene Verfahren zugelassen. Dies hat seinen Grund darin, daß die Nachbildung der wirklichen praktischen Verhältnisse bei der Prüfung hinsichtlich des Aufwandes an Einrichtungen und Leistung besonders bei Stromwandlern für hohe Nennstromstärke und große Überstromziffer das Maß des Tragbaren überschreiten würden. Soll beispielsweise ein Wandler mit 3000 A primärer Nennstromstärke und einer Überstromziffer $n = 10$ bei einer Nennleistung von 60 VA überprüft werden, so müßte der Wandler bei Nachbildung der praktischen

Verhältnisse mit 10-fachem Strom, also 30 000 A, primärseitig betrieben werden. An die Leistungsfähigkeit der Prüfanlage würden erhebliche Anforderungen gestellt. Die Bürde müßte ebenfalls für den 10-fachen Strom ausgelegt werden, wobei zu fordern wäre, daß ihr Widerstandswert sich während der Prüfzeit nicht ändert. Die sich bei diesen Überströmen im Wandler bildende Erwärmung hätte trotzdem ein stetiges Wandern der Strom- und Meßwerte zur Folge, so daß eine exakte Messung außerordentlich erschwert wäre. Die VDE-Regeln lassen deshalb verschiedene andere Verfahren zur Ermittlung der Überstromziffer zu, bei denen diese Schwierigkeiten vermieden werden können.

1. Überstromverfahren. Wie bereits angedeutet, wird das der Praxis nachgebildete Verfahren durch Erhöhung des Primärstromes des Stromwandlers bei sekundär angeschlossener Nennbürde nur bei Wandlern kleiner Stromstärken und kleiner Überstromziffer möglich sein. Der Primärstrom ist dabei so weit zu erhöhen, bis ein Stromfehler von 10 % auftritt.

2. Überbürdungsverfahren. Ist eine Messung bei Nennbürde mit Überstrom nach 1 nicht möglich, so kann gemäß VDE 0414 eine Überstromziffer bei erhöhter Bürde gemessen und die Nennüberstromziffer n_x unter Berücksichtigung der Eigenbürde Z_i nach folgender Formel errechnet werden:

$$n_n = n_x \cdot \frac{Z_x + Z_i}{Z_n + Z_i} . \tag{164}$$

Dabei bedeuten:

n_n = Nennüberstromziffer,
n_x = Überstromziffer bei der Bürde Z_x,
Z_n = Nennbürde,
Z_x = erhöhte Bürde,
Z_i = sekundäre Eigenbürde.

Kontrollmessungen mit diesen beiden Meßmöglichkeiten haben Differenzen aufgezeigt, wobei das zweite Meßverfahren grundsätzlich kleinere Überstromzifferwerte ergab.

Der Grundgedanke für die Abwandlung des ersten in das zweite Meßverfahren ist der, daß es gleichgültig erscheint, ob die kritische Induktion, die bei einem bestimmten Wandlermodell zu dem Überstromzifferfehler führt, durch Stromerhöhung oder durch Bürdenerhöhung gewonnen wird. Der Leerlaufstrom, der den Fehler verursacht, ist dann der gleiche. Es wurde aber nicht beachtet, daß, wie die Ausführungen im Abschn. B I a 7 (Formeln 24···26) zeigen, dieser gleiche Leerlaufstrom auf verschiedene Primärströme bezogen werden muß, so daß sich ein unterschiedlicher Fehler einstellt. Wird beispielsweise ein Wandler, der die Überstromziffer 10 haben soll, einmal bei Gesamtnennbürde und 10-fachem Strom und das andere Mal bei dem Doppelten der Gesamtnennbürde und 5-fachem Strom untersucht, dann wird zwar in beiden Fällen der gleiche Leerlaufstrom J_0 vorhanden sein, dieser ist aber in ersterem Falle auf $10\,J_n$ zu beziehen, wobei ein Fehler von 10% Voraussetzung ist. Im zweiten Fall steht der gleiche Leerlaufstrom dem Wert $5\,J_n$ gegenüber, was einem Fehler von 20% entspricht. Die Formel (164) behält also dann Gültigkeit, wenn zur Ermittlung des Wertes n_x im Falle des Beispiels nicht ein Fehler von 10%, sondern ein solcher von 20%, allgemein ein Fehler von

$$F = 10 \cdot \frac{Z_x + Z_i}{Z + Z_i} \tag{165}$$

zugrunde gelegt wird.

Die Messungen werden immer schwieriger, je höher der Wandlerfehler wird. Es ist deshalb zweckmäßig, bei dem Überbürdungsverfahren das Bürdenverhältnis und damit das Fehlerverhältnis nicht allzu groß zu wählen.

Die Eigenbürde Z_i ist gemäß den Wandlerregeln aus dem ohmschen Widerstand R_i der Sekundärwicklung unter der Annahme eines Leistungsfaktors von 0,8 zu errechnen.

$$Z_i = \frac{R_i}{0,8} = 1,25\,R_i. \tag{166}$$

3. Indirekte Verfahren. Neben diesen beiden direkten ist ein indirektes Verfahren zugelassen. Die VDE-Regeln bezeichnen es als eine Näherungsmethode, die nach praktischen Versuchen genügend genaue Ergebnisse liefert. Dazu ist zu sagen, daß eigentlich alle aufgeführten Verfahren als Näherungsverfahren zu werten sind, da auch bei den direkten Verfahren ein sinusförmiger Strom nicht zu erzielen ist, wenn nicht ein außerordentlich großer Energieaufwand getrieben wird. Der Stromwandler ist bei offener Primärseite von der Sekundärseite zu messen. Die einzustellende Leerlaufspannung U_0, deren Kurvenform praktisch sinusförmig sein soll, ist aus dem Grenzwert x der Überstromziffer n, dem Nennsekundärstrom J_{2n}, der Nennbürde Z_n und der sekundären Eigenbürde Z_i nach folgender Formel zu berechnen:

$$U_0 = 0,9 \cdot x \cdot J_{2n} \cdot (Z_n + Z_i). \tag{167}$$

Ist der gemessene Leerlaufstrom kleiner als $0,1 \cdot n \cdot J_n$, so ist die tatsächliche Überstromziffer n größer als der der Messung zugrunde gelegte Wert x und umgekehrt.

Wie oben bereits gesagt, kennzeichnen die VDE-Regeln dieses Verfahren als ein Näherungsverfahren. Dies ist durchaus berechtigt, da nicht, wie bei den direkten Verfahren, mit einem Bürdenleistungsfaktor $\cos \beta = 0,8$ gerechnet wird und da weiter der Abgleich des Wandlers und die inneren Spannungsabfälle keine Berücksichtigung finden.

Inzwischen ist dieses Meßverfahren bei Siemens & Halske weiter durchgebildet worden, wobei besonderer Wert darauf gelegt wurde, daß die erwähnten Vernachlässigungen mit erfaßt werden.

Abb. 221 zeigt die Schaltung dieses Gerätes, das zwischen Regel- und Spannungserzeugungseinrichtung (R und Tr) und die Sekundärseite des Prüflings X geschaltet wird. Das Meßprinzip beruht auf dem Vergleich zweier Nachbildungen des Vektordiagrammes. Mittels der Drossel D_1 und den Widerständen R_1, R_2 und R_3 wird aus der der Wicklung w_1 des Wandlers W_I entnommenen Spannung an den Widerständen R_2 und R_3 ein dem Sekundärstrom des Prüflings mit $\cos \beta = 0{,}8$ nacheilender Spannungsvektor gebildet. Da im Falle der Überstromziffer-

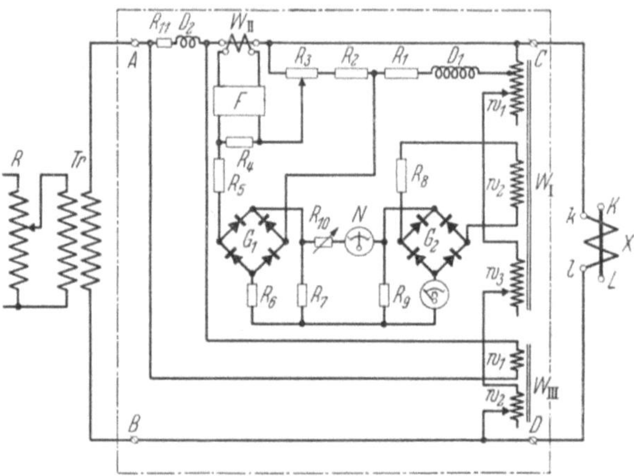

Abb. 221. Schaltung des Überstromziffermeßgerätes von Siemens & Halske.

bedingung der Sekundärstrom 10 % kleiner ist als der Sollwert, sind die Widerstände R_2 und R_3 so abgeglichen, daß sich ebenfalls eine um 10 % kleinere Spannung ergibt, als sie dem sekundären Sollwert entspricht. Dieser Spannung wird eine dem wirklichen Leerlaufstrom des Prüflings proportionale Spannung am Widerstand R_4 winkelgetreu addiert, so daß die Summe dieser beiden Spannungen einen Spannungsvektor ergibt, der nach Phase und Größe dem auf die Sekundärseite bezogenen Primärstrom entspricht. Zur Bildung der dem Leerlaufstrom proportionalen Spannung dient der Stromwandler W_II, der primärseitig vom wirklichen Leerlaufstrom des Prüflings durchflossen wird. Um das Gerät grundwellenselektiv auszubilden, werden die Oberwellen des Leerlaufstromes durch das Filter F von dem Widerstand R_4 abgehalten. Die dem Primärstrom entsprechende Vektorsumme wird dem linken Teil der Vergleichsschaltung, bestehend aus Vorwiderstand R_5, Gleichrichtersatz G_1 und den Brückenwiderständen R_6 und R_7 zugeführt.

Mittels der Wicklung w_2 des Spannungswandlers W_I wird dem rechten Teil der Vergleichsschaltung, bestehend aus Widerstand R_8, Gleichrichtersatz G_2, Strommesser n und Widerstand R_9 eine solche Spannung zugeführt, die dem Primärstrom im Falle der Überstromzifferbedingung entspricht. Am Widerstand R_7 tritt also nur dann die gleiche Spannung auf wie am Widerstand R_{10}, wenn die auf der linken Seite der Vergleichsschaltung vorgenommene Nachbildung des primären Stromvektors in Form einer Spannung genau dem Überstromzifferfall entspricht.

Wird also zunächst eine kleine Spannung an die Schaltung gelegt, dann arbeitet der Stromwandler noch in einem Gebiet, wo der Leerlaufstrom sehr viel kleiner als 10 % ist. Demzufolge ergibt sich auf der linken Seite der Vergleichsschaltung eine zu kleine dem Primärstrom proportionale Vergleichsspannung. Wird nun die Spannung gesteigert, so wird das Nullinstrument N zunächst mehr und mehr nach der einen Seite ausschlagen, bis die angelegte Spannung sich dem Falle der Überstromzifferbedingung stark genähert hat. Dann wächst bekanntlich der Leerlaufstrom rasch und rascher an, so daß der Spannungsvektor auf der linken Seite der Vergleichsschaltung immer schneller aufzuholen beginnt. Das Nullinstrument kehrt daher in seiner Bewegungsrichtung um und nähert sich sehr rasch dem Nullwert. Nunmehr kann am Strommesser n die Überstromziffer direkt abgelesen werden.

Die Nachbildung der Bürde erfolgt mittels der Wicklung w_1 des Spannungswandlers W_I. Diese Wicklung ist mit einer Reihe von Anzapfungen versehen, die in ihren Spannungswerten den üblichen Bürdenstufen bei Nennstrom entspricht. In gleicher Weise wird mittels der Wicklung w_3 desselben Wandlers der sekundäre Eigenverbrauch des Wandlers berücksichtigt.

Im Gegensatz zu den Verhältnissen in der Praxis wird bei diesem Verfahren die sekundäre Wicklung des Prüflings im umgekehrten Sinne durchflossen. Die dadurch bedingten, die Messung fälschenden Spannungsabfälle in der Sekundärwicklung des Prüflings werden durch eine Korrekturschaltung, bestehend aus Widerstand R_{11}, Drossel D_2 und dem Wandler W_{III} experimentell berücksichtigt.

Gemäß den Wandlerregeln ist der Überstromzifferfall dann gegeben, wenn der Sekundärstrom des Prüflings einen Stromfehler von — 10 % aufweist. Ein Prüfling, der beispielsweise mit einem Windungsabgleich von +3 % ausgestattet wurde, darf also um 13 % abfallen. Dies wird in dem Überstromziffermeßgerät dadurch berücksichtigt, daß der Widerstand R_3 mit einer Skala für den Windungsabgleich ausgestattet ist. Im Falle des Beispiels wird demnach der Spannungsvektor an den Widerständen R_2 und R_3 nicht, wie oben zunächst erläutert, so eingestellt, daß der Spannungsvektor nicht 90 %, sondern 87 % des sekundären Sollstromes entspricht. Abb. 222 zeigt die praktische Ausführung eines Gerätes dieser Art in einem Meßpult.

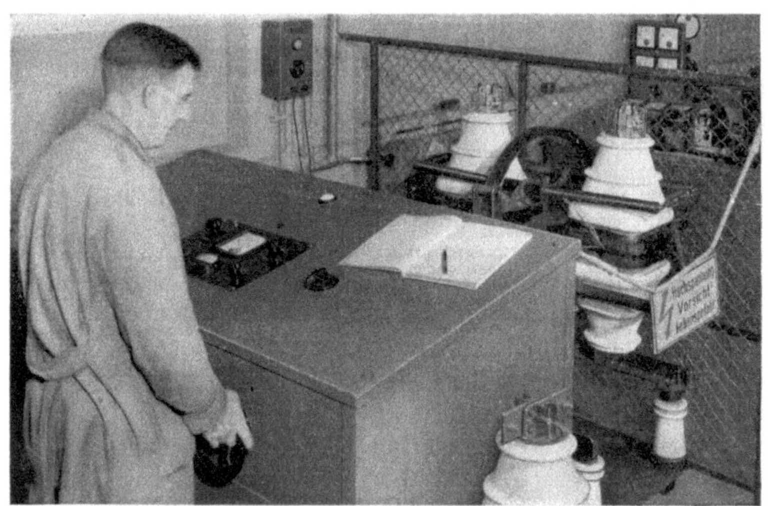

Abb. 222. Überstromziffer-Meßeinrichtung (Siemens & Halske).

Das Gerät ist für Prüflinge mit 5 A sekundärem Nennstrom ausgelegt. Für den Fall, daß Prüflinge mit anderen sekundären Nennströmen gemessen werden sollen, wird der Prüfling unter Zwischenschaltung je

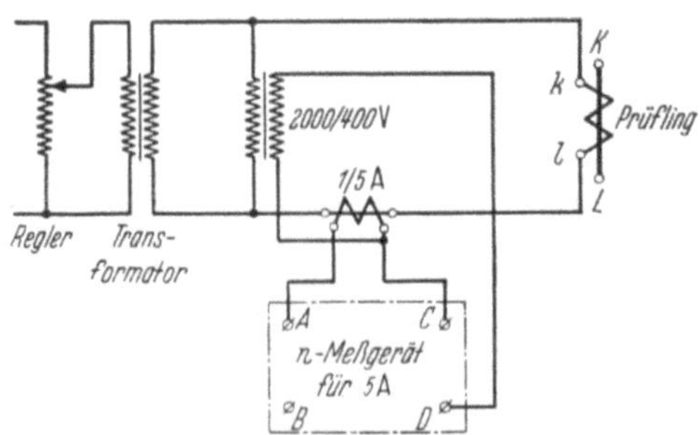

Abb. 223. Schaltung für die Überstromziffer-Messung bei Wandlern mit sekundärem Nennstrom 1 A.

eines besonderen Strom- und Spannungswandlers an das Meßgerät angeschlossen, wie dies Abb. 223 zeigt. Die Kombination aus Prüfling und zusätzlichen Strom- und Spannungswandlern stellt dann vom Überstromziffermeßgerät aus gesehen wiederum einen Prüfling für 5 A dar.

VI. Eisenmessungen.

Für diejenigen Blechsorten, die im Spannungswandlerbau Anwendung finden, interessieren die Zusammenhänge zwischen den Eisenverlusten, der Magnetisierbarkeit und der Induktion. Für die Bestimmung dieser Werte steht eine Reihe von lange bekannten Eisenmeßverfahren zur Verfügung, von denen sich aber praktisch nur das von Epstein und die daraus abgeleitete Eisenprüfeinrichtung nach der Differentialmethode erhalten haben.

Der Epstein-Apparat mit Schaltung nach Abb. 224 besteht aus vier im Quadrat angeordneten Magnetisierungswicklungen von je 43 cm Länge mit je 150 Windungen. Unter diesen ist je eine Wicklung mit ebenfalls je 150 Windungen angeordnet, die zur Spannungsmessung verwendet wird. Die Eisenprobe besteht aus vier Blechpaketen von zusammen 10 kg Gewicht, die aus Blechstreifen von 500×30 mm zusammengesetzt werden. Die Hälfte dieser Blechstreifen ist aus den Probetafeln längs und die andere Hälfte quer zur Walzrichtung zu schneiden. Zwischen die einzelnen Blechstreifen der Pakete wird Seiden-

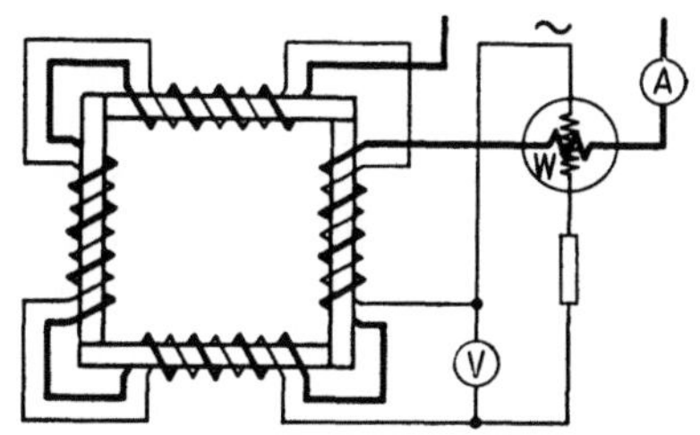

Abb. 224. Schaltung des einfachen Epstein-Apparates zur Eisenverlustmessung.

papier eingelegt, um Blechschluß zu vermeiden. Die vier Blechpakete werden in die im Quadrat angeordneten Spulen so eingeschoben, daß sie einen geschlossenen Eisenkern bilden. Mittels eines Wattmeters, das zweckmäßig schon bei einem kleinen $\cos \varphi$ den Endausschlag zeigt, werden die Verluste der 10-kg-Probe gemessen, wobei der Spannungskreis des Wattmeters an die Wicklungen,

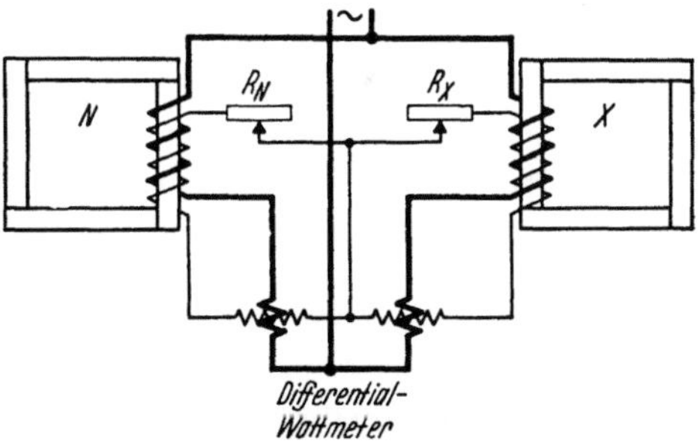

Abb. 225. Schaltung des Epstein-Apparates in Differentialschaltung zur Eisenverlustmessung. (Die Wicklungen sind auf alle 4 Schenkel gleichmäßig verteilt.)

die gleichzeitig zur Bestimmung der Induktion B dienen, angeschlossen wird, um die Kupferverluste von der Messung auszuschalten.

Das Verfahren wurde bei S & H zu einer Differentialmethode weiterentwickelt, bei der eine geeichte 10-kg-Normalprobe mit der zu untersuchenden Probe gemäß Abb. 225 verglichen wird. Als Meßgerät wird ein Differentialwattmeter verwendet, dessen Stromspulen von den

Magnetisierungsströmen der beiden Proben durchflossen werden, während die Spannungsspulen über einstellbare Widerstände an die Sekundärwicklungen angeschlossen sind.

Durch Ändern dieser Widerstände wird der Ausschlag des Differentialwattmeters auf Null gebracht. Aus dem Verhältnis der Widerstände kann dann auf das Verhältnis der Wattverluste geschlossen werden. Gibt man dem zur Normalprobe gehörigen Widerstand R_N einen Wert, der ein dekadisches Vielfaches der Verlustziffer der Normalprobe ist, also beispielsweise 12 600 Ohm bei 1,26 W/kg der Normalprobe, so kann der dem Prüfling zugeordnete Widerstand R_x unmittelbar in W/kg geeicht werden, so daß jede Rechenarbeit entfällt.

Das Differentialverfahren hat den Vorteil, daß die Kurvenform und die Frequenz der Stromquelle nur noch einen untergeordneten Einfluß auf das Meßergebnis ausüben.

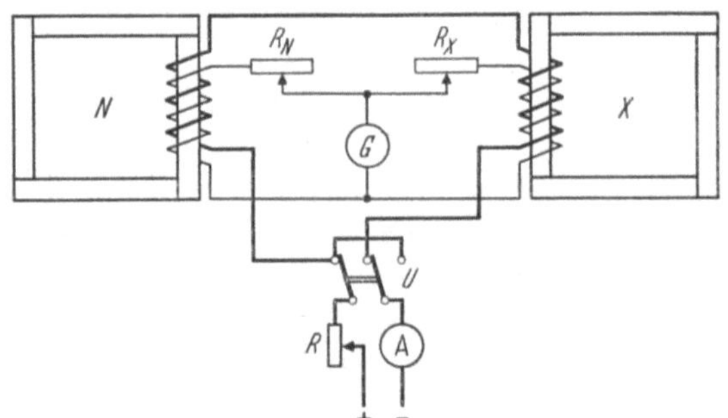

Abb. 226. Schaltung des Epstein-Apparates in Differentialschaltung zur Messung der Magnetisierbarkeit.

Die gleichen Geräte können auch für die Messung der Magnetisierbarkeit verwendet werden. In Abb. 226 ist die Prinzipschaltung des EPSTEIN-Apparates nach der Differentialmethode gezeigt. Die Magnetisierungswicklungen der zu vergleichenden Proben werden in Reihenschaltung aus einer Gleichstromquelle gespeist, mittels des Regelwiderstandes R wird die gewünschte Amperewindungszahl nach dem Strommesser A eingestellt, bei der die zugehörige Induktion ermittelt werden soll.

Nun wird durch Betätigen des Polwenders U die Stromrichtung laufend umgekehrt und die in den Spannungswicklungen induzierten Spannungsstöße mit Hilfe zweier einstellbarer Widerstände R_N und R_X in Gegenschaltung mittels eines Nullgalvanometers miteinander verglichen. Die Widerstände werden solange verändert, bis beim Umpolen am Galvanometer kein Ausschlag mehr auftritt. Die Induktionen der beiden Proben verhalten sich dann wie die eingestellten Widerstandswerte. Bei passender Wahl des Widerstandes R_N der Normalseite im Vergleich zu der Induktion der Normalprobe kann der Widerstand der Prüflingsseite R_x auch bei diesem Meßverfahren unmittelbar in Gauß geeicht werden.

Die Induktion längs des Eisenweges ist bei der EPSTEIN-Probe nicht konstant. Während in der Mitte der Probenbündel ein etwa gleichmäßiger Verlauf des Flusses über den Eisenquerschnitt vorliegt, findet an den Enden bzw. an den Stoßstellen eine Flußverdrängung nach der Innenkontur des Vierecks statt. An dieser Stelle tritt demnach innen eine sehr viel höhere und außen eine sehr viel kleinere Induktion auf, als in der Mitte der Bündel. Die gemessenen Wattverluste bzw. die eingestellte Magnetisierung ist demnach keineswegs einer eindeutigen Induktion zugeordnet. Die Induktionsspulen erfassen lediglich eine mittlere Induktion auf den Teilen, die sie überdecken. Das EPSTEIN-Gerät ergibt daher erhebliche Fehler.

Bereits im Jahre 1912 haben E. GUMLICH und W. ROGOWSKI in der Physikalisch-Technischen Reichsanstalt die Genauigkeit des EPSTEIN-Gerätes nachgeprüft und Verbesserungen vorgeschlagen, die die oben skizzierten Mängel weitgehend beseitigen. Zur Bestimmung der Feldstärke wird die Tatsache benutzt, daß die Tangentialkomponente des magnetischen Feldes beim Übergang von Eisen in Luft keinen Sprung erfährt. Die Feldstärke kann also mit größter Genauigkeit in unmittelbarer Nähe der Eisenoberfläche gemessen werden. Diese Erkenntnis ist an sich noch

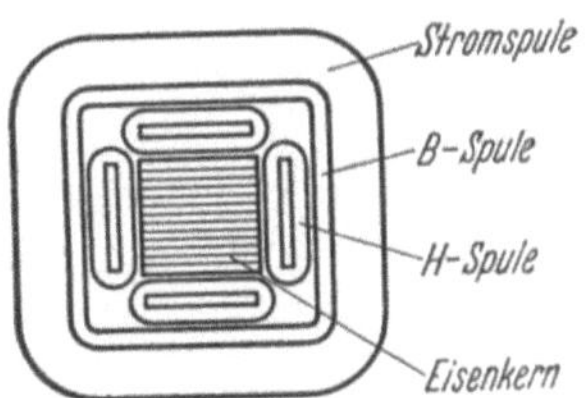

Abb. 227. H-B-Messung an Eisenproben nach GUMLICH und ROGOWSKI.

älter und war Gegenstand einer Dissertation[1], war aber wohl in ihrer Bedeutung noch nicht recht erkannt worden. In unmittelbarer Nähe der Eisenprobe werden gemäß Abb. 227 Spulen (H) für die Erfassung der Feldstärke angeordnet. Die Feldstärke wird damit nur im Mittelteil der Blechpakete, wo die Verhältnisse konstant sind, gemessen.

Die für den EPSTEIN-Apparat gedachten Verbesserungen haben sich jedoch unverständlicherweise nicht allgemein eingeführt. Seitens der Technischen Eichoberbehörde werden die für das Differentialverfahren benötigten Normalproben hinsichtlich der Magnetisierbarkeit nach der von E. GUMLICH und W. ROGOWSKI verbesserten Methode eingemessen. Da die beim einfachen EPSTEIN-Gerät vorhandenen Fehlereinflüsse beim Differentialverfahren auf der N- und X-Seite gleichermaßen vorhanden sind und sich damit praktisch herausheben, wird bei letzterem die Magnetisierbarkeit der Probe richtig ermittelt. Bei der Bestimmung der Wattverluste kann das verbesserte Verfahren jedoch nicht angewendet werden, da die H-Spulen nicht die für das Wattmeter benö-

---

[1] DENSO: Diss. Rostock 1900.

tigte Leistung abzugeben vermögen. Erst in neuerer Zeit sind in der Industrie Eisenmeßgeräte entwickelt worden, die sich die damaligen Erkenntnisse zu Nutzen machen.

Bei diesen Geräten handelt es sich entweder um Prüfeinrichtungen für Blechstreifen- oder um Ganztafelmeßgeräte. Letztere bieten den Vorteil, daß keine Materialabfälle durch das Prüfen entstehen und somit beliebig viele Messungen an einer Charge gemacht werden können, ohne daß Material für die Probenherstellung verlorengeht.

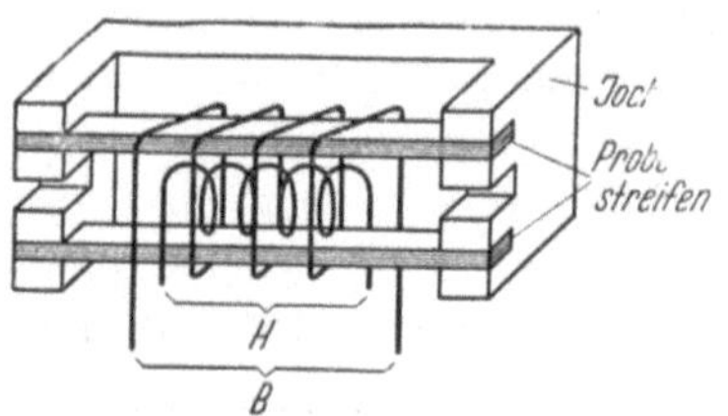

Abb. 228. Messung von Probestreifen nach KOPPELMANN. (Erregende Wicklung weggelassen.)

Abb. 228 zeigt beispielsweise eine verbesserte Anordnung für die Abmessung von Blechstreifen nach diesem Verfahren, bei dem eine weitere Steigerung der Meßgenauigkeit dadurch erzielt wird, daß die H-Spule zwischen den geteilt angeordneten Probestreifen vorgesehen ist.

Wesentlich günstiger als die Streifenprobe des EPSTEIN-Apparates ist eine Ringprobe, die dieser gegenüber den Vorteil hat, daß die Induk-

Abb. 229. Ferrometer mit Streifenjoch (Siemens & Halske).

tion längs des Eisenweges praktisch gleichmäßig ist. Allerdings ist die Induktion am Innenrande besonders bei Proben kleinen Durchmessers etwas größer als am Außenrande. Um diesen Unterschied möglichst klein zu halten, ist es zweckmäßig, den Probendurchmesser nicht zu klein und die radiale Breite nicht zu groß zu wählen.

Es ist nach Vorstehendem in erster Linie von Bedeutung, die Probenanordnung und die Meßwicklungen richtig zu wählen, um einwandfreie

Meßergebnisse zu erzielen. Die Meßgeräte selbst spielen natürlich daneben eine wichtige Rolle. Am bekanntesten sind das seit gut $1^1/_2$ Jahrzehnten bekannte Ferrometer von S & H, Abb. 229, das als spezielles Meßgerät zur Erfassung aller überhaupt interessierenden magnetischen Größen

entwickelt wurde und nach 1945 wesentliche Verbesserungen erfuhr, und der Vektormesser der AEG (Abb. 230), der neben anderen Meßmöglichkeiten auch Eisenmessungen gestattet.

Bei Eisenblechen, die für Stromwandler verwendet werden, ist die Kenntnis der Gesamtpermeabilität μ_g als Funktion der Induktion von Wichtigkeit, und zwar im Bereich der ganzen Magnetisierungskurve, also von wenigen Gauß beginnend bis praktisch zur Sättigung. Das EPSTEIN-Gerät

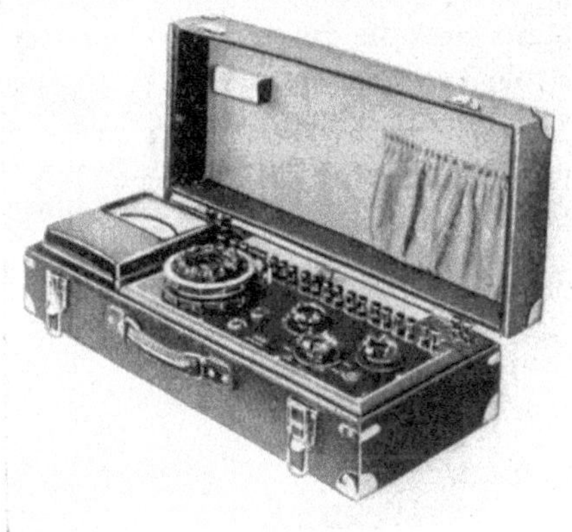

Abb. 230. Vektormesser
(Allgemeine Elektricitäts-Gesellschaft).

ist hierfür wegen seiner ungenügenden Empfindlichkeit bei kleiner Induktion nicht geeignet. Für derartige Messungen stehen aber die bereits oben erwähnten neueren Eisenmeßgeräte zur Verfügung.

Mehr und mehr wird im Stromwandlerbau der Bandkern verwendet, da dieser die Materialeigenschaften am besten auszunutzen gestattet. Die guten Eigenschaften dieser Kerne werden, wie bereits eingehend ausgeführt, besonders durch eine Schlußglühung gewonnen, wobei eine wesentlich größere Streuung der magnetischen Eigenschaften auftritt als bei Kernen, die aus einzelnen Blechstreifen zusammengesetzt werden, bei

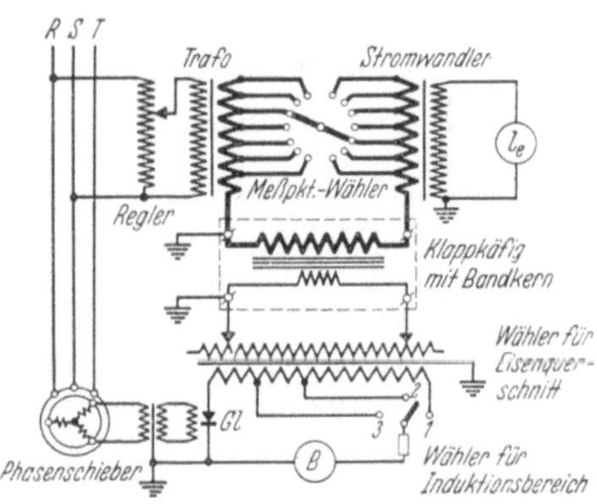

Abb. 231. Schaltung des Bandkernschnellmeßgerätes von Siemens & Halske.

denen sich durch die Schachtelung ein statistischer Mittelwert ergibt. Es hat sich daher als zweckmäßig erwiesen, die Bandkerne einer Stückprüfung zu unterziehen. Für derartige Messungen wurde bei S & H ein Spezialgerät entwickelt, dessen Schaltung Abb. 231 zeigt.

Das Gerät besteht aus dem Schalt- und Meßpult und einem oder mehreren Probenklappkäfigen. Die erregende Wicklung des Probenkäfigs besteht aus kräftigen Kupferschienen, die zum Zwecke des Einbringens des Bandkernes aufklappbar ausgebildet sind. Einzelfederung und Versilberung der Kontaktstellen bewirken, daß der ohmsche Widerstand und damit auch die durch den Widerstand der erregenden Wicklung hervorgerufenen Verzerrungen der Spannungskurven auch bei hoher Induktion ein Minimum bleiben. Die ebenfalls aufklappbare EMK-Wicklung ist in ihrer Wickelebene senkrecht zu der Ebene der erregenden Wicklung angeordnet, um eine Entkoppelung hinsichtlich des Streufeldes zu erreichen.

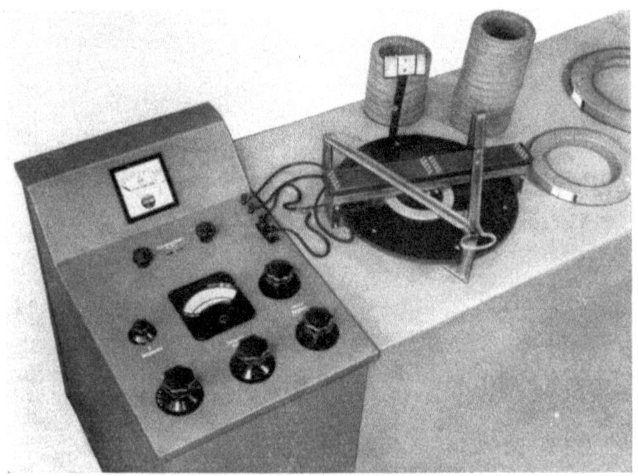

Abb. 232. Bandkernschnellmeßgerät (Siemens & Halske).

Das Regel- und Meßpult enthält einen leistungsfähigen induktiven Regler R mit Feinregelung, der einen Hochstromtransformator speist, welcher auf der Sekundärseite mit Anzapfungen ausgerüstet ist, um den Regelbereich möglichst gut ausnützen zu können. Die Speisung der erregenden Wicklung des Probenkäfigs erfolgt über einen primärseitig angezapften Stromwandler. Das Gerät soll es ermöglichen, die Induktion bei bestimmten fest vorgegebenen Werten von a_0 zu ermitteln. Die Anzapfungen auf der Primärseite des Stromwandlers entsprechen den vorgegebenen a_0-Werten. Auf diese Weise ist es möglich, den auf der sekundären Seite des Stromwandlers angeordneten Strommesser in cm Eisenweglänge zu eichen.

Die von der ebenfalls aufklappbaren EMK-Wicklung abgegebene Spannung ist bei einer bestimmten Induktion dem Eisenquerschnitt proportional. Schaltet man daher zwischen das B-Meßinstrument einen primärseitig vielfach angezapften Meßwandler mit sehr kleinem Eigenverbrauch und wählt die Windungszahl auf dessen Primärseite proportional dem Eisenquerschnitt der zu messenden Probe, so kann die Induktion unmittelbar am B-Meßgerät abgelesen werden. Zusätzliche Rechnungen sind überhaupt nicht mehr erforderlich, so daß sich das Gerät besonders für Massenmessungen eignet. Abb. 232 zeigt das ausgeführte Gerät.

VII. Messung der inneren Streuwiderstände.

Die Bestimmung der Summe der inneren Streuwiderstände eines Strom- oder Spannungswandlers gelingt in üblicher Weise durch eine Kurzschlußmessung. Wesentlich schwieriger ist es, die einzelnen zu der Primär- oder Sekundärwicklung gehörigen Streuwiderstände zu ermitteln. Dies ist aber notwendig, da die primäre Streuung beim Spannungswandler den Leerlauffehler verursacht und der sekundäre Streuwiderstand beim Stromwandler als Bürde eingeht.

Für Wandler, die genau das Übersetzungsverhältnis 1:1 haben, hat Rogowski eine Schaltung gemäß Abb. 233 angegeben. Primär- und Sekundärwicklung werden gegeneinander geschaltet und an eine Wechselstromquelle gelegt.

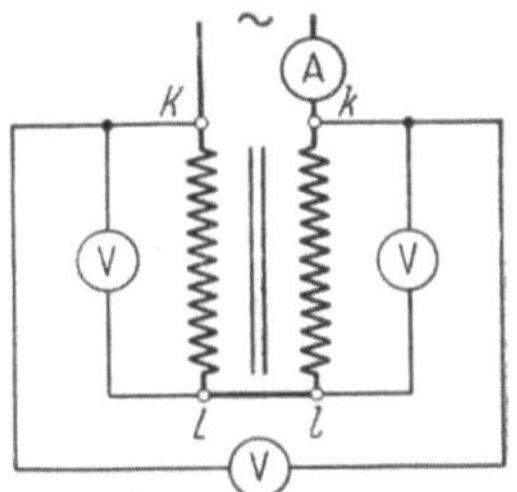

Abb. 233. Schaltung für die Ermittlung der inneren Widerstände in Gegenschaltung nach Rogowski.

Die Summe der primären und sekundären Amperewindungen ist Null, so daß im Eisenkern kein Fluß entsteht. Die bei dieser Schaltung auftretenden Spannungsabfälle an der primären bzw. sekundären Wicklung setzen sich aus dem ohmschen und induktiven Anteil zusammen. Bei Kenntnis der ohmschen Widerstände ist dann die Ermittlung der Streuwiderstände ohne weiteres möglich. Voraussetzung für das Gelingen der Messung in dieser Schaltung ist, daß die Windungszahlen absolut gleich sind, da sonst die Amperewindungen sich nicht aufheben und eine Magnetisierung des Kernes stattfindet. Da dann die im Vergleich zu den Streuinduktivitäten sehr große Leerlaufinduktivität in Erscheinung tritt, entstehen ganz erhebliche Meßfehler. Die Schaltung versagt also bereits bei Wandlern, die zwar das

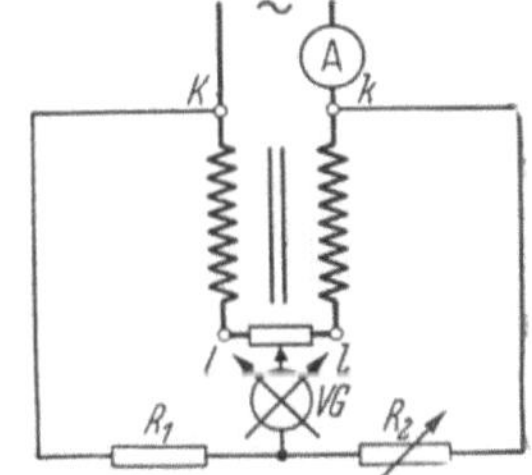

Abb. 234. Schaltung für die Ermittlung der inneren Widerstände mittels Brückenschaltung nach Rogowski.

Übersetzungsverhältnis 1:1 haben, jedoch mit einem Windungsabgleich versehen sind. Bei dieser Schaltung ist auch dafür zu sorgen, daß die Ausmessung der Spannungsabfälle an den Wicklungen entweder völlig leistungslos oder so erfolgt, daß den Wicklungen nach Betrag

und Phase gleiche Amperewindungen auf beiden Seiten entzogen
werden. Die Messung der inneren Widerstände ist ebenfalls nach
ROGOWSKI mittels einer Brückenschaltung gemäß Abb. 234 möglich.
Die oben gemachten Voraussetzungen der völligen Gleichheit der Windungszahlen gilt auch hier. Da die Schaltung als Nullmethode arbeitet,
ist das Entstehen von Differenzamperewindungen durch das Meßgerät
von vornherein vermieden.

Liegt der allgemeine Fall eines beliebigen Übersetzungsverhältnisses
vor, so ist eine Messung der inneren Widerstände nach Abb. 235 möglich.
Primär- und Sekundärwicklung werden aus dem gleichen Netz über die
Regler R_1 und R_2 und den Phasenschieber Ph getrennt gespeist. Die
Ströme in den beiden Wicklungen werden nach Größe und Phase so
eingestellt, daß kein Fluß im Eisenkern vorhanden ist.

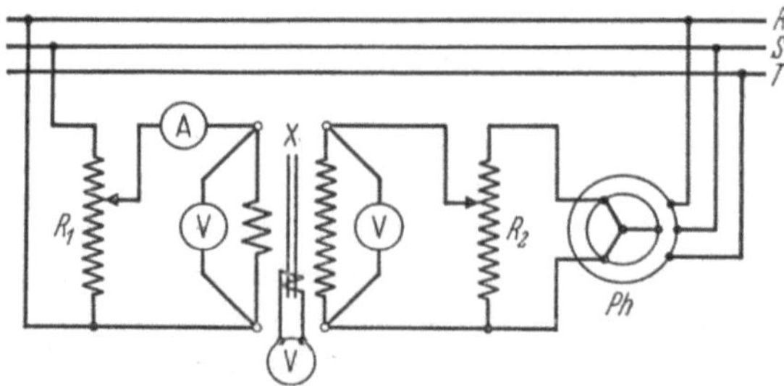

Abb. 235. Schaltung für die Ermittlung der inneren Widerstände bei beliebigem
Übersetzungsverhältnis.

Als Kriterium hierfür wird zweckmäßig ein Spannungsmesser V verwendet, der an eine zusätzlich auf den Kern aufgebrachte EMK-Wick
lung angeschlossen ist.

Gewisse Möglichkeiten für die Ermittlung der einzelnen Widerstände
ergeben sich auch aus der Auswertung der MÖLLINGER-Diagramme,
worauf bei der Besprechung des Strom- und Spannungswandlerdiagramms bereits hingewiesen worden ist.

H. Wandlerschaltungen, Sonderanwendungen.

Im folgenden Abschnitt soll eine Auswahl von bemerkenswerten
Schaltungen mit Meßwandlern gezeigt und erläutert werden, besonders
das Zusammenwirken von Wandlern mit anderen Geräten, wie z. B. den
Zählern, dem Netzschutz und Synchronisierungsgeräten.

I. Zusammenarbeiten von Zählern und Meßwandlern.

Abb. 236 zeigt die einphasige Messung des Wirk- und Blindver-
brauches mittels eines Wirkverbrauchszählers und eines Blindverbrauchs-

zählers unter Zwischenschalten von Strom- und Spannungswandlern. Diese grundsätzliche Schaltung gilt sinngemäß auch zur Ermittlung der Wirk- und Blindleistung, wenn an Stelle der Zähler schreibende oder zeigende Wattmeter angeschlossen werden. Die Stromspulen der angeschlossenen Geräte liegen in Reihe an der sekundären Wicklung des Stromwandlers, die, wie zumeist üblich, im Punkt k geerdet wird. Die Spannungsspulen der Geräte liegen parallel an der Sekundärwicklung des Spannungswandlers, wobei die Erdung des Punktes v als normal anzusehen ist.

Für diesen einfachsten Fall soll nachfolgend der Einfluß der Wandlerfehler auf die Genauigkeit der Gesamtmeßeinrichtung unter der Voraussetzung ermittelt werden, daß die angeschlossenen Geräte den Fehler Null haben. Diese Vereinfachung ist ohne weiteres zulässig, da bei Berücksichtigung der Fehler der angeschlossenen Geräte der Gesamtfehler durch Addition der einzelnen Fehleranteile ermittelt werden kann. Der Einfachheit halber wird weiter angenommen, daß das Sollübersetzungsverhältnis der Wandler den Wert 1 hat.

Der Verbraucher entnehme dem Netz mit der Spannung U einen Strom J bei einem beliebigen $\cos \varphi$, der Stromwandler

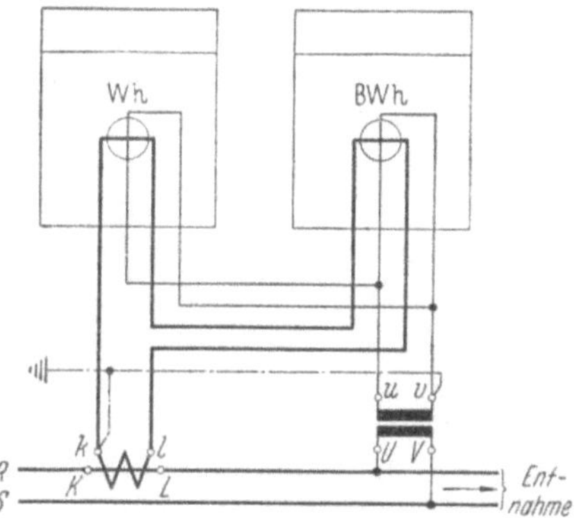

Abb. 236. Einphasige Schaltung mit Zählern und Meßwandlern.

habe bei diesem Strom einen Stromfehler F_J und einen Fehlwinkel δ_J, der Spannungswandler einen Spannungsfehler F_U und einen Fehlwinkel δ_U. Die Strom- und Spannungsfehler seien nicht, wie üblich in Prozent, sondern im Absolutwert angegeben, d. h. einem Fehler von 0,5 % entspricht ein absoluter Wert von 0,005.

Betrachtet man zunächst unter Vernachlässigung der Fehlwinkel nur den Einfluß der Strom- und Spannungsfehler, so ergibt sich, daß der Stromwandler auf seiner Sekundärseite nicht den Strom J, sondern den Strom $J \cdot (1 + F_J)$ den Stromspulen der angeschlossenen Geräte zuführt. Entsprechend gibt der Spannungswandler sekundärseitig eine Spannung $U \cdot (1 + F_U)$ an die Spannungsspulen der angeschlossenen Geräte ab. Die zu messende Wirkleistung beträgt:

$$N_1 = U \cdot J \cdot \cos \varphi. \tag{168}$$

Den an die Wandler angeschlossenen Geräten wird eine Leistung zugeführt von

$$N_2 = U \cdot (1 + F_U) \cdot J \cdot (1 + F_J) \cdot \cos \varphi. \tag{169}$$

Durch Umformung ergibt sich:

$$N_2 = U \cdot J \cdot \cos \varphi \cdot (1 + F_U + F_J + F_U \cdot F_J). \tag{170}$$

Der Ausdruck $F_U \cdot F_J$ kann wegen der Kleinheit der einzelnen Größen vernachlässigt werden. Es wird dann

$$N_2 = N_1 \cdot (1 + F_U + F_J). \tag{171}$$

Der Fehler $F_{\ddot{u}}$, der durch die Übersetzungsfehler der Wandler der Gesamtanordnung hinzugefügt wird, beträgt dann:

$$F_{\ddot{u}} = \frac{N_2 - N_1}{N_1} = F_U + F_J. \tag{172}$$

Diese Formel gibt den prozentualen Fehler, wenn alle Größen in Prozent angeführt werden, an.

Es sei nun der andere Grenzfall betrachtet, daß die Wandler keinen Strom- bzw. Spannungsfehler, wohl aber Fehlwinkel haben. Bekanntlich war vorausgesetzt, daß der Fehlwinkel positiv gerechnet wird, wenn die sekundäre Größe der primären voreilt. Für den Fall, daß der Stromwandler und der Spannungswandler den gleichen Fehlwinkel haben, wird die primäre Größe von Strom und Spannung nach der Übertragung auf die sekundäre Seite im gleichen Sinne und im gleichen Maße gedreht sein. Nimmt man beispielsweise an, daß der Verbraucher eine reine induktive Blindleistung aufnimmt, so stehen auf der Primärseite der Wandler Strom und Spannung senkrecht aufeinander und der Strom eilt der Spannung um 90° nach. Für den betrachteten Sonderfall der Gleichheit der Fehlwinkel von Strom- und Spannungswandlern erscheinen dann die sekundären Größen zwar um diesen Fehlwinkel verdreht, stehen aber wieder aufeinander senkrecht. Dies heißt mit anderen Worten, daß der angeschlossene Zähler oder das Wattmeter wieder richtig zeigen.

Hat dagegen nur der Stromwandler einen positiven Fehlwinkel und der Spannungswandler den Fehlwinkel Null, so findet lediglich eine Drehung des Stromvektors bei der Übertragung statt, und zwar für den Fall des Durchgangs reiner Blindleistung so, daß zwischen der sekundären Spannung und dem sekundären Strom ein Winkel von weniger als 90°, nämlich $(90° - \delta_J)$, auftritt. Obwohl also der Stromquelle keine Wirkleistung entnommen wird, wird auf der Sekundärseite der Wandler die Entnahme einer kleinen Wirkleistung vorgetäuscht. Ein positiver Fehlwinkel des Stromwandlers bewirkt also bei ohmischinduktivem Netzverbrauch einen positiven Leistungsfehler.

Besitzt hingegen der Spannungswandler einen positiven Fehlwinkel, während der Stromwandler den Fehlwinkel Null hat, so wird auf der Sekundärseite zwischen Spannung und Strom ein Winkel von mehr als 90° auftreten $(90 + \delta_U)$. Wenn angenommen wird, daß die Verbraucher reinen induktiven Blindstrom entnehmen, zeigen die angeschlossenen Wirkleistungsmesser bzw. Wirkverbrauchszähler eine negative Wirkleistung bzw. einen negativen Wirkverbrauch an. Ein positiver Fehlwinkel des Spannungswandlers bewirkt daher bei ohmisch-induktiver Entnahme des Verbrauches einen negativen Fehler in der Leistungs- bzw. Arbeitsanzeige.

Nimmt man den Winkel zwischen Spannung und Strom bei ohmisch-induktiven Verbrauchern positiv an, so ergeben sich folgende Leistungsbeziehungen für die Wirkleistung N_{2w} und die Blindleistung N_{2b}:

$$N_{2w} = U \cdot J \cdot \cos (\varphi + \delta_U - \delta_J), \tag{173}$$

$$N_{2b} = U \cdot J \cdot \sin (\varphi + \delta_U - \delta_J). \tag{174}$$

Durch Auflösung der Winkelsumme nehmen diese Gleichungen folgende Form an:

$$N_{2w} = U \cdot J \cdot [\cos \varphi \cdot \cos (\delta_U - \delta_J) - \sin \varphi \cdot \sin (\delta_U - \delta_J)], \tag{175}$$

$$N_{2b} = U \cdot J \cdot [\sin \varphi \cdot \cos (\delta_U - \delta_J) + \cos \varphi \cdot \sin (\delta_U - \delta_J)]. \tag{176}$$

Wegen der Kleinheit von δ_U und δ_J kann in beiden Gleichungen der Ausdruck $\cos (\delta_U - \delta_J)$ gleich 1 gesetzt werden, so daß die Leistungsfehler, herrührend von den Fehlwinkeln von Strom- und Spannungswandler, die folgenden Größen annehmen

für die Messung der Wirkleistung:

$$F_{w\delta} = \operatorname{tg} \varphi \cdot \sin (\delta_J - \delta_U), \tag{177}$$

für die Messung der Blindleistung:

$$F_{b\delta} = - \operatorname{cotg} \varphi \cdot \sin (\delta_J - \delta_U). \tag{178}$$

Die Fehler, die durch die Strom- und Spannungsfehler und durch die Fehlwinkel der Wandler in die Leistungsmessung eingehen, ergeben sich durch Zusammenfassung der Gleichungen (172), (177) und (178).

Die allgemeinen Fehlergleichungen sind dann

für die Wirkleistungsmessung:

$$F_w = F_U + F_J + \operatorname{tg} \varphi \cdot \sin (\delta_J - \delta_U), \tag{179}$$

für die Blindleistungsmessung:

$$F_b = F_U + F_J - \operatorname{cotg} \varphi \cdot \sin (\delta_J - \delta_U). \tag{180}$$

Soll der Einfluß der Wandlerfehler in Vergleich zu demjenigen der Zähler gestellt werden, so ist zu berücksichtigen, daß die Eichordnung für Verrechnungszwecke nur Wandler der Klasse 0,2 und 0,5 zuläßt, während im § 949 die Fehlergrenzen für die Wirkverbrauchs-Meßwandlerzähler zu

$$\pm F_{wG} = 2 + 0,03 \cdot \frac{N_n}{N} +$$

$$+ 0,03 \cdot \left(1 + 0,05 \cdot \frac{N_n}{N}\right) \cdot \operatorname{tg} \varphi \qquad (181)$$

und für die Blindverbrauchs-Meßwandlerzähler zu

$$\pm F_{bG} = 2 + 0,03 \cdot \frac{N_n}{N} +$$

$$+ 0,03 \cdot \left(1 + 0,05 \cdot \frac{N_n}{N}\right) \cdot \operatorname{cotg} \varphi \qquad (182)$$

festgelegt sind und damit für den günstigsten Fall wenigstens 2 % Zählerfehler zugelassen werden.

Bei einem Vergleich ist weiter zu berücksichtigen, daß die Eichordnung im § 979 vorschreibt, daß sowohl bei Stromwandlern als auch bei Spannungswandlern

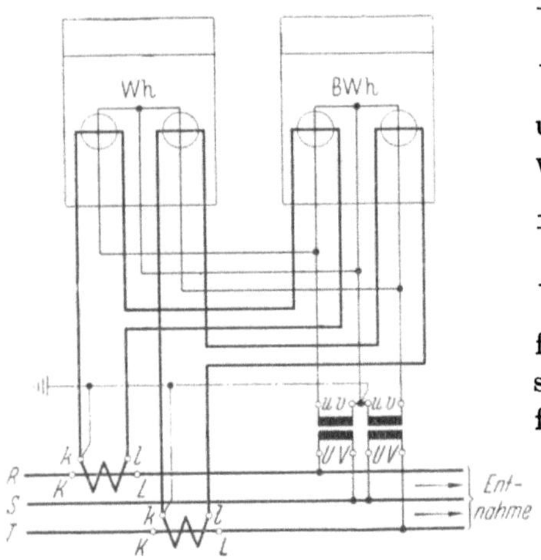

Abb. 237. Aronschaltung mit Meßwandlern.

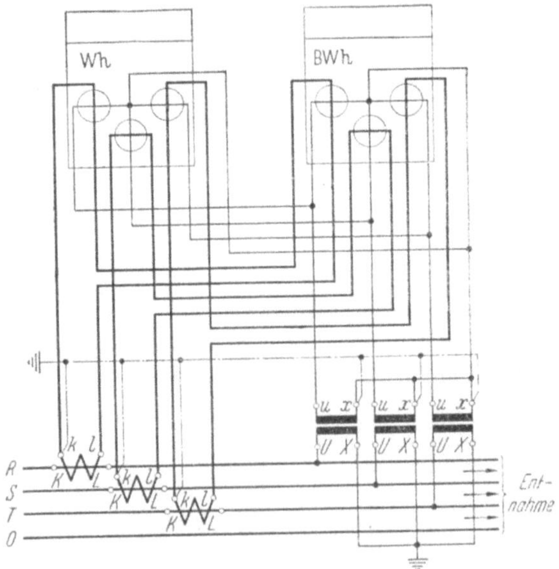

Abb. 238. Dreiphasige Schaltung mit Drehstromzählern und Meßwandlern.

die Gesamtbürde der angeschlossenen Zähler und Zusatzeinrichtungen nicht mehr als $^2/_3$ der Nennbürde der Wandler betragen darf. In diesem Falle betragen Strom- bzw. Spannungsfehler und Fehlwinkel der Wandler größenordnungsmäßig nur etwa die Hälfte der zugelassenen negativen Grenzfehler. Bei einem Meßsatz aus Meßwandlern der Klasse 0,2 und Wirkverbrauchsmeßwandlerzählern sind die Meßwandler bei einem Winkel der Netzbelastung zwischen 0 und 45° nur mit $^1/_{10}$ bis $^1/_5$ beteiligt.

Abb. 237 zeigt die Wirk- und Blindverbrauchsmessung in einem Drehstromnetz ohne Nulleiter mittels der Aronschaltung. Es sind zwei Spannungswandler in V-Schaltung vorgesehen. Während es sonst üblich ist, den Punkt v der Sekundärseite der Spannungswandler zu erden, muß in diesem Falle bei dem einen Wandler die Klemme v und bei dem anderen Wandler die Klemme u geerdet werden.

In Abb. 238 ist schließlich die dreiphasige Messung in einem Drehstromnetz mit Nulleiter unter Verwendung von drei Stromwandlern und drei einpolig isolierten Spannungswandlern dargestellt.

Die Verbindungsleitungen zwischen der Sekundärseite der Stromwandler und den angeschlossenen Geräten gehen vollwertig in die Bürden der Wandler ein.

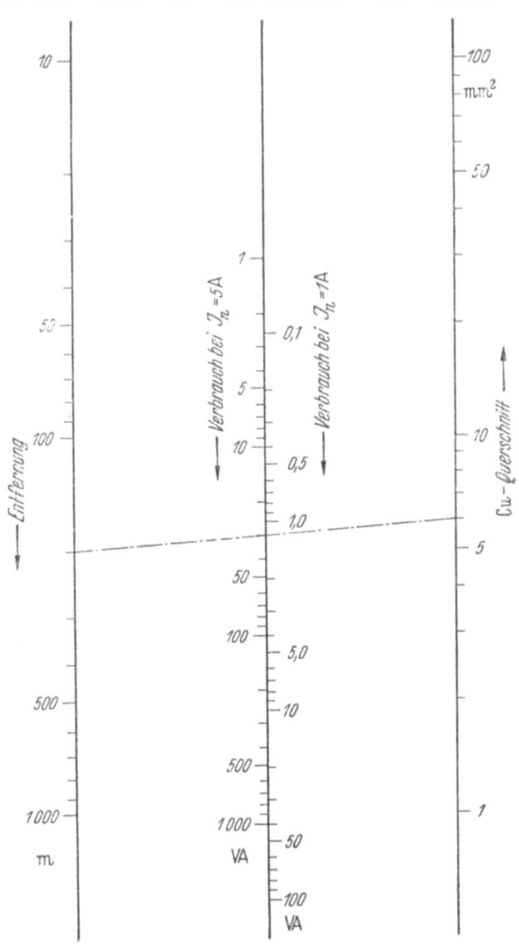

Abb. 239. Belastung von Stromwandlern durch Sekundärleitungen.

In Abb. 239 sind die Zusammenhänge zwischen der Entfernung (halbe Leitungslänge), dem verlegten Drahtquerschnitt und dem auf Nennstrom bezogenen Verbrauch der Zuleitungen für Stromwandler bei sekundären Nennströmen von 5 und 1 A in einem Nomogramm dargestellt.

Der Spannungsabfall, der an den Verbindungsleitungen zwischen Spannungswandlern und angeschlossenen Geräten auftritt, bewirkt neben den Fehlern der Wandler eine weitere Fälschung des Meßergebnisses. Aus diesem Grunde begrenzt die Eichordnung diesen Spannungsabfall in § 979 für die Verbindungsleitungen zwischen Spannungswandler und angeschlossenen Zählern auf 0,05 %. Besonders bei Freiluftanlagen der höheren Reihen müssen beträchtliche Entfernungen zwischen

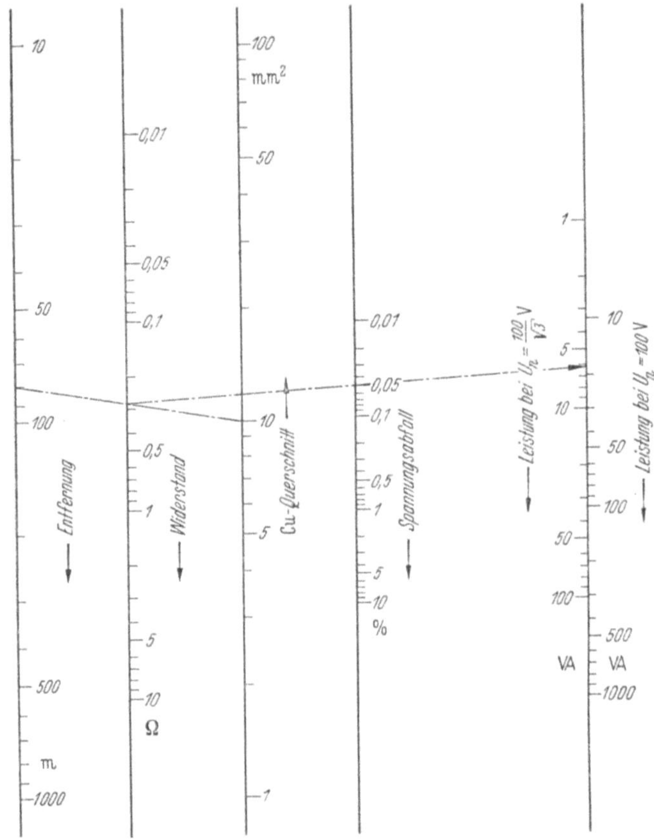

Abb. 240. Beziehungen zwischen Nennleistung, Kupferquerschnitt, Leitungslänge und Spannungsabfall im Sekundärkreis von Spannungswandlern.

Wandler und Schaltwarte in Kauf genommen werden. Es ist dann zweckmäßig, für die Zähler einerseits und die übrigen Geräte andererseits getrennte Verbindungen von den Spannungswandler-Sekundärklemmen aus zu verlegen. Aus Abb. 240 können die notwendigen Kupferquerschnitte für die Verbindungsleitungen, abhängig von Entfernung und Leistung der angeschlossenen Geräte für 0,05 % Spannungsabfall, entnommen werden.

II. Schutzschaltungen.

Der Sicherung des Netzbetriebes und seiner lebenswichtigen Teile
— Generatoren, Transformatoren, Motoren, Umformer usw. — kommt
heute eine so große Bedeutung zu, daß sich hierfür eine eigene Schutz-
technik entwickelt hat. Dieses Gebiet kann daher im Rahmen des vorliegenden Buches nur so weit behandelt werden, als sich daraus Sonderforderungen für die Meßwandler ergeben. Die Schutzschaltungen sollen
allgemein so feinfühlig arbeiten, daß möglichst schon der Beginn eines
Defektes aufgedeckt wird, um schwerwiegende Zerstörungen und Repa-
raturen zu vermeiden.

Als Beispiel werden die Schutzschaltungen für Generatoren behandelt. Der Schutz der übrigen Geräte ist ähnlich und bietet daher hinsichtlich der Wandler keine neuen Gesichtspunkte. Man unterscheidet
Schutzschaltungen zur Ermittlung

eines Wicklungsschlusses   (Isolationsminderung zwischen den Phasen),

eines Windungsschlusses   (Isolationsminderung zwischen den Windungen
einer Phase),

eines Gestellschlusses   (Isolationsminderung einer Phase gegen Gehäuse),
von Fehlern im Rotor

und für den Überstromschutz von Generatoren.

Von diesen Schutzschaltungen seien hier nur die ersten der drei
genannten Arten behandelt, da nur sie besondere, noch nicht besprochene
Anforderungen an die Wandler stellen.

a) Wicklungsschluß.

Das wirksamste Mittel für die Aufdeckung eines beginnenden Wicklungsschlusses ist der Differentialschutz. Abb. 241 zeigt die grundsätzliche Anordnung für einen in Stern geschalteten
Generator. Es sind zwei Stromwandlersätze von
je drei Wandlern vorgesehen, von denen der eine
Satz in die Verbindungsleitungen zum Sternpunkt
gelegt wird, während der zweite Stromwandlersatz in den abgehenden Leitungen angeordnet ist.
Die zwei Stromwandler jeder Phase führen naturgemäß den gleichen Strom, so lange der Generator
in Ordnung ist. Sie werden sekundärseitig in Reihe
geschaltet, wobei zwischen den Verbindungs-

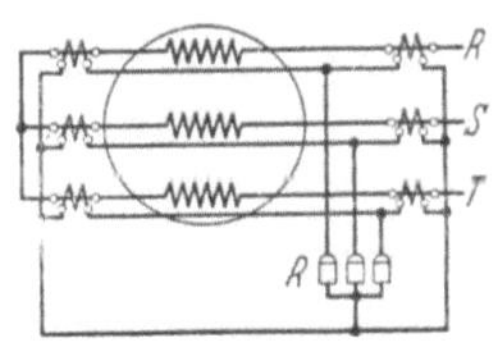

Abb. 241. Schaltung des
Differentialschutzes bei
Generatoren in Stern-
schaltung.

leitungen ein Relais R angeordnet ist. Tritt nun ein Schluß zwischen zwei
Phasen ein, so bildet sich ein zusätzlicher Strom aus, der nur über die
Sternpunktwandler der betroffenen Phasen fließt. Dies gilt für den Fall,
daß der Generator nicht mit anderen Generatoren zusammenarbeitet,

daß also die Kurzschlußstelle nicht außerdem von der Netzseite her gespeist wird. In jedem Fall aber führen die beiden in Differentialschaltung arbeitenden Stromwandler der kranken Phasen nicht mehr den
gleichen Strom, so daß das betreffende Relais erregt wird und anspricht.
Es bewirkt in einem solchen Fall das sofortige Abschalten und die
Entregung des Generators.

Da im allgemeinen der dem Generator zugeordnete Leistungsschalter
in einer gewissen Entfernung vom Generator angeordnet ist, werden
zweckmäßigerweise die Verbindungskabel zwischen Generator und
Schalter in den Schutz mit eingeschlossen. Dies geschieht in der Weise,
daß die in den abgehenden Leitungen angeordneten Stromwandler möglichst in unmittelbarer Nähe des Leistungsschalters angeordnet werden.

Abb. 242 zeigt den Differentialschutz für einen Generator, dessen
Wicklungen in Dreieck geschaltet sind. Man könnte an sich die Wick-

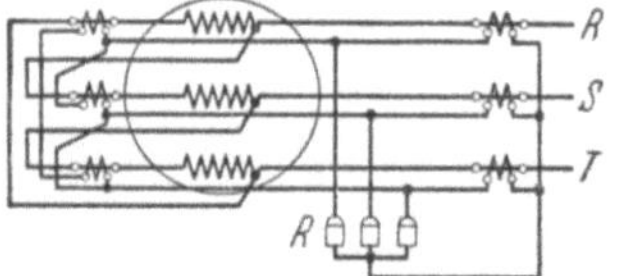

Abb. 242. Schaltung des Differentialschutzes bei Generatoren
in Dreieckschaltung.

lung jeder Phase dadurch schützen, daß unmittelbar davor und dahinter je ein Stromwandler angeordnet und das Dreieck außerhalb dieser Wandler geschlossen wird. Diese
Schaltung hat aber den Nachteil, daß die
abgehenden Leitungen nicht in den Schutz
mit einbezogen sind. Man ordnet deshalb
den einen Stromwandlersatz wieder in der
Nähe des Leistungsschalters an, während der zweite Stromwandlersatz in die Verbindungsleitungen des Dreiecks gelegt wird. Die beiden
Stromwandlersätze werden damit von Strömen durchflossen, deren
Phasenlage sich um 30° unterscheidet. Außerdem ist der Strom der in
den abgehenden Leitungen angeordneten Wandler $\sqrt{3}$-mal größer als
in den Wandlern der Dreiecksverbindungen, was durch entsprechende
Wahl der Nennübersetzung der Wandler berücksichtigt werden muß.
Um die Phasenverschiebung von 30° auszugleichen, werden die Wandler
der Dreiecksverbindungen sekundärseitig in Dreieck geschaltet, während
die in den Zuleitungen zu den Sammelschienen angeordneten Wandler
wieder zu einer Sternschaltung verbunden werden.

Der Differentialschutz wird um so feinfühliger, je weniger die Fehler
der beiden zusammengeschalteten Wandler voneinander abweichen.
Jede Ungleichheit in den Wandlerfehlern bewirkt einen Strom im Relais,
täuscht also einen entstehenden Wicklungsschluß vor. Der Hersteller
der Stromwandler muß sich daher bemühen, die Fehlerkurven bis zu
hohen Überströmen möglichst zur Deckung zu bringen. Dies gelingt
durch entsprechende Auswahl der Stromwandlerkerne.

Beim Aufbau der Schutzschaltung muß aber auch darauf geachtet
werden, daß die beiden in Differential-Schaltung arbeitenden Wandler
völlig gleich belastet sind, da sonst Fehlerdifferenzen auch bei bester

Abgleichung der Wandler nicht zu vermeiden sind. Da die Verbindungsleitungen zu den einzelnen Wandlersätzen im allgemeinen nicht gleich lang sind, werden diese Ungleichheiten der Bürde üblicherweise durch zusätzliche justierbare Widerstände in den kürzeren Verbindungsleitungen ausgeglichen. Die aufeinander abgeglichenen Wandler werden durch zusätzliche Hinweisschilder gegenseitig gekennzeichnet.

Abb. 243 zeigt eine andere Art des Differentialschutzes, die BYRD angegeben hat. Verwendet werden Stromwandler mit zwei entsprechend gegeneinander isolierten Primärleitern, von denen der eine in die Sternverbindung und der andere in die abgehende Leitung so geschaltet wird, daß der vom Generator abgegebene Strom keine Induktion im Eisenkern und damit auch keinen Strom in der sekundären Wicklung hervorruft. Die drei Wandler der BYRD-Schaltung brauchen gegenseitig nicht

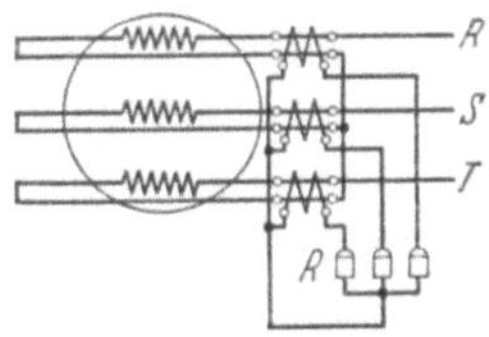
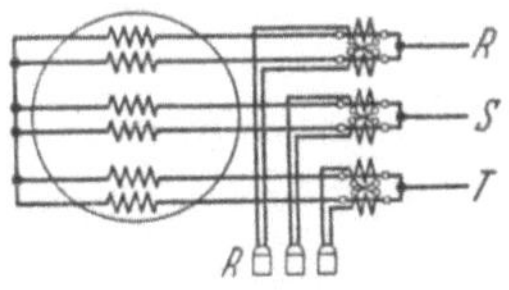

<table>
<tr><td>Abb. 243. Schaltung des Differential-
schutzes nach BYRD.</td><td>Abb. 244. Schaltung des Differentialschutzes
bei Generatoren mit parallelgeschalteten
Wicklungen.</td></tr>
</table>

abgeglichen zu werden. Dagegen ist darauf zu achten, daß die beiden Primärwicklungen jedes Wandlers möglichst symmetrisch zu Kern und Sekundärwicklung angeordnet werden, um das Entstehen eines Sekundärstromes als Folge von ungleichen Streuverhältnissen zu vermeiden. Die Wandler in der BYRD-Schaltung werden nur von den Fehlerströmen erregt, arbeiten daher meist bei kleinster Induktion, während die Kerne der Wandler der Differentialschaltung mit 6 Wandlern vom Betriebsstrom „vormagnetisiert" und damit in Gebiete höherer Permeabilität gebracht werden. Die Empfindlichkeit der BYRD-Schaltung ist dementsprechend geringer.

Große Generatoren werden mit zwei oder mehreren parallelgeschalteten Wicklungen je Phase ausgeführt. Ein Differentialschutz ist dann gemäß Abb. 244 dadurch möglich, daß die Wandler der zu einer Phase gehörenden Teilwicklungen zu einer Differentialschaltung herangezogen werden.

Eine weitere bemerkenswerte Schaltung wird bei Doppelgeneratoren (LJUNGSTRÖM-Aggregaten) angewandt. Jedem Generator wird auf der Sternpunktseite gemäß Abb. 245a ein Wandlersatz zugeordnet, wobei die Wandler der gleichen Phase zu einer Differentialschaltung zusammengefaßt werden. Auf diese Weise werden die Generatoren im Parallelbetrieb ·auf gleiche Stromabgabe hin überwacht. Bis zur Synchronisierung muß daher der Differentialschutz unwirksam gemacht werden.

Eine zweite Überwachungsmöglichkeit ergibt sich dadurch, daß die beiden Generatoren gemäß Abb. 245 b parallelgeschaltet werden und ein Differentialschutz in die gemeinsame Sternverbindung und die abgehenden Sammelschienen gelegt wird. Der Wandlersatz der Sammelschienen kann bei dieser Schaltung wieder in unmittelbarer Nähe des Leistungsschalters angeordnet werden, so daß diese Schaltung die Verbindungen zum Leistungsschalter mit schützt. Dagegen ist sie nicht in der Lage, Ausgleichströme zwischen den beiden Generatoren zu erfassen.

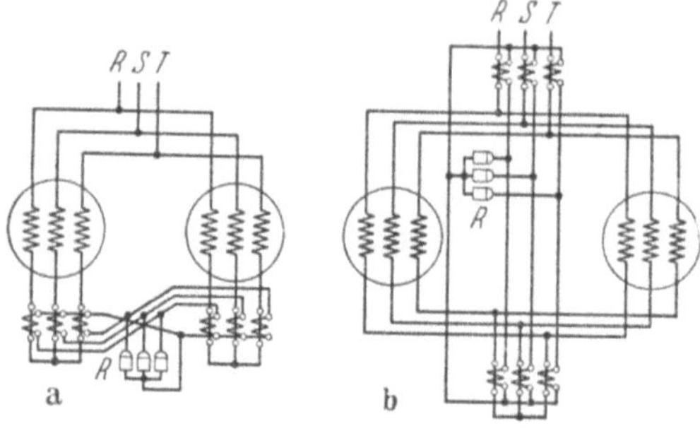
Abb. 245. Schaltung des Differentialschutzes bei Doppelgeneratoren.

Man verwendet deshalb heute praktisch nur noch eine Kombination der beiden Schaltungen nach Abb. 246. Je ein Wandlersatz wird in die Sternpunktverbindung der beiden Generatoren gelegt. Die entsprechenden Wandler jeder Phase werden unter Zwischenschaltung eines zusätzlichen Differentialwandlers D zusammengeschaltet. Die an die Sekundärseiten der Differentialwandler angeschlossenen Relais sprechen dann auf Stromdifferenzen zwischen den Generatoren an. Die in den Sternpunktverbindungen angeordneten Wandlersätze sind mit einem weiteren in der abgehenden Leitung vorgesehenen Wandlersatz mit doppelt so großem Übersetzungsverhältnis wieder zu einer Differentialschaltung vereinigt, die zusätzlich den Schutz der Leitungen zwischen Generator und Schalter übernimmt.

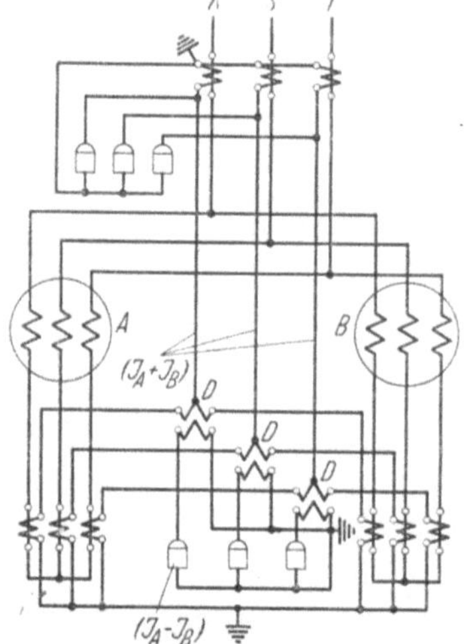
Abb. 246. Schaltung des kombinierten Differentialschutzes bei Doppelgeneratoren.

Bei der Bemessung dieser Wandlersätze ist hier zu fordern, daß alle Wandler bei der gleichen Induktion arbeiten. Da es sich im allgemeinen wegen der hohen Nennstromstärken um Einleiterwandler handelt, ist die Nennamperewindungszahl der in den Sternpunktsverbindungen liegenden Wandler nur halb so groß wie bei den Wandlern in der Sammelschiene. Um zu erreichen, daß die Wandlerfehler bei jedem Betriebsstrom gleich werden, muß der Kraftlinienweg der Nennamperewindungszahl proportional sein und ebenfalls dafür gesorgt werden, daß alle Wandler genau gleich belastet sind.

b) Windungsschluß.

Der Windungsschluß in einer Spule des Generators bewirkt das Fließen eines zusätzlichen Stromes in dem kurzgeschlossenen Wicklungsteil und außerhalb desselben, wobei jedoch der Strom im Ein- und Ausgang der Wicklung völlig gleich bleibt. Eine Differentialschaltung spricht deshalb in diesem Falle nicht an. Der in der kranken Phase fließende erhöhte Strom bewirkt bei in Stern geschalteten Wicklungen des Generators eine Verschiebung des Sternpunktes, die zur Anzeige des Windungsschlusses herangezogen wird.

Bei Generatoren mit Doppelwicklungen bildet man gemäß Abb. 247 die Sternpunkte der Wicklungen getrennt und schaltet in die Verbin-

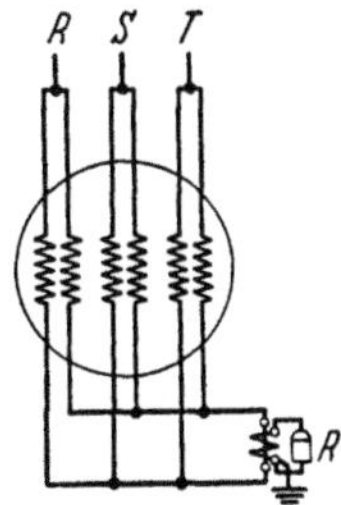

Abb. 247. Schaltung für Windungsschlußschutz bei Generatoren mit Doppelwicklung.

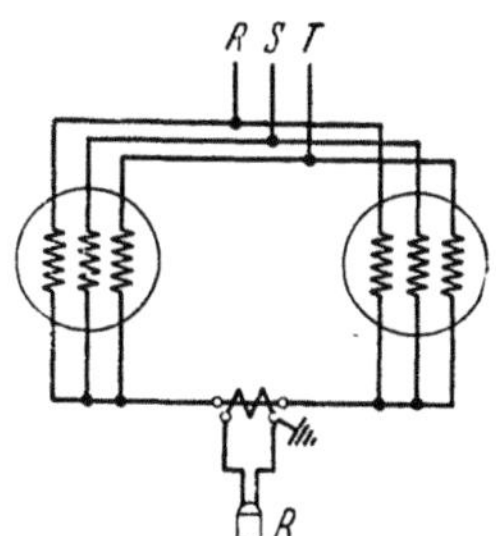

Abb. 248. Schaltung für Windungsschlußschutz bei Doppelgeneratoren.

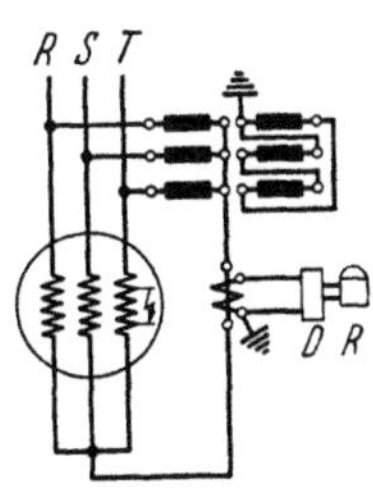

Abb. 249. Schaltung für Windungsschlußschutz bei Generatoren in Sternschaltung (I).

dung der beiden Sternpunkte einen Strom- oder Spannungswandler mit angeschlossenem Relais, das auf den Ausgleichstrom bzw. auf die Differenzspannung zwischen den Sternpunkten anspricht. Die letztere Schaltung ist vorzuziehen, da sie die Bildung eines höheren Ausgleichstromes verhindert, der den Schaden vergrößern würde.

Die gleiche Schaltung bewährt sich auch bei LJUNGSTRÖM-Aggregaten gemäß Abb. 248.

Bei einem in Stern geschalteten Generator mit einfachen Wicklungen kann man sich nach Abb. 249 dadurch helfen, daß mittels dreier Spannungswandler, die in Stern/Dreieck geschaltet werden, ein künstlicher Sternpunkt gebildet wird, so daß in der Verbindungsleitung des natürlichen und künstlichen Sternpunktes die Windungsschlußanzeige eingeschaltet werden kann. Auch bei gesundem Generator fließt dann allerdings in der Sternpunktverbindung die Summe der höheren Harmonischen der drei Phasen. Man schaltet deshalb dem Relais ein Filter D vor, das die höheren Harmonischen am Relais vorbeileitet, so daß dieses nur auf den durch den Windungsschluß im Generator zurückzuführenden Strom anspricht. Um das Filter klein zu halten, schaltet man die Sekundärwicklung des Sternpunktwandlers in Dreieck, wodurch die dritte Harmonische und deren ungeradzahlige Vielfache bereits unterdrückt werden.

Gemäß der Schaltung nach Abb. 250 genügt für die Feststellung eines Windungsschlusses im Generator auch die übliche Schaltung zur Erfassung von Erdschlüssen durch Anwendung eines Spannungswandlersatzes, dessen Sekundärwicklungen zu einem offenen Dreieck

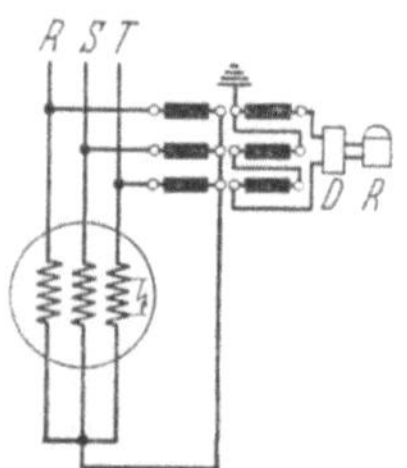

Abb. 250. Schaltung für Windungsschlußschutz bei Generatoren in
Sternschaltung (II).

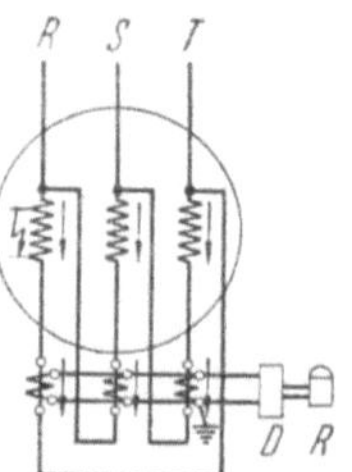

Abb. 251. Schaltung für Windungsschlußschutz bei Generatoren in
Dreieckschaltung.

zusammengeschaltet werden, an dem bei Verlagerung des Netzsternpunktes eine entsprechende Spannung entsteht. Auch in dieser Schaltung müssen die höheren Harmonischen durch ein Filter vom Relais ferngehalten werden.

Bei Generatoren, deren Wicklungen in Dreieck geschaltet sind, nehmen auch die Wicklungen der gesunden Phase an der Speisung des Windungsschlusses teil. Eine Erfassung dieser Ströme gelingt gemäß Abb. 251 durch das Einschalten von drei genau gleichen Stromwandlern in die Dreiecksverbindungen. Die Sekundärwicklungen dieser Wandler werden unter sich und mit dem Relais parallelgeschaltet, so daß der normale Betriebsstrom des gesunden Generators im Relais keinen Strom hervorruft. Um die fälschende Wirkung der Oberwellen auszuschalten, wird auch hier vor dem Relais ein Filter angeordnet. Durch den Windungsschluß wird die 120°-Phasenlage der Ströme gestört, so daß durch das Relais dann ein Differenzstrom fließt.

c) Gestellschluß.

Bei einem Gestellschluß im Generator tritt ebenfalls eine Verlagerung des Netzsternpunktes ein. Der Grad der Verlagerung ist allerdings abhängig von der Lage des Gestellschlusses. Die Verlagerung wird um so größer, je weiter die Schadensstelle vom Sternpunkt entfernt ist. Demzufolge ist ein Gestellschlußschutz über die ganze Wicklung in voller Höhe nicht zu erzielen. Man spricht deshalb von einem Schutzbereich in Prozenten, womit ausgedrückt werden soll, daß eben dieser Prozentsatz der Wicklung von der Sammelschienenseite her gesehen vom Schutz erfaßt wird.

Liegt der einfache Fall vor, daß der Generator auf einen Transformator mit getrennten Wicklungen arbeitet, so ist die Verlagerungsspannung praktisch nur von der Lage und dem Widerstand des Gestellschlusses gegeben. Der Gestellschluß wird dann entweder durch einen Spannungswandler im Nullpunkt des Generators oder ähnlich wie in Schaltung Abb. 250 gezeigt, erfaßt. Eine merkliche Störquelle bildet die Kapazität der Transformatorenwicklungen gegeneinander, die zur Folge hat, daß vom Netz her ein Kapazitätsstrom durch den zu schützenden Generator fließt. Sind im Netz aus irgendeinem Grunde Spannungsverlagerungen vorhanden, so wird dann durch die unsymmetrischen Kapazitätsströme ein Gestellschluß vorgetäuscht.

Arbeitet der Generator unmittelbar auf die Sammelschienen, so ist das bisher beschriebene Verfahren nicht brauchbar, da eine Trennung zwischen Spannungsverlagerungen im Netz und durch den Gestellschluß nicht möglich ist. In diesem allgemeinen Fall wird neben der Spannungsverlagerung zusätzlich der Verlagerungsstrom zur Beurteilung herangezogen. Während die Spannungsverlagerung auch durch Vorgänge im Netz bedingt sein kann, fließt ein Verlagerungsstrom nur in dem Generator,

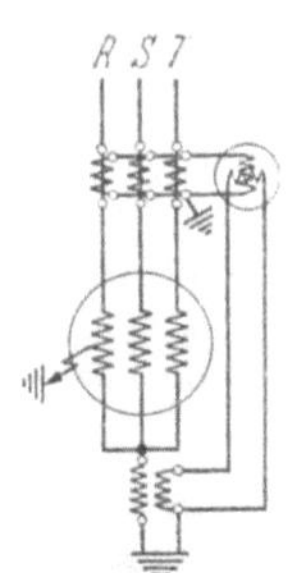

Abb. 252. Schaltung für Gestellschlußschutz durch Messung des Kapazitätsstromes.

der Gestellschluß aufweist. Die grundsätzliche Schaltung zeigt Abb. 252. Es sind drei aufeinander abgestimmte Stromwandler auf der Sammelschienenseite des Generators angeordnet, deren Sekundärseiten parallelgeschaltet und mit der Stromspule des wattmetrischen Relais verbunden sind. Diese drei Stromwandler liefern nur den durch den Gestellschluß bedingten Stromanteil an das Relais. Die Verlagerungsspannung wird durch einen in den Sternpunkt geschalteten Spannungswandler an die Spannungsspule dieses Relais gegeben. Gemäß Abb. 253 kann die Speisung der Spannungsspule des Relais auch aus einem Wandlersatz, wie er bereits in Abb. 250 verwendet wurde, entnommen werden.

Ist der Sternpunkt des Generators über einen Widerstand geerdet, so versagen die bisher geschilderten Verfahren, da bei jeder Spannungsverlagerung im Netz ein Nullpunktstrom fließt. Um zu unterscheiden, ob dieser Nullpunktstrom aus dem Netz oder dem zu schützenden Generator kommt, wendet man besondere Schaltungen an, beispielsweise eine echte Differentialschaltung gemäß Abb. 254. Dem Erdschlußrelais wird ein Strom nur dann zugeführt, wenn Gestellschluß in diesem Generator vorliegt.

Bei Generatoren großer Leistung ist es besonders bei größerem Abstand zum Schalter üblich, parallel geschaltete Drehstromkabel zu verwenden. Tritt nun in einem derselben eine Isolationsminderung zwischen zwei Phasen oder nach dem geerdeten Kabelmantel ein, so wird dieser Fehler durch die unter HIIa und c beschriebenen Schutzeinrichtungen miterfaßt und zur Anzeige gebracht. Es ist

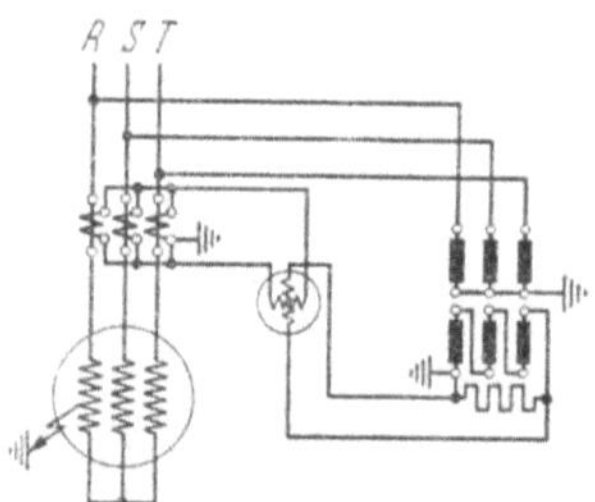
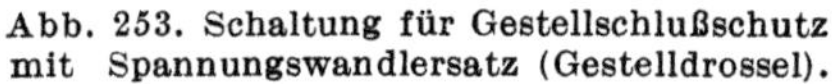
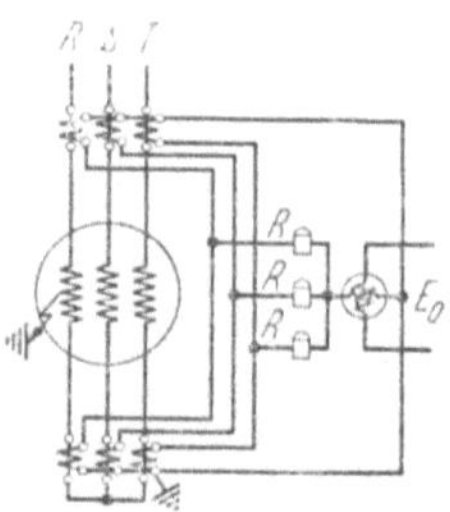

<table>
<tr><td>Abb. 253. Schaltung für Gestellschlußschutz mit Spannungswandlersatz (Gestelldrossel).</td><td>Abb. 254. Schaltung für Gestellschlußschutz mit Differentialschutz.</td></tr>
</table>

nun wünschenswert, zu wissen, welches der parallel geschalteten Kabel den Fehler aufweist. Hier ist eine der Anwendungsmöglichkeiten des sogenannten Kabelwandlers, je nach Bauart auch Kabelumbau- oder Kabelringwandler genannt. Der Wandler besteht nur aus Kern und Sekundärwicklung. Den Primärleiter bildet das Drehstromkabel einschließlich des metallischen Kabelmantels und der Bewehrung. Der Wandler arbeitet auf die Stromspule eines wattmetrischen Relais, dessen Spannungsspule auch hier von der Verlagerungsspannung gespeist wird. Eine Isolationsminderung zwischen Leiter und Erde ist immer mit einer Spannungsverlagerung verbunden. Als Folge davon wird der Kabelwandler einen Unsymmetriestrom führen. Das Relais soll nur dessen Wirkanteil anzeigen, da dieser von der Fehlerstelle herrührt. Von dem Wandler ist zu fordern, daß sein Fehlwinkel in einem weiten Strombereich klein ist, um zu verhindern, daß durch den kapazitiven Verlagerungsstrom infolge der nicht winkeltreuen Übertragung ein Wirkstrom vorgetäuscht wird.

Die gleiche Aufgabe könnte auch mit Kabelzangenwandlern gelöst werden, wenn die räumlichen Verhältnisse es gestatten. Das Abtasten der Kabel ist jedoch zeitraubender und auch nicht ungefährlich, da die in einem der Kabel vorhandene Isolationsminderung sich jederzeit zu einem satten Erd- oder Kurzschluß weiterbilden kann.

III. Parallelschalten.

Sollen gespeiste Netzteile oder Maschinen zusammengeschaltet werden, so müssen Drehfeld, Frequenz und die Spannungen nach Größe und Richtung übereinstimmen. Der Vergleich der Spannungen erfolgt entweder mit der sogenannten „Hellschaltung" (Abb. 255) oder der „Dunkelschaltung" nach Abb. 256. Im allgemeinen wird heute die zweite Schaltung vorgesehen, da an Stelle der Signallampe mit Vorteil ein Nullvoltmeter verwendet werden kann. Zweckmäßig wird zum Ver-

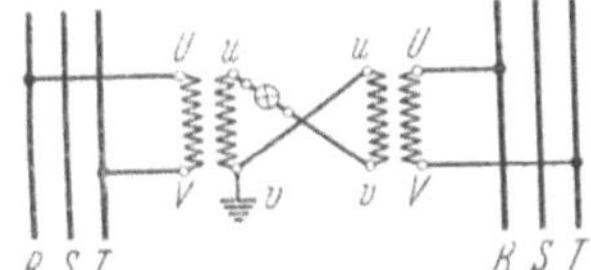

Abb. 255. Parallelschalten mit Hellschaltung.

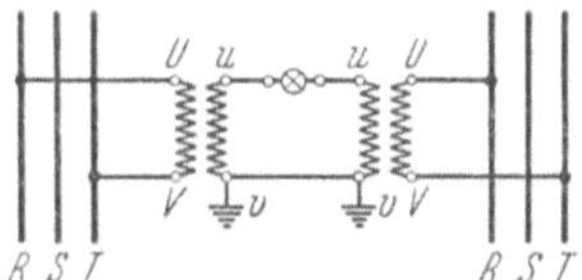

Abb. 256. Parallelschalten mit Dunkelschaltung.

gleich die verkettete Spannung benutzt, da die Spannungen der Leiter gegen Erde im Falle eines einphasigen Erdschlusses oder bei durch andere Ursache bedingten Verschiebungen des Sternpunktes für die Synchronisierung nicht brauchbar sind.

Normalerweise werden für das Zusammenschalten keine besonderen Spannungswandler vorgesehen, sondern die meist ohnehin zu Verrechnungszwecken vorhandenen benutzt. Für den Fall, daß derartige Wandler jedoch nicht zur Verfügung stehen, bietet sich ein preiswerter Weg in der Anwendung der C-Messung.

a) Schaltung mit Spannungswandlern.

Abb. 257 zeigt das Prinzipschaltbild einer Synchronisierung unter Verwendung von zweipolig isolierten Spannungswandlern auf der Netzseite der Transformatoren. Das Synchronisiergerät besteht in seiner einfachsten Form aus einem Doppelvoltmeter, einem Doppelfrequenzmesser und dem Nullvoltmeter. Es ist zu erwähnen, daß heute zumeist mit modernen Parallelschaltgeräten gearbeitet wird, die das Parallelschalten halb- oder vollautomatisch vornehmen. Da Anordnung und Schaltung dieser modernen Einrichtungen sich im Prinzip nicht von denen der in

Abb. 257 gezeigten Einrichtung unterscheiden, genügt es, die das Grundprinzip am einfachsten darstellende Anordnung zu behandeln.

Je ein Frequenz- und Spannungsmesser liegen parallel zur Sekundärseite von Spannungswandlern der zusammenzuschaltenden Netzteile. Die Klemmen v der Spannungswandler sind verbunden und geerdet. Zwischen den Klemmen u wird das Nullvoltmeter eingeschaltet. Um eine Rücklieferung von Spannung bei ausgeschaltetem Leistungsschalter

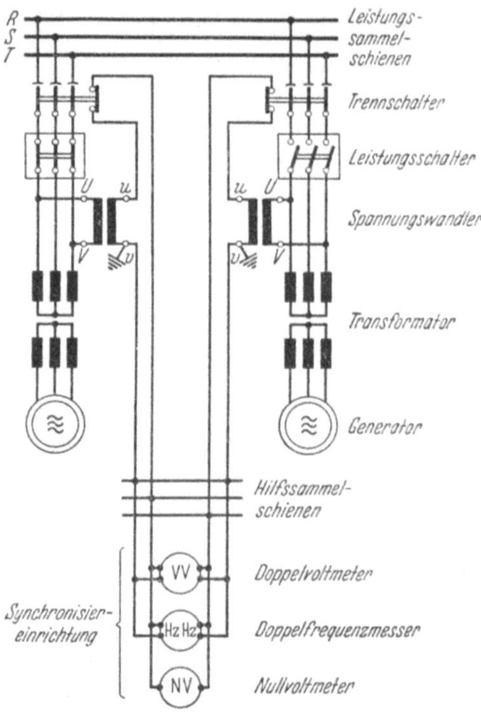

Abb. 257. Schaltung zum Synchronisieren auf der Netzseite der Transformatoren.

zu verhindern, wird zwischen den Wandler und dem Synchronisiergerät der Arbeitskontakt des Trennschalters angeordnet.

Abb. 258 zeigt die gleiche Schaltung, wobei jedoch die Wandler auf der Generatorseite des Transformators angeschlossen sind. Diese Schaltung hat den Vorteil, daß die Spannungswandler nur für die Generatorspannung ausgelegt zu werden brauchen. Ein gewisser Nachteil ist andererseits darin zu sehen, daß der bereits am Netz liegende Transformator auf der Oberspannungsseite infolge der Belastung eine etwas andere Spannung als der zuzuschaltende primärseitig mit gleicher Spannung erregte noch leerlaufende Transformator hat.

Stehen gemäß Abb. 259 für den Anschluß des Synchronisiergerätes auf der einen Seite zwei Wandler in V-Schaltung und auf der anderen Seite drei einpolig isolierte Wandler zur Verfügung, so ist es notwendig,

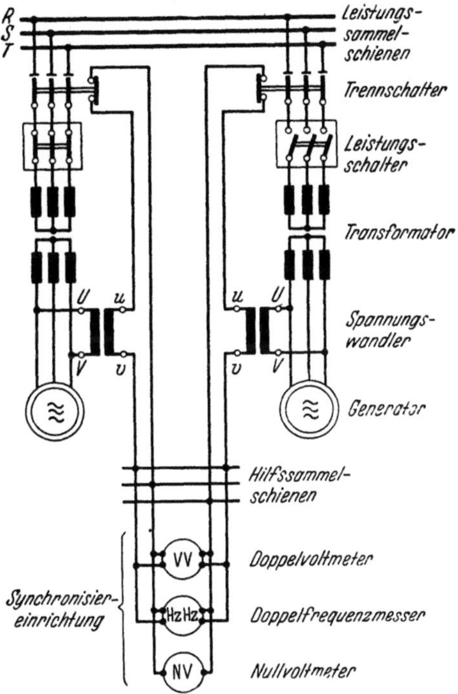

Abb. 258. Schaltung zum Synchronisieren auf der Generatorseite der Transformatoren.

einen Zwischentransformator Z anzuordnen, da bei den in V geschalteten Wandlern der gemeinsame Verbindungspunkt, bei den einpolig isolierten Wandlern jedoch der sekundäre Sternpunkt zu erden ist.

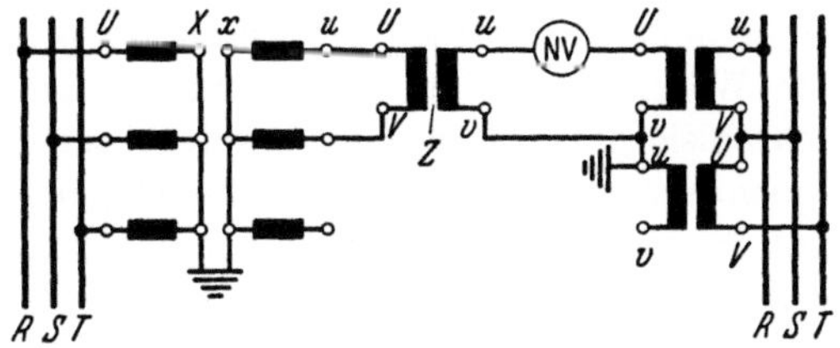

Abb. 259. Schaltung zum Synchronisieren mit verschieden geschalteten Spannungswandlern.

Wenn die Synchronisierung auf der Generatorseite der Transformatoren vorgenommen werden soll, ist es wichtig, zu überprüfen, ob die parallel zu schaltenden Transformatoren der gleichen Schaltgruppe angehören. Ist dies nicht der Fall, so muß eine entsprechende Drehung des einen Spannungsvektors am Synchronisiergerät vorgesehen werden. Eine derartige Schaltung zeigt Abb. 260, wo ein Transformator der Schaltgruppe C (Stern/Dreieck) einem solchen der Schaltgruppe A (Stern/Stern) parallelgeschaltet werden soll.

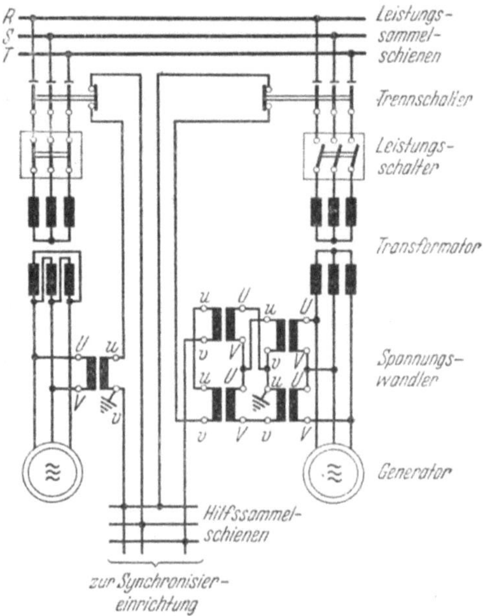

Abb. 260. Schaltung zum.Synchronisieren auf der Generatorseite von Transformatoren verschiedener Schaltgruppen.

b) Schaltung mit Kondensatordurchführungen.

Abb. 261 zeigt eine Schaltung, bei der beiderseits C-Meßeinrichtungen zum Anschluß des Synchronisiergerätes vorgesehen sind. Da die C-Meßeinrichtung, wie in dem entsprechenden Abschnitt bereits eingehend ausgeführt, ihrem Wesen nach eine Strommessung darstellt, muß ein besonderes Synchronisiergerät verwendet werden, bei dem die Spannungs- und Frequenzanzeiger für Strommessung eingerichtet sind. Die Leistungsfähigkeit der C-Meßeinrichtung ist von der Höhe der primären Spannung abhängig. Aus diesem Grunde werden C-Meßschaltungen für Synchronisierzwecke nur in Netzen von Reihe 60 aufwärts verwendet. Mit Rücksicht auf die geringe Leistungsfähigkeit der C-Meßschaltung, insbesondere bei Netzen für 60 kV, wird das Synchronisiergerät im allgemeinen nicht als Ganzes angeschlossen, sondern eine Umschaltung vorgesehen, wobei stets Frequenzmesser, dagegen Voltmeter oder Nullvoltmeter wahlweise angeschaltet werden. Der Umschalter muß unter-

brechungsfrei arbeiten, um ein Öffnen der Stromwandler zu vermeiden.
Die Synchronisierung mit C-Meßeinrichtungen wird grundsätzlich auf
der Hochspannungsseite der Transformatoren vorgenommen, um möglichst hohe Spannungen an der C-Schaltung zu haben. Die Schaltgruppe
des Transformators spielt daher dann keine Rolle.

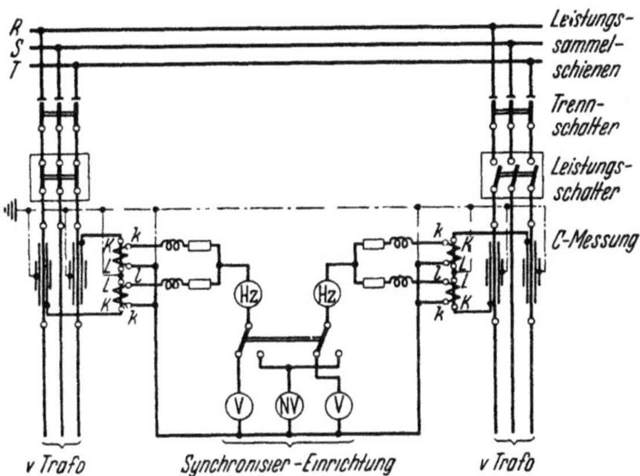

Abb. 261. Schaltung zum Synchronisieren mit beiderseitiger C-Meßanordnung.

c) Schaltung mit Wandlern und Kondensatordurchführungen.

Gelegentlich tritt der Fall auf, daß der eine der zusammenzuschaltenden Netzteile mit Spannungswandlern, der andere mit C-Meß-

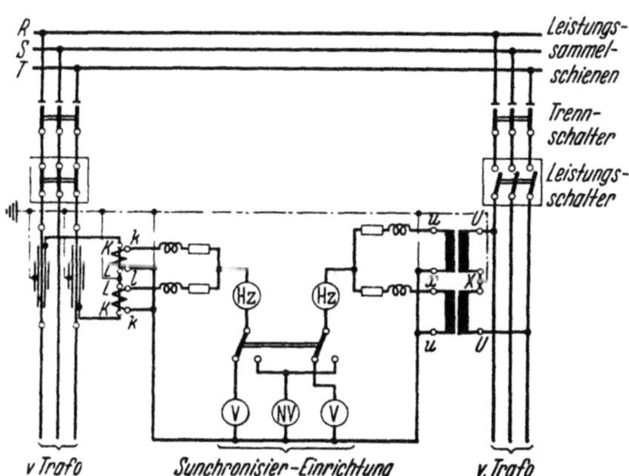

Abb. 262. Schaltung zum Synchronisieren mittels Wandlern und C-Meßanordnung.

einrichtungen ausgerüstet ist. Der C-Messung, die — wie bereits erwähnt
— ihrem Wesen nach eine Strommessung ist, steht dann im anderen
Netzteil eine echte Spannungsmessung entgegen. Wie Abb. 262 zeigt,

19*

wird zwischen die Synchronisiereinrichtung und die Spannungswandler ein Anpassungsgerät geschaltet, welches die Aufgabe hat, auch die Spannungswandlerseite auf eine Strommessung umzustellen.

Für den Fall, daß die Synchronisiereinrichtung nicht, wie in Abb. 262 gezeigt, auf der Sammelschienenseite, sondern an Spannungswandlern der Generatorseite angeschlossen werden soll, ist darauf zu achten, daß die Schaltgruppe der beiden Transformatoren übereinstimmt oder durch eine besondere Schaltung der Spannungswandler berücksichtigt wird.

IV. Leitungsgerichtete Hochfrequenzübertragung.

Die leitungsgerichtete Hochfrequenzübertragung führt sich mehr und mehr zur Verständigung zwischen den einzelnen Stellen des Netzes und zur Übermittlung von Meßgrößen ein. Die prinzipielle Schaltung zwischen zwei Stationen zeigt Abb. 263. Die Hochfrequenzgeräte werden mittels der Koppelkondensatoren C an die Hochspannungsleitung angekoppelt. Durch die Drosseln D wird verhindert, daß Hochfrequenzenergie auf unerwünschten Wegen verlorengeht. Die leitungsgerichtete

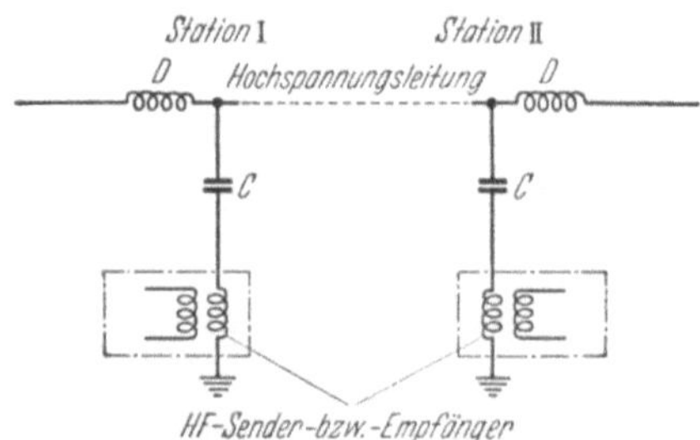

Abb. 263. Schaltung für HF-Übertragung längs Hochspannungsleitungen.

Hochfrequenztelephonie soll im Rahmen dieses Buches nur insofern behandelt werden, als der kapazitive Spannungswandler die Möglichkeit

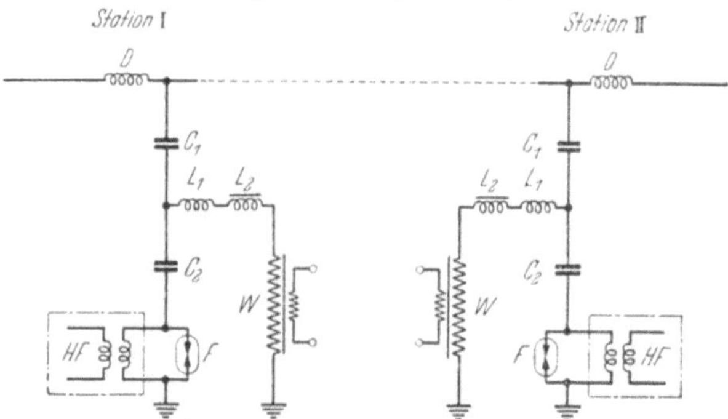

Abb. 264. Schaltung für HF-Übertragung mittels kapazitivem Spannungswandler.

gibt, gleichzeitig als Koppelkondensator für die leitungsgerichtete Hochfrequenztelephonie verwendet zu werden.

Abb. 264 zeigt die dann verwendete Schaltung. Mit D sind wieder die bereits erwähnten im Leitungszug liegenden Sperrdrosseln bezeichnet,

C_1 und C_2 stellen den Teiler des kapazitiven Wandlers dar. Im Gegensatz zu der üblichen Schaltung ist jedoch das erdseitige Ende von C_2 nicht unmittelbar, sondern über das Ankoppelglied des Hochfrequenzgerätes HF geerdet. Um beim Einlaufen von Wanderwellen das Auftreten zu hoher Spannungen im Hochfrequenzgerät zu verhindern, ist dem Eingang desselben eine Schutzfunkenstrecke F parallelgeschaltet. Der durch die Betriebsfrequenz am Hochfrequenzgerät verursachte Spannungsabfall ist so klein, daß er die Meßgenauigkeit des kapazitiven Spannungswandlers nicht beeinflußt. Mit L_2 und W sind die zum Mittelspannungsteil des kapazitiven Spannungswandlers gehörende Drossel und der induktive Meßwandler bezeichnet. Um zu verhindern, daß ein Teil der Hochfrequenzenergie am Verbindungspunkt zwischen den Kondensatoren C_1 und C_2 über den induktiven Mittelspannungsteil des kapazitiven Wandlers abfließt, wird diesem eine Hochfrequenzdrossel L_1 vorgeschaltet.

J. Normung.

Die Vielzahl der Anforderungen an die Meßwandler machte es zu einer schweren Aufgabe, Normen für Wandler aufzustellen. Die Arbeiten begannen etwa 1942 unter Vorsitz von F. J. FISCHER. Die Aufgabenstellung war durch den Krieg beeinflußt. Es galt, eine Angleichung durchzuführen, die es ermöglichte, den Einsatz von Wandlern anderer Firmen bei Ausfall eines der Wandlerhersteller zu gewährleisten, wobei infolge Mangel an Fachkräften Umkonstruktionen möglichst zu vermeiden waren. Die Arbeiten, an denen nur Wandlerhersteller mitwirkten, mußten sich daher in der Richtung bewegen, daß der Norm die Daten zugrunde gelegt wurden, die von allen Herstellern ohne wesentliche Umkonstruktion erfüllt werden konnten.

Bei Kriegsende waren diese Normungsarbeiten soweit fortgeschritten, daß das Normblatt für Meßwandler veröffentlicht und für verbindlich erklärt werden konnte.

Als jedoch einige Jahre nach Kriegsende die Normungsarbeiten durch die Arbeitsgruppe 202.2 des Fachnormenausschusses Elektrotechnik (FNE) wieder aufgenommen wurden, zeigte es sich bald, daß die bisherige Normung nur in ungenügender Weise die an die Wandler zu stellenden Aufgaben berücksichtigte und eine Zahl von Festlegungen enthielt, die im Sinne des Fortschritts unschön oder fehl am Platze waren. Eine „echte" Normung darf nicht im Konkurrenzkampf entstandene ungesunde Ausführungen festlegen. Es gilt vielmehr, die Forderungen gegen die Möglichkeiten abzuwägen und das zu normen, was bei tragbarem Aufwand die jeweils zweckmäßigste Lösung darstellt.

Es war daher notwendig, eine durchgreifende Überholung des im Krieg entstandenen Normblattes vorzunehmen. Die Normungsarbeiten für Wandler der Reihen 60, 110 und 220 wurden zunächst von einer außerhalb des FNE stehenden Normungsgruppe aufgenommen, die auf Anregung des RWE unter der Federführung von B. FLECK gebildet wurde. Die von diesem Gremium ausgearbeiteten Normungsvorschläge konnten später nahezu unverändert in die FNE-Normblätter übernommen werden. Es ist das Verdienst dieser Gruppe, daß die Normung bei den Wandlern der hohen Reihen wesentlich weiter getrieben werden konnte als bei Wandlern bis Reihe 30.

Dem Verfasser als Obmann von FNE 202.2 „Meßwandler" erschien es deshalb zweckmäßig, für die Wandler bis Reihe 30 und für diejenigen der hohen Reihen getrennte Normblätter aufzustellen:

1. DIN 42600, Meßwandler der Reihen 0,5···30 für Schaltanlagen 50 Hz mit nicht starr geerdetem Netzsternpunkt,

2. DIN 42601, Meßwandler der Reihen 60···220 in Freiluftausführung für Schaltanlagen 50 Hz mit nicht starr geerdetem Netzsternpunkt.

Diese beiden Normblätter stellen eine erste Normungsstufe dar. Die Arbeiten im Rahmen des FNE haben gezeigt, daß eine Normung bis zur letzten Schraube nicht möglich sein wird. Trotzdem besteht die Wahrscheinlichkeit, daß die Normung auch bei Meßwandlern noch wesentlich weiter über die im November 1952 herausgegebenen oben genannten Normblätter fortgeführt werden kann.

Die nachstehende Wiedergabe der beiden Normblätter geschieht mit Genehmigung des Deutschen Normenausschusses. Maßgebend ist die jeweils neueste Ausgabe der Normblätter im Normformat A 4, die bei der Beuth-Vertrieb G. m. b. H., Berlin W 15 und Köln erhältlich sind.

DK 621.314.222.3 : 621.317.3   DEUTSCHE NORMEN   November 1952

Schaltanlagen mit nicht starr geerdetem Netzsternpunkt	**DIN**
Meßwandler für 50 Hz Reihe 0,5 bis 30 Richtlinien	**42 600**

Diese Norm ist im Einvernehmen mit der Physikalisch-Technischen Bundesanstalt (PTB), dem Deutschen Amt für Maß und Gewicht (DAMG) und der Physikalisch-Technischen Reichsanstalt (PTR) aufgestellt.
Strom- und Spannungswandler für Schaltanlagen werden nach den gültigen Regeln für Wandler VDE 0414 (DIN 57 414) gemäß nachstehenden Bedingungen hergestellt:

A Stromwandler

Zwischen- und Summenstromwandler fallen nicht unter diese Normen.

1 Reihenspannungen in kV:

Aus DIN 40 002 folgende Werte:
0,5 (1) 3 6¹) 10 20 30

2 Primäre Nennströme: J_n in A

Nicht umschaltbar				1:2 umschaltbar	
5	100	1000	10000	2×5	2×100
10	150	1500	15000	2×10	2×150
15	200	2000	20000	2×15	2×200
20	300	3000	30000	2×25	2×300
30	400	4000		2×50	2×400
50	600	6000		2×75	
75	800	8000			

3 Sekundäre Nennströme:

5 oder 1 A, ab 4000 A Primär-Nennstrom sekundär auch 10 A.

4 Nennleistungen²) in VA:

Zähl- und Meßkern	Klasse 0,2	5 10 15		
	Klasse 0,5	5 10 15 30		
	Klasse 1	5 10 15 30 60		
Schutzkern	Klasse 1 oder 3	5 10 15 30 60		

5 Nenn-Überstromziffer²) „n":

Für Zähl- und Meßkerne: kleiner als 5, kleiner als 10.
Für Schutzkerne: größer als 5, größer als 10.

¹) Nur für geschlossene und gekapselte Geräte (gemäß Schutzarten P 30 und P 44 nach DIN 40 050 Beiblatt 3) zulässig.
²) Fettgedruckte Werte bevorzugen.

6 Mehrere Kerne:
2 oder 3 Kerne sind zulässig.

7 Kurzschlußfestigkeit:
Folgende Werte gelten als Mindestwerte:

Reihenspannung	J_{therm}	J_{dyn}
0,5 und 1	$60 \times J_n$	
3 und 6	$80 \times J_n$	$1{,}8 \times J_{therm} \times \sqrt{2}$
10 ... 30	$100 \times J_n$	

Höhere Festigkeiten sind zulässig, wobei sich die Nennleistungen ändern können.

8 Freiluftausführung:
Bei den Reihen 20 und 30 zulässig.

9 Isolatoren:
Bei Porzellanisolatoren für Innenraum weiß oder braun, für Freiluft braun.
Brauner Farbton nach RAL 8016 DIN 5381. Oberfläche nach DIN 40 686.

10 Primäranschlüsse:
Für Innenraumausführung von Reihe 1 aufwärts Flachanschlüsse mindestens mit den Abmessungen nach DIN 46 209. Für Freiluftausführung bis 600 A Nennstrom glatter Bolzen 30 mm Durchmesser, 80 mm lang, in Kupfer.

11 Sekundäranschlüsse:
Ausreichend für Anschluß von mindestens 6 mm², für die Reihen 0,5 ... 3 bei Schraubanschlüssen mindestens M 5. Für die höheren Reihen mindestens M 6, beide nach DIN 85. Erdungsschraube mindestens M 8.

12 Anstrich:
Von Reihe 1 aufwärts, falls erforderlich, hellgrau DIN 1843. Für Freiluftwandler nach vorhergehendem Rostschutzanstrich.

Fortsetzung Seite 2

Fachnormenausschuß Elektrotechnik im Deutschen Normenausschuß

Seite 2 Din 42 600

B Spannungswandler

1 Reihenspannungen in kV:
Aus DIN 40 002 folgende Werte:
0,5 (1) 3 6[1]) 10 20 30

2 Primäre Nennspannungen U_n
(220 380 500 V
(1) (1,5) (2) 3 (5) 6 10 (15) 20 (25) 30 (35) kV
oder die durch $\sqrt{3}$ geteilten Werte.
Klammerwerte gelten nicht für Neuanlagen.

3 Sekundäre Nennspannungen in V:
100 oder $100/\sqrt{3}$

4 Nennleistungen[2]) in VA:

Klasse	Reihe 0,5	Reihe 1...6	Reihe 10...30
0,2	5 10	10	15 30
0,5[3])	5 15 30	20	30 60 90
1	10 30 60	60	180

[1]) Nur für geschlossene und gekapselte Geräte (gemäß Schutzarten P 30 und P 44 nach DIN 40 050 Beiblatt 3) zulässig.
[2]) Fettgedruckte Werte bevorzugen.
[3]) In Klasse 1 leisten die Wandler der Klasse 0,5 etwa das 1,5fache.

5 Hilfswicklung für Erdschlußerfassung „en":
Bei den Reihen 10...30 wahlweise zulässig. Spannung 100 V für den Drehstromsatz bei sattem Erdschluß. Leistung 60 VA ohne Klassenangabe als thermische Grenzleistung für den Drehstromsatz.

6 Freiluftausführung:
Bei den Reihen 20 und 30 zulässig.

7 Isolatoren:
Bei Porzellanisolatoren für Innenraum weiß oder braun, für Freiluft braun.
Brauner Farbton nach RAL 8016 DIN 5381. Oberfläche nach DIN 40 686.

8 Primäranschlüsse:
M 6, M 8, M 10, M 12
M 6 nur bis Reihe 6 einschließlich.

9 Anstrich:
Von Reihe 1 aufwärts, falls erforderlich, hellgrau DIN 1843. Für Freiluftwandler nach vorhergehendem Rostschutzanstrich.

DK 621.314.222.3:621.317.3   DEUTSCHE NORMEN   November 1952

Schaltanlagen mit nicht starr geerdetem Netzsternpunkt **Meßwandler für 50 Hz Reihe 60 bis 220 in Freiluftausführung** Richtlinien	**DIN** **42 601**

Diese Norm ist im Einvernehmen mit der Physikalisch-Technischen Bundesanstalt (PTB), dem Deutschen Amt für Maß und Gewicht (DAMG) und der Physikalisch-Technischen Reichsanstalt (PTR) aufgestellt.
Strom- und Spannungswandler für Schaltanlagen werden nach den gültigen Regeln für Wandler VDE 0414 (DIN 57 414) gemäß nachstehenden Bedingungen hergestellt.

A Stromwandler

1 Reihenspannungen in kV:
Aus DIN 40002 folgende Werte:
60   110   150   220

2 Primäre Nennströme[1] J_n in A

Reihe	1:2 umschaltbar	1:2:4 umschaltbar
60	2×50 2×150 2×75 2×200 2×100 2×300	—
110 150	—	4×50 4×100 4×150
220	—	4×100 4×150

3 Sekundäre Nennströme:
a) Zweikern-Ausführung

Kern Nr.	Verwendungs- zweck	Reihe 60...220
1	Zählkern; Meßkern	1 oder 5 A
2	Schutzkern	2×1 oder 2×5 A[2]

b) Dreikern-Ausführung

Kern Nr.	Verwendungs- zweck	Reihe 60...220
1	Zählkern	1 oder 5 A
2	Meßkern	1 oder 5 A
3	Schutzkern	2×1 oder 2×5 A[2]

[1] **Fettgedruckte** Werte bevorzugen.
[2] Das Nennübersetzungsverhältnis ist so zu wählen, daß sich sekundär 1 und 2 A bzw. 5 und 10 A, nicht jedoch 0,5 bzw. 2,5 A als Sekundär-Nennstrom ergeben.

4 Sekundäranzapfungen:
Werden nicht ausgeführt.

5 Nennleistungen und Nennüberstromziffern „n":

Zähl- und Meßkerne:	je 15 VA, n kleiner als 10 in Klasse 0,2
	Leistet auch je 30 VA, n kleiner als 5 in Klasse 0,5
Schutzkerne:	60 VA, n größer als 10, kleiner als 20 in Klasse 1

6 Kurzschlußfestigkeit:
Als normal gelten: $J_{therm} = 120\times J_n$
$J_{dyn} = 300\times J_n$

7 Isolatoren:
Brauner Farbton gemäß RAL 8016 DIN 5381.
Oberfläche nach DIN 40686.

8 Primär- und Sekundäranschlüsse:
Primär: 30 mm Durchmesser, 80 mm lang, in Kupfer. Klemme K über dem Anschlußkasten.
Sekundär: Bolzenklemme mindestens M 8.

9 Anschlußkasten für Sekundäranschlüsse:
Anschlußkasten ist so groß zu bemessen, daß Bezeichnungsschilder für abgehende Leitungen angebracht werden können.

Anschlußmöglichkeit für zwei Feuchtraum-Leitungen ist vorzusehen, wahlweise Kabelendverschluß.

Befestigungsschraube für Deckel unverlierbar in Messing.

Regennase über der Fuge zwischen Deckel und Kasten.

Am Anschlußkasten Öffnungen für Be- und Entlüftung, geschützt gegen Regen, mit Insektengittern aus Bronze verkleidet.

Fortsetzung Seite 2

Fachnormenausschuß Elektrotechnik im Deutschen Normenausschuß

Seite 2 DIN 42601

10 Schaugläser:

Falls nicht eingebaute Ölstandsgläser benutzt werden, normale Transformatoren-Ölstandsgläser nach DIN 42552, 90° zur normalen Fahrtrichtung versetzt, verwenden.

11 Schutzfunkenstrecken:

Soweit vorgesehen, und soweit die Wandler-Konstruktion es zuläßt, im Winkel von 45° zum Primärbolzen L gegenüber Schauglas und entgegengesetzt dem Anschlußkasten.

12 Ölablaßventil:

Filteranschluß nach DIN 42551.

13 Fahrgestell:

Fahrrollenabmessungen nach DIN 43600.

Reihe:	60	110	150 und 220
Fahrgestell Spurweite in mm	möglich 600	mit 1435 (1000)	mit 1435
Mittenabstand in mm	670	1505 (1070)	1505
Rollen-Durchmesser in mm	150	200	200

Achsen der Fahrgestelle bei Reihe 110:1435 mm Spurweite, geeignet für 1000 mm Spur. Änderung der Fahrtrichtung um 90° möglich. Soweit Versand mit angebautem Fahrgestell erfolgt, Primäranschlüsse in Fahrtrichtung. Fahrgestell möglichst abnehmbar.

14 Anstrich:

Hellgrau DIN 1843 nach vorhergehendem Rostschutzanstrich.

15 Transportfähigkeit:

Höhe der Wandler Reihe 220 — eventuell nach Abnahme der Rollen und der oberen Anschlußstücke — darf unter Berücksichtigung der Porzellantoleranzen 3450 mm nicht überschreiten, um Versand auf normalen Eisenbahnwagen mit 1200 mm Höhe zu ermöglichen.

B Spannungswandler

1 Reihenspannungen in kV:

Aus DIN 40002 folgende Werte:
60 110 150 220

2 Primäre Nennspannungen: U_n in kV

$$\frac{(45) \quad (50) \quad 60 \quad 110 \quad 150 \quad 220}{\sqrt{3}}$$

Klammerwerte nicht für Neuanlagen.

3 Sekundäre Nennspannung in V:

$$\frac{100}{\sqrt{3}} \quad \text{oder} \quad \frac{2 \times 100}{\sqrt{3}}$$

4 Nennleistung[1]):

Reihe 60	90 VA	in Klasse 0,2
leistet auch	150 VA	in Klasse 0,5
Reihe 60...220	120 VA	in Klasse 0,2
leistet auch	180 VA	in Klasse 0,5

5 Hilfswicklung für Erdschlußerfassung „en"

Wahlweise zulässig.

Spannung 100 V für den Drehstromsatz bei sattem Erdschluß. Leistung 120 VA ohne Klassenangabe als thermische Grenzleistung für den Drehstromsatz.

6 Isolatoren:

Brauner Farbton gemäß RAL 8016 DIN 5381. Oberfläche nach DIN 40686.

7 Primär- und Sekundäranschlüsse:

Primär: 30 mm Durchmesser; 80 mm lang; in Kupfer;
horizontal angeordnet auf der dem Klemmenkasten gegenüberliegenden Seite.
Durchgehende Verbindung zwischen den um 180° versetzten horizontal angeordneten Bolzen für $1,2 \times 600$ A Dauerstrom.

Sekundär: Bolzenklemmen mindestens M 8. Zum getrennten Anschluß von Zähl- und Meßkreisen bzw. Relaiskreisen sind bei der sekundären Meßwicklung je zwei Bolzen parallel vorzusehen.

8 Anschlußkasten für Sekundäranschlüsse:

Anschlußkasten ist so groß zu bemessen, daß Bezeichnungsschilder für abgehende Leitungen angebracht werden können. Anschlußmöglichkeit für zwei Feuchtraumleitungen ist vorzusehen, wahlweise Kabelendverschluß. Befestigungsschraube für Deckel unverlierbar in Messing.

Regennase über der Fuge zwischen Deckel und Kasten.

[1]) Fettgedruckte Werte bevorzugen.

Fortsetzung Seite 3

Seite 3 DIN 42 601

Am Anschlußkasten Öffnungen für Be- und Entlüftung, geschützt gegen Regen, mit Insektengittern aus Bronze verkleidet.

9 Schaugläser:

Falls nicht eingebaute Ölstandsgläser benutzt werden, normale Transformatoren-Ölstandsgläser nach DIN 42552, 90° zur normalen Fahrtrichtung versetzt, verwenden.

10 Schutzfunkenstrecken:

Soweit vorgesehen und soweit es die Wandlerkonstruktion zuläßt, im Winkel von 45° zum Primärbolzen gegenüber Schauglas und entgegengesetzt dem Anschlußkasten.

11 Ölablaßventil:

Filteranschluß nach DIN 42551.

12 Fahrgestell:

Fahrrollenabmessungen nach DIN 43600.

Reihe:	60	110	150 und 220
Fahrgestell Spurweite in mm	möglich 600	mit 1435 (1000)	mit 1435
Mittenabstand in mm	670	1505 (1070)	1505
Rollen-Durchmesser in mm	150	200	200

Achsen der Fahrgestelle bei Reihe 110:1435 mm Spurweite, geeignet für 1000 mm Spur. Änderung der Fahrtrichtung um 90° möglich. Soweit Versand mit angebautem Fahrgestell erfolgt, Primäranschlüsse in Fahrtrichtung. Fahrgestell möglichst abnehmbar.

13 Anstrich:

Hellgrau DIN 1843 nach vorhergehendem Rostschutzanstrich.

14 Transportfähigkeit:

Höhe der Wandler Reihe 220 — eventuell nach Abnahme der Rollen und der oberen Anschlußstücke — darf unter Berücksichtigung der Porzellantoleranzen 3450 mm nicht überschreiten, um Versand auf normalen Eisenbahnwagen mit 1200 mm Höhe zu ermöglichen.

Schrifttum.

Bücher über Meßwandler.

BEETZ, W.: Meßwandler. Verlag Vieweg & Sohn, Braunschweig 1950.

BRESSON, C.: Transformateurs de mesure et relais de protection. Paris: Dumond, 1932.

BRÜCKMANN, H. W. L.: Elektrizitäts-Zähler und Wandler, deren Theorie, Beschreibung und Eichung. Verlag O. Leiner 1926.

GOLDSTEIN, I.: Die Meßwandler, ihre Theorie und Praxis. Basel: Birkhäuser, 1952.

GALIMBERTI: Trasformatori di misura. Milano: Hoepli, 1927.

HAGUE, B.: Instrument Transformators. London: I. Pitman & Sons, 1936.

KROTOVO, V.: Étalonnage des Transformateurs de Mesure. Moscow: Comité de Normalisation du Conseil de Travail, 1933.

WALTER, M.: Strom- und Spannungswandler. München und Berlin: R. Oldenbourg, 1937 und 1944.

Bücher mit Meßwandler-Abschnitten.

ARNOLD-LA COUR: Die Wechselstromtechnik, 2. Bd. Die Transformatoren. Berlin: Springer, 1936, S. 598—647.

KEINATH, G.: Die Technik elektrischer Meßgeräte, 1. Bd. München und Berlin: R. Oldenbourg, 1928.

MÖLLINGER, J. A.: Wirkungsweise der Motorzähler und Meßwandler. Berlin: Springer, 1925, S. 187—238.

RZIHA, E. v.: Starkstromtechnik. Verlag W. Ernst & Sohn. Berlin 1951, S. 124 bis 131.

SCHUMANN, W. O.: Fortschritte der Hochspannungstechnik. Bd. 1. Leipzig: Akad. Verlagsges. 1944, S. 585—620 und S. 622—672.

SKIRL, W.: Elektrische Messungen. Berlin: de Gruyter, 1926, S. 75—151.

VIDMAR, M.: Die Transformatoren. Berlin: Springer, 1927.

A. Einführung.

BENISCHKE, G.: Neue Wechselstrom-Meßinstrumente und -Bogenlampen der AEG. ETZ Bd. 20 (1899) S. 82—89.

ORLICH, E.: Über die Anwendung des Quadrantenelektrometers zu Wechselstrommessungen. ETZ Bd. 30 (1909) S. 467—470.

SCHROTTKE, F.: Über Drehfeldmeßgeräte. ETZ Bd. 22 (1901) S. 665—667.

Physikalisch-Technische Reichsanstalt: Bestimmungen über die Beglaubigung von Meßwandlern. ETZ Bd. 36 (1915) S. 358.

B. I. Meßgenauigkeit von Stromwandlern.

BÄHRE, W.: Stromwandler mit Kunstschaltung (Remanenzfehler). Phys. Z. Bd. 39 (1938) S. 623.

— Fehlergrößen des Stromwandlers. ATM, Z 22—3 (1939).

BEETZ, W.: Die sekundäre Belastung der Stromwandler. ATM, Z 222—1 (1940).

BESAG, E.: Gleichstromwandler. ETZ Bd. 40 (1919) S. 436.

BUCHHOLZ, H.: Übersetzungsverhältnis von Stromwandlern im Sättigungsgebiet. AEG-Mitt. (1930) S. 548—555.

CAMILLI, G.: A Survey of Bushing-Type Current Transformers for Metering Purposes. Amer. J. Inst. electr. Engng. Bd. 69 (1950) Nr. 1, S. 429—440.

ENGELHARDT, v.: Entmagnetisieren von Stromwandlern. ETZ Bd. 41 (1920) S. 647—650.

FELDTKELLER, R. u. E. STEGMAIER: Die Wirkung der Vormagnetisierung auf die komplexe Permeabilität von Spulenkernen. Frequenz Bd. 2 (1948) S. 121—130.

FELDTKELLER, R.: Spulen und Übertrager. Leipzig: Hirzel, 1949.

FLEISCHHAUER, W.: Graphische Stromwandlerberechnung. ATM, Z 221—3 (1932); (Wiss. Veröff. Siemens-Werk Bd. 10/1 (1931) S. 98—136 u. ETZ Bd. 53 (1932) S. 691—693).

GEYGER, W.: Fehlergrößen des Stromwandlers. ATM, Z 22—2 (1938).

GOLDSTEIN, J.: Wechselstromvormagnetisierung im Stromwandlerbau und ihre anschauliche Wirkungsweise. Bull. schweiz. elektrotechn. Ver. Bd. 25 (1934) S. 229—232.

— Eine neue Art mit erhöhter Frequenz vormagnetisierter Stromwandler. Bull. schweiz. elektrotechn. Ver. Bd. 43 (1952) S. 316—319.

HILL, E. W. u. F. G. SHOTTER: Current transformer summations. J. Instn. electr. Engrs. Bd. 69 (1931) S. 1251—1272.

JANVIER, W.: Neues Diagramm zur Darstellung der Arbeitsweise von Stromtransformatoren. Rev. gén. Électr. Bd. 24 (1928) S. 619—623.

KAFKA, H.: Untersuchungen über Stromwandler. Elektrotechn. u. Masch.-Bau Bd. 68 (1951) S. 529—540.

KALTOFEN, A.: Das Verhalten der Stromwandler im Überstromgebiet. ETZ Bd. 72 (1951) S. 707—710.

KEINATH, G.: Theorie des Stromwandlers. Diagramm des Stromwandlers. ATM, Z 20—2 (1932).

— Theorie des Stromwandlers. Diagramm des Stromwandlers. ATM, Z 21—1 (1931).

— Gleichstromwandler. ATM, V 3210—1 (1933).

— Gleichstromwandler. ATM, V 3213—1 (1932).

KRÄMER, W.: Gleichstromwandler. ETZ Bd. 58 (1937) S. 1309; ETZ Bd. 59 (1938) S. 1295; ATM, V 3213—3 (1938).

— Gleichstrom-Meßwandler für Hochstromanlagen. Z. VDI Bd. 83 (1939) S. 417 bis 418.

KÜCHLER, R.: Einfache Formeln zur Berechnung von Strom- und Spannungswandlern. ETZ Bd. 42 (1921) S. 1418.

— Die Überstromziffer von Stromwandlern. Z. Elektr. Bd. 2 (1949) H. 3, S. 60 bis 63.

— Bestimmung der Überstromkennlinie bei Stromwandlern. ETZ (A), Bd. 73 (1952) H. 15, S. 480, 481.

LUKSCHIK, B.: Eisenstabwandler. ATM, Z 282—2 (1936).

METOL, A. H.: Fehlergrößen des Stromwandlers. ATM, Z 22—4 (1939).

MÖLLINGER, J. u. H. GEWECKE: Zum Diagramm des Stromwandlers. ETZ Bd. 33 (1912) S. 270—271.

NÖLKE, O. E.: Gleichstromwandler. ETZ Bd. 57 (1936) S. 37.

— Graphische Vorausberechnung kunstgeschalteter Stromwandler. Elektrotechn. Bd. 4 (1950) S. 125—130.

NOLEN, H. G.: Diagramm des Stromtransformators. ETZ Bd. 36 (1915) S. 272 bis 273.

PARK, J. H.: Accuracy of high range current transformers. J. Res. Nat. Bur. Stand. Bd. 14 (1935) S. 367—392.

PARK, J. H.: Fehlergrößen des Stromwandlers. Einfluß der Wellenform des Primärstromes. ATM, Z 22—1 (1938).

RITZ, H.: Zusammenhänge zwischen den für die Wirkungsweise und die Bemessung von Stromwandlern wichtigen Faktoren. ATM, Z 221—3 (1940); ATM, Z 221—4 (1940); ATM, Z 221—5 (1940).

— Überstromziffern von Stromwandlern. Graphische Ermittlung. ATM, Z 26—1 (1935).

— Gleichstrom-Meßwandler. ATM, V 3213—2 (1938).

ROTTSIEPER, K.: Gleichstromwandler. ATM, V 3216—1 (1923).

SCHERING, H.: Zum Diagramm des Stromwandlers. Arch. Elektrotechn. Bd. 7 (1919) S. 47—56.

— u. v. ENGELHARDT: Stromwandlerdiagramm. Z. Instrumentenkde. Bd. 39 (1919) S. 114.

SCHUNCK, H.: Zur graphischen Berechnung von Stromwandlern. Elektrotechn. u. Masch.-Bau Bd. 51 (1933) S. 241—245.

— Spannungsanstieg beim Unterbrechen der Sekundärseite eines Stromwandlers. ETZ Bd. 53 (1932) S. 1129.

SCHWAGER, A.: Der fehlerfreie Stromwandler. Bull. schweiz. elektrotechn. Ver. Bd. 23 (1932) S. 514—532.

SILSBEE, SMITH, FORMAN u. PARK: Equipment for testing current transformers. J. Res. Nat. Bur. Stand., Wash. 11 (1933) S. 93—122.

SPOONER, T.: Current Transformers with Nickel-Iron Cores. J. Amer. Inst. electr. Engng. Bd. 45 (1926) S. 540—545.

VAHL, H.: Summierung mit Stromwandlern. ATM, V 3224—1 (1933).

— Vor- und Gegenmagnetisierung bei den Stromwandlern. VDE-Fachberichte 1934, S. 38—41.

WEIKERT, F.: Hochspannungsanlagen, Summenstromwandler. Verlag Dr. Max Jänecke, Leipzig 1945, S. 124—125.

WELLINGS u. MAJO: Instrument Transformers. J. Amer. Inst. electr. Engng. Bd. 68 (1930) S. 704—779.

WIGGINS, A. M.: Improved current transformers with Nickel-Iron Cores. Electr. J. Bd. 26 (1929) S. 152—154.

B. II. Meßgenauigkeit von Spannungswandlern.

BEETZ, W.: Die sekundäre Belastung der Spannungswandler. ATM, Z 32—1 (1934).

BÖNING, P.: Die Messung hoher Wechselspannungen mittels kapazitiver Spannungsteiler (C-Messung). ATM, V 3332—1 (1951); ATM, V 3333—8 (1952).

CLEM, J. E.: Kapazitiver Spannungswandler. Electr. Engng. (1939), Trans. S. 1.

FREIBERGER, R.: Theorie der Fünfschenkelwandler. Elektrotechn. u. Masch.-Bau Bd. 53 (1935) S. 73.

GEWECKE, H.: Einfaches Diagramm des Drehstrom-Spannungswandlers. ETZ Bd. 36 (1915) S. 252—256.

GÖRGES, H.: Über den Schutzwert der Erdungsdrosselspule im Nullpunkt von Wechselstromanlagen. Arch. Elektrotechn. Bd. 7 (1918) S. 125—135.

HOCHHÄUSLER, P.: Kapazitive Spannungswandler. Arch. Elektrotechn. Bd. 28 (1934) S. 302.

HOHLE, W.: Fehlergrößen des Spannungswandlers. ATM, Z 32—1 (1938).

MARTIN, G.: Kapazitive Spannungsteiler zur Messung sehr hoher Wechselspannungen. Bull. schweiz. elektrotechn. Ver. Bd. 38 (1947) S. 279, 346 u. 378; Cigre 1946, Bericht 107.

MÖLLINGER, J. u. H. GEWECKE: Zum Diagramm des Spannungswandlers. ETZ
Bd. 32 (1911) S. 922.
MÜLLER-STROBEL, J.: Kapazitiver Spannungswandler. Bull. schweiz. elektrotechn.
Ver. Bd. 29 (1938) S. 686.
OHLHANS, A.: Die kapazitive Spannungsmessung mittels Durchführungen. Siemens-
Z. Bd. 22 (1942) S. 97—102.
POLECK, H.: Kapazitiver Spannungswandler. ATM, Z 116—6 (1939).
ROGOWSKI, W.: Über die Streuung des Transformators. ETZ Bd. 31 (1910) S. 1033
u. 1069.
WATERHOUSE, T.: Berechnung der Fehler von Dreiwicklungs-Spannungswandlern.
J. Amer. Inst. electr. Engng. Bd. 95 (1948) Part. II, S. 71.
WOELKEN, H.: Theorie des Spannungswandlers. ATM, Z 31—1 (1942).

C. Hochspannungsfestigkeit.

AESCHLIMANN, H. u. J. AMSLER: Schutz von Transformatoren gegen Überspan-
nungen durch Ableiter oder Stabfunkenstrecken. Bull. schweiz. elektrotechn.
Ver. Bd. 44 (1953), H. 3, S. 88 ff.
BAUER, R.: Bekämpfung von Kippschwingungen in Hochspannungsnetzen. ETZ
Bd. 65 (1944) S. 53—55.
BINDER, L.: Die Wanderwellenvorgänge auf experimenteller Grundlage. Berlin:
Springer, 1928.
CORN, H. v.: Über Kriechspurbildung auf Isolierstoffen bei Hochspannung. Arch.
Elektrotechn. Bd. 37 (1943) S. 123.
IMHOF, A.: Gehärtete Niederdruckharze im Transformatoren- und Meßwandlerbau.
Schweizer Arch. Bd. 15 (1949) S. 286—289.
KEINATH, G.: Isolierung von Spannungswandlern. ATM, Z 37—1 (1932).
KINNARD, F. J.: Umwälzender Fortschritt im Bau von Meßwandlern. Gen. Elektr.
Rev. (1949) S. 15—19.
KOCH, W.: Kippschwingungen in Starkstromanlagen. ETZ Bd. 64 (1943) S 427 ff.
LANGREHR, H.: Vorgänge beim Abschalten leerlaufender Leitungen. AEG-Mitt.
(1934) S. 21.
PFESTORF, G.: Stand der Isolierstofftechnik. ETZ Bd. 69 (1948) S. 235—238.
POTTHOFF, K.: Fortschritte auf dem Gebiet der elektrischen Isolierstoffe. ETZ
Bd. 69 (1948) S. 120—122.
ROTH, A.: Hochspannungstechnik. Berlin: Springer, 1927.
RÜDENBERG, R.: Schaltvorgänge. Berlin: Springer, 1933.
SCHUMANN, W. O.: Elektrische Durchbruchfeldstärke von Gasen. Berlin: Sprin-
ger, 1923.
SCHWAIGER, A.: Elektrische Festigkeitslehre. Verlag J. Springer, Berlin 1925.
Ölbuch. Verlag der „Elektrizitätswirtschaft", Göttingen 1950.
STADAHL, K.: Schwingungsfreie und oberwellenfreie Umspanner. AEG-Mitt. (1937)
S. 71.
WÖRNER, TH.: Über die Gasfestigkeit und Gasabspaltung von Isolierröhren im
elektrischen Feld. Erdöl u. Kohle Bd. 3 (1950) S. 427—436.
— Über die Gasfestigkeit von Isolierölen im elektrischen Feld. ETZ Bd. 72
(1951), H. 22, S. 656—658.

D., E. Erwärmung und Mechanische Festigkeit.

ARNOLD-LA COUR: Die Wechselstromtechnik, Bd. 2. Die Transformatoren. Berlin:
Springer, 1936.
BIERMANNS, J.: Überströme in Hochspannungsanlagen. Berlin: Springer, 1920.

DUNTON, W. F.: Über die Kurzschlußfestigkeit von Stromwandlern. ETZ Bd. 51 (1929) S. 1101.

GRILLET, J.: Die Beanspruchung der Stromwandler beim Kurzschluß im Netz. ETZ Bd. 52 (1931) S. 973.

REICHE, W.: Über die Kurzschlußfestigkeit von Stromwandlern. ETZ Bd. 49 (1928) S. 1772—1776.

RICHTER, R.: Elektrische Maschinen, Bd. 3. Transformatoren. Berlin: J. Springer. 1932.

RÜDENBERG, R.: Kurzschlußströme beim Betrieb von Großkraftwerken. Berlin: J. Springer, 1925.

VIDMAR, M.: Die Transformatoren. Berlin: Springer, 1927.

WALTER, M.: Kurzschlußströme in Drehstromnetzen. Verlag R. Oldenbourg, München 1935.

— Über die dynamische Kurzschlußfestigkeit der Stromwandler. ETZ Bd. 57 (1936) S. 1172.

F. Bauarten.

BAUER, R.: Trockenspannungswandler mit thermoelastischem Isolierstoff. Siemens-Z. Bd. 25 (1951) S. 57—58.

BIERMANNS, J.: Spannungswandler mit offenem Eisenkern. ETZ Bd. 52 (1941) S. 378.

FISCHER, F. J.: Stromwandler. K. & St.-Mitt. Nr. 12 (1927) S. 1—35.

— Trocken-Meßwandler. K. & St.-Mitt. T 17 (1930) S. 1—27 u. T 18 (1931) S. 1 bis 20.

GUGEL, H.: Meßwandler für Hochspannungsschaltanlagen. ETZ Bd. 62 (1941) S. 241.

HARTMANN, H.: Trockenisolation von Hochspannungsapparaten mit besonderer Berücksichtigung druckisolierter Wandler. Bull. schweiz. elektrotechn. Ver. Bd. 62 (1941) S. 21.

— Ausgewählte Probleme des Wandlerbaues. Bull. schweiz. elektrotechn. Ver. Bd. 66 (1945) S. 233.

HÖGFELDT, L.: Capacitor Voltage Transformer, Ericsson Review Bd. 3 (1952), S. 80—84.

IMHOF, A.: Ein neuer Spannungswandler für Höchstspannungen. Elektrotechn. u. Masch.-Bau Bd. 46 (1928) S. 1074—1076.

— Kunstharz-Trockenmeßwandler. Bull. schweiz. elektrotechn. Ver. Bd. 41 (1950) S. 716 u. Bd. 43 (1952) S. 509—514.

KEINATH, G.: Stromwandler. Aufbau des Wandlersystems. ATM, Z 281—1 (1931).

— Umschaltbare Stromwandler. ATM, Z 288—1 (1932).

— Stromwandler mit höchster Genauigkeit. ATM, Z 20—4 (1932).

— Kurzschlußfeste Stromwandler für Hochspannung mit kleinem Nennstrom. ATM, Z 250—1 (1932).

— Stromwandler, Topf- und Stützerwandler. ATM, Z 283—1 (1931).

— Stromwandler, Tragbare Wandler. ATM, Z 285—1 (1931).

— Porzellanisolierte Stromwandler. ATM, Z 286—1 (1933).

— Bauweisen der Spannungswandler. ATM, Z 381—1 (1935).

KÜCHLER, R.: Ein Trockenspannungswandler für höchste Spannungen. ETZ Bd. 58 (1937) S. 203.

KÜCHLER, R. u. K. H. WERNER: Meßwandler für Höchstspannungsanlagen. AEG-Mitt. Bd. 43 (1953), H. 3/4 S. 47—76.

LUKSCHIK, B.: Eisenstab-Stromwandler. ATM, Z 282—2 (1936).

REICHE, W.: Kaskaden-Stromwandler. ATM, Z 287—1 (1931).

— Kaskaden-Spannungswandler. ATM, Z 387—1 (1933).

REICHE, W.: Trockenspannungswandler. Elektrizitätswirtsch. (1932) S. 83.
— Spannungswandler in Drehstromnetzen. ETZ Bd. 65 (1944) S. 291—294.
SCARPA, G.: Kaskaden-Wandler zur gleichzeitigen Strom- und Spannungsmessung. Elettrotecnica Bd. 20 (1933) S. 247—251 u. ATM, Z 389—1 (1933).
WALTER, M.: Spannungswandler für Schaltanlagen. Elektrizitätswirtsch. Bd. 36 (1937) S. 403.

G. Messungen und Prüfungen an Wandlern.

BERGER, M.: Untersuchung an Stromwandlern mit den Kathodenstrahloszillographen. Bull. schweiz. elektrotechn. Ver. Bd. 18 (1927) S. 657.
BERGHAHN, A.: Ein einfaches Verfahren zur Ermittlung der Streureaktanz, der Windungsabweichung und der Leerlaufcharakteristik von Stromwandlern. ETZ Bd. 52 (1931) S. 605—607.
— Ein neues Leerlaufverfahren zur Ermittlung der Streureaktanzen und der Windungsabweichung des Eisentransformators. ETZ Bd. 55 (1934) S. 667—669.
BRÜCKMANN, H. W. L. u. W. ENGELENBURG: Eine direkte Methode zur Bestimmung des Streufeldes eines Wandlers. ETZ Bd. 52 (1931) S. 1171—1172.
ELSNER, R.: Stoßspannungsanlagen. Z. VDI Bd. 83 (1939) S. 623—629.
GEYGER, W.: Vereinfachter Meßzweig für Strom- und Spannungswandler-Prüfeinrichtungen. Beitrag zur Bestimmung der Fehlergrößen von Strom- und Spannungswandlern mit den Kompensations-Meßanordnungen nach SCHERING u. ALBERTI. Arch. Elektrotechn. Bd. 27 (1933) S. 567—576.
— Selbsttätige Meßwandler-Prüfeinrichtung. Arch. Elektrotechn. Bd. 29 (1935) S. 842.
— Prüfung von Meßwandlern. ATM, Z 224—7 (1935).
— Prüfung von Meßwandlern mit Koordinaten-Tintenschreibern. ATM, Z 224—8 (1936).
— Neuere Stromwandler-Prüfeinrichtungen. ATM, Z 224—9 (1938).
GOCHT, K.: Ein Meßverfahren zur Bestimmung der sekundären Streuinduktivität, der Windungsabweichung und des Leerlaufstromes. ETZ Bd. 50 (1929) S. 1653—1655.
GUMLICH, E. u. G. ROGOWSKI: Methode zur absoluten Bestimmung der Magnetisierung von Dynamoblech an Epsteinbündeln. ETZ Bd. 33 (1912) S. 262—266.
HOCHRAINER, A.: Die Erörterung der Stoßspannungsprüfung von Transformatoren auf der Cigré-Tagung Paris 1950 und die Gefährdung von Wicklungen durch abgeschnittene Wellen. Elektrotechn. u. Masch.-Bau Bd. 68 (1951) S. 505—512.
HOHLE, W.: Meßwandler-Prüfeinrichtungen. Arch. Elektrotechn. Bd. 27 (1933) S. 849.
— Neuere Stromwandler-Prüfeinrichtungen. ATM, Z 224—4 (1934).
— u. W. HÜTER: Zur Prüfung von Höchstspannungswandlern. Phys. Z. Bd. 39 (1938) S. 288—300.
— Neuere Verfahren zum Prüfen von Spannungswandlern. ATM, Z 33—2 (1943).
KEINATH, G.: Die Technik elektrischer Meßgeräte. 2. Bd. Verlag R. Oldenbourg, München und Berlin 1928.
— Untersuchung an Meßtransformatoren (Dissertation). Wildsche Buchdruckerei, München 1909.
— Fehlergrößen des Stromwandlers. Experimentelle Bestimmung. ATM, Z 224—1 (1932).
KOPPELMANN, F.: Ein neues Verfahren zur Messung der Eisenverluste und der Magnetisierbarkeit von Dynamoblech. Vergleiche mit der Epsteinmessung. Z. Elektrotechn. Bd. 1 (1948) S. 13—18 sowie S. 23—28.

KRÖNERT, J.: Meßbrücken und Kompensatoren. Verlag R. Oldenbourg, München und Berlin 1935.

LIEBSCHER, F.: Über die dielektrischen Verluste und die Kurvenform der Ströme in geschichteten Isolierstoffen bei hohen Wechselfeldstärken von 50 Hz. Wiss. Veröff. Siemens-Werk XXI, Bd. 2 (1943) S. 74—108.

METAL, A. H.: Stromwandler-Fehlermessung mittels Elektronenstrahl-Oszillographen. Bull. schweiz. elektrotechn. Ver. Bd. 30 (1939) S. 71.

NÖLKE, O. E.: Wechselstrom-Brücken und Kompensationsschaltungen mit selbsttätiger Abgleichung und Aufzeichnung. VDE-Fachber. Bd. 9 (1937) S. 191 bis 196.

— Meßwandler-Eicheinrichtung nach dem Differentialverfahren. ETZ Bd. 59 (1938) S. 41—43.

— Selbsttätige Stromwandler-Prüfeinrichtungen. ATM, Z 224—12 (1941).

ORLICH, E.: Über die Anwendung des Quadrantenelektrometers zu Wechselstrommessungen. ETZ Bd. 30 (1909) S. 467—470.

PALM, A.: Elektrische Meßgeräte und Meßeinrichtungen. Verlag J. Springer, Berlin 1937.

POLECK, H.: Neue technische Meßgeräte zur Isolierstoffprüfung. ETZ Bd. 61 (1940) S. 369—373.

RITZ, H.: Überstromziffern von Stromwandlern, Experimentelle Bestimmung. ATM, Z 26—2 (1936).

SCHERING, H. u. E. ALBERTI: Eine einfache Methode zur Prüfung von Stromwandlern. Arch. Elektrotechn. Bd. 2 (1914) S. 263—275; Z. Instrumentenkde. Bd. 37 (1917) S. 98.

SCHERING, H. u. v. ENGELHARDT: Messung des Leerlaufstromes von Stromwandlern. Z. Instrumentenkde. Bd. 39 (1919) S. 115.

— — — Messung der Kurzschluß- und Streuinduktivität bei Stromwandlern. Z. Instrumentenkde. Bd. 39 (1919) S. 137.

— — — Experimentelle Bestimmung des Magnetisierungsstromes aus $F\%$ und δ'. Arch. Elektrotechn. Bd. 1 (1913) S. 209.

SCHUNK, H.: Ermittlung der Streureaktanzen aus der Fehlermessung des Spannungswandlers. ETZ Bd. 54 (1933) S. 1236—1237.

SIEBER, O.: Eine neue tragbare Meßwandler-Prüfeinrichtung. Siemens-Z. Bd. 9 (1929) S. 845—850.

SIXTUS, K.: Messung der magnetischen Streuung. ATM, V 393—1, 2, 3 (1948).

THAL, W.: Dissertation der T. H. Berlin 1935.

H. Wandlerschaltungen, Sonderanwendungen.

AHRBERG, F. u. W. GAARZ: Kritische Betrachtungen zu den verschiedenen Transformatorenschutzsystemen. Wiss. Veröff. Siemens-Werk Bd. 5 (1927) S. 165 bis 174.

NEUGEBAUER, H.: Stromwandler für Schutzsysteme. Siemens-Z. (1931) S. 147 bis 151 u. S. 192—198.

REICHE, W.: Einfluß der Meßwandlerfehler auf die Zählerangabe. Elektrizitätswirtsch. Bd. 29 (1930) S. 53.

SCHLEICHER, M.: Die moderne Selektivschutztechnik und die Methoden zur Fehlerortung in Hochspannungsnetzen. Verlag J. Springer, Berlin 1936.

WALTER, M.: Der Selektivschutz nach dem Widerstandsprinzip. Verlag R. Oldenbourg, München 1933.

WEICKERT, F.: Wandler-Synchronisierschaltungen. ETZ Bd. 58 (1937) S. 143.

Sachverzeichnis.

Abgleichen von Spannungswandlern 124.
— — durch Zusatzspannungen 125.
— von Stromwandlern 63.
— — durch Fädeln 65.
— — durch Parallelwiderstände 66.
— — durch Wickeln 63.
Absichern von Wandlern 179.
Altern von Öl 172.
Anlegestromwandler 204.
Auswertung des Spannungswandlerdiagramms 111.
— des Stromwandlerdiagramms 15.

Bandkern 54.
Bandkernmeßgerät 269.
Bauarten von Spannungswandlern 212.
— von Stromwandlern 201.
Beglaubigungsfähige Wandler 5, 31.
Belastungsfehler, Spannungswandler 103.
Berechnung der Spannungswandlerfehler 117.
Berechnungsverfahren für Stromwandler 37.
— für vormagnetisierte Stromwandler 78.
Blechsorten 55, 121.
Blechstärko 59.
Blechstreifen-Joch 267.
Blindleistungsmessung, Einfluß der Wandlerfehler 272.
Brooks-Wandler 68.
Bürde 5.

Charakteristische Stoßoszillogramme 253.
— Verlustfaktorkurven 246.
C-Messung, Fehlerverhalten 134.
Clophen 174.

Diagramm des Spannungswandlers 109.
— des Stromwandlers 11.

Dielektrische Verluste 187, 241.
Differentialkern 26.
Differentialschaltung von Stromwandlern 279.
Doppelkippkreis 158.
Drehporzellan 170.
Druckluftisolierte Spannungswandler 217.
Durchführungsstromwandler 202.
Durchsteckstromwandler 201.
Dynamische Festigkeit, Kräfte 196.
— Vorschriften 198.
Dynamischer Grenzstrom 198.

Effektive Gesamtpermeabilität 8.
Eichanweisung 5.
Eichordnung 5.
Eigenfrequenz von Spannungswandlern 258.
Eigenkapazität von Stromwandlern 27.
Eigenverbrauch des Stromwandlers, sekundärer — 9.
Einfluß der Stoßstelle bei Schachtelkernen 53.
— der Walzrichtung 54.
— der Wandlerfehler bei Wirk- und Blindleistungsmessung 272.
Einleiterstromwandler 201.
Einphasiger Netzerdschluß, Fehlerverhalten des Spannungswandlers 131.
Einschaltstoß, Einfluß auf Fehlerverhalten beim Stromwandler 90.
Eisenmessung 265.
— mit dem Bandkernmeßgerät 269.
— mit Ferrometer 269.
— mit Vektormesser 269.
— nach EPSTEIN 265.
— nach GUMLICH-ROGOWSKI 267.
Eisensorten für Spannungswandler 121.
— für Stromwandler 55.
Eisenstabwandler 97.
Eisenverluste 118, 122, 186.
EPSTEIN-Apparat, einfacher — 265.

Epstein-Apparat in Differentialschal-
tung 265.
Erdschluß 131.
Erdung von Wandlern 273, 289.
Erkennen von Kippschwingungen 159.
Ersatzwiderstände des Spannungswand-
lers 102.
— des Stromwandlers 6.
Erwärmung 181.
—, Prüfung 259.
Erwärmungsvorgang durch Kurzschluß-
strom 191.
— stationärer — 181.

Fehler, zusätzliche —, bei Spannungswandlern 112.
— —, bei Stromwandlern 26.
Fehlergleichungen des induktiven
Spannungswandlers 108.
— des kapazitiven Spannungswandlers
142.
— des Stromwandlers 6.
Fehlergrenzen für Normalspannungswandler 113.
— für Normalstromwandler 31.
— für Spannungswandler im Ausland
— — nach IEC 114.   [114.
— — nach VDE 113.
— — zu Zählerprüfeinrichtungen 114.
— für Stromwandler im Ausland 32.
— — nach IEC 32.
— — nach VDE 30.
— — zu Zählerprüfeinrichtungen 31.
Fehlerortskurven des Stromwandlers
12.
Fehlerspreizung, zusätzliche — 65.
Fehlerverhalten der C-Messung 134.
— von induktiven Spannungswandlern
102.
— — bei abweichender Frequenz 129.
— — bei einphasigem Netzerdschluß
131.
— von kapazitiven Spannungswandlern 142.
— — bei abweichender Frequenz 145.
— von Kaskadenspannungswandlern
133.
— von Kaskadenstromwandlern 90.
— von Stromwandlern 6.
— — bei abweichender Frequenz 84.
— — im Überstromgebiet 16.
— von Summenstromwandlern 93.

Fehlwinkel des Spannungswandlers 106.
— des Stromwandlers 13.
Ferrometer 269.
Festigkeit, dynamische —, Vorschriften
198.
—, thermische —, Vorschriften 193.
Fourierspektrum der VDE-Stoßwelle
155.
Fremdfeldeinfluß, in Reihe geschaltete
Wicklungen 27.
—, parallel geschaltete Wicklungen 28.
Fremdfeldfehler des Stromwandlers 27.
Frequenzabhängigkeit der Anfangs-
permeabilität 59.
Frequenzverhalten von induktiven
Spannungswandlern 129.
— von kapazitiven Spannungswand-
lern 145.
— von Stromwandlern 84.
Fünfschenkelwandler, en-Wicklung 132.

Ganztafelmeßgerät 268.
Gesamtfehler des Spannungswandlers
102.
— des Stromwandlers 6.
Gesamtleistung des Stromwandlers 9.
Gesamtpermeabilität, effektive — 8.
Geschichtliches 1.
Gestellschluß-Schutzschaltungen 285.
Gießporzellan 168.
Gleichstromwandler 98.
— nach Besag 99.
— nach Collins 102.
— nach Krämer 101.
— nach Keinath 101.
— nach Nölke 98.
— nach Pestarini 98.
— nach Ritz 100.
— nach Rottsieper 100.
— nach Someda 100.
Glimmlampenindikator 241.
Grenzerwärmung, zulässige —, nach
VDE 0170 189, 194.
— —, nach VDE 0144 188.
Grenzfehler des Stromwandlers 16.
Grenzfrequenz 59.
Grenzleistung des Spannungswandlers
189.
Grenzstrom, dynamischer —, 198.
—, thermischer — 193.
Grenztemperaturen, zulässige —, nach
VDE 0170 189.

Gütefaktor des kapazitiven Spannungswandlers 144.

Hartpapier als Isolierstoff 171.
Hartpapierisolierte Stromwandler 209.
— — mit Porzellanüberwurf 209.
Härtbare Isolierstoffe 174.
Hilfswicklung für Erdschlußerfassung
131.
Hochfrequenztelephonie 292.
Hochspannungssicherungen 180.
Hochspannungsteiler, ohmsche — 225.
—, kapazitive — 230.
Hohle-Brücke 228.
Hysteresisverluste 59.

Imprägniermassen 173.
Isolierlacke 174.
Isolierstoffe 168.
—, härtbare — 174.
—, thermoelastische — 174.

Kabelumbaustromwandler 202, 286.
Kaskadenspannungswandler, Baufor-
men 133.
—, Theorie 133.
Kaskadenstromwandler, Bauformen 93.
—, Theorie 90.
Kapazität der Primärwicklung des
Stromwandlers 26.
Kapazitive Spannungswandler, Bau-
formen 218.
—, Fehlerverhalten 141.
Kaskaden-Spannungswandler, Baufor-
men 134.
—, Fehlerverhalten 133.
Kaskaden-Stromwandler, Bauformen
93.
—, Fehlerverhalten 90.
Kernformen für Spannungswandler 121.
— für Stromwandler 52.
Kettenleiter, Wandler als — 255.
Kipperscheinungen 156.
Kippschwingungen 158.
—, Bekämpfungsmaßnahmen 159.
—, Erkennen von — 159.
Kleinstromwandler 205.
Klemmenbezeichnung für Spannungs-
wandler 127.
— für Stromwandler 26, 82.
Kombinierte Strom- und Spannungs-
wandler 218.

Kompensation der Spannungswandler-
fehler 125.
— der Stromwandlerfehler 67.
Konstanten für Kurzzeiterwärmung
192.
Kopplungsfaktor des Stromwandlers 21.
Korona 152.
Kraftwirkungen bei Scheibenwicklun-
gen 197.
— bei Zylinderspulenwicklungen 196.
Kräfte, dynamische — 196.
—, statische — 195.
Kreuzrohrstromwandler 206.
Kreuzringstromwandler 208, 211.
Kunstschaltungen 62.
Kunststoffisolierte Spannungswandler
216.
Kupferverluste 185.
—, zusätzliche — 186.

Lastfehler des Spannungswandlers 103.
Leerlauffehler des Spannungswandlers
103.
Leistung des Stromwandlers, spezi-
fische — 47.
Leistungsgleichung des kapazitiven
Spannungswandlers 144.
— Stromwandlers 10.
Leistungskennzahl des Stromwandlers
46.
Leistungsmessung mit Wandlern 272.
Leitungsgerichtete Hochfrequenztele-
phonie 292.
Lochscheibenstromwandler 202.

Magnetisierungskurve 7, 118.
Mantelkern 52, 121.
Masseisolierte Spannungswandler 215.
Maßnahmen gegen Kippschwingungen
159.
Mechanische Festigkeit 195.
Mehrere Meßbereiche, Spannungswand-
ler 126.
— —, Stromwandler 78.
Mehrkernstromwandler 25.
Meßgerät für Überstromziffer 262.
Meßkern 26.
Meßsätze 237.
Meßwandlerprüfeinrichtungen 223.
Mischkern 61.
MÖLLINGER-GEWECKE-Diagramm für
Spannungswandler 109.
— — für Stromwandler 11.

Nennamperewindungszahl, spezifische
— 10.
Nennleistung des Stromwandlers 10, 47.
Nickeleisen 55.
Normalspannungswandler, Bauformen
—, Fehlergrenzen 237.   [220.
Normalstromwandler, Bauformen 220.
—, Fehlergrenzen 236.
Normen für Wandler 293.
Nomographische Rechenverfahren 42.

Oberwellenverhalten des induktiven
Spannungswandlers 129.
— des kapazitiven Spannungswandlers
145.
— des Stromwandlers 84.
Ölalterung 172.
Ölarme Spannungswandler 212.
Ölisolierte Spannungswandler 212.
— Stromwandler 211.
Offener Sekundärkreis, Stromwandler
87.

Parallelschalten mit Kondensator-
durchführungen 290.
— mit Spannungswandlern 287.
— mit Wandlern und Kondensatordurchführungen 291.
Permeabilität 8.
Polarität, Prüfung der — 222.
Porzellanherstellung, Drehporzellan
170.
—, Gießporzellan 169.
Porzellanisolierte Stromwandler 205.
Primäre Streuinduktivitäten 105.
Primär umschaltbare Spannungswandler 126.
— — Stromwandler 78.
Prüfspannungen 161, 166.
Prüfung der Erwärmung 259.
— der Genauigkeit 223.
— der Polarität 222.
— der Überstromziffer, Überbürdungsverfahren 260.
— —, Überstromverfahren 260.
— —, indirekte Verfahren 261.
— mit Stoßspannung 251.
— —, charakteristische Kurven 254.
— mit ungedämpften Schwingungen
257.
— — charakteristische Kurven 257.
Pyranol 174.

Querlochwandler 206.

Rechenbeispiel, Spannungswandler 117.
—, Stromwandler 38.
Rechenverfahren, nomographische —,
Stromwandler 42.
Reifenwandler 208.
Reihenspannungen 161.
Relais, Widerstandscharakteristik 19.
Richtigkeitsprüfung, Differentialver-
fahren 227.
—, Kompensationsverfahren 224.
— nach GEYGER-BAUER 231.
— nach HOHLE 228.
— nach NÖLKE 233.
— nach ORLICH 3.
— nach SCHERING-ALBERTI 224.
— nach SIEBER 227.
— nach SILSBEE 227.
Ringkern 54.

Schaltungen mit Wandlern, besondere
— 272.
Schaltungsmaßnahmen zur Fehlermin-
derung bei Spannungswandlern 124.
— — bei Stromwandlern 62.
Scheibenspulenanordnung, dynamische
Kräfte 198.
Scheitelfaktor 88.
Schenkelkern 52, 121.
SCHERING-Brücke für Richtigkeitsprü-
fungen an Spannungswandlern 225.
— — an Stromwandlern 224.
— für Verlustfaktormessungen 241.
Schienenstromwandler 202.
Schlagwettergeschützte Wandler 164,
188, 193.
Schleifenwandler 209.
Schmelzsicherungen 179.
Schreibende Stromwandler-Prüfeinrich-
tung nach GEYGER-BAUER 231.
— — nach NÖLKE 233.
— Verlustfaktor-Meßeinrichtung 243.
Schutzfunkenstrecken 176.
Schutzwiderstände 177.
Schutzkern 26.
Schutzschaltungen bei Doppelgenera-
toren 281.
— für Gestellschlußschutz 285.
— für Wicklungsschluß 279.
— für Windungsschluß 283.
— nach BYRD 281.

Schutzwiderstände für Stromwandler, spannungsabhängige — 177.
Schwingungen, Prüfung mit ungedämpften — 257.
Schwingungsarme Spannungswandler 257.
Sekundär offener Stromwandler 87.
Sekundär umschaltbare Spannungswandler 127.
— — Stromwandler 82.
Sekundärer Eigenverbrauch des Stromwandlers 9.
Sicherungen 179.
Siliziumeisen 55.
Spannungsabhängige Schutzwiderstände, Stromwandler 177.
Spannungsfehler 106.
Spannungswandler, Bauformen für Niederspannung 212.
— — für Prüffelder und Laboratorien 220.
— — mit Druckluftisolierung 217.
— — mit Masse- und Lackisolierung 215.
— — mit Kunststoffisolierung 216.
— — mit Ölisolierung 212.
Spannungswandler mit mehreren Meßbereichen 126.
Spannungswandlerdiagramm 109.
—, Auswertung des — 111.
Spezifische Leistung des Stromwandlers 47.
— Wärme, Zahlenwerte 185.
Sprungwellenprüfung 167.
Stabstromwandler 202.
Statische Kräfte 195.
Stehstoßspannung 177.
STEINMETZ, Spezifische Eisenverluste nach — 58, 122.
— — Nomogramme 122, 123.
Stoßoszillogramme, charakteristische — 253.
Stoßspannungsprüfung, Durchführung der — 251.
— Vorschriften 165.
Stoßspannungsverlauf im Wandler 255.
Stoßspannungswelle nach VDE 155.
Stoßstrom 90.
Stoßstellen bei Schachtelkernen, Einfluß der — 53.
Streifenkern 53.

Streufluß 105.
Streuinduktivität, gesamte — 106.
—, primäre — 104.
Streuwiderstände, Messung der — 271.
Stromdichte, zulässige —, nach VDE 0170 193.
— —, nach VDE 0414 193.
Stromfehler 13.
Stromproportionale Zusatzmagnetisierung 71.
Stromstoß beim Einschalten 90, 196.
Stromunabhängige Zusatzmagnetisierung 75.
Stromwandlerblech 57.
Stromwandlerdiagramm 11.
—, Auswertung des — 15.
Stromwandlerfehler, Umrechnungsmöglichkeiten 15.
Stromwandler, Bauformen für Prüffelder und Laboratorien 220.
— —, für Zählerprüfeinrichtungen 221.
— —, mit Hartpapierisolierung 209.
— —, mit Hartpapier- und Porzellanisolierung 209.
— —, mit Kunststoffisolierung 221.
— —, mit Ölisolierung 211.
— —, mit Porzellanisolierung 205.
—, mit mehreren Meßbereichen 78.
—, mit primärer Umschaltung 78.
—, mit sekundärer Umschaltung 82.
Stützerkopfwandler 208.
Stützerspannungswandler, Bauformen 213.
Stützerstromwandler, Bauformen 211.
Summenstromwandler, Fehlerverhalten 93.
Synchronisieren 287.
Synthetische Isolierstoffe 174.

Teiler, reelle 106.
—, komplexe 106.
Thermische Festigkeit, Vorschriften 193.
Thermischer Grenzstrom 193.
Thermische Zeitkonstante 182.
Thermoelastische Isolierstoffe 175.
Transformatorgleichung 7.
Transformatorenöl 172.
—, Alterung von — 173.
Trockenspannungswandler 216.

Überspannungen, langwährende, — von
Betriebsfrequenz 148.
— —, mit Frequenz der ungeradzahli-
gen Oberwellen 149.
Überstromcharakteristik von Relais 18.
— von Zählern 18.
Überstromverhalten des Stromwand-
lers mit Eisenkern 22.
— — ohne Eisenkern 17.
Überstromziffer 17.
—, Messung der — 260.
Umbaustromwandler 201.
Umbruchfestigkeit 195.
Umschaltung, primäre, Spannungs-
wandler 126.
— —, Stromwandler 78.
—, sekundäre —, Spannungswandler
127.
— —, Stromwandler 82.
Unterbrechen des Sekundärkreises,
Stromwandler 87.
U-Rohrwandler 208.

Vektormesser 269.
Verlagerung des Arbeitsbereiches durch
Zusatzbelastung 69.
— — durch Zusatzmagnetisierung 69.
Verluste im Dielektrikum 187.
— im Eisen 118, 122, 186.
— im Kessel 188.
— im Kupfer 185.
Verlustfaktor, dielektrischer — 187.
Verlustfaktorkurven, charakteristische
— 246.
Verlustfaktormessung, Durchführung
der — 241.
— mit Schwingkontaktgleichrichtern
243.
— nach Geyger 243.
— nach Liebscher 244.
— nach Poleck 244.
— nach Schering 241.
Verlustziffer für Eisen 186.
Vierpoldarstellung des Spannungswandlers 102.
— des Stromwandlers 5.
Vorschriften für Bürden 237.
— für dynamische Festigkeit 198.
— für Erzeugungsanlage 235.
— für Fehlergrenzen nach VDE,
Spannungswandler 113.
— —, Stromwandler 30.

Vorschriften für Grenzerwärmung nach
VDE 188.
— für Kapazitätsspannungsteiler 237.
— für Meßgeräte 238.
— für Meßsätze 237.
— für Normalwandler 236.
— für Normalwiderstände 237.
— für Spannungsfestigkeit 160.
— für Sprungwellenprüfung 167.
— für Stoßspannungsprüfungen 165.
— für Strom- und Spannungsquellen
235.
— für thermische Festigkeit nach VDE
193.
— für Wandlermeßeinrichtungen 235.
— für Wicklungsprüfung 161.
— für Windungsprüfung 163.
— für Zuleitungen 238.
V-Schaltung 276, 289.

Walzrichtung, Einfluß der — 54.
Wanderwellen 151.
Wanderwellenschwingungen 156.
Wandler als Kettenleiter 255.
Wandlerfehler, Einfluß auf Wirk- und
Blindleistungsmessung 272.
Wannenstromwandler, Bauformen 206.
Wärme, spezifische —, Zahlenwerte 185.
Wärmeabgabe durch Konvektion 183.
— durch Strahlung 183.
Wärmebeständigkeitsklassen 190.
Wärmekapazität 182.
Wärmeleitfähigkeit, spezifische — 184.
Wärmeleitzahl, Zahlenwerte 185.
Wärmequellen 184.
Wärmezeitkonstante 182.
Wellenwiderstand 151.
Weitbereichstromwandler 31.
Wickelstromwandler 204.
Wicklungsaufbau 175.
Wicklungsprüfung, Durchführung der
— 238.
—, Vorschriften 161.
Wicklungsschluß, Schutzschaltungen
279.
Widerstandscharakteristik von Relais
18.
— von Zählern 18.
Windungsabgleich bei Spannungswand-
lern 124.
— bei Stromwandlern 63.

Windungsprüfung, Durchführung der —
240.
—, Vorschriften 163.
Windungsschluß, Schutzschaltungen
283.
Wirbelstromverluste im Eisenkern 59,
186.
— im Stromleiter 185.
— in Konstruktionsteilen 188.
Wirkleistungsmessung, Einfluß der
Wandlerfehler 272.

Zähler, Widerstandscharakteristik 18.
Zählkern 26.
Zeitkonstante, thermische — 182.
Zulässige Stromdichte nach VDE 193.

Zusatzmagnetisierung durch Fremdspeisung 76.
—, durch höhere Frequenz 77.
—, stromproportionale — 71.
—, stromunabhängige — 75.
—, Verlagerung des Arbeitsbereiches 69.
Zusätzliche Fehler beim Spannungswandler 112.
— — beim Stromwandler 26.
Zusätzliche Fehlerspreizung 65.
Zusatzspannungen beim Spannungswandler 125.
Zwiebelschnittkurven 43.
Zwischenspannungswandler 129.
Zwischenstromwandler 83.
Zylinderspulenwicklungen, Kraftwirkungen 196.